Die systematische Nomenklatur der anorganischen Chemie

AF294049

Springer-Verlag Berlin Heidelberg GmbH

Wolfgang Liebscher · Ekkehard Fluck

Die systematische Nomenklatur der anorganischen Chemie

Mit 557 Formeln, 7 Abbildungen, 33 Tabellen und 31 Tafeln

Springer

Privatdozent
Dr. rer. nat. habil. Wolfgang Liebscher
Humboldt-Universität Berlin
Institut für Chemie der Mathematisch-
Naturwissenschaftlichen Fakultät
Hessische Straße 1-2
10115 Berlin
privat: Kaulsdorfer Straße 270
12555 Berlin

Prof. Dr. Dr. h.c.mult. Ekkehard Fluck
Wissenschaftliches Mitglied
der Max-Planck-Gesellschaft
Max-Planck-Haus
Berliner Straße 10
69120 Heidelberg

ISBN 978-3-540-63097-5

Die Deutsche Bibliothek – Cip-Einheitsaufnahme
Liebscher, Wolfgang:
Die systematische Nomenklatur der anorganischen Chemie /
Wolfgang Liebscher; Ekkehard Fluck. -Berlin; Heidelberg; New York; Barcelona; Budapest;
Hongkong; London; Mailand; Paris; Singapur; Tokio: Springer, 1998
    ISBN 978-3-540-63097-5   ISBN 978-3-642-58368-1 (eBook)
    DOI 10.1007/978-3-642-58368-1

Dieses Werk ist urheberrechtlich geschützt. Die dadurch begründeten Rechte, insbesondere die der
Übersetzung, des Nachdrucks, desVortrags, der Entnahme von Abbildungen und Tabellen, der
Funksendung, der Mikroverfilmung oder Vervielfältigung auf anderen Wegen und der Speicherung
in Datenverarbeitungsanlagen, bleiben, auch bei nur auszugsweiser Verwertung, vorbehalten. Eine
Vervielfältigung dieses Werkes oder von Teilen dieses Werkes ist auch im Einzelfall nur in den
Grenzen der gesetzlichen Bestimmungen des Urheberrechtsgesetzes der Bundesrepublik Deutsch-
land vom 9. September 1965 in der jeweils geltenden Fassung zulässig. Sie ist grundsätzlich
vergütungspflichtig. Zuwiderhandlungen unterliegen den Strafbestimmungen des Urheberrechtsgesetzes.

© Springer-Verlag Berlin Heidelberg 1999
Originally published by Springer-Verlag Berlin Heidelberg New York in 1999

Die Wiedergabe von Gebrauchsnamen, Handelsnamen, Warenbezeichnungen usw. in diesem Buch
berechtigt auch ohne besondere Kennzeichnung nicht zu der Annahme, daß solche Namen im
Sinne der Warenzeichen- und Markenschutz-Gesetzgebung als frei zu betrachten wären und daher
von jedermann benutzt werden dürften.

Sollte in diesem Werk direkt oder indirekt auf Gesetze, Vorschriften oder Richtlinien (z.B. DIN, VDI,
VDE) Bezug genommen oder aus ihnen zitiert worden sein, so kann der Verlag keine Gewähr für die
Richtigkeit, Vollständigkeit oder Aktualität übernehmen. Es empfiehlt sich, gegebenenfalls für die
eigenen Arbeiten die vollständigen Vorschriften oder Richtlinien in der jeweils gültigen Fassung
hinzuzuziehen.

Einbandgestaltung: design & production GmbH, Heidelberg
Herstellung: ProduServ GmbH Verlagsservice, Berlin
SPIN: 10474219   51/3020 - 5 4 3 2 1 0 - Gedruckt auf säurefreiem Papier

Vorwort

Die Internationale Union für Reine und Angewandte Chemie (IUPAC) bemüht sich seit vielen Jahrzehnten, einheitliche, universell akzeptierte Empfehlungen für die Nomenklatur chemischer Verbindungen, Symbole, Einheiten und Terminologie zu erarbeiten. Die Bedeutung der Nomenklatur wächst mit der Komplexität der Substanzen und der Verbreitung von Informationen rund um die Welt durch elektronische Medien, Datenbanken, etc. Das Verständnis von der Natur der Stoffe und ihrem chemischen und physikalischen Verhalten wie auch die Sprache der Chemie haben sich zweifelsohne in hohem Maße entwickelt, seit LAVOISIER im Jahre 1780 feststellte [23a; DE MORVEAU 1782], daß einerseits die Sprache einer Wissenschaft keine Fortschritte macht bevor gleichzeitig die Wissenschaft verbessert wird, noch andererseits die Wissenschaft ohne adäquate Sprache oder Nomenklatur weiter vorangebracht wird.

Hin und wieder wird eingewendet, daß es im Zeitalter des Computers — der erlaubt, mit Hilfe von Strukturformeln in Datenbanken zu recherchieren — unnötig sei, den Verbindungen Namen zuzuteilen. Die Strukturformel gäbe sicherere Auskunft über die Natur einer chemischen Verbindung als der Name. Genauso könnte man einwenden, daß Namen für Menschen überflüssig geworden seien, seit es die Photographie gibt. Ein Bild vermittelt ja sehr viel mehr Informationen über den Abgebildeten als der Name. Wenn der Vergleich auch gewisse Schwächen hat, weil die Strukturformel zeitunabhängig ist, nicht aber das Bild eines Menschen, so zeigt er doch, daß zur Identifizierung der Name oder eine Zahl wie die Registry Number in Chemical Abstracts erforderlich ist, um eine chemische Verbindung eindeutig zu bezeichnen. Der Name hat jedoch gegenüber der Registry Number den Vorteil, daß aus ihm die Strukturformel konstruiert werden kann, wenn er systematisch und richtig gebildet ist.

Ein häufiges Mißverständnis der Arbeit der Nomenklaturkommissionen der IUPAC liegt darin, daß ihr unterstellt wird, sie wolle eine einzige (eineindeutige) Nomenklatur erfinden. Sie will jedoch nicht eine eineindeutige, wohl aber eine eindeutige Nomenklatur entwickeln. Dabei beschränkte sich ihre Arbeit bisher „im wesenlichen auf die Codifizierung vorhandener brauchbarer Nomenklatur-Methoden" [49 - Introduction]. Als Folge existieren mehrere mögliche Namen für eine Substanz. An einer Methode zur Bildung von Vorzugsnamen wird gearbeitet.

Die Nomenklatur entwickelt sich so, daß Namen verschwinden, die auf einer Funktion basieren; es wird zunehmend Wert auf die Beschreibung der Zusammensetzung oder der Struktur und weniger Wert auf Wiedergabe chemischer Eigenschaften im Namen gelegt. Zum Beispiel gibt es keinen Grund, bei der Benennung die Acidität gegenüber einer anderen chemischen Eigenschaft zu bevorzugen.

Für anorganische Verbindungen wurden von der IUPAC Nomenklatur-Empfehlungen erstmals 1926 [25a] formuliert und überarbeitet 1959 [36a] publiziert. Eine zweite Ausgabe des Red Book erschien 1970 [37], der eine weitere, aktualisierte Ausgabe 1990 [45] folgte. Diesem Buch liegt die im Auftrage der Gesellschaft Deutscher Chemiker in Zusammenarbeit mit der Neuen Schweizerischen Chemischen Gesellschaft und der Gesellschaft Österreichischer Chemiker herausgegebene Übertragung der 1990er Empfehlungen in die deutsche Sprache [45] zugrunde. Es kommentiert die IUPAC Nomenklatur-Empfehlungen und erläutert ihre Anwendung, d.h. stellt eine Gebrauchsanweisung für die Entwicklung von Namen für chemische Strukturen dar. Die Empfehlungen werden in einer möglichst nutzerfreundlichen Form zu präsentieren. Deshalb wird auch auf ältere

Empfehlungen, die in der 1990er Ausgabe geändert wurden, hingewiesen. Hinweise auf die Originalliteratur sollen dem Interessierten die Quellen zugänglich machen. Durch Zusammenfassung zusammengehörender Empfehlungen in den einzelnen Kapiteln wurde versucht, Redundanz so weit wie möglich zu vermeiden. Dies gilt besonders für die tabellarische Zusammenstellung aller sich von den Elementnamen ableitenden Morpheme, die für die Namensbildung benötigt werden, im Anhang. Den Kapiteln zur Namenskonstruktion sind erstmalig die Regeltexte in Form von Algorithmen vorangestellt, die eine schnelle Orientierung erlauben (siehe Hinweise zur Benutzung). Trotzdem waren viele Verweise erforderlich. Von den für den Teil 2 des Red Book vorgesehenen Kapiteln wurden nur die Nomenklaturen für „Isotop-modifizierte Verbindungen", „Ketten und Ringe" sowie für „Wasserstoffisotope" behandelt. Andere Nomenklaturen wie die für „Stickstoffhydride", „Radikale" oder „Polyanionen" wurden an den entsprechenden Stellen angesprochen.

Ein Problem für die 1990er Fassung der IUPAC-Empfehlungen war die Verwendung der verschiedenen Formen des Periodensystems der Elemente. Obwohl von der IUPAC das 18-Gruppen System empfohlen wird, ist der Bezug auf andere Formen freigestellt.

Bei der Schreibung der Namen und der Verwendung von Zeichen wurde unter Adaption der von der IUPAC gegebenen Empfehlungen eine formale Vereinheitlichung angestrebt. Das betrifft u.a. die Art der Lokanten, die Getrennt-/Zusammenschreibung, die Verwendung des Bindestrichs und auch die Formelschreibung. Die Kursivschreibung ist den IUPAC-Empfehlungen entsprechend vorgenommen worden.

An die Regeltexte schließt sich ein Glossar (Kapitel 11) an, in dem im Abschnitt „Definitionen häufig gebrauchte Termini zusammengestellt sind. Durch Verweis von Synonymen auf Vorzugsbenennungen wird eine Vereinheitlichung der Terminologie angestrebt. Dem Abschnitt „Definitionen" schließt sich der Abschnitt „Abkürzungen" an.

Nach langjährigen Gesprächen und Beratungen in der Commission on the Nomenclature of Inorganic Chemistry (CNIC) der IUPAC und mit den Arbeitsgruppen des Lawrence Berkeley Laboratory (LBL), des Kernforschungszentrums in Dubna (JINR) und der Gesellschaft für Schwerionenforschung in Darmstadt (GSI) verabschiedete die IUPAC auf ihrer General Assembly 1997 in Genf ein Dokument, das die Elemente mit den Ordnungszahlen 104-109 benennt. Diese Namen konnten im vorliegenden Buch noch berücksichtigt werden.

Die Verfasser hoffen, daß es ihnen gelungen ist, die aktuelle Nomenklatur anorganisch-chemischer Verbindungen in übersichtlicher und verständlicher Form vorzustellen und damit die Scheu vor der Benutzung der IUPAC-Empfehlungen und der Bildung systematischer Namen abzubauen.

Da bei einem Werk wie dem vorliegenden auch bei sorgfältigster Korrektur der Druckfahnen Druckfehler fast unvermeidlich sind, sind die Autoren den Lesern für diesbezügliche Hinweise dankbar.

Dem Springer-Verlag, Heidelberg, Berlin, und insbesondere Herrn Dr. R. Stumpe, danken wir für die Anregung zu diesem Buch, ihm und seinen Mitarbeitern für ihre Unterstützung bei der Herstellung des Manuskripts. Frau Regina Peters vom ProduServ Verlagsservice gebührt unser Dank für sorgfältige Arbeit und die geduldige Berücksichtigung aller, besonders das Layout betreffenden Wünsche und für die vertrauensvolle Zusammenarbeit während seiner Entstehung.

Heidelberg und Berlin im September 1998   Ekkehard Fluck
                                                                          Wolfgang Liebscher

Inhalt

3 Chemische Elemente und Verbindungen 73

4 Neutralmoleküle 151

5 Auf der Stöchiometrie beruhende Namen 199

Hinweise für die Benutzung

Für die einzelnen Kapitel ist eine numerische Einteilung gewählt worden. Die sich auf jeder Seite oben links bzw. rechts innen befindenden Abschnittsnummern sollen das schnelle Auffinden gesuchter Textstellen erleichtern. Oben am inneren Rand ist die Überschrift des auf der Seite behandelten Abschnitts angegeben.

Ebenfalls der Orientierung dienen ausführliche Inhaltsverzeichnisse, die am Anfang der Kapitel stehen.

Schreibung chemischer Namen

Die Schreibung der Namen einer chemischen Verbindung entspricht den Empfehlungen der IUPAC-Nomenklaturkommissionen. Um sie hervorzuheben, werden sie in Helvetica gedruckt. Prinzipien der Duden-Rechtschreibung gelten nicht in der chemischen Nomenklatur.

Wegen der besonderen Bedeutung, welche im Deutschen der Bindestrich im Namen einer chemischen Verbindung besitzt, wird als Worttrennzeichen am Zeilenende ein „=" verwendet, wenn im nicht abgeteilten Namen an dieser Stelle kein Bindestrich steht. Ein Bindestrich am Zeilenende ist Teil des Namens. In den Regeltexten, Tabellen und Tafeln haben zusammen mit alleinstehenden Affixen verwendete Bindestriche, z.B. -thio-, -at, nicht diese Bedeutung.

In bestimmten Namen wie für Additionsverbindungen sind sog. lange Striche (—) nötig.

Aufmerksamkeit muß der Kursivschreibung von Morphemen oder Indizes geschenkt werden.

Formeln chemischer Verbindungen

Für die Zeichnung der Formeln fehlen z.Z. umfassende Festlegungen. Im vorliegenden Buch wurde versucht, die bewährten Praktiken einheitlich anzuwenden.

Von Ausnahmen abgesehen wurde auf die perspektivische Wiedergabe der Struktur verzichtet. Eine Kennzeichnung der Stereoisomerie erfolgt nur dann, wenn sie in den IUPAC-Empfehlungen angegeben ist.

Abweichend von der üblichen Art der Darstellung sind die Einzelringe von polycyclischen Systemen unsymmetrisch gezeichnet, wenn dadurch Orientierung und Numerierung verdeutlicht werden können. Definitionsgemäß entspricht eine Ecke ($\wedge$) einer $-CH_2-$-Gruppe, entsprechend $\bigwedge$ bzw. $\bigwedge$ einer $>CH-/=CH-$-Gruppe oder $\times$ bzw. $\bigwedge$ einem $>C</=C<$-Atom.

Aus ökonomischen Gründen wurde für die Formeln nach Möglichkeit eine lineare Darstellungsweise gewählt. Ringbildung wird durch eine $\sqcap$ -Brücke über den verbundenen Atomen angegeben.

Algorithmen zur Generierung der Namen chemischer Verbindungen

Den Kapiteln 3 bis 7 werden die Regeln erstmalig in Form von Algorithmen vorangestellt. Diese sollen einerseits einen Überblick vermitteln, andererseits den Geübten bei der schnellen und korrekten Bildung des systematischen oder Trivial-Namens unterstützen. Den Algorithmen liegen Arbeiten zugrunde, die ein Autor

(Wolfgang Liebscher) zusammen mit Herrn Dr. Jochen Neels, Berlin, für die vom Akademie-Verlag, Berlin, geplante Reihe „*Fließdiagramme zur systematischen Bildung chemischer Substanznamen — Flow Diagrams for Systematic Derivation of Chemical Substance Names*" durchführte, und die u.a. Gegenstand der Deutschen Patentanmeldung 39 34 220.4 sind. Beim Arbeiten mit den Algorithmen sollten folgende Hinweise beachtet werden:

Zweck des Algorithmus' ist, den Namen einer anorganischen Verbindung von deren Formel direkt abzuleiten. Aus diesem Grund wurden die Formel oder der Formelteil in einer verallgemeinerten Form am Kopf des Algorithmus dargestellt. Als Symbole werden verwendet:

Symbole für Struktureinheiten		Zugehörige Zahlenangaben
A^-, A'^-...	für elektronegative Bestandteile	n, n'...
E, E'...	für das Hydrid eines Elements	p, p'...
L, L'...	für Liganden	i, i'...
M^+, M'^+...	für elektropositive Bestandteile	m, m'...
Q, Q'...	für Zentralatome	
R, R'...	für über ein Kohlenstoffatom gebundene Reste	
X, X'...	für (verbrückende) Atomgruppen	
$[QL_iL'_{i'}...]$	für eine Koordinationseinheit	k, l, m
Z, Z'...	für Verbindungen (in Additionsverbindungen)	z, z'...

Als weiteres Zeichen wird verwendet:
U für einen vorgeschriebenen Leerraum.

Die einzelnen Formelteile werden dann im eigentlichen Algorithmus spezifiziert und mit den Hinweisen für die korrekte Benennung versehen. In Auszeichnungsschrift (hier **Helvetica**) gedruckte Affixe, Buchstaben, Ziffern oder Zeichen werden wie angegeben im Namen geschrieben. Zur Veranschaulichung dient je ein Beispiel.

Innerhalb eines Algorithmus werden Verweise auf an anderer Stelle ausgeführte Algorithmen verwendet, um seinen Umfang nicht unnötig auszudehnen.

Um die Algorithmen zu optimieren, bitten wir die Nutzer dieses Buches um hilfreiche Hinweise und Anregungen.

Abbildungen

Tabellen

Tafeln

1 Gegenstände und Aufgabe der chemischen Nomenklatur und Terminologie

1 Gegenstände und Aufgabe der chemischen Nomenklatur und Terminologie

1.1 Einleitung

Um die notwendige Übereinstimmung – interdisziplinär und international – zwischen den Wissenschaftssprachen zu erzielen, ist der einheitliche Gebrauch der Termini erforderlich. Unterschiede in Nomenklatur und Terminologie erschweren die Verständigung. Unterschiede zwischen der Nomenklatur im engeren Sinn und anderen Beschreibungen von Substanzen (INN[1], EINECS[2] usw.) sind unnötige Komplikationen für den Gedankenaustausch.

Um die Gegenstände ihrer Forschung und die Aussagen über diese in weitgehender Unabhängigkeit von natürlichen Sprachen beschreiben zu können, hat jede Wissenschaft ihre Fachsprache entwickelt. Eine solche Sprache bedarf in besonderem Maße der Regeln. Entsprechend verfügt die Chemie seit langem über eine Symbolsprache und ein Vokabular.

Die eindeutige Bezeichnung chemischer Substanzen und der Gegenstände der Forschung sind für die wissenschaftliche Kommunikation, die Beziehungen in der Wirtschaft, für Klarheit und Genauigkeit in Information und Dokumentation, für Gesetzgebung und im öffentlichen Leben von Bedeutung. Ungenaue oder falsche Namen können zu Informationsverlusten und damit finanziellen Einbußen führen; auch gibt es Gefährdungen wegen möglicher Verwechslungen.

1.2 Geschichte

Chemische Nomenklatur gibt es schon seit altersher. Die Griechen benannten Erze oder Minerale und die aus diesen gewonnenen Produkte, und auch die Alchemisten gaben Elementen und ihren Verbindungen Namen und Symbole.

Bei der Benennung der Substanzen sind schon frühzeitig Versuche zur Systematisierung zu beobachten. „Ähnlichkeit" und „Verwandtschaft" waren verfügbare Grundlagen.

Die Nomenklatur der anorganischen Chemie geht auf ein von GUYTON DE MORVEAU u.a. entwickeltes [23] und von LAVOISIER [70a] der Öffentlichkeit vorgestelltes System zurück, das noch heute Grundlage der Binärnomenklatur ist. Letztere wurde durch die von WERNER [90] vorgeschlagene Koordinationsnomen-

---

[1] *International Nonproprietary Names:* von der WHO aufgestellte, international gültige frei verfügbare Namen (Freinamen) für Arzneimittel.

[2] *European Inventory of Existing Chemical Substances:* Liste der vor dem 18.01.1981 in der EG kommerziell verwendeten ca. 98.000 Stoffe.

klatur ergänzt. Durch die Erweiterung der Hydridnomenklatur[3] auch auf Nicht-kohlenstoffhydride ist es jetzt möglich, die bisher nur auf die Benennung sogenannter organisch-chemischer Verbindungen beschränkte Substitutionsnomenklatur auf anorganische Verbindungen anzuwenden.

Die von der *International Union of Pure and Applied Chemistry*[4] zusammengestellten Regeln für die Nomenklatur der anorganischen Chemie wurden erstmalig 1926 [25a] veröffentlicht. 1938 wurden die Regeln verabschiedet und 1940 publiziert [66]. 1947 entschied man sich für eine Revision der Regeln, die nach gründlicher Diskussion 1959 als „1957 IUPAC Inorganic Rules" (*Red Book*) [36] publiziert wurden. Eine weitere Durchsicht fand in den sechziger Jahren statt, die zweite Ausgabe erschien 1971 [37], 1977 ergänzt durch eine „Gebrauchsanweisung" [39]. Seitdem sind viele neue Verbindungen hergestellt worden, die teilweise schwer zu benennen sind. Im Jahre 1978 beschloß die IUPAC *Commission on Nomenclature of Inorganic Chemistry* (CNIC), das „Red Book" von 1970 durch eine neue Ausgabe zu ersetzen[5]. Das Ergebnis der Überarbeitung und Aktualisierung ist die *Nomenclature of Inorganic Chemistry* Ausgabe von 1990 [45], die diesem Buch zugrunde liegt.

1.3 IUPAC-Empfehlungen[6]

Die Kommunikation über Fach- und Sprachgrenzen hinweg zu erleichtern, ist Aufgabe der von der IUPAC für die Chemie erarbeiteten Empfehlungen. Angewendet werden sollen diese in der Forschung, der Dokumentation, im Berichts- und Publikationswesen, aber auch im Unterricht, im Handel, in der Legislative usw. sowie - wenn auch in nicht ganz so strikter Form - in Diskussionen und Vorträgen.

Die von den Chemischen Gesellschaften der BRD, Österreichs und der Schweiz eingesetzte *Kommission für IUPAC-Nomenklatur in deutscher Sprache* ist der Ansicht, daß sprachbedingte Unterschiede in der Nomenklatur die genaue und verständliche Übermittlung einer Information von einem Chemiker zum anderen erschweren und dadurch Verständnis und Fortschritt beeinträchtigen. Man sollte daher dem Ziel der IUPAC entsprechend eine international vereinbarte

---

[3] Diese auch als „an"-Nomenklatur bezeichnete Methode ist nicht zu verwechseln mit der „a"- oder Austausch-Nomenklatur, die den Ersatz von Kohlenstoffatomen in Kohlenwasserstoffen durch andere Atome beschreibt.

[4] Die *Internations Union of Pure and Applied Chemisty* (IUPAC) – zwischenzeitlich in *International Union of Chemistry* (I.U.C.) umbenannt – konstituierte sich 1919 als Nachfolgerin der 1911 gegründeten *Association of Chemical Society*. 1921 wurde auf der 2. Vollversammlung der IUPAC u.a. die *Commission on Nomenclature of Inorganic Chemistry* (CNIC) gewählt.

[5] Mit Ausdrücken wie „*Revised Rules*" o.ä. ist eine Aktualisierung und Kodifizierung der allgemein angewendeten, für sinnvoll gehaltenen Praktiken gemeint.

[6] Das Wort „*Recommendation*" wurde im folgenden mit „Empfehlungen" übersetzt, obwohl der englische Ausdruck im Sinne von „höfliche, aber dringliche Aufforderung" zu verstehen ist.

Nomenklatur benutzen, selbst dann, wenn sie aus der Sicht der Chemiker eines Sprachraums oder einer Arbeitsgruppe nicht als die bestmögliche erscheinen sollte[7]. Unterschiede in bezug auf Schreibung, Numerierung, Zeichensetzung, Verwendung von Kursivschrift, Abkürzungen, Auslassung oder Einfügung von Vokalen, bestimmten Endungen und dgl. sind so klein wie möglich zu halten[8].

Es versteht sich von selbst, daß dem Chemiker diese Empfehlungen geläufig sein sollten. Chemische Informationen gewinnen – nicht nur wegen der sogenannten Umweltproblematik – allgemein zunehmendes Interesse. So müssen auch im öffentlichen Leben die Termini der chemischen Fachsprache verständlich und geläufig sein. Das IUPAC-Regelwerk aber ist wegen der im Vergleich zu anderen Spezies (Pflanzen, Lebewesen, Mineralien) großen Anzahl von chemischen Substanzen[9], sowie der durch den Fortschritt erzwungenen ständigen Aktualisierung umfangreich und wegen zahlreicher, z.T. historisch begründeter Ausnahmen und Alternativen schwer interpretierbar. Vielen Praktikern ist daher die Anwendung der IUPAC-Empfehlungen auf ihre speziellen Probleme zu aufwendig. Mit dem vorliegenden Buch soll ihnen eine Übersicht über die Nomenklatur anorganischer Verbindungen und Hilfestellung bei deren korrekter Benennung gegeben werden.

Im Text werden die Originalregeln bzw. deren autorisierte Übertragungen in die deutsche Sprache zitiert. Die aktuellen Regeln sind im Literaturverzeichnis am Ende des Buches zusammengestellt.

---

[7] In der Einführung zu den IUPAC *Definitive Rules for Nomenclature of Inorganic Chemistry*, Ausgabe 1957 [36] heißt es: „Die Hauptaufgabe ist es, dem Chemiker ein Wort oder mehrere Wörter als Namen zu Verfügung zu stellen, die für die betreffende Verbindung eindeutig sind und die zum mindesten die empirische Formel und, wenn möglich, auch die wesentlichen strukturellen Merkmale zum Ausdruck bringen".

[8] Die deutschsprachige Kommission hat 1975 [37m] „vom Standpunkt des bisherigen Sprachgebrauchs gesehen", erhebliche Opfer gebracht, um internationale Einheitlichkeit zu erzielen. Sie hofft, damit ein Beispiel gegeben zu haben, das dazu führt, daß man sich im Bereich anderer Sprachen ebenfalls um eine solche Angleichung bemüht. Das würde nicht nur bedeuten, daß man im Englischen auf den Gebrauch von Tungsten für W verzichtet, daß man Lanthanum durch Lanthanium ersetzt und den von der IUPAC vorgeschlagenen Namen Aluminium (anstelle von Aluminum) tatsächlich benutzt. „Es wäre vor allem wünschenswert, daß man für Elemente wie Ag, Au, Fe, Hg, K, Na, Pb, Sb und Sn zum mindesten für den Gebrauch in der wissenschaftlichen Literatur Namen festlegt, die den Elementsymbolen entsprechen".

Nachdem sich die Bezeichnung Oxide statt Oxyde überraschend schnell eingeführt hat, wurde vorgeschlagen, Oxidation und oxidieren zu schreiben.

Bezüglich der Verwendung der Buchstaben c, k und z wurde entsprechend der in den IUPAC-Regeln üblichen Schreibung verfahren, z.B. deca statt deka; nur in Oktaeder und Dodekaeder wurde das k beibehalten, da diese Schreibung in der Kristallographie im Deutschen üblich ist. Dagegen wurden die strukturkennzeichnenden Abkürzungen octahedro und tetrahedro für „oktaedrisch" bzw. „tetraedrisch" aus dem Englischen übernommen.

[9] Zur Zeit sind 13 Millionen definierte chemische Verbindungen registriert [1a].

1.4 Aufgaben der chemischen Nomenklatur und Terminologie

Die Grenze zwischen den Teilgebieten der Chemie (anorganische, organische, makromolekulare, physikalische, analytische, klinische, Lebensmittel-, biologische, angewandte usw.) ist fließend geworden und verschwindet in einigen Fällen. Ähnliches gilt für fast beliebige Kombinationen mit anderen Disziplinen, z.B. Medizin, Pharmazie, Kosmetik, Landwirtschaft, Umweltschutz.

Bei der Interdisziplinarität der Wissenschaften ist es notwendig, daß Vertreter anderer Fachrichtungen die chemische Nomenklatur und Terminologie verstehen und anwenden können.

Mit den IUPAC-Empfehlungen für anorganische Verbindungen ist ein System entwickelt worden, das sich auf die Angabe von Zusammensetzung und Konstitution beschränkt, die dem Wechsel unterworfenen theoretischen Aspekte aber weitgehend unberücksichtigt läßt. Dabei kann die anorganisch-chemische Nomenklatur nicht losgelöst von den Nomenklaturpraktiken anderer Zweige der Chemie betrachtet werden. Auf interdisziplinären Gebieten wie der Organometallchemie sind Kenntnisse der Nomenklaturpraktiken in der organischen, biologischen und makromolekularen Chemie notwendig.

In der Nomenklatur gibt es einige allgemeine Prinzipien, die unverändert gelten; trotzdem ist sie nicht statisch, indem sie sich der Entwicklung durch ständige Aktualisierung[5] anpaßt und den Forderungen der Nutzer durch Vereinheitlichung und Vereinfachung entsprechen muß.

Die Vorstellungen darüber, was der Name für chemische Elementen bzw. Verbindungen ausdrücken soll, sind sehr unterschiedlich. Die Nomenklatur kann allenfalls das benennen, was die Formel, ein für die Abbildung der räumlichen Anordnung der Atome im Molekül sowie deren Verknüpfung entwickelter Symbolismus, beschreibt[10].

1.5 Gegenstände der Nomenklatur

Individuelle Substanzen, aber auch z.B. Gruppen von Elementen, Verbindungsklassen, Reaktionstypen und charakteristische Eigenschaften sind Gegenstand der Nomenklatur. Zu den anorganischen Substanzen rechnen neben den chemischen Elementen (einschließlich ihrer allotropen Formen) alle Verbindungen aus zwei oder mehr Atomen von mindestens zwei verschiedenen Elementarten; den anorganischen Kohlenstoffverbindungen werden meist nur einfache Verbindungen

---

[10] Der Chemiker denkt in Formeln und interpretiert diese auf Grund seiner Kenntnisse; für die Ableitung des Namens von der Formel ist deren Standardisierung nötig. Zur Zeit ist die Formelschreibung nur in Teilen durch Konventionen vereinheitlicht.

ohne C–H-Bindungen wie CO, CO_2, $(CN)_2$, Carbonate, Carbide, Cyanide etc. zugeordnet[11].

Wenn auch Elementsymbole und (Struktur)formeln für die international verständliche, sprachunabhängige Beschreibung eines Elements bzw. einer Verbindung ausreichen, sind für die Kommunikation Namen notwendig. Letztere basieren auf der Formel, indem definierten Strukturelementen Namensteile (Morpheme) zugeordnet werden, die nach einem dem gewählten Nomenklatursystem (siehe Abschnitt 2.2.2) entsprechenden Formalismus zum Namen zusammengesetzt werden. Die Nomenklatur entspricht insofern einer Sprache, als sie aus Morphemen (sie entsprechen den Worten) besteht, aus denen entsprechend dem Nomenklatursystem (Syntax) mittels Formalismen (Grammatik) Namen (Sätze) gebildet werden.

---

[11] Ausgenommen sind Verbindungen mit C als Zentralatom und mit C–C-Bindungen. Organische Verbindungen dagegen sind CH_4 und dessen Substitutionsprodukte sowie Ketten und/oder Ringe aus Kohlenstoffatomen, ggf. durch Heteroatome unterbrochen, an die außer C oder H andere Atome, Reste und/oder charakteristische Gruppen gebunden sein können.

2 Nomenklaturkonventionen

2 Nomenklaturkonventionen

2.1 Einleitung

Für die Bezeichnung chemischer Substanzen finden, historisch begründet, verschiedene Namenstypen (siehe Tabelle 2.1) Verwendung. Im Laufe der Entwicklung der systematischen Nomenklatur haben sich einige Systeme für die Bildung von chemischen Namen bewährt. Jedes System hat eine eigene Logik und einen eigenen Satz von Regeln. Einige Systeme sind allgemein anwendbar, andere weniger. Auf manchen Gebieten der Chemie haben sich Spezialsysteme bewährt.

Tabelle 2.1 Namenstypen / Nomenklatursysteme

Namenstypen
Trivialnamen
Systematische Namen
Semisystematische Namen
Sondernamen

Nomenklatursysteme

Binärnomenklatur	(DE MORVEAU, 1787)
Koordinationsnomenklatur	(WERNER, 1893)
Substitutionsnomenklatur	(DUMAS, 1838)
HANTZSCH-WIDMAN-Nomenklatur	(HANTZSCH-WIDMAN, 1888)
Additionsnomenklatur	
Subtraktionsnomenklatur	
Austauschnomenklatur	
Anellierungsnomenklatur	
Konjunktionsnomenklatur	(Chemical Abstracts)
Sondernomenklaturen	(z.B. für Oxosäuren, Borverbindungen, Cluster; Nodalnomenklatur)

Namen werden unabhängig vom Nomenklatursystem immer aus Namensteilen (siehe Tabelle 2.2) konstruiert, die in folgende Gruppen fallen:

Tabelle 2.2 Namensteile (Morpheme)

Namensstämme der Elemente
Vervielfachende Präfixe
Lokanten
Präfixe zur Angabe von Atomen oder Gruppen (Substituenten oder Liganden)
Suffixe zur Angabe von Ladungen

Fortsetzung Tab. 2.2

Suffixe zur Angabe von charakteristischen Gruppen
Infixe
Additive Präfixe
Subtraktive Suffixe und Präfixe
Deskriptoren (zur Beschreibung der Struktur, Geometrie, Stereoisomerie usw.)
Interpunktion

In den folgenden Abschnitten werden die Übersicht von Namenstypen, Nomenklatursystemen und Verbindungsklassen der Zusammenstellung von Namensteilen und Formalismen (Interpunktion und Prioritäten) vorangestellt.

2.2 Namenstypen / Nomenklatursysteme / Verbindungsklassen

2.2.1 Namenstypen

Morphologisch können zwei Typen von Namen für eine chemische Verbindung unterschieden werden:
Trivialnamen und systematische Namen;
eine Mittelstellung nehmen semisystematische Namen ein.

Namen für chemische Elemente sind traditionell Trivialnamen. Für künstlich hergestellte, aber noch nicht benannte Elemente werden Namen systematisch gebildet [40][1].

Namen für chemische Verbindungen haben eine definierte Morphologie. Sie bestehen aus Namensteilen (Morphemen) (Tabelle 2.2), die unabhängig vom Nomenklatursystem in ihrer Form gleich oder sehr ähnlich sind. Für jedes chemische Element gibt es einen Stammnamen, (für einige gibt es mehr als einen, siehe Tabelle 3.1). Er kann durch Präfixe modifiziert werden, um die Anzahl der Atome anzugeben, oder durch Suffixe, um den besonderen Typ des Strukturelements (Zentralatom, Ion, Ligand) zu bezeichnen. Zusätzlich werden arabische Ziffern, lateinische und griechische Buchstaben als Lokanten bzw. Deskriptoren zur Angabe der Struktur oder stereoisomerer oder räumlicher Beziehungen verwendet. Letztlich sind Interpunktionszeichen nötig, um im Ensemble all dieser Morpheme Klarheit und Exaktheit der Bedeutung zu sichern.

---

[1] In der Praxis werden die systematischen Namen nur zögerlich verwendet. Statt dessen dient u.a. die Ordnungszahl zur Identifizierung.

2.2.1.1   Trivialnamen[2) 3)]

Sie sind die ältesten Namen chemischer Verbindungen. Da anfangs die Struktur und Zusammensetzung der dargestellten oder isolierten Stoffe nicht bekannt war, wurden diese nach der Herkunft (z.B. Weinsäure, Harnstoff, Vitriolöl), dem Namen des Entdeckers (z.B. Michler's Keton, Glauber-Salz, Bindschedler's Grün, Pelletierin), dem Verwendungszweck (z.B. Gerbsäure, Aneurin), den Eigenschaften (z.B. Pikrinsäure, Kakodyl, Sublimat) oder dem Aussehen (z.B. Brillantgrün) benannt. Teilweise wurde der Name völlig willkürlich gebildet, z.B. Barbitursäure. Diese ersten Bezeichnungen für chemische Substanzen waren Trivialnamen aus normalen, d.h. gemeinsprachlichen Morphemen (der Anteil von lateinischen Ausdrücken ist größer als von solchen aus der Umgangssprache) ohne irgendeine systematische Bedeutung. Sie erlauben keine Aussage über Zusammensetzung und Struktur, haben aber den Vorteil, kürzer als die meisten systematischen Namen zu sein und dynamische Veränderungen des Moleküls wie die Tautomerie zu umfassen. Ihr Nachteil ist, daß jeder Name gelernt werden muß (z.B. Zeise's Salz, Ozon, Kalk).

Von den ungezählten Trivialnamen werden von den IUPAC-Empfehlungen einige weiter erlaubt, ihre Zahl aber wird zunehmend begrenzt. Für einige Stoffklassen gibt es limitierte Listen. Von der Neuschöpfung von Trivialnamen wird dringend abgeraten, eine lange oder komplizierte systematische Bezeichnung soll nicht Anlaß zur Bildung eines Trivialnamens sein. Neuschöpfungen wie „Hexa" oder „Gammexan" für γ-Hexachlorcyclohexan sind Handelsnamen und in diesem Sinn kein Bestandteil der chemischen Nomenklatur.

2.2.1.2   Systematische Namen[4)]

Ein systematischer Name besteht aus speziell gewählten Morphemen (Präfixe, Infixe, Suffixe), die im jeweiligen Kontext eine spezifische Bedeutung haben (Beispiel: Penta/sil/an), Ziffern und Interpunktionszeichen, die nach den Regeln einer

---

[2)]   Von lat. trivium = Scheideweg; übertragen: öffentliche Straße, Gasse, d.h. in der Öffentlichkeit gebräuchlich.

[3)]   Neben den Trivialnamen für chemische Verbindungen gibt es Handelsnamen. Dies können *Common Names* (*Generic Names*) sein, sind in der Regel aber Warenzeichen. Freinamen (siehe Kapitel 1, Fußnote 1) sind nicht geschützt und nicht als Handelsnamen oder Warenzeichen verwendbar.

   Warenzeichen (*Trademarks*) sind geschützte Wort- und/oder Bildzeichen. Sie werden in Industrie und Handel primär zur Unterscheidung des Produkts einer Firma von dem einer anderen verwendet, Sie sind eine Art Trivialname, der aber nicht zur allgemeinen Bezeichnung einer Substanz dienen sollte.

   Generic Names sind chemische Kurzbezeichnungen für spezifische Wirkstoffe von Pflanzenschutz- und Schädlingsbekämpfungsmitteln.

   Mineralnamen, obwohl in der Nomenklatur der anorganischen Chemie im Gebrauch, sollten nur für das aktuelle Mineral verwendet werden, nicht zur Definition der chemischen Zusammensetzung. Eine Konkordanz zwischen bevorzugten und weniger bevorzugten Mineralnamen findet sich im *CA-Index Guide* [3e].

[4)]   Früher auch „Rationelle Namen".

formalen Grammatik verknüpft werden. Dieser Name gestattet eine genaue Wiedergabe von Zusammensetzung und - falls möglich - Struktur des Moleküls; er kann daher als geschriebene Strukturformel bezeichnet werden.

Ein systematischer Name muß eindeutig aber nicht unbedingt eineindeutig sein; die verschiedenen Nomenklatursysteme lassen für eine Verbindung verschiedene Namen zu. Die Suche nach einer bestimmten Verbindung in Substanznamenregistern ist infolgedessen oft nicht einfach. Daß man dadurch in Veröffentlichungen oder Vorträgen Charakteristisches verdeutlichen kann, wird als Vorteil angesehen.

2.2.1.3 Semisystematische Namen[5]

Es handelt sich um Namen, in denen nur ein Teil systematisch gebildet ist. Sie machen den größten Teil der Namen für chemische Verbindungen aus.

2.2.1.4 Sondernamen

Aus verschiedenen Gründen, wie Vereinfachung der nach den üblichen Regeln gebildeten Namen, werden für bestimmte Verbindungsklassen nach Sondernomenklaturen (Bor-Verbindungen, Oxosäuren, Ringe, Käfige und Cluster, Nodalnomenklatur, Ringe und Ketten, einsträngige Polymere usw.) gebildete Namen verwendet.

2.2.2 Nomenklatursysteme

Die zunehmenden Kenntnisse über chemische Verbindungen beeinflußten auch die Entwicklung der systematischen Nomenklatur. Einige Systeme (Tabelle 2.1) haben sich zur Konstruktion von Namen für chemische Verbindungen bewährt. Jedes System hat seine eigene Logik und einen eigenen Satz von Regeln. Einige Systeme sind allgemein anwendbar, andere nur begrenzt.

Drei Nomenklatursysteme sind für den Anorganiker von besonderer Bedeutung. Sie erlauben die Bildung verschiedener, jedoch für eine Struktur eindeutiger Namen:

$SiCl_4$ – Silicium-tetrachlorid (Binärnomenklatur)
     – Tetrachlorosilicium (Koordinationsnomenklatur)
     – Tetrachlorsilan (Substitutionsnomenklatur)

Von diesen Systemen ist die Koordinationsnomenklatur, auch als additive Nomenklatur bezeichnet, in der anorganischen Chemie vielleicht am allgemeinsten anwendbar. Die Substitutionsnomenklatur darf jedoch überall dort angewendet werden, wo es zweckmäßig ist. Die Binärnomenklatur – das einfachste Nomenklatursystem – genügt, um die Zusammensetzung einfacher Verbindungen aus zwei Atomarten zu spezifizieren. Dieses System wurde später auf Verbindungen aus mehr als zwei Elementen, von denen einige Gruppen bilden, Pseudobinärverbindungen genannt, ausgedehnt, z.B. Natrium-cyanid.

---

[5] Auch „Semitrivialnamen".

Die Ableitung des Namens einer chemischen Verbindung kann auf Grundlage eines mit einem dieser Basisysteme gebildeten Namens erfolgen. In Frage kommen die Additions-, z.B. Pyridin → Pyridin-*N*-oxid, die Subtraktions-, z.B. *closo*-Heptaboran(10) → 7-Desbor-*closo*-heptaboran(10), sowie die Austausch-nomenklatur, z.B. *closo*-Pentaboran(5) → 1,5-Dicarba-*closo*-pentaboran(5). Die Existenz mehrerer eigenständiger Nomenklatursysteme führt zu mehreren Na-men für eine gegebene Substanz. Jeder Name kann zweckmäßig sein. Durch Wahl des geeigneten Nomenklatursystems läßt sich auf Wesentliches hinweisen. Die Vermehrung der akzeptablen Alternativen kann jedoch die Kommunikation hem-men, Literaturrecherchen erschweren sowie Probleme für Handel und Gesetz-gebung verursachen.

Wenn die Grammatik des einen Nomenklatursystems fälschlich in einem anderen System verwendet wird, kann es zu Verwechslungen kommen. Scheinbar systematische Namen entsprechen keinem der gegebenen Systeme.

Die IUPAC-Nomenklaturkommissionen bemühen sich daher, Vorzugsregeln vorzuschlagen.

2.2.2.1   Binärnomenklatur (siehe Kapitel 5)

Die Regeln für die Benennung binärer bzw. pseudobinärer Verbindungen führen zu Namen wie Eisen-dichlorid für $FeCl_2$ oder Uranyl-dichlorid für UO_2Cl_2. Diese Namen entstehen durch das Nebeneinanderstellen der Elementnamen (Eisen, Chlor) bzw. der Namen für mehratomige Bestandteile (Uranyl, Chlor), ihre Anordnung in spezifischer Weise (elektropositiv vor elektronegativ), die Modifizierung des einen Bestandteils zur Angabe der Ladung (die Endung -id be-zeichnet ein Anion) und die Verwendung eines vervielfachenden Präfixes (hier di-), um die Zusammensetzung (Stöchiometrie) anzugeben.

Beispiele:
1. Natrium-chlorid
2. Magnesium-chlorid-hydroxid
3. Silicium-tetrachlorid

Eine Grammatik regelt die Anordnung der Bestandteile des Namens, die Verwendung von vervielfachenden Präfixen und die Modifizierung einiger Ele-mentnamen. Dieses stöchiometrische System, nicht ganz korrekt auch als additive Nomenklatur bezeichnet, und seine Erweiterungen sind eine Basis für die syste-matische Angabe der Zusammensetzung anorganischer Verbindungen, wenn deren Struktur unbekannt ist oder wenn Informationen über die Struktur nicht erfor-derlich sind. Die Anwendung ist nicht auf Binärverbindungen beschränkt. Das System kann auf Verbindungen mit strukturell definierten Untereinheiten aus-gedehnt werden. Benutzt wird es für

– Pseudobinärverbindungen (Phosphoryl-trichlorid),
– Doppelsalze, Tripelsalze usw. (Kalium-magnesium-fluorid),
– Additionsverbindungen (Methanol—Bor-trifluorid (2/1); Ammoniak—Bor-trifluorid (1/1)),

– Koordinationsverbindungen (Dikalium-tetraoxosulfat; Hexaammincobalt-trichlorid) und
– Verbindungen funktioneller Klassen (Phosphin-oxid / Phosphan-oxid; Triphenylphosphan-oxid).

Die Konjunktionsnomenklatur (siehe Abschnitt 2.2.2.8) kann als Anwendung des additiven Prinzips angesehen werden.

2.2.2.2　Koordinationsnomenklatur (siehe Abschnitt 4.3)

Dieses ursprünglich nur für Komplexe vom WERNER-Typ eingeführte additive System verwendet keine Annahmen der Substitutionsnomenklatur, sondern beruht im Gegensatz dazu auf dem Konzept der Bindigkeit. Die Unterschiede der beiden Nomenklatursysteme werden durch die folgenden Beispiele veranschaulicht.

Beispiele:

	Substitutionsname	*Koordinationsname*
1. $Te(O-CO-CH_3)_2$	Diacetoxytellan	Bis(acetato)tellur
2. $SiCl_3(O-CH_2-CH_2-CH_3)$	Trichlor(propoxy)silan	Trichloro(propan-1-olato)silicium
3. $Si(O-CH_2-CH_3)_4$	Tetraethoxysilan	Tetrakis(ethano=lato)silicium
4. $P(CF_3)(PH-CF_3)_2$	1,2,3-Tris(trifluor=methyl)triphosphan	Trifluormethylbis=(trifluormethylphos=phanido)phosphor[6]
5. $SbCl(C_6H_5)_2$	Chlordiphenylstiban	Chlorodiphenyl=antimon
6. IF_5	Pentafluor-λ^5-iodan	Pentafluoroiod

Die Koordinationsnomenklatur behandelt eine Verbindung als Kombination aus einem Zentralatom und seinen assoziierten Liganden. Die so gebildeten Koordinationsnamen beschreiben die Bindungssituation für jedes Zentral- und Ligandenatom im betrachteten Molekül einschließlich eventuell vorhandener Wasserstoffatome.

Beispiele:

1. $[Co(NO_2)_3(NH_3)_3]$	Triammintrinitrocobalt
2. $Na_2[Fe(CN)_5NO]$	Natrium-pentacyanonitrosylferrat(2–)

Für die Bildung der Ligandennamen, die Reihenfolge von Zentralatom und Liganden in Namen und Formeln, die Bezeichnung von Ladung und Oxidationsstufe, die Bezeichnung der Stereoisomerie, die Bezeichnung der Verknüpfung von komplizierten Liganden usw. ist eine umfangreiche Grammatik entwickelt worden.

---

[6] Der nach Abschnitt 4.3.4.2 gebildete Name 1,3-Dihydro-1,2,3-tris(trifluormethyl)tri=phosphor(2 *P–P*) ist ebenfalls korrekt.

Beispiel:

$[\{Cr(NH_3)_5\}_2(\mu\text{-}OH)]Cl_5$ μ-Hydroxo-bis(pentaamminchrom)(5+)-pentachlorid

2.2.2.3   Substitutionsnomenklatur (siehe Abschnitte 4.2 und 5.5.5.2)

Umfassend für die Benennung organischer Verbindungen verwendet, ist dieses System auch für viele anorganische Verbindungen geeignet. Die Substitutions-nomenklatur beruht auf dem Konzept eines Stammhydrids[7], das durch Austausch von Wasserstoffatomen gegen Substituenten modifiziert werden kann (z.B. Tri= methylsilanol). Die Wasserstoffatome werden in diesen Hydriden nicht aus-drücklich genannt. Ihre Anzahl ergibt sich aus der Angabe des Sättigungsgrades. Für organische Hydride kann dies die Endung -an, -en oder -in[8] sein. Für Hydride anderer Elemente als Kohlenstoff gilt jedoch stets die Endung -an[9]. Die auf -in endenden Namen einkerniger Hydride werden für die Benennung von Sub-stitutionsprodukten nicht empfohlen.

Bei Fehlen anderer Kennzeichnungen, z.B. des Symbols λ (siehe Abschnitt 4.2.1.3), impliziert die Endung -an, daß die Zentralatome mit ihrer Standard-Bin-dungszahl vorliegen (z.B. 3 für P; 4 für Si), und daß alle vom Skelett ausgehenden Valenzen durch eine entsprechende, aber nicht genannte Anzahl neutraler Wasserstoffatome abgesättigt sind.

Umfangreiche Regeln sind für die Benennung von Stammhydrid und Substitu-enten erforderlich, um die Reihenfolge der Substituentennamen festzulegen und um deren Position anzugeben. Details sind in Abschnitt 4.2 behandelt.

Beispiel:

1. Trichlorphosphan

Neben diesen drei Basissystemen werden einige andere verwendet, um Namen für spezielle Fälle zu bilden. Die wichtigsten sind:

2.2.2.4   Nomenklatur funktioneller Klassen
(siehe Abschnitte 5.5.3.1.2 und 5.5.5.5.3)

Dieses System ist in der organischen Chemie als Radikofunktionsnomenklatur (z.B. Ethylalkohol) entwickelt worden, wird aber auch für rein anorganische Ver-bindungen verwendet.

---

[7]   Der Terminus Hydride ist irreführend. Gemeint sind Wasserstoffverbindungen bestimmter Elemente (Bor und aus den Gruppen 14 bis 17), die ebenso wie Kohlenstoff komplizierte Ketten und Ringe bilden.

[8]   Im englischsprachigen Original [45] ist neben den Endungen -ane, -ene und -yne noch die Endung -ine (wegen der traditionellen Namen phosphine, arsine usw.) aufgeführt. Zur Vermeidung von Mehrdeutigkeiten ist dies ein weiterer Grund dafür, künftig auf die traditio-nellen Namen Phosphin, Arsin usw. zu verzichten. Für die unsubstituierten einkernigen Hydride können die Namen Phosphin, Arsin und Stibin z.Z. noch verwendet werden, ebenso für die Bezeichnung davon abgeleiteter Liganden und bestimmter Substituenten.

[9]   Siehe aber Abschnitte 4.2.2.6 und 4.2.2.8, in denen für ungesättigte Ketten und Ringe die Namen der entsprechenden gesättigten Verbindungen durch die Endungen -en, -adien usw. modifiziert werden.

Hinter dem Namen einer Stammverbindung oder einem von dieser abgeleiteten Namen wird ein Klassenname genannt (z.B. Phosphin-oxid). Verwendet wird sie für binäre oder pseudobinäre Verbindungen (Silyl-chlorid).

Funktionelle Derivate von Säuren (Halogenide, Anhydride, Ester, Amide, Nitrile) sollen systematisch benannt werden.

Beispiele:
1. Phosphorsäureanhydrid   – Tetraphosphorpentaoxid, P_4O_{10}
2. Schwefelsäuredimethylester   – Dimethylsulfat, $(H_3C–O)_2SO_2$
3. Schwefelsäurediamid   – Sulfuryldiamid/Sulfonyldiamid, $SO_2(NH_2)_2$
4. trimeres Phosphornitrilchlorid   – trimeres Phosphordichloridnitrid, $(PCl_2N)_3$

2.2.2.5 Nomenklatur für Oxosäuren und Oxoanionen (siehe Abschnitt 5.5.3)

Diese Nomenklatur hat in der anorganischen Chemie besondere Bedeutung. Oxosäuren und Oxoanionen lassen sich zwar nach der Koordinationsnomenklatur benennen, doch werden z.Z. vorwiegend semisystematische Namen benutzt, die noch auf den von LAVOISIER u. a. geprägten Namen basieren.

Für jedes Element, das eine Oxosäure bildet, gibt es einen Säurenamen, der aus dem Elementnamen und dem Suffix -säure besteht. Namen für davon abgeleitete Salze haben das Suffix -at.

Die traditionellen Namen für kondensierte[10] Säuren und ihre Salze geben selten Auskunft über die Stöchiometrie und sollten besser durch systematische Namen ersetzt werden.

Beispiel:
1. $H_2Cr_2O_7$ Dichromsäure
2. $Na_3P_3O_9$ Natrium-*cyclo*-triphosphat
3. $H_3PMo_{12}O_{40}$ Phosphododecamolybdänsäure

2.2.2.6 Austauschnomenklatur

Die Kombination von einem speziellen Präfix oder Infix mit dem Namen einer bestimmten Verbindung zeigt den formalen Austausch eines Atoms oder einer Atomgruppe durch ein anderes Atom oder eine anderer Atomgruppe an. Man unterscheidet:

– **Austausch von Skeletteinheiten** (siehe Abschnitte 4.2 bis 4.2.2.8.1, 4.2.2.9, 6.4.3): Als „*a*"-*Nomenklatur* in der organischen Chemie zur Angabe des Austauschs von einem oder mehreren C-Atomen, HC- oder H_2C-Gruppen in Kohlenwasserstoffen gegen andere Atome eingeführt (z.B. 1,4,7-Triazacyclononan, $(–NH–CH_2–CH_2–)_3$; –NH– ersetzt $–CH_2–$), wird sie auch in der anorganischen Chemie zur Bezeichnung des Austauschs von Skeletteinheiten in Ketten, Ringen

---

[10] Der Ausdruck „kondensiert" hat unterschiedliche Bedeutungen: In der Physik bedeutet er das Verflüssigen von Gasen oder Dämpfen, in der Chemie, daß mindestens zwei Moleküle unter Abspaltung einfacher Moleküle (z.B. Wasser) miteinander reagieren. Die Bezeichnung „kondensierte Ringsysteme" für chemische Verbindungen, bei denen zwei benachbarte Atome gemeinsame Bestandteile von benachbarten Ringen sind, sollte zugunsten von „anellierte Ringsysteme" aufgegeben werden.

oder Clustern (z.B. 2,4-Dicarba-*closo*-pentaboran(5), $B_3C_2H_5$; $-CH-$ ersetzt $-BH-$), verwendet, und

– **Austausch charakteristischer Gruppen** (siehe Abschnitte 5.5.3.2.1 und 5.5.5.3): Austausch von $=O$ und/oder $-OH$ in Oxosäuren und ihren Salzen gegen andere Gruppen (Chlorophosphorsäure, $-Cl$ ersetzt $-OH$; Trinatrium-tetrathioarsenat, Na_3AsS_4, S ersetzt O).

2.2.2.7   Subtraktionsnomenklatur
(siehe Abschnitte 6.2.2, 6.3.1.1, 6.3.2.2, 6.3.2.3)

Die formale Entfernung eines oder mehrerer Atome oder Atomgruppen aus einer Ausgangsverbindung (mit systematischem oder Trivialnamen) wird durch Verwendung von Präfixen oder Suffixen zusammen mit den Namen einer Stammverbindung angezeigt. Die Subtraktionsnomenklatur wird in der organisch-chemischen Nomenklatur häufig verwendet und ist jetzt in die anorganisch-chemische Nomenklatur insbesondere für die Benennung gewisser Borhydride eingeführt worden.

Beispiele:

6-Desbor-*closo*-hexaboran(9)[11]

4,5-Dicarba-9-desbor-*closo*-nonaborat(2–), $[B_6C_2H_8]^{2-}$ (Verlust von $-BH-$)

2.2.2.8   Konjunktionsnomenklatur

Dieses Nomenklatursystem, für die Register der *Chemical Abstracts* – Anordnung der Namen als „inverted names" – entwickelt, zur Bildung systematischer Namen nicht notwendig.

Sie wird auf Verbindungen angewendet, bei denen ein Ringsystem (einschließlich Borpolyeder) durch eine $C-C$-Bindung[12] direkt an eine acyclische Komponente mit einer Hauptgruppe gebunden ist.

Die Benennung erfolgt durch formales Nebeneinanderstellen der Namen für zwei Moleküle und beinhaltet den formalen Verlust von Wasserstoffatomen aus jeder Komponente.

Im Deutschen ist diese Praxis weniger gebräuchlich, da eine Verwechslung mit Namen für Additionsverbindungen möglich ist.

Beispiele:

Naphthalen-1-essigsäure

1,2-Dicarbadecaboran(12)-1-methanol

2.2.2.9   Multiplikative Nomenklatur

Das mehrfache Vorkommen von identischen Zentralatomen oder Atomgruppen wird durch entsprechende vervielfachende Präfixe bezeichnet. Sie eignet sich als

---

[11] Die Abspaltung eines Strukturelements aus einer Stammverbindung wird in *A Guide to IUPAC Nomenclature of Organic Compounds. Recommendations 1993* [53a] durch das Präfix De- angegeben, in der Nomenklatur der Naturstoffe [49nn] wegen der Verwechslungsmöglichkeit mit dem gesprochenen „D" jedoch durch Des-.

[12] Früher konnten die Komponenten auch durch eine Doppelbindung verknüpft sein.

alternative Methode, um Namen für Substanzen mit symmetrischer Struktur zu vereinfachen:

μ_4-Thio-tetrakis(methylquecksilber)(2+)

statt *Hg,Hg',Hg'',Hg'''*-Tetramethyl-μ_4-thio-tetraquecksilber(2+)

2.2.3 Verbindungsklassen

Anorganische Verbindungen wurden pragmatisch und auf Basis der Namenstypen und Nomenklatursysteme in Klassen unterteilt. Ihre Benennung erfolgt nach unterschiedlichen, historisch gewachsenen Methoden:

1. Namen für einfache binäre (und pseudobinäre) Verbindungen (Kohlenstoffdisulfid, CS_2, Phosphor-trichlorid, PCl_3; Kupfer(II)-chlorid, $CuCl_2$; Natrium-azid, NaN_3). Dieses Nomenklatursystem wird auch auf viele Verbindungen mit mehr als zwei verschiedenen Atomarten bzw. Atomgruppen angewendet.

2. Namen für Stammhydride („an"-Namen) (German, GeH_4; Diboran, B_2H_6 usw.). Hier gibt es noch viele Trivialnamen: Ammoniak, NH_3; Hydrazin, $H_2N–NH_2$; Phosphin[8], PH_3 usw.

3. Substitutionsnamen (Chlorsilan, SiH_3Cl; Tetramethylsilan, $(H_3C)_4Si$; Dimethylphosphan[8], $(H_3C)_2PH$; 2-Brom-3-chlor-pentaboran(9), $BrClB_5H_7$).

4. Namen für Oxosäuren und deren Salze (Schwefelsäure, H_2SO_4; Kaliumcarbonat, K_2CO_3; Periodsäure, H_5IO_6). Unterschiedliche Oxosäuren des gleichen Elements können durch Verwendung von Affixen, z.B. Per-, Hypo-, -ige, -it, -at unterschieden werden.

5. Namen für Homo- und Heteropolysäuren und deren Salze[13] (Dischwefel=säure, $H_2S_2O_7$; Kalium-diphosphat, $K_4P_2O_7$; Diphosphorsäure, $H_4P_2O_7$; Natrium-*cyclo*-triphosphat, $Na_3P_3O_9$; Trihydrogenhexatriacontaoxo=(tetraoxophosphato)dodecawolframat(3–) oder Trihydrogen-phospho=dodecawolframat[14], $H_3PW_{12}O_{40}$).

6. Namen für salzartige Verbindungen:
   - Salze, die Säurewasserstoff enthalten[15] (Natrium-hydrogenphosphonat, $NaH[PH(O)(O^-)_2]$).
   - Doppel-, Tripel-Salze usw.[16] (Kalium-magnesium-fluorid, $KMgF_3$; Kalium-natrium-carbonat, $KNaCO_3$).
   - Oxid- und Hydroxid-Salze[17] (Magnesium-chlorid-hydroxid, $MgCl(OH)$; Bismut-chlorid-oxid[18], $BiClO$).

---

[13] Früher „Kondensierte Säuren".

[14] Früher „Dodecawolframophosphorsäure" oder „12-Wolframophosphorsäure".

[15] Früher „Saure Salze".

[16] Früher auch „Gemischte Salze".

[17] Früher „Basische Salze", „Oxy- und Hydroxy-Salze".

[18] Früher „Wismutoxychlorid", „Bismutylchlorid".

– Doppeloxide und -hydroxide[19] (Aluminium-lanthan-trioxid (*Perowskit-*Typ), $LaAlO_3$[20]).

7. Austauschnamen: Thioschwefelsäure, $H_2S_2O_3$; Selenocyanat-Ion, $SeCN^-$; Kalium-trithiocarbonat, K_2CS_3; Dicarba-*closo*-pentaboran(5), $B_3C_2H_5$.

8. Namen für Koordinationsverbindungen: Pentaphenylphosphor[21]; Trikalium-hexacyanoferrat, $K_3[Fe(CN)_6]$.

9. Namen nach funktionellen Klassen[22]: Kohlensäureanhydrid, CO_2; Phosphorylchlorid, $POCl_3$; Schwefelsäurediamid, $SO_2(NH_2)_2$.

10. Nomenklatur nach funktionellen Suffixen: Hydrazinsulfonsäure, $H_2N\text{–}NH\text{–}SO_2OH$.

11. Additive Namen: Triphenylphosphan-oxid, $(C_6H_5)_3PO$; Ammoniak–Bortrifluorid (1/1), $H_3N \cdot BF_3$.

12. Subtraktionsnamen: Des-*N*-methyl-morphin (Entfernung von $-CH_2-$); 6-Desoxy-α-D-glucopyranose (Entfernung von $-O-$); 4,5-Dicarba-9-desbor-*closo*-nonaborat(2–), $[B_6C_2H_8]^{2-}$ (Verlust von $-BH-$).

2.3 Formeln

2.3.1 Einleitung

Formeln (empirische Formeln sowie Molekül- und Strukturformeln) dienen der einfachen und klaren Bezeichnung von Verbindungen. Sie haben große Bedeutung in chemischen Gleichungen und für die Beschreibung von chemischen Verfahren. Zur Vermeidung von Irrtümern und für viele andere Zwecke, z.B. für die Verwendung in maschinellen Dokumentationssystemen, ist eine Standardisierung zweckmäßig. Die Verwendung von Formeln in Texten wird nicht empfohlen, besonders nicht am Anfang eines Satzes.

2.3.2 Formeltypen

2.3.2.1 Empirische Formel

Durch Nebeneinanderstellen der Atomsymbole und die Verwendung entsprechender Indizes und Exponenten (Abschnitt 3.1.2) wird die einfachst mögliche Formel geschrieben, die der Zusammensetzung entspricht.

---

[19] Früher „Gemischte Oxyde" oder „Gemischte Hydroxyde".

[20] Abweichungen von der alphabetischen Reihenfolge sind erlaubt, wenn Verbindungen mit analogen Strukturen verglichen werden, oder wenn der Strukturtyp hinter dem Namen genannt wird.

[21] Substitutionsname: Pentaphenyl-λ^5-phosphan; früher Pentaphenylphosphoran.

[22] Namen dieses Typs werden noch gebraucht, speziell für Anhydride, sind aber nicht empfohlen. Nach den IUPAC-Regeln von 1990 [45] sollen Anhydridnamen für vollständig dehydratisierte anorganische Säuren nicht länger verwendet werden; sie werden als Oxide benannt. Namen für gemischte Anhydride können aus den alphabetisch angeordneten Namen der Säuren vor dem Klassennamen -anhydrid gebildet werden.

Zur Reihenfolge der Symbole siehe Abschnitt 2.3.6. Fehlen aber irgendwelche anderen Ordnungskriterien, sollte die alphabetische Anordnung der Symbole in einer Formel verwendet werden, außer daß bei Verbindungen mit organischen Gruppen C und H gewöhnlich an erster bzw. zweiter Stelle genannt werden (HILL-System [31a]). Daneben wurde bis in die 50er Jahre vom BEILSTEIN, den Chemischen Berichten und dem Chemischen Zentralblatt das RICHTER-Alphabet verwendet [64]. Nach diesen wurden die an C gebundenen häufiger vorkommenden Elemente in der Reihenfolge H, O, N, Cl, Br, I, F, S, P, die übrigen Elemente in der alphabetischen Folge ihrer Symbole geordnet.

Molekül- oder Ionenmassen können aus einer empirischen Formel nicht berechnet werden.

Beispiele:

1. ClK 2. CaO_4S 3. $C_6FeK_4N_6$ 4. $Cl_6H_8N_2W$

2.3.2.2 Molekülformel

Die Molekülformel für Verbindungen aus diskreten Molekülen ist eine Formel, die mit der relativen Molekülmasse (oder der Struktur) in Einklang ist. Zur Reihenfolge der Symbole siehe Abschnitt 2.3.6.

Beispiele:

1. S_2Cl_2 (nicht SCl)   2. $H_4P_2O_6$ (nicht H_2PO_3)
3. Hg_2Cl_2 (nicht $HgCl$)   4. P_4O_{10} (nicht P_2O_5)

Wenn sich die relative Molekülmasse in Abhängigkeit von der Temperatur oder anderen Bedingungen ändert, wird die empirische Formel bevorzugt, es sei denn, die molekulare Komplexität soll ausgedrückt werden.

Beispiele:

5. S 6. P 7. NO_2 (und nicht S_8, P_4, N_2O_4)

Für Ionen, Radikale usw., weniger für molekulare Spezies, bevorzugen einige Autoren den allgemeinen Terminus „Gruppenformel".

2.3.2.3 Strukturformel

Eine Strukturformel wie eine Stereoformel (siehe Kapitel 8) informiert über die Verknüpfung der Atome in einem Molekül und deren Anordnung im Raum. Eine linearisierte Formel kann zwar Strukturinformationen enthalten, eine zweidimensionale (wie in Beispiel 2) enthält zumeist mehr. Sie kann, falls erforderlich, Strukturmodifikatoren als Präfixe einschließen (siehe Tabelle 2.6 und Abschnitt 2.3.5.3). Die Empfehlungen zur Wiedergabe von Molekülformeln gelten nicht mehr, wenn eine Strukturinformation enthalten ist.

Beispiele:

1.

$$\left[\begin{array}{ccccc} & O & & O & & O \\ & \| & & \| & & \| \\ O\!-\!P & -O- & P & -O- & P\!-\!O \\ & | & & | & & | \\ & O & & O & & O \end{array} \right]^{5-}$$

2.

$$\left[\begin{array}{c} (C_2H_5)_3Sb \\ (C_2H_5)_3Sb \end{array}\!\!\!\!\diagdown\!\!\!\!\!\!\!\!\!\diagup\; Pt \diagup\!\!\!\!\!\!\!\!\!\diagdown\!\!\!\! \begin{array}{c} I \\ I \end{array}\right]$$

3. $[(NH_3)_5Cr{-}OH{-}Cr(NH_3)_5]Cl_5$

4. $[Pt(NH_2{-}CH_2{-}CH_2{-}NH_2)Cl_2]$

2.3.2.4 Festkörper-Strukturinformationen

Über die Struktur kann durch die Angabe des Strukturtyps als Spezifizierung einer Molekülformel (siehe Kapitel 10.1) informiert werden. Zum Beispiel können Polymorphe durch einen abgekürzten, kursiv geschriebenen Ausdruck für das Kristallsystem (in Klammern ohne Leerraum nachgestellt) unterschieden werden. Strukturen können auch durch Anhängen des Namens einer typischen Verbindung [kursiv geschrieben, in Klammern mit Leerraum nachgestellt; siehe Abschnitt 2.5.2.1(c)] gekennzeichnet werden. Es muß aber darauf geachtet werden, daß dies nicht zu Mißverständnissen führt. Man kennt z.B. wenigstens zehn Formen von $ZnS(h)$. Existieren mehrere Polymorphe, die im selben Kristallsystem kristallisieren, können diese durch das PEARSON-Symbol (siehe auch Abschnitt 3.1.5) unterschieden werden. Atome in tetraednischer, oktaednischer bzw. dodekaednischer Umgebung werden in runden, eckigen bzw. geschweiften Klammern eingeschlossen. Griechische Buchstaben werden häufig gebraucht, um Polymorphe zu bezeichnen, jedoch ist deren Verwendung oft konfus und widersprüchlich. Folglich kann keine der hier beschriebenen Methoden generell empfohlen werden.

Beispiele:
1. $TiO_2(t)$ *Rutil*-Typ
2. $TiO_2(t)$ *Anatas*-Typ
3. $TiO_2(r)$ *Brookit*-Typ
4. $AuCd(c)$ oder $AuCd(CsCl$-Typ$)$

2.3.3   Angabe der Mengenverhältnisse der Bestandteile

2.3.3.1   Anzahl der Atome oder Gruppen

Die Anzahl gleicher Atome oder Atomgruppen wird in einer Formel in arabischen Ziffern als rechter Index am Symbol oder an den Symbolen einer Gruppe, die sie bezeichnen, angegeben (siehe Abschnitt 3.1.2). Das Symbol kann in runden Klammern ( ), eckigen Klammern [ ], geschweiften Klammern { } oder allein stehen (siehe Abschnitt 2.5.2.2).

Beispiele:
1. $CaCl_2$
2. $[\{Fe(CO)_3\}_3(CO)_2]^{2-}$
3. $[Co(NH_3)_6]_2(SO_4)_3$
4. $K[Os(N)O_3]$
5. $Ca_3(PO_4)_2$

Solvatmoleküle und ähnlich gebundene Moleküle in Additionsverbindungen (wie sie in LEWIS-Säure-Base-Addukten und in Charge-Transfer-Molekülkomplexen vorkommen können) werden nicht als Koordinationsverbindungen angesehen, es sei denn, sie können zweifelsfrei als solche bezeichnet werden. Die Mengenverhältnisse der Bestandteile werden mit arabischen Ziffern vor den jeweiligen Formeln angegeben. Die Formeln der Einzelverbindungen werden durch einen Punkt in Zeilenmitte getrennt. Für bestimmte Verbindungsklassen kann es spezifische Ordnungsregeln für Formeln geben (siehe Abschnitt 5.7).
Beispiele:

6. $Na_2CO_3 \cdot 10H_2O$
7. $8H_2S \cdot 46H_2O$
8. $NH_3 \cdot B(CH_3)_3$

2.3.3.2 Festkörperphasen
Formeln von festen Lösungen und nichtstöchiometrischen Phasen siehe Kapitel 10.

2.3.4 Angabe der Oxidationsstufe und der Ladung der Bestandteile

2.3.4.1 Oxidationszahl, STOCK-Zahl
Die Oxidationsstufe eines Elements kann in einer Formel durch eine Zahl, geschrieben mit römischen Ziffern als Exponent am Elementsymbol, angegeben werden (Oxidationszahl oder STOCK-Zahl)[23]. Die Oxidationsstufe Null wird durch die Ziffer 0 bezeichnet. Wenn ein Element in einer Verbindung in mehr als einer Oxidationsstufe vorkommt, wird das Elementsymbol wiederholt, und jedem Symbol wird eine Zahl zugeordnet. Die Symbole werden dann nach steigendem Zahlenwert und von negativ zu positiv geordnet.
Beispiele:

1. $K[Os^{VIII}(N)O_3]$ 2. $[Os^0(CO)_5]$

3. $Pb^{II}_2Pb^{IV}O_4$ 4. $Na_2O^{-I}_2$

Wo die Angabe einer Oxidationsstufe für jedes Einzelglied einer Gruppe (oder eines Clusters) nicht möglich oder sinnvoll ist, wird empfohlen, den Gesamtoxidationsgrad der Gruppe durch die formale Ionenladung (EWENS-BASSETT-Zahl, siehe Abschnitt 2.3.4.2) zu definieren. Dadurch erübrigt sich die Verwendung gebrochener Oxidationsstufen[24].

---

[23] Die Angabe der Oxidationsstufe bezieht sich auf das einzelne Atom und steht daher direkt an dessen Symbol. Die Ionenladung dagegen bezieht sich auf die gesamte Einheit (siehe Abschnitt 2.3.4.2).

[24] Oxidationsstufe ist ein formaler Ausdruck für die Zuordnung von Elektronen zu bestimmten Atomen oder Atomgruppen in einem Molekül und für das Verständnis von Redox-Reaktionen. Die Originalregeln zur Ermittlung der Oxidationsstufe erlauben keine gebrochenen Werte. Es ist selten möglich, in Atomgruppen Elektronen bestimmten Atomen zuzuordnen, wenn gebrochene Oxidationsstufen angenommen werden könnten. Von der Angabe gebrochener Oxidationsstufen sollte daher abgesehen und der hier vorgeschlagene

Beispiele:
   5. O_2^- 6. $Fe_4S_4^{3+}$ [24]

2.3.4.2   Ladungszahl, EWENS-BASSETT-Zahl

Die Ionenladung wird durch einen Exponenten als A^{n+} oder A^{n-} (nicht A^{+n} oder A^{-n}) angezeigt (siehe Abschnitt 3.1.2). Bei Komplexionen und ausgedehnten Strukturen wird $n+$ oder $n-$ als Exponent nach der entsprechenden eckigen oder runden Klammer benutzt. Wenn keine eckigen Klammern verwendet werden, wird die Ionenladung nach dem letzten Index der empirischen Formel angegeben, d.h. $X_xY_y^{n+}$ usw. und nicht $X_xY_y^{n+}$ oder $X_xY^{n+}_y$.

Beispiele:
   1. HF_2^- 2. $S_2O_7^{2-}$ 3. $[(CuCl_3)_n]^{m-}$
   4. NO^+ 5. $H_2NO_3^+$ 6. $[Al(H_2O)_6]^{3+}$

Abweichend von dieser Praxis werden in der Festkörpernomenklatur die positive Effektivladung im Defektkristall durch einen hochgestellten Punkt, die negative Effektivladung durch einen Apostroph angegeben (siehe Abschnitt 10.4).

2.3.4.3   Radikale (siehe Abschnitt 3.3.3)

Ein Radikal kann elektrisch neutral aber auch positiv oder negativ geladen sein. Bei Übergangsmetallverbindungen werden ungepaarte Elektronen normalerweise nicht angegeben. Auch in Nicht-Übergangsmetall-Radikalen werden die ungepaarten Elektronen selten ausdrücklich angezeigt. Eine Ladung an einem Radikal muß jedoch angegeben werden.

Ein Radikal wird durch einen Punkt als Exponent am Symbol des Elements oder der Gruppe gekennzeichnet[25]. Die Formeln mehratomiger Radikale werden in runde Klammern gesetzt mit dem Punkt als Exponent an den Klammern. In Radikalen, die als Koordinationsverbindungen behandelt werden (siehe Abschnitt 4.3), steht der Punkt als Exponent an den eckigen Klammern. Der hochgestellte Punkt zeigt nur das Vorhandensein eines ungepaarten Elektrons an und nicht dessen Position. Das gilt auch im Falle mehrerer ungepaarter Elektronen. In Formeln für Radikalionen steht der Punkt vor der Ladungsangabe[26].

Formalismus für die Ladungsangabe angewendet werden.

[25] Diese Praxis unterscheidet sich zum Teil von der in *Revised Nomenclature for Radicals, Ions, Radical Ions and Related Species* [53b] – die Position des ungepaarten Elektrons in Strukturformeln soll danach als mittiger Punkt hinter dem Elementsymbol oder als Punkt über oder unter dem Elementsymbol angegeben werden – und der in *Recommendations for Nomenclature and Symbolism for Mass Spectroscopy* [58] – ein hochgestellter Punkt zeigt auch die Einheit einer positiven Effektivladung an – empfohlenen.

[26] Diese Empfehlungen stimmen mit denen in *Revised Nomenclature for Radicals, Ions, Radical Ions and Related Species* [53b] und im *Compendium of Chemical Terminology* [32] überein; in Strukturformeln stehen Punkt sowie Ladungsangabe am jeweiligen Element-

Beispiele:
  1. $Br\,\cdot$
  2. $^7Li\,\cdot$
  3. $(SnCl_3)^{\cdot}$
  4. $[Mn(CO)_5]^{\cdot}$
  5. $(CO_2)^{\cdot-}$
  6. $[Cr(C_{10}H_7)_2]^{\cdot 3-}$
  7. $(NH_3)^{\cdot+}$
  8. $[Cr(C_{10}H_7)_2]^{\cdot+}$

Zwei ungepaarte Elektronen können als zwei Punkte oder 2· angezeigt werden. Mehr als zwei ungepaarte Elektronen sollten immer durch Exponenten $n\cdot$ (mit $n \geq$ 3) angegeben werden.

Beispiele:
  9. $(O_2)^{\cdot\cdot}$ oder $(O_2)^{2\cdot}$
  10. $(N_2)^{\cdot\cdot 2-}$ oder $(N_2)^{2\cdot 2-}$
  11. $(N_2O)^{\cdot\cdot 2+}$ oder $(N_2O)^{2\cdot 2+}$

Auch in Strukturformeln kann es zweckmäßig sein, den Punkt zur Lokalisierung ungepaarter Elektronen zu verwenden.

2.3.5 Weitere Modifikationen der Formel

2.3.5.1 Optisch aktive Verbindungen

Das Zeichen (+ bzw. −) für die optische Drehung wird in runde Klammern gesetzt, die Wellenlänge (in nm) wird als Index angegeben. Der vollständige Modifikator steht direkt vor der Formel und bezieht sich, wenn nicht anders angegeben, auf die D-Linie des Natriums [49 mm].

Beispiele:
  1. $(+)_{589}[Co(NH_2-CH_2-CH_2-NH_2)_2]Cl_3$
  2. $(-)_{589}[Co\{(-)NH_2-CH(CH_3)-CH_2-NH_2\}_3]Cl_3$

2.3.5.2 Angeregte Zustände

Angeregte elektronische Zustände können durch ein Sternchen (*) als Exponent am Elementsymbol angezeigt werden. Diese Praxis unterscheidet nicht zwischen verschiedenen angeregten Zuständen.

Beispiele:
  1. He^*
  2. NO^*

2.3.5.3 Strukturmodifikatoren

Stereodeskriptoren. Für die genaue Beschreibung einer chemischen Verbindung ist neben der Angabe der Zusammensetzung, der Art und Verknüpfung der einzelnen Atome und Atomgruppen auch die Angabe der räumlichen Anordnung der Atome im Molekül notwendig. Im Unterschied zur Strukturisomerie (durch

---

symbol. Nach den *Recommendations for Nomenclature and Symbolism for Mass Spectroscopy* [58] wird die Elementarladung vor dem Punkt angegeben. Wenn zu erwarten ist, daß Formulierungen wie $M^{2\cdot 2-}$ zu Verwirrungen führen könnten, ist die Verwendung von runden Klammern angezeigt: $M^{(2\cdot)(2-)}$.

unterschiedliche Reihenfolge der Atome im Molekül bedingt) beschreibt die Stereoisomerie die unterschiedliche räumliche Anordnung der Atome bei sonst gleicher Atomverteilung.

Im Vergleich mit organisch-chemischen Verbindungen kann die Stereoisomerie anorganisch-chemischer Verbindungen komplizierter sein. Die Regeln der 1990er Ausgabe der Nomenklatur der Anorganischen Chemie [45] mußten daher die Methoden der 1970er Regel [37] teilweise ersetzen und durch Einführung der Polyedersymbole (siehe Abschnitte 8.2.2 und 8.5.3), der Prioritätszahl (siehe Abschnitt 8.3.1), der *trans*-Maximaldifferenz (siehe Abschnitt 8.3.2) und des CEP-Deskriptors (siehe Abschnitt 4.3.4.3) erweitern.

Die Unterschiede zu den strukturellen Präfixen müssen klar herausgearbeitet werden, so sind *cis-* und *trans-* eher Stereodeskriptoren als strukturelle Präfixe.
Beispiele:
1. *cis*-$[PtCl_2(NH_3)_2]$
2. *trans*-$[MoCl_4(thf)_2]\cdot$*trans*-$[ReCl(N_2)(PMe_2Ph)_4]$

Strukturelle Präfixe. Modifikatoren wie *asym-*, *catena-*, *nido-* usw. sind in Tabelle 2.6 zusammengestellt (s.a. Abschnitt 6.3.2.2). Üblicherweise werden solche Modifikatoren als kursiv geschriebene Präfixe verwendet und mit der Formel durch einen Bindestrich verknüpft. Die Verwendung von *iso-* und *neo-* soll auf Fälle beschränkt werden, deren Struktur nicht bestimmt wurde (Abschnitt 6.3.2.6).
Beispiele:
3. *cyclo*-$H_3B_3O_6$
4. *arachno*-B_4H_{10}

Deskriptor für Brückenliganden. Der Modifikator μ zur Bezeichnung eines die Koordinationszentren verknüpfenden Atoms bzw. einer Atomgruppe kann als Präfix oder Infix verwendet werden. Die verbrückende Gruppe wird normalerweise in runden Klammern am Ende der Formel plaziert, modifiziert durch das Präfix μ, aber in jedem Fall vorzugsweise nach dem oder den Zentralatomen in der Formel. Wenn der Brückenligand mehr als zwei Atome verknüpft, wird μ selbst zu μ_3, μ_4 ..., μ_n modifiziert. Gibt es mehr als einen Brückenliganden, sollten die Brücken nach steigender Bindigkeit geordnet werden. Haben zwei oder mehr Brückenliganden die gleiche Bindigkeit, gilt die alphabetische Reihenfolge der Atomsymbole der Brücken. Zur ausführlichen Diskussion der Koordinationsverbindungen und der Verwendung von Strukturmodifikatoren siehe Abschnitt 4.3.
Beispiele:
5. $[\{Cr(NH_3)_5\}_2(\mu\text{-OH})]Cl_5$
6. $[Cr_3(\mu\text{-CH}_3COO)_6(\mu_3\text{-O})]Cl$
7. $[\{Co(CN)_5\}\{Fe(CN)_5\}(\mu\text{-CN})]$

2.3.6 Reihenfolgen der Symbole

2.3.6.1 Reihenfolgen

2.3.6.1.1 Allgemeines

Die Reihenfolge der Symbole in einer Formel ist immer willkürlich und sollte in jedem einzelnen Fall dem Zweck (Veröffentlichung oder Verzeichnis) entsprechen. Beispielsweise muß die Reihenfolge in einem Register dessen speziellen Anliegen genügen. Wenn es keine übergeordneten Kriterien gibt, sollten die in Tabelle 2.3 zusammengefaßten Hinweise befolgt werden.

Tabelle 2.3 Konstruktion von Formeln für Verbindungen

1. Den Bestandteilen Symbole zuordnen (Abschnitt 3.1).
2. Mengenverhältnisse der Bestandteile angeben (Abschnitt 2.3.3).
3. Bestandteile in elektropositive und elektronegative aufteilen (Abschnitt 2.3.6.1.2).
   Die Entscheidung ist vom Verbindungstyp abhängig. Es gibt Spezialregeln für Säuren (Abschnitt 2.3.6.1.2), mehratomige Gruppen (Abschnitt 2.3.6.2.4), binäre Verbindungen zwischen Nichtmetallen (Abschnitt 2.3.6.2.1), Kettenverbindungen (Abschnitt 2.3.6.2.2), intermetallische Verbindungen (Abschnitt 2.3.6.2.5), Koordinationsverbindungen (Abschnitt 2.3.6.2.6) und Additionsverbindungen (Abschnitt 2.3.6.2.8).
4. Formel zusammenstellen (Abschnitt 2.3.6).
5. Modifikatoren (strukturelle usw.) einfügen, sofern erforderlich (Abschnitte 2.3.2.3, 2.3.2.4, 2.3.5, 2.3.7).
6. Oxidationsstufen, Ladungen usw. einfügen, sofern erforderlich (Abschnitte 2.3.4.1, 2.3.4.2).

2.3.6.1.2 Elektronegativität (siehe auch Abschnitt 2.5.3.3)

In einer Formel basiert die Reihenfolge der Symbole auf der relativen Elektronegativität; die elektropositiveren Bestandteile werden zuerst zitiert. Bei Fehlen einer universellen Elektronegativitätsskala sollte Tabelle 2.7 zur Festlegung der relativen Elektronegativitäten verwendet werden. Im allgemeinen sollten die Elemente vor Al in der Folge der Tabelle 2.7 als elektronegativ betrachtet werden, die ab B als elektropositiv. Dies ist aber nicht verbindlich.

In binären Verbindungen zwischen Nichtmetallen (Abschnitt 2.3.6.2), in mehratomigen Gruppen (Abschnitt 2.3.6.5) und in intermetallischen Verbindungen (Abschnitt 2.3.6.6) wird der zuerst genannte Bestandteil formal als elektropositiv behandelt. Bei spezifischen Beispielen wie den Halogenoxiden kann es nötig sein, diese Empfehlungen zu modifizieren. In den Formeln für Brønsted-Säuren (siehe Abschnitte 5.2.1.1 und 5.4.2) wird der saure Wasserstoff als ein elektropositiver Bestandteil angesehen und steht unmittelbar vor den anionischen Bestandteilen.

Falls die Verbindung mehr als einen elektropositiven oder elektronegativen Bestandteil enthält, werden die Symbole in jeder Klasse alphabetisch geordnet.
Beispiele:

1. KCl 2. $CaSO_4$ 3. $NaHSO_4$ 4. H_2SO_4
5. $H[AuCl_4]$ 6. $[Cr(H_2O)_6]Cl_3$ 7. $IBrCl_2$ 8. O_2ClF_3

2.3.6.1.3 Alphabetische Reihenfolge

Ein Einbuchstabensymbol, z.B. B, rangiert immer vor einem Zweibuchstabensymbol mit gleichem Anfangsbuchstaben, z.B. Be. Nicht austauschbarer Wasser=stoff in einem Anion ist ein Ligand, der seine normale alphabetische Position einnimmt. Austauschbarer (saurer) Wasserstoff wird behandelt, wie in Abschnitt 2.3.6.1.2 beschrieben.

NH_4 wird wie ein einzelnes Symbol behandelt und folgt auf Ne. Wenn die ersten Symbole übereinstimmen, rangiert ein einatomiger Bestandteil vor einem mehratomigen oder komplexen, z.B. steht O vor OH. Sind die in einer Formel anzuordnenden Einheiten mehratomig, entscheidet ein für die Einheit charakteristisches Atomsymbol über die Reihenfolge. Wie in den Abschnitten 2.3.6.2 bis 2.3.6.7 beschrieben, bestimmt das erste Symbol in der Formel eines Komplexes oder einer mehratomigen Gruppe die alphabetische Reihenfolge. Beispielsweise werden SCN, UO_2, NO_3, OH und $[Zn(H_2O)_6]^{2+}$ unter S, U, N, O bzw. Zn eingeordnet.

Falls die erstgenannten Symbole übereinstimmen, wird das Symbol mit dem kleineren Index zuerst zitiert, z.B. NO_2 vor N_2O_2. Wenn dies noch nicht ausreicht, entscheiden die Folgesymbole alphabetisch und numerisch; z.B. rangiert NO_2 vor NO_3, NH_2 vor NO_2. Die Reihenfolge einiger Stickstoff-Anionen ist: N^{3-}, NH_2^-, NO_2^-, NO_3^-, $N_2O_2^{2-}$, N_3^-.

Die Empfehlungen in den Abschnitten 2.3.6.1.2 und 2.3.6.1.3 werden durch folgende Beispiele illustriert:

1. $KMgF_3$ 2. $MgCl(OH)$
3. $Na(UO_2)_3[Zn(H_2O)_6](C_2H_3O_2)_9$ 4. $FeO(OH)$
5. $NaNH_4HPO_4 \cdot 4H_2O$ 6. $AlLiMn^{IV}_2O_4(OH)_4$
7. $Pb(OH)(C_2H_3O_2)$ 8. $TiZnO_3$

Abweichungen von der alphabetischen Ordnung sind erlaubt, wenn Ähnlichkeiten zwischen Verbindungen betont werden sollen.
Beispiel:

9. $CaTiO_3$ und $ZnTiO_3$

2.3.6.2 Andere Reihenfolgen

2.3.6.2.1 Binäre Verbindungen zwischen Nichtmetallen

Entsprechend dem üblichen Gebrauch wird in Formeln binärer Verbindungen zwischen Nichtmetallen derjenige Bestandteil zuerst plaziert, der in der folgenden

Liste früher vorkommt[27].

Man beachte, daß es sich näherungsweise um eine Elektronegativitätsfolge handelt, die allerdings in einem Falle – der relativen Position von O – von der allgemein akzeptierten Folge abweicht.

Rn, Xe, Kr, Ar, Ne, He, B, Si, C, Sb, As, P, N, H, Te, Se, S, At, I, Br, Cl, O, F.

Beispiele:

1. NH_3 2. H_2S 3. Cl_2O 4. OF_2

2.3.6.2.2 Kettenverbindungen

In Formeln kettenförmiger Verbindungen, Reste bzw. Ionen aus drei oder mehr Elementen sollte stets die Reihenfolge eingehalten werden, in der die Atome im Molekül oder Ion tatsächlich verbunden sind.

Beispiele:

1. –SCN   (nicht –CNS)
2. HOCN   (Cyansäure)
3. HONC   (Knallsäure)
4. $[O_3POSO_3]^{3-}$

2.3.6.2.3 Mehratomige Ionen

In Formeln für mehratomige Ionen, ob komplex oder nicht, werden die Zentralatome (z.B. I in $[ICl_4]^-$, U in UO_2^{2+}, Si und W in $[SiW_{12}O_{40}]^{4-}$) oder die charakteristischen Atome (wie Cl in ClO^-, O in OH^-) zuerst genannt; dann folgen die Liganden in alphabetischer Reihenfolge der Symbole in jeder Klasse.

Beispiele:

1. SO_4^{2-} 2. OH^- [28]   3. $[CrO_7S]^{2-}$ [29]   4. UO_2^{2+}
5. $[P_2W_{18}O_{62}]^{6-}$ 6. $[BH_4]^-$ 7. ClO^- 8. $[ICl_4]^-$

2.3.6.2.4 Mehratomige Verbindungen oder Gruppen

Das Zentralatom der Verbindung oder Gruppe wird zuerst genannt. Falls zwei oder mehr verschiedene Atome oder Gruppen an ein einzelnes Zentralatom gebunden sind, folgen dem Symbol des Zentralatoms die Symbole der übrigen Atome oder Gruppen in alphabetischer Reihenfolge. Die einzigen Ausnahmen sind Säuren, in deren Formeln Wasserstoff zuerst aufgeführt wird[30]. Wenn ein Molekül eine

---

[27] Antimon ist hier als Nichtmetall klassifiziert, jedoch liegen seine Eigenschaften zwischen denen von Metallen und Nichtmetallen. In anderem Zusammenhang kann es als Metall angesehen werden. Die hier genannte Reihenfolge ist eine modifizierte Elektronegativitätsfolge.

In der IUPAC *Nomenclature of Inorganic Chemistry*, Ausgabe von 1970 [37] fehlen in dieser Folge Ar, Ne, He.

[28] Das Hydroxid-Ion wird durch das Symbol OH^- wiedergegeben, obwohl die Empfehlungen für die Formeln von Säuren (siehe Abschnitt 2.3.6.1.2 und Abschnitt 5.5.3) HO^- nahelegen.

[29] Die Formel ist wenig aussagekräftig, evtl. $[CrO_3(SO_4)]^{2-}$.

[30] Säuren können als binäre Verbindungen aufgefaßt werden und müssen nicht von vornherein als Ausnahme angesehen werden.

Gruppe wie $\equiv P{=}O$ enthält, die oft in verschiedenartigen Verbindungen vorkommt, kann sie als positiver Teil der Verbindung behandelt werden.

Beispiele:

1. $PBrCl_2$ 2. $PSCl_3$ oder PCl_3S
3. H_3PO_4 4. $POCl_3$ oder PCl_3O

2.3.6.2.5 Intermetallische Verbindungen

Die Bestandteile (einschließlich Sb) werden in der Formel in alphabetischer Reihenfolge ihrer Symbole plaziert. Abweichungen von dieser Ordnung sind erlaubt, z.B. um den ionischen Charakter zu betonen oder wenn Verbindungen mit analogen Strukturen verglichen werden sollen; jedoch ist die alphabetische Reihenfolge zu beachten, solange es keine übergeordneten Gründe gibt.

Beispiele:

1. Au_2Bi 4. Cu_5Zn_8 (analoge Strukturen)
2. $NiSn$ 5. Cu_5Cd_8

3. Mg_2Pb 6. Na_3Bi_5 (ionischer Charakter)

2.3.6.2.6 Koordinationsverbindungen

Formalismen. Abschnitt 4.3 befaßt sich mit der Nomenklatur für Koordinationsverbindungen. Als Formeln werden diese wie andere mehratomige Gruppen behandelt. Das Symbol des Zentralatoms oder der Zentralatome steht in der Formel einer Koordinationseinheit an erster Stelle, gefolgt von den Symbolen der ionischen und dann der neutralen Liganden. Die Elementsymbole der Zentralatome werden alphabetisch geordnet. Liganden werden innerhalb jeder Klasse alphabetisch nach dem ersten Symbol aufgeführt (Abschnitt 2.3.6.1 bis 2.3.6.5). Somit werden H_2O, NH_3, SiH_3^-, NO_3^-, SO_4^{2-} und OH^- bei H, N, Si, N, S bzw. O genannt; Liganden, die nur aus Kohlenstoff und Wasserstoff bestehen, werden unter C eingeordnet. In der Formel für organische Liganden mit Heteroatomen (anderen Atomen als Kohlenstoff und Wasserstoff) stehen entsprechend dem HILL'schen System Kohlenstoff und Wasserstoff vor den anderen alphabetisch geordneten Atomen. Die Position einer solchen Formel in der Formel für den gesamten Komplex wird durch die Reihenfolge der Heteroatome im Alphabet festgelegt. Von zwei Liganden mit demselben bestimmenden Atom rangiert das mit weniger solchen Atomen vor dem mit der größeren Anzahl. Wenn die Anzahl der bestimmenden Atome gleich ist, entscheiden die folgenden Symbole über die Sequenz. Zum Beispiel werden $P(C_2H_5)_3$ und C_5H_5N unter P bzw. N aufgeführt, C_5H_5N steht vor NH_3, und $C_2H_8N_2$ steht vor $C_{10}H_8N_2$.

Eckige Klammern werden verwendet, um die gesamte Koordinationseinheit, geladen oder nicht, einzuschließen. Dies ist bei einfachen Spezies wie den gewöhnlichen Oxoanionen (NO_3^-, NO_2^-, SO_4^{2-}, OH^- usw.) nicht nötig. Die verschiedenen Arten von Klammern werden in der in Abschnitt 2.5.2.2 beschriebenen Weise angeordnet.

Die Strukturformel eines Liganden beansprucht die gleiche Position in einer Sequenz wie seine Molekülformel.

Die an ein Metallatom gebundenen Moleküle NO und CO werden in der Koordinationsnomenklatur als neutrale Liganden behandelt.

Beispiele:

1. $K_3[Fe(CN)_6]$
2. $[Ru(NH_3)_5(N_2)]Cl_2$
3. $[Al(OH)(H_2O)_5]^{2+}$
4. $[PtCl_2(C_5H_5N)NH_3]$
5. $K_2[Cr(CN)_2O_2(O_2)NH_3]$
6. $[Co(C_2H_8N_2)_2(C_{10}H_8N_2)]^{3+}$

Abkürzungen für Liganden. Diese können in Formeln zur Angabe von Liganden verwendet werden; sie werden am gleichen Platz eingefügt, an dem sie als Formel stehen würden. Die Abkürzungen sollen in kleinen Buchstaben geschrieben werden und in runden Klammern stehen. Allgemein gebräuchliche Abkürzungen sind in den Tabelle 3.6.6 zu finden (siehe auch Abschnitte 2.5.3.5 und 3.3.3.3.7).

Beispiele:

1. $[Pt(py)_4][PtCl_4]$
2. $[Fe(en)_3][Fe(CO)_4]$
3. $[Co(en)_2(bpy)]^{3+}$ oder $[Co(C_2H_8N_2)_2(C_{10}H_8N_2)]^{3+}$

Die für organische Gruppen üblicherweise verwendeten Abkürzungen wie Ac, Bu, Et, Me, Ph, Pr usw. werden in anorganischen Formeln akzeptiert.

Es muß zwischen einem Anion und seiner Stammsäure unterschieden werden. Demnach ist acac eine Abkürzung für Acetylacetonat. Acetylaceton (Pentan-2,4-dion) wird zu Hacac. Die Nichtbeachtung dieser Konvention führt zu Inkonsistenzen und der Notwendigkeit, das Fehlen von Atomen durch negative Exponenten anzuzeigen. Solche Praktiken werden nicht empfohlen.

2.3.6.2.7 Oxosäuren

In der Formel werden zuerst die Wasserstoffatome aufgeführt, denen die saure Eigenschaft zugesprochen wird, dann folgen das Zentralatom und zum Schluß die das Zentralatom umgebenden Atome oder Atomgruppen. Für die letzteren gilt die Reihenfolge: Sauerstoffatomen, die nur an das Zentralatom gebunden sind, folgen die anderen Atome oder Atomgruppen, geordnet nach den Regeln der Koordinationsnomenklatur (siehe Abschnitt 2.3.6.7.1).

Beispiele:

1. H_2SO_4
2. $H_4P_2O_6$ oder $H_4[O_3P{-}PO_3]$ [31]
3. $H_4P_2O_7$ oder $H_4[O_3P{-}O{-}PO_3]$ [31]
4. HSO_3Cl

Ausnahmen sind erlaubt, wenn Strukturinformationen durch linearisierte

---

[31] Die in den englisch-sprachigen IUPAC-Empfehlungen [45] angegebenen linearisierten Strukturformeln $[(HO)_2OPPO(OH)_2$ und $(HO)_2OPOPO(OH)_2]$ entsprechen nicht der vorstehenden Regel.

Formeln oder partiell strukturierte Formeln vermittelt werden, z.B. bei mehrkernigen Spezies oder bei organischen Derivaten von Oxosäuren.
Beispiele:

  5. $C_6H_5SO_3H$
  6. $(C_6H_5)_2PO_2H$ oder $(C_6H_5)_2PO(OH)$

2.3.6.2.8 Additionsverbindungen

In der Formel für Additionsverbindungen werden die Einzelmoleküle nach steigender Anzahl aufgeführt; falls sie in gleicher Anzahl vorkommen, entscheidet die Stellung des ersten Symbols im Alphabet. Additionsverbindungen, die Borverbindungen oder Wasser enthalten, sind Ausnahmen, denn Wasser oder die Borverbindung werden zuletzt genannt. Wenn beide vorkommen, steht die Borverbindung vor Wasser. Dies ist für Hydrate Tradition.
Beispiele:

  1. $3CdSO_4 \cdot 8H_2O$
  2. $Al_2(SO_4)_3 \cdot K_2SO_4 \cdot 24H_2O$
  3. $AlCl_3 \cdot 4C_2H_5OH$
  4. $2CH_3OH \cdot BF_3$
  5. $BF_3 \cdot 2H_2O$

2.3.6.2.9 Isotop-modifizierte Verbindungen

Die Nuklide werden durch die Massenzahl als linker Exponent vor dem jeweiligen Atomsymbol unterschieden (siehe Abschnitt 3.1.2).

Wenn es nötig ist, verschiedene Nuklide an gleicher Stelle in einer Formel zu nennen, werden die Nuklidsymbole in alphabetischer Reihenfolge geschrieben, und, wenn ihre Atomsymbole gleich sind, nach steigender Massenzahl geordnet.

Einzelheiten werden in Kapitel 7 behandelt.

2.4 Morpheme

2.4.1 Affixe (Präfixe, Suffixe und Infixe)

Jeder Name oder Namensteil, der komplexer als ein einfacher Elementname ist, besteht aus einem Stamm mit Präfix und/oder Suffix. Das Suffix ist ein endständiger Vokal oder eine Kombination von Buchstaben. Diese Suffixe vermitteln Informationen, sind für die Verkürzung der Namen sehr zweckmäßig und haben spezielle Bedeutungen. Häufig gebrauchte Suffixe sind in Tabelle 2.4, vervielfachende und einige strukturelle Präfixe in Tabellen 2.5 und 2.6 zusammengestellt.

Tabelle 2.4 ist nicht erschöpfend. Einige Endungen, die entweder in der organischen Chemie oder in der Biochemie, jedoch selten in der anorganischen Chemie verwendet werden, sind nicht aufgenommen worden. Der erste Teil der Tabelle enthält einfache Suffixe, d.h. diejenigen, die nur eine Information geben. Der zweite Teil befaßt sich mit kombinierten Suffixen, die mehr als eine Information vermitteln, wenn man sie am Ende eines Namens zusammen verwendet.

Tabelle 2.4   Eine Auswahl von Affixen, die in der anorganisch-
und organisch-chemischen Nomenklatur verwendet werden

---

1. Einfache Affixe

-a   Endungsvokal in der (Skelett-)Austauschnomenklatur für Heteroatome
       – in der HANTZSCH-WIDMAN-Nomenklatur: -oxa, -aza.
       – in der Bor-Nomenklatur: -carba, -thia.

-an   Suffix für Namen neutraler gesättigter Hydride des Bors und der Ele-
       mente der Gruppen 14, 15 und 16: Diphosphan.
       HANTZSCH-WIDMAN-Endung für Namen gesättigter 3- bis 10-gliedriger
       Heteromonocyclen.

-at   Allgemeines Suffix für viele mehratomige Anionen in der anorganisch-
       chemischen Nomenklatur (einschließlich der Koordinationsnomenklatur)
       und in der organisch-chemischen Nomenklatur: Nitrat, Acetat, Hexa=
       cyanoferrat. Ausnahmen: Es gibt einige Anionen, deren Namen auf -it
       oder -id enden.

-en   Suffix für Namen ungesättigter acyclischer und cyclischer Kohlen-
       wasserstoffe: Penten, Cyclohexen.
       Suffix für Namen ungesättigter homogener und heterogener Ketten- und
       Ringverbindungen: Triazen.

-enig Modifikation für ein Suffix, das einen niedrigeren Oxidationszustand als
       -inig bezeichnet: Phosphenigsäure.

-eno Modifikation für ein Präfix, das einen niedrigeren Oxidationszustand als
       -ino bezeichnet: Phospheno-.

-id   Suffix für Namen verschiedener einatomiger Anionen: Chlorid, Sulfid.
       Suffix für Namen des elektronegativeren Bestandteils
       – in Binärnamen: Dischwefel-dichlorid.
       – in Namen von homopolyatomigen Anionen: Triiodid.
       – in bestimmten heteropolyatomigen Anionen: Cyanid.
       – in Anionen, die durch Entfernen eines oder mehrerer Hydronen von
       einem Stammhydrid oder von deren organischen Derivaten gebildet
       werden: Hydrazid.
       Suffix für einen systematischen Namen eines organischen Anions:
       Methanid.

-ig   Suffix einer Oxosäure mit einer Oxidationszahl, die unter der höchsten
       liegt. Diese Nomenklatur ist nicht generell empfohlen: Phosphorig-.

-in   Suffix für Trivialnamen bestimmter Wasserstoffverbindungen wie N_2H_4
       und PH_3: Hydrazin, Phosphin.
       Suffix für viele Trivialnamen heterocyclischer Verbindungen: -iridin,
       -etidin, -olidin.
       Suffix, welches das Vorliegen einer Dreifachbindung zwischen zwei Ato-
       men angibt.

Fortsetzung Tab. 2.4 *1. Einfache Affixe*

-inico	Endung für Präfixe, die einen auf -in endenden Oxosäurenamen bezeichnen: Arsinico-.
-ino	Endung für Präfixe, die eine Oxosäure bezeichnen: Sulfino-.
-inoyl	Endung für Präfixe, die einen Rest vom Typ $H_2X(O)^-$ bezeichnen: Phosphinoyl-.
-io	Allgemeines Suffix für Reste und Substituenten aller Art mit einem zentralen Metallatom, von dem die Bindung ausgeht; derartige Gruppen können entweder Koordinationseinheiten oder organometallische Einheiten sein: Cuprio-, Methylmercurio-, Tetracarbonylcobaltio-. Endung für Präfixe, die das kationische Zentrum in einer Struktur bezeichnen: -onium wird zu -onio, wie in Ammonio-; -inium wird zu -inio, wie in Pyridinio-.
-it	Suffix für Anionen oder Ester verschiedener Oxosäuren mit einem auf -ig endenden Säurenamen: Sulfit. Von ihrer Verwendung wird abgeraten, wenn sie nicht in Tabelle 5.3 genannt ist.
-ium	Endung für Namen vieler Elemente[32] und Endung für den Namen jedes neuen Elements. Suffix für viele elektropositive Bestandteile in anorganischen oder organischen, systematischen und trivialen Binärnamen. Suffix, das die Anlagerung eines Hydrons (oder einer positiven Alkylgruppe) an ein Stammhydrid oder dessen Substitutionsprodukt angibt: Ammonium-, Phosphanium-. Suffix für Namen von Kationen, die von Metallocenen gebildet werden: Ferrocenium-.
-o	Suffix, das einen negativ geladenen Liganden bezeichnet: Bromo-. Es kann auch als -ido, -ito, -ato vorkommen. Suffix für die Namen vieler anorganischer und organischer Reste: Piperidino-. Endung für in der Infixnomenklatur verwendete Infixe, die den Ersatz von Sauerstoffatomen und/oder Hydroxygruppen angeben: Thio-, Nitrido-.
-ocen	Suffix für die Trivialnamen von Bis(cyclopentadienyl)metallen und deren Derivate: Ferrocen.
-on	Infix einer Säure des Typs RSO_2OH oder $RPO(OH)_2$: Sulfonsäure, Phosphonsäure (R = H, Alkyl oder Aryl).
-onat	Suffix für den Namen eines Anions, das sich von einer „on"-Säure ableitet.
-onig	Infix einer Säure des Typs $RP(OH)_2$: Phosphonigsäure (R = H, Alkyl oder Aryl).
-onit	Suffix für Namen von Anionen oder Estern, die sich von $RPO(OH)_2$ oder ähnlichen Verbindungen herleiten (R = H, Alkyl oder Aryl).

---

[32] Früher für neue metallische Elemente vorgeschrieben.

Fortsetzung Tab. 2.4 *1. Einfache Affixe*

-ono   Endung für Präfixe, die eine Oxosäure der Bindigkeit 4 mit einem H oder einer Alkyl/Arylgruppe am Zentralatom bezeichnen: Phosphono-.

-onoyl   Endung für Präfixe, die einen Rest vom Typ HX(O)< (X = P oder As) bezeichnen: Phosphonoyl-.

-oran[33]   Suffix, das ein Derivat von Verbindungen des Typs XH_5 bezeichnet: Dichlortriphenylphosphoran (X = P).

-oryl   Endung für Präfixe, die eine Gruppe vom Typ –X(O) bezeichnen: Phosphoryl (X = P).

-y   Suffix für Namen verschiedener sauerstoffhaltiger Reste: Hydroxy-, Carboxy-.

-yl   Übliches Suffix für Namen von Resten von Stammhydriden: Methyl-, Phosphanyl-.
    Suffix für Trivialnamen vieler oxidierter Kationen: Uranyl-.
    Suffix für Namen von Radikalen: Ethoxyl.

-ylen   Suffix für Namen zweiwertiger Kohlenwasserstoffreste: Methylen-.

-yliden   Suffix für den Namen eines Restes, der durch Abgabe von zwei Wasser=stoffatomen vom selben Atom einer Kette oder eines Rings gebildet wird.

-ylidin   Suffix für den Namen eines Restes, der durch Abgabe von drei Was-serstoffatomen vom selben Atom einer Kette gebildet wird; nor-malerweise entsteht eine Dreifachbindung.

2. Zusammengesetzte Affixe

-anium   Suffix für Namen von Kationen, die durch Addition eines Hydrons an ein Stammhydrid mit einem „an"-Namen gebildet werden.

-ato   Suffix für den Namen eines organischen oder anorganischen anionischen Liganden: Sulfato-, Acetylacetonato-.

-diyl   Suffix für den Namen eines Restes, der durch Abgabe von zwei Wasser=stoffatomen des gleichen Atoms unter Bildung von zwei Einzelbindungen gebildet wird: Phosphandiyl-, HP<.

-ido   Modifikation eines auf -id endenden Anionnamens für die Nennung als Ligand: Disulfido-.

-inat   Suffix von Anionnamen verschiedener Nicht-Kohlenstoffsäuren, deren Namen auf -insäure enden: Phosphinat.

-inato   Modifikation des Namens eines Anions, das auf -inat endet, für die Nennung als Ligand.

-ito   Modifikation des Namens eines Anions, das auf -it endet, für die Nennung als Ligand.

---

[33] Diese Endung wurde für einkernige Stammhydride aus Elementen mit einer anderen als der Standard-Bindungszahl verwendet, erlaubt aber keine Erweiterung und führt zu mehrdeutigen Namen. Sie wird nicht empfohlen und ist nur als Alternative zu den nach der *Lambda-Konvention* [50] gebildeten Namen erlaubt.

Fortsetzung Tab. 2.4 *2. Zusammengesetzte Affixe*

-onat   Suffix für Anionnamen, die sich von einer „on"-Säure ableiten: Phosphonat.

-onato   Modifikation des Namens eines -onat-Anions für die Nennung als Ligand: Phosphonato-.

-onium   Suffix für den Namen eines Kations, das durch Anlagerung eines Hydrons an ein Stammhydrid entsteht: Phosphonium-.

-triyl   Suffix für den Namen eines Restes, der durch Abgabe von drei Wasserstoffatomen vom selben Atom, unter Bildung von drei einzelnen Bindungen gebildet wird: Phosphantriyl-, –P<.

2.4.2 Vervielfachende Präfixe[34]

Diese Affixe drücken das mehrfache Vorkommen von gleichartigen chemischen Einheiten aus. Sie sind griechischen Ursprungs[35], ausgenommen nona- und undeca-[36], die sich von lateinischen Zahlwörtern ableiten [51].

Neuerdings werden Zahlwörter für Angaben größer als 199 benötigt. Die CNOC hat daher die Regeln zur Generierung von Zahlwörtern durch Einführung der Endungen -cta- bzw. -lia- für die Hunderter bzw. Tausender erweitert.

Die einfachen vervielfachenden Präfixe Di-, Tri-, Tetra-, Penta- ... werden verwendet, um das mehrfache Vorkommen von einfachen Einheiten wie Atomen, Zentralatomen in kondensierten Säuren, einatomigen Liganden, einfachen (d.h. unsubstituierten) Substituenten, Austausch-Affixen, Verbindungsstämmen einiger Moleküle und Ionen und einfachen (d.h. unsubstituierten) Termini für die Angabe einer funktionellen Modifizierung anzugeben, vorausgesetzt, es entsteht keine Zweideutigkeit[37].

Für komplexe Einheiten wie organische Liganden (besonders, wenn diese substituiert sind), identisch substituierte Substituenten bzw. Stammstrukturen werden die vervielfachenden Präfixe Bis-, Tris-, Tetrakis-, Pentakis- ... verwendet, d.h. die Endung -kis wird, bei Tetra beginnend, an das entsprechende einfache vervielfachende Präfix angehängt. Die modifizierte Einheit wird zur Vermeidung von Mißverständnissen häufig in Klammern gesetzt.

Beispiele:

1. $[PtCl_4]^{2-}$ Tetrachloroplatinat(2–)-Ion
2. $[Fe(C{\equiv}C{-}C_6H_5)_2(CO)_4]$ Tetracarbonylbis(phenylethinyl)eisen

---

[34] Auch multiplikative, numerische Affixe, Multiplikativzahlen u.ä. genannt.

[35] Entsprechend dem Gebrauch im Englischen und Französischen werden diese Zahlwörter mit c, nicht mit k, geschrieben. Ausnahmen sind die Endung -kis- und das Zahlwort für 1000 kilia-.

[36] Die von griechischen Zahlwörtern abgeleiteten Präfixe ennea und hendeca, die früher für die Zahlen Neun und Elf verwendet wurden, sind größtenteils verschwunden.

[37] Bis- wird in „*p*-Phenylenbisketen" verwendet, da „Diketen" das Dimere von Keten ist; tris dient z.B. in „Tris(decyl)phosphan" zur Unterscheidung von „Tridecylphosphan".

Sie werden auch verwendet, wenn die Verwendung von di-, tri- usw. mehrdeutig ist oder sein könnte; dies ist gewöhnlich dann der Fall, wenn ein Analoges des zu vervielfachenden Terminus mit einem einfachen vervielfachenden Präfix beginnt.

Beispiele:

3. Bis(methylen)-   verglichen mit Dimethylen-
4. -bis(ylium)   verglichen mit -diylium

Zusammengesetzte vervielfachende Präfixe werden aufgebaut, indem zuerst die Einer, dann die Zehner, danach die Hunderter usw. genannt werden.

Beispiel:

5. 1996 Hexanonacontanonactakilia

Das Präfix mono- wird gewöhnlich weggelassen. Es wird jedoch verwendet, um anzuzeigen, daß nur eine von mehreren charakteristischen Gruppen einer Stammstruktur modifiziert worden ist, oder das Element normalerweise nicht in einem einatomigen Zustand existiert. Die Endung -kis wird zusammen mit mono- nicht verwendet.

Beispiele:

6.

Monoperoxyphthalsäure

7.

Phthalsäuremonomethylester

8. H   Monowasserstoff oder Monohydrogen
9. N   Monostickstoff oder Mononitrogen

Vervielfachende Präfixe sind in Tabelle 2.5 zusammengestellt. Für Details siehe die Abschnitte 4.2 und 5.1.

Die Präfixe hemi oder semi (1/2), sesqui (3/2), sester (5/2) werden mit Ausnahme von Klassennamen (Hemiacetal, Hemiketal) nicht mehr verwendet.

Beispiele:

$Ca_3P_2O_8$ Tricalcium-diphosphor-octaoxid
$Tl(I_3)_3$ Thallium-tris(triiodid)

Terphenyl

Tabelle 2.5   Vervielfachende Präfixe für mehrfach vorkommende ...

	Einheiten		komplexe	Identische Komponenten in Ringverbänden
	einfache			
1	mono[38]		hen[38]	uni
2	di[39]		bis	bi
3	tri		tris	ter
4	tetra		tetrakis	quater
5	penta		pentakis	quinque
6	hexa		hexakis	sexi
7	hepta		heptakis	septi
8	octa		octakis	octi
9	nona[36]		nonakis	novi
10	deca		decakis	deci
11	undeca[36]		undecakis	
12	dodeca		dodecakis	
13	trideca			
14	tetradeca	15 pentadeca		
16	hexadeca	17 heptadeca		
18	octadeca	19 nonadeca		
20	icosa[39]		icosakis	
21	henicosa		henicosakis	
22	docosa	23 tricosa		
30	triaconta	31 hentriaconta		
35	pentatriaconta			
40	tetraconta	48 octatetraconta		
50	pentaconta	52 dopentaconta		
60	hexaconta			
70	heptaconta			
80	octaconta			
90	nonaconta			
100	hecta			
200	dicta			
300	tricta			
1000	kilia			
2000	dilia			
	poly			multi

---

[38]   Alleinstehend werden die Zahlen 1 bzw. 2 durch mono- bzw. di- bezeichnet. Zusammen mit anderen Zahlwörtern wird die Zahl 1 durch hen- und 2 durch do- repräsentiert. Di wird auch in Zahlwörtern für 200 (dicta-) und 2000 (dilia-) verwendet.

[39]   Der Buchstabe i im Falle von Icosa wird bei Dicosa und Tricosa weggelassen. Früher wurde für die Zahl „Zwanzig" (20) das Zahlwort Eicosa verwendet.

2.4.3 Deskriptoren

Eine Anzahl von kurzen Wörtern, Abkürzungen und Symbolen werden für die Kennzeichnung struktureller, oft stereoisomerer Aspekte (Tabelle 2.6) verwendet. Meist werden sie kursiv geschrieben und vom Rest des Namens durch einen Bindestrich getrennt.

Beispiele:
cis-Bis(ethan-1,2-diamin)difluorocobalt(1+)
fac-Trichlorotris(pyridin)ruthenium
nido-Pentaboran(9)

In Namen wie Isopropyl- und Cyclohexan werden die Deskriptoren Iso- und Cyclo- direkt, aber nicht kursiv vor dem folgenden Namensteil geschrieben, da sie als Teil des Namens des Kohlenwasserstoffs oder seiner Derivate betrachtet werden. In der anorganischen Nomenklatur wird *cyclo*- als normaler Deskriptor behandelt.

Beispiel:
cyclo-Triphosphat(3–)

Tabelle 2.6 In der anorganisch-chemischen Nomenklatur
verwendete strukturelle Präfixe

antiprismo	acht Atome in der Form eines rechtwinkligen Antiprismas angeordnet.
arachno	eine Borstruktur, im Grad der Öffnung zwischen *nido*- und *hypho*- liegend.
asym (*as*)	asymmetrisch
catena	Kettenstruktur; wird oft benutzt, um lineare polymere Stoffe zu kennzeichnen.
cis	zwei Gruppen, die benachbarte Positionen in einer Ebene eines Polyeders besetzen; für genauere Angaben nicht mehr generell empfohlen.
closo	eine geschlossene oder Käfigstruktur, insbesondere ein Borgerüst, das ein Polyeder mit dreieckigen Flächen bildet.
cyclo (Cyclo)	eine Ringstruktur. Hier dient *cyclo* der Kennzeichnung einer bestimmten Struktur und wird daher kursiv gedruckt. In der organisch-chemischen Nomenklatur dagegen ist Cyclo Teil eines Stammnamens, da es die Molekülformel ändert. Es wird daher dort nicht kursiv geschrieben.
dodecahedro	acht Atome in Form eines Dodekaeders mit dreieckigen Flächen angeordnet.
fac	facial; drei Gruppen, die die Ecken einer Oktaederfläche besetzen; für genauere Angaben nicht mehr generell empfohlen.
hexahedro	fünf oder acht Atome in Form eines Hexaeders (z.B. Würfel) angeordnet.

Fortsetzung Tab. 2.6

hexaprismo	zwölf Atome in der Form eines hexagonalen Prismas angeordnet.
hypho	eine offene Struktur, insbesondere ein Borskelett, die geschlossener als eine *klado*-Struktur, aber offener als eine *arachno*-Struktur ist.
icosahedro	zwölf Atome in der Form eines aus Dreiecken aufgebauten Ikosaeders angeordnet.
klado	eine sehr offene Polyborstruktur.
mer	meridional; drei Gruppen, die die Ecken eines Oktaeders so besetzen, daß eine in *cis*-Stellung zu den beiden anderen steht, die ihrerseits in *trans*-Stellung zueinander stehen; für genauere Angaben nicht mehr generell empfohlen.
nido	eine nestartige Struktur, die beinahe geschlossen ist, insbesondere ein Borskelett.
octahedro	sechs Atome in Form eines Oktaeders angeordnet.
pentaprismo	zehn Atome in Form eines pentagonalen Prismas angeordnet.
quadro	vier Atome in Form eines Vierecks (z.B. Quadrat) angeordnet.
sym (*s*)	symmetrisch
tetrahedro	vier Atome in der Form eines Tetraeders angeordnet.
trans	zwei Gruppen an einem Zentralatom, die einander direkt gegenüber stehen, d.h. an den Polen einer Kugel; für genauere Angaben nicht mehr generell empfohlen.
triangulo	drei Atome in Form eines Dreiecks angeordnet.
triprismo	sechs Atome in Form eines dreieckigen Prismas angeordnet.
δ (delta)	bezeichnet mit seinem Lokanten und Exponenten die Position und die Anzahl der Doppelbindungen, die von einem Atom ausgehen; siehe auch Abschnitt 2.4.4.7.
η (eta)	bezeichnet die Haptizität eines Liganden
κ (kappa)	lokalisiert die koordinierten Atome eines Liganden.
λ (lambda)	bedeutet mit seinem Exponenten und/oder Index die Nichtstandard-Bindungszahl eines Atoms.
μ (mü)	ggf. mit Exponent oder Index; bedeutet, daß eine so bezeichnete Gruppe zwei oder mehr Koordinationszentren brückenartig verbindet.

2.4.4 Lokanten und andere Angaben

2.4.4.1 Einleitung

Lokanten sind Symbole (arabische Ziffern, Elementsymbole, kleingeschriebene lateinische Buchstaben, griechische Buchstaben, kursivgeschriebene Wörter oder Morpheme) zur Spezifizierung der Position struktureller Merkmale (Substituenten; Austauschatome in einer Kette, einem Ring oder Cluster; Positionen um ein Koordinationszentrum; Sättigungsgrad), die nicht schon im Namen der Stammverbindung eingeschlossen sind[40].

2.4.4.2 Zahlenangaben

Arabische Ziffern. Arabische Ziffern sind wesentliche Bestandteile der Nomenklatur. Ihre Position in einer Formel oder in einem Namen hat eine sehr spezielle Bedeutung.

Sie werden in FORMELN in vielfältiger Weise verwendet:

(a) Als Index[41], um die Anzahl von individuellen Bestandteilen (Atome oder Atomgruppen) anzugeben. Normalerweise wird die Zahl Eins weggelassen.

Beispiele:

1. $CaCl_2$
2. $[Co(NH_3)_6]Cl_3$

(b) Als Exponent[41], um die Anzahl der Elementarladungen anzugeben.

Beispiel:

3. Cu^{2+}
4. $[Al(H_2O)_6]^{3+}$

(c) Um die Zusammensetzung von Additions- oder nichtstöchiometrischen Verbindungen anzugeben. Die Zahl wird auf der Zeile vor der Molekülformel eines jeden Bestandteils geschrieben, ausgenommen die Zahl Eins (1), die weggelassen wird.

Beispiele:

5. $Na_2CO_3 \cdot 10H_2O$
6. $8WO_3 \cdot 9Nb_2O_5$

(d) Um die Massenzahl und/oder Ordnungszahl des durch sein Symbol repräsentierten Nuklids anzugeben. Die Massenzahl wird als linker Exponent[41], die Ordnungszahl als linker Index[41] geschrieben.

---

[40] Das Molekül einer anorganischen Verbindung kann eine Grundstruktur haben, die einfach wie ein Quadrat oder komplex wie ein großes Polyeder ist. In einigen Fällen sind einfache Einheiten über gemeinsame Strukturelemente wie Ecken, Kanten und Flächen verbunden.

[41] Bezeichnungen für Indizes und Exponenten werden in diesem Buch wie folgt verwendet; A^x: x = Exponent; ^xA: x = linker Exponent; A_x: x = Index; $_xA$: x = linker Index.

Beispiele:
  7. $^{18}_{8}O$

  8. $^{3}_{1}H$

(e) Um die Haptizität („Zähnigkeit") eines Liganden, d.h. die Anzahl von Atomen in einem Liganden, die in einer Koordinationsverbindung direkt an ein Zentralatom gebunden sind, anzugeben. Sie wird als Exponent an die Symbole κ (siehe Abschnitt 3.3.3.3.9) und η (siehe Abschnitt 3.3.3.3.10) geschrieben (siehe auch Abschnitt 4.4.2).
Beispiel:
  9. $[Fe(\eta^5\text{-}C_5H_5)_2]$

Arabische Ziffern werden auch in NAMEN in vielfältiger Weise verwendet:
(a) Um die Anzahl der Metall—Metall-Bindungen in mehrkernigen Koordinationsverbindungen anzugeben.
Beispiel:
  10. $[\{Ni(\eta^5\text{-}C_5H_5)\}_3(CO)_2]$
      Di-μ_3-carbonyl-*cyclo*-tris(η^5-cyclopentadienylnickel)(3 *Ni—Ni*)

(b) Um die Anzahl der Elementarladungen anzugeben.
Beispiel:
  11. $[CoCl(NH_3)_5]^{2+}$ Pentaamminchlorocobalt(2+)-Ion

(c) Um die Anzahl der durch Brücken verbundenen Zentralatome anzugeben.
Beispiel:
  12. $[\{(PtI(CH_3)_3\}_4]$ Tetra-μ_3-iodo-tetrakis(trimethylplatin)

(d) Arabische Ziffern werden in der Nomenklatur der Bor-Verbindungen verwendet (siehe Kapitel 6), um die Anzahl von Wasserstoffatomen im Stamm-Boran anzugeben. Die Zahl steht in runden Klammern unmittelbar hinter dem Namen.
Beispiele:
  13. B_2H_6 Diboran(6)
  14. $B_{10}H_{14}$ Decaboran(14)

(e) Als Exponent am kursiv geschriebenen Elementsymbol im Namen für einen mehrzähnigen Liganden als Lokant für spezifische Donoratome, wenn das gleiche Element an mehreren Positionen auftritt und keine spezifische Numerierung für die interessierenden Atome vorgesehen sind.
Beispiele:

  15. $(H_3C\text{-}CO\text{-}\overset{|}{C}H\text{-}CO\text{-}CH_3)^-$ Pentan-2,4-dionato-C^3
                                    oder Pentan-2,4-dion-3-ato-
                                    oder 1-Acetylacetonyl-
                                    oder Diacetylmethyl-

16.

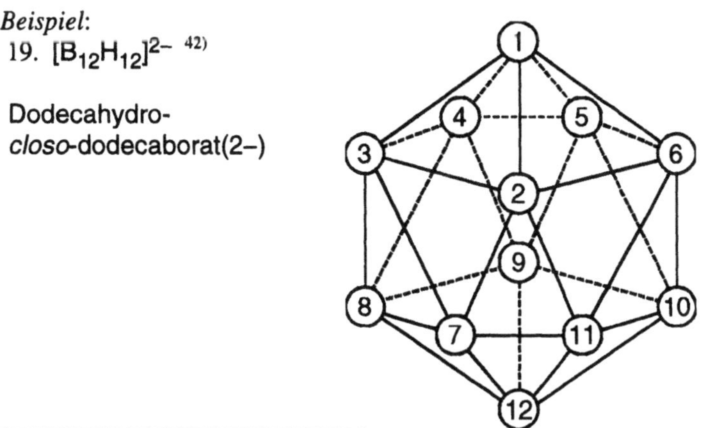

Tartrato(3–)-O^1,O^2-   Tartrato(4–)-O^2,O^3-

(f) In Additionsverbindungen geben die Ziffern die Anzahl der Moleküle der Bestandteile an.

Beispiel:

17. $8H_2S \cdot 46H_2O$ Hydrogensulfid—Wasser (8/46)

(g) In mehrkernigen Strukturen sind arabische Ziffern Teil des CEP-Deskriptors der zentralen Struktureinheiten (siehe Abschnitt 4.3.4.3).

(h) Als Exponent, um die Nichtstandard-Bindungszahl nach der Lambda-Konvention anzugeben (siehe Abschnitt 4.2.1.3).

Beispiel:

18. IH_5 λ^5-Iodan

(i) Arabische Ziffern als Lokanten werden in Fällen verwendet, in denen keine metallischen Elemente vorhanden sind, wie in Bor- oder Siliciumverbindungen sowie in Ketten- und Ringverbindungen. Die Numerierung der Atome des Moleküls oder Ions in jeder Verbindungsklasse lehnt sich an die Methoden der organisch-chemischen Nomenklatur an. Dies erlaubt die Spezifizierung der Skelettpositionen der an das Gerüst gebundenen Gruppen in einer Kette, einem Ring oder Cluster.

Beispiel:

19. $[B_{12}H_{12}]^{2-}$ [42]

Dodecahydro-
closo-dodecaborat(2–)

---

[42] Dieses Ikosaeder ist nicht gemäß der organisch-chemischen Nomenklatur numeriert, sondern nach Abschnitt 4.3.4.2. (An den numerierten Positionen sind Boratome plaziert; jedes Boratom trägt ein Wasserstoffatom.)

(j) Arabische Ziffern werden auch als Lokanten in mehrkernigen Koordinationsverbindungen und in Clustern (siehe Abschnitt 4.3) verwendet.
Beispiel:
20. $[Co(CO)_4Re(CO)_5]$ Nonacarbonyl-$1\kappa^5C,2\kappa^4C$-cobaltrhenium(Co—Re)

Römische Ziffern. Römische Ziffern (in Kapitälchen) zeigen in NAMEN die Oxidationszahl eines Atoms an und stehen in runden Klammern unmittelbar hinter
dessen Namen.
Beispiel:
$[Fe(H_2O)_6]^{2+}$ Hexaaquaeisen(II)-Ion

In FORMELN geben sie als Exponent am Elementsymbol dessen Oxidationszahl
an.
Beispiele:

1. $[Co^{II}Co^{III}W_{12}O_{42}]^{7-}$
2. $[Mn^{VII}O_4]^-$
3. $(Fe^{II}Fe^{III}_2)O_4$

2.4.4.3   Position von Lokanten

Lokanten (Ziffern und/oder Buchstaben) werden unmittelbar vor den Teil des
Namen plaziert, auf den sie sich beziehen. Ausgenommen sind traditionelle Kurz-
formen.
Beispiele:

Naphthalen-2-yl-   (aber Kurzform 2-Naphthyl-   nicht Naphth-2-yl-)
Pyridin-2-yl-   (aber Kurzform 2-Pyridyl-   nicht Pyrid-2-yl-)

2.4.4.4   Reihenfolge von Lokanten

In Fällen, in denen Lokanten verschiedener Art erforderlich sind, werden kursivgeschriebene lateinische Buchstaben vor griechischen verwendet; arabische Ziffern
kommen zuletzt:

As, N, P, α, ß, γ, 1, 2, 3, . . .

Apostrophierte Lokanten folgen einfachen Lokanten usw., z.B. *N, N', S, α, 1', 2,
2'', 3.*

2.4.4.5   Kleinste Lokantenreihe

In substituierten organischen, weniger in anorganischen Verbindungen können den
identischen Substituenten oder Liganden bei der Wahl des Verbindungsstamms
Lokanten in unterschiedlicher Weise zugeteilt werden. Für die Bildung eindeutiger
Namen gilt die Regel der kleinsten Lokantenreihe, d.h. die Reihe 1,1,1,5,5,2,4 im
folgenden Beispiel ist gegenüber 1,1,5,5,5,2,4 bevorzugt, da an der dritten Stelle
der in aufsteigender Folge geordneten Lokanten die erste Unterscheidung erfolgt
(1,1,1,2,4,5,5 verglichen mit 1,1,2,4,5,5,5). Es spielt keine Rolle, wenn nach
dieser Entscheidung an späterer Stelle Lokanten vorkommen, die höher sind, als
die entsprechenden in der alternativen Variante.

Beispiel:

ClH$_2$Si   SiH$_2$Cl   1,1,1,5,5-Pentachlor-2,4-bis(chlorsilyl)pentasilan
  \   /   (nicht
   2   3   4
      SiHSiH$_2$SiH   1,1,5,5,5-Pentachlor-2,4-bis(chlorsilyl)pentasilan)
    /   \
   1   5
Cl$_3$Si   SiHCl$_2$

Für das folgende Beispiel sind von den unterschiedlichen Möglichkeiten der Benennung einige genannt.

Beispiel:

Br–SiH$_2$–SiHCl–SiH$_2$
                    \
           SiH–SiH$_2$–SiH$_2$–SiH$_2$Cl
          /
Cl–SiH$_2$–SiH$_2$–SiHBr

3-Brom-4-(3-brom-2-chlor-trisilanyl)-1,7-dichlor-heptasilan
3,7-Dibrom-1,6-dichlor-4-(3-chlor-trisilanyl)heptasilan
7-Brom-4-(1-brom-3-chlor-trisilanyl)-1,6-dichlor-heptasilan
1,5-Dibrom-2,7-dichlor-4-(3-chlor-trisilanyl)heptasilan

Der Vergleich der Lokantensätze

1,3,4,7   1,3,4,6,7   1,4,6,7   1,2,4,5,7

ergibt zwei Reihen unterschiedlicher Länge. Hier helfen folgende Regeln weiter:

Kommen mehrere Ketten gleicher Länge als Verbindungsstamm in Frage, so wählt man der Reihe nach:

1. die Kette mit den meisten Substituenten.

H$_3$Si–SiHCl–SiHCl
                    \
           SiH–SiH$_2$–SiH$_2$–SiH$_3$
          /
H$_3$Si–SiH$_2$–SiHCl

4-Trisilanyl-2,3,5-trichlor-heptasilan
(nicht 2,3-Dichlor-4-(1-chlor-trisilanyl)heptasilan)

2. Die Kette, deren Substituenten die niedrigeren Lokanten aufweisen.

H$_3$Si–SiHCl–SiH$_2$
                    \
           SiH–SiH$_2$–SiHCl–SiH$_3$
          /
H$_3$Si–SiH$_2$–SiHCl

2,5-Dichlor-4-(2-chlor-trisilanyl)heptasilan
(nicht 2,6-Dichlor-4-(1-chlor-trisilanyl)heptasilan)

Damit ist der für das obige Beispiel zuletzt genannte Name der bevorzugte.

Falls für eine Entscheidung weitere Kriterien erforderlich sind, werden die folgenden angewendet:

3. Die Kette mit den meisten Skelettatomen in den sekundären Seitenketten.

$$\begin{array}{cccc}
H_3Si & SiH_3 & H_3Si & SiH_3 \\
| & | & | & | \\
H_3Si\!-\!SiH_2\!-\!SiH\!-\!SiH_2\!-\!SiH\!-\!SiH_2 & & H_2Si\!-\!SiH\!-\!SiH_2\!-\!SiH\!-\!SiH_2\!-\!SiH_3 \\
& \diagdown\ \diagup & \\
& Si & \\
& \diagup\ \diagdown & \\
H_3Si\!-\!SiH_2\!-\!SiH\!-\!SiH_2\!-\!SiH\!-\!SiH_2 & & H_2Si\!-\!SiH\!-\!SiH_2\!-\!SiH\!-\!SiH_2\!-\!SiH_3 \\
| & | & | & | \\
H_3Si & SiH_3 & H_3Si & SiH_2\!-\!SiH_3
\end{array}$$

**7,7-Bis(2,4-disilylhexasilanyl)-3-disilanyl-5,9,11-trisilyl-tridecasilan
(nicht 7-(2,4-Disilylhexasilanyl)-7-(2-silyl-4-disilanylhexa=
silanyl)-3,5,9,11-tetrasilyl-tridecasilan)**

Für den ersten Namen ergibt sich für die Anzahl der Skelettatome die Folge 1,1,1,2,8,8, für den zweiten die Folge 1,1,1,1,8,9. Die Entscheidung fällt an der vierten Stelle: 2 ist größer als 1.

4. Die Kette mit den am wenigsten verzweigten Seitenketten.

$$\begin{array}{c}
H_3Si\!-\!SiH\!-\!SiH_3 \\
| \\
H_3Si\!-\!SiH_2\!-\!SiH_2\!-\!SiH_2\!-\!SiH \\
| \\
H_3Si\!-\!SiH_2\!-\!SiH_2\!-\!SiH_2\!-\!SiH_2\!-\!SiH\!-\!SiH\!-\!SiH_2\!-\!SiH_2\!-\!SiH_2\!-\!SiH_2\!-\!SiH_3 \\
| \\
SiH_2\!-\!SiH_2\!-\!SiH_3
\end{array}$$

**5-Trisilanyl-6-[1-(1-silyl-disilanyl)pentasilanyl]dodecasilan
(nicht 5-(1-Silyl-disilanyl)-6-(1-trisilanyl-pentasilanyl)dodecasilan)**

Weiter gilt[43]:
Wenn mehrere Substituenten gleichwertige Positionen einnehmen, erhält derjenige den niedrigeren Lokanten, der nach dem Alphabet geordnet im Gesamtnamen zuerst erscheint.
Beispiel:

$$H_3Si\!-\!SiH_2\!-\!SiHBr\!-\!SiHCl\!-\!SiH_2\!-\!SiH_3$$

3-Brom-4-chlor-hexasilan (nicht **4-Brom-3-chlor-hexasilan**)

---

[43] Neben den genannten Kriterien werden, falls erforderlich, die Regeln der organisch-chemischen Nomenklatur angewendet.

Kommen mehrere zusammengesetzte Substituenten vor, deren Namen
aus den gleichen Morphemen bestehen, wird der Substituent zuerst
aufgeführt, der an der ersten abweichenden Stelle den niedrigeren Lokanten
aufweist.
Beispiel:

$$H_3Si\text{-}SiH_2\text{-}SiHBr$$
$$|$$
$$H_3Si\text{-}SiH_2\text{-}SiH_2\text{-}SiH\text{-}SiH\text{-}SiH_2\text{-}SiH_2\text{-}SiH_3$$
$$|$$
$$H_3Si\text{-}SiHBr\text{-}SiH_2$$

4-(1-Brom-trisilanyl)-5-(2-bromtrisilanyl)octasilan

2.4.4.6 Lateinische Kleinbuchstaben

Die Zentralatome der Polyoxoanion-Polyeder werden in der gleichen Weise wie
bei Borverbindungen numeriert, jedoch müssen auch die Ecken um diese gekennzeichnet werden. Diese werden durch einen Kleinbuchstaben an der Nummer des
Zentralatoms bezeichnet, auf das sich eine bestimmte Ecke bezieht. Ein Oktaeder
braucht sechs Buchstaben, a, b, c, d, e, f, für seine sechs Ecken, ein Tetraeder vier
Buchstaben, a, b, c, d, für seine vier Ecken usw.[40]

Beispiel ist die auf S. 48 abgebildete Lokantenbezeichnung im $[Mo_6O_{19}]^{2-}$-
Ion.

Kursiv geschriebene lateinische Kleinbuchstaben. In der Ausgabe der IUPAC
Nomenclature of Inorganic Chemistry von 1970 [37] wurden diese für die Be-
zeichnung der Position von Liganden in einem Koordinationspolyeder verwendet,
um sie von Lokanten in arabischen Ziffern (siehe Abschnitt 2.4.4.2 – Arabische
Ziffern) zu unterscheiden, die spezifische Atome in einer Struktur lokalisieren.
Beispiel:

abc,def-Bis(propan-1,2,3-triamin)cobalt(3+)

Diese Konvention ist durch die Verwendung von Stereodeskriptoren ersetzt
worden (s. Kapitel 8.2). Zur Verwendung kursiv geschriebener lateinischer
Kleinbuchstaben siehe auch Abschnitt 2.5.1.2.3.

2.4.4.7 Griechische Buchstaben

Griechische Kleinbuchstaben werden verwendet:

- In Konjunktionsnamen für organische Verbindungen zur Angabe von Positionen in Seitenketten, z.B. α-Methylcyclohexanmethanol.
- Zur Angabe von Positionen relativ zu oder von Abständen zwischen charakteristischen Gruppen, z.B. β-Diketon.
- Zur Angabe der Ringgröße von Lactonen, z.B. γ-Butyrolacton.

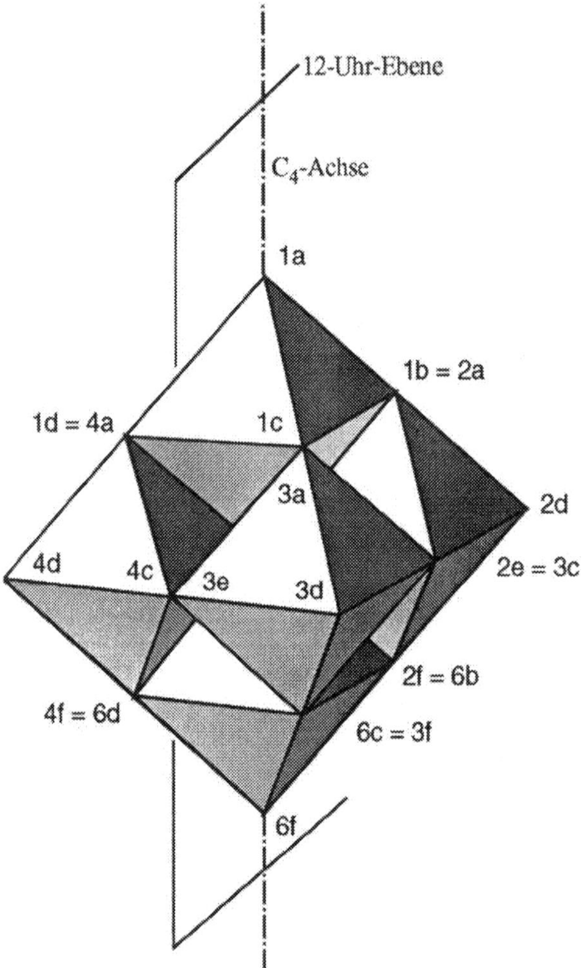

Abb. 2.1 Lokantenbezeichnungen im $[Mo_6O_{19}]^{2-}$-Ion

– Zur Angabe von Endgruppen in Polymernamen, z.B. α-(Trichlormethyl)-ω-chlor-poly(phen-1,4-ylenmethylen).
– Zur Unterscheidung von allotropen oder polymorphen Formen, z.B. α- und β-Quarz, λ- und μ-Schwefel.
– Zur Bezeichnung der Phasen von Legierungen, z.B. α- und β-Bronze.
Die Verwendung griechischer Kleinbuchstaben in Ringen und Ketten wurde zugunsten arabischer Ziffern aufgegeben (Propan-2-ol statt β-Propanol).

Spezielle griechische Groß- und Kleinbuchstaben werden in folgenden Fällen gebraucht:

Δ wird für die Angabe der absoluten Konfiguration verwendet.
Es wird als Strukturdeskriptor für Deltaeder benutzt.
Es wurde auch verwendet zur Bezeichnung einer Doppelbindung
– in Heteromonocyclen.
– zwischen einem Ring oder Ringsystem und einer acyclischen Komponente in einem Konjunktionsnamen.

δ wird verwendet
in der Festkörper-Nomenklatur (siehe Abschnitt 10.2), um geringfügige Abweichungen in der Zusammensetzung anzugeben;
zusammen mit einem Exponenten (c) zur Angabe, daß „c" Doppelbindungen an das gleiche Skelettatom eines cyclischen Stammhydrids gebunden sind;
zusammen mit Λ zur Bezeichnung der Chiralität gewisser Chelate. Das Isomer von $[Co(en)_3]Cl_3$, das bei 589 nm positive Rotation gibt, wird mit $\Lambda\delta\delta\delta$ bezeichnet.

ε wird in der Festkörper-Nomenklatur (siehe Abschnitt 10.2) verwendet, um geringfügige Abweichungen in der Zusammensetzung anzugeben.

η wird als Symbol für die Haptizität eines Liganden verwendet (siehe Abschnitt 3.3.3.3.10).

κ wird als Bezeichnung für koordinierende Atome in der *Kappa-Konvention* (siehe Abschnitt 3.3.3.3.9) verwendet.

Λ wird für die Angabe der absoluten Konfiguration verwendet.

λ wird mit einer arabischen Ziffer als Exponent verwendet, um die Nichtstandard-Bindungszahl in der *Lambda-Konvention* (Abschnitt 4.2.1.3) anzugeben; zeigt den Helixcharakter der Konformation von Chelatringen an.

μ wird als Symbol für Brückenliganden verwendet.

π bezeichnete eine Bindung, die von überlappenden π-Orbitalen ausgeht.

σ bezeichnete eine Bindung, die von gepaarten Elektronen ausgeht.

2.5 Formalismen

2.5.1 Schreibung

Bedeutung der Schreibung. Einheitlicher Gebrauch und Schreibung von Namen und Formeln ist Voraussetzung für die internationale und interdisziplinäre Kommunikation. Die Empfehlungen der IUPAC sind als Basis anzusehen. Dabei ist zu bedenken, daß bei der Wahl eines Namens oder Terminus weder Etymologie noch landessprachliche Rechtschreiberegeln eine Rolle spielen. Die gemeinsame Verwendung von Morphemen, die aus dem Lateinischen und Griechischen stammen, in einem Namen (Hybridnamen), ist in Fachsprachen wie in der Gemeinsprache häufig zu beobachten.

Die Schreibung der Elementnamen entspricht der in den anorganisch-chemischen Nomenklaturregeln der IUPAC festgelegten[44].

Verbindungen werden durch Ketten aus Buchstaben, numerischen und Sonderzeichen charakterisiert. Diese dienen der Definition der Strukturelemente des Moleküls, der Angabe von deren Anzahl sowie deren Verknüpfung und Anordnung im Raum.

Neben den Namen für Elemente und Einzelverbindungen gibt es Bezeichnungen für Substanzklassen sowie allgemeine Bezeichnungen für Stoffgruppen. Wenn an diese auch nicht die Anforderungen gestellt werden müssen, wie an die Namen für Einzelverbindungen, so ist die Festlegung auf möglichst eine Bezeichnung und deren Definition notwendig.

2.5.1.1 Auslassung und Einfügung von Vokalen

Im allgemeinen werden in der anorganisch-chemischen Nomenklatur die Endvokale von Morphemen nicht weggelassen, es sei denn, daß dies aus sprachlichen Gründen zweckmäßig ist.

Andererseits werden in Namen u.a. aus Gründen der Sprechbarkeit (Euphonie) Vokale eingeschoben.

Auslassungen von Vokalen. Vokale werden systematisch wie folgt weggelassen:
(a) das endständige **a** eines HANTZSCH-WIDMAN-Präfixes,
– wenn ein Suffix oder
– eine Endung folgt, das/die mit einem Vokal beginnt;
Beispiele:
  1,3-Oxazol   (nicht 1,3-Oxaazol oder 1,3-Oxaazaol)
  1,4-Thiazepin (nicht 1,4-Thiaazepin oder 1,4-Thiaazaepin)

---

[44] Zum Beispiel (im Englischen) sulfur, nicht sulphur (vgl. Abschnitt 1.3, Fußnote 8).

(b) das endständige a von vervielfachenden Affixen,
- wenn ein Suffix oder
- eine Endung folgt, das/die kein selbständiges Wort ist, jedoch mit a oder o beginnt,

oder

- ein HANTZSCH-WIDMAN-Präfix folgt, das mit einem Vokal beginnt;

Beispiele:

Benzenhexol   (nicht Benzenhexaol)
[1,1'-Binaphthalen]-3,3',4,4'-tetramin
                     (nicht [1,1'-Binaphthalen]-3,3',4,4'-tetraamin)[45]
1,3,5,7-Tetroxocan (nicht 1,3,5,7-Tetraoxocan oder 1,3,5,7-Tetraoxaocan)

(c) das endständige a eines a-Terms
- in Hydridnamen,
- in Ketten aus Repetiereinheiten (siehe Abschnitt 4.2.2.5) oder

Beispiele:

Disilan   (nicht Disilaan)
Tetrasiloxan   (nicht Tetrasilaoxan oder Tetrasilaoxaan)

(d) das endständige o eines Austauschinfixes, wenn ein Vokal folgt.

Beispiel:

P-Phenyl-phosphonamidsäure (nicht *P*-Phenyl-phosphonoamidsäure)

Es gibt keine Auslassung von Vokalen in folgenden Fällen:
(a) vor selbständigen Namensteilen:

Im allgemeinen[46] werden in der anorganisch-chemischen Nomenklatur die Endvokale vervielfachender Präfixe nicht weggelassen, es sei denn, daß dies aus sprachlichen Gründen erforderlich ist[47].

Beispiele:

1. Tetraaqua   (nicht Tetraqua)
2. Tetraammin   (nicht Tetrammin)

(b) von Austausch- oder vervielfachenden Präfixen in der Austauschnomenklatur[48];

Beispiel:

2,5,8,11-Tetraoxaoctadecan

---

[45] Ammin dagegen wird als selbständiges Wort behandelt, Beispiel siehe Abschnitt 2.5.2.3.3 (d).

[46] Dies gilt nicht für die Austauschnomenklatur, siehe (b).

[47] Die Ausnahme ist Monoxid; es wird dem Namen Monooxid vorgezogen. Zu Auslassungen in zusammengesetzten vervielfachenden Präfixen (i von icosa z.B. in Docosa, Tricosa) sowie in systematischen Namen für Elemente mit Ordnungszahlen >100 (n von enn vor nil und i von bi und tri vor ium) siehe Abschnitt 3.1.1.2.

[48] Vergleiche aber die HANTZSCH-WIDMAN-Nomenklatur (siehe Abschnitt 4.2.2.8.2).

(c) von vervielfachenden Präfixen in Hydridnamen oder vor Substituenten-
    präfixen:
Beispiele:
  Nonaazan
  1,3,6,8-Tetraoxo-1,2,3,6,7,8-hexahydropyren-2-carbonsäure

(d) in zusammengesetzten Präfixen:
Beispiel:
  4-(Thioacetyl)benzoesäure

Einfügung des Vokals „o". Aus Gründen der Sprechbarkeit wird gelegentlich der
Vokal o zwischen Konsonanten eingeschoben.
Beispiele:
  Naphthalen-2-sulfonodiimidsäure
  Ethansulfonohydroximidsäure

2.5.1.2 Kursivschreibung[49) 50)]

Durch Kursivschreibung wird in NAMEN die Bedeutung der Namensteile definiert.
U.a. dient sie dazu, Buchstaben zu kennzeichnen, die bei der alphabetischen Anordnung der Namen in Registern nicht berücksichtigt werden.

Verwendet wird die Kursivschreibung:

(a) In Doppeloxiden und -hydroxiden, wenn der Strukturtyp angegeben werden
    muß.
Beispiel:
  $MgTiO_3$ Magnesium-titan-trioxid (*Ilmenit*-Typ)

(b) In der Festkörpernomenklatur in PEARSON- und Kristallsystem-Symbolen (siehe
    Abschnitt 3.1.5 und Tabelle 3.2).
Beispiel:
  Eisen*(c/2)*

(c) Für versal geschriebene Polyedersymbole in Namen für Koordinationsverbin-
    dungen (siehe Abschnitt 8.2.2).
Beispiel:
  $[Co(NO_2)_3(NH_3)_3]$ (*OC*-6-22)-Triammintrinitrocobalt(III)

In FORMELN wird Kursivschreibung verwendet

(a) um Zahlen zu kennzeichnen, die nicht definiert sind, z.B. Fe^{n+}, $(HBO_2)_n$
    usw.;
(b) für Defekt-Cluster;
(c) zur Angabe des Kristalltyps;
(d) zur Angabe der Zusammensetzung nichtstöchiometrischer Verbindungen
    [Beispiele siehe Abschnitt 2.5.2.2.2 - Verwendung in Formeln (f), (g), (h)],
    usw.

[49)] Zur Verwendung in Namen siehe auch Abschnitt 2.4.4.6.

[50)] In maschinengeschriebenen Manuskripten ist es üblich, kursiv zu schreibende Wörter oder
Buchstaben einfach zu unterstreichen.

2.5.1.2.1 Kursiv geschriebene Elementsymbole

Kursiv geschriebene Elementsymbole werden verwendet:

(a) Zur Lokalisierung von Positionen in einer Struktur, die sonst nicht anders bezeichnet werden können.

Beispiel:

N,N'-Dimethylschwefelsäurediamid

(b) In Namen für Koordinationsverbindungen kennzeichnen kursiv geschriebene Elementsymbole das Atom oder die Atome, über die ein Ligand an das Koordinationszentrum gebunden ist. Dies ist unabhängig davon, ob die Kappa-Konvention (siehe Abschnitt 3.3.3.9) angewendet wird oder nicht.

Beispiel:

Bis(propan-1,2,3-triamin-*N,N'*)kupfer(2+)

(c) Um die Symbole der Metallatome hervorzuheben, die in mehrkernigen Koordinationsverbindungen an andere Metallatome gebunden sind.

Beispiel:

1. $[Os_3(CO)_{12}]$ Dodecacarbonyltriosmium(3 *Os–Os*)

(d) Zur Angabe des indizierten Wasserstoffs oder *added*-Wasserstoffs durch das kursiv geschriebene Symbol *H*.

Beispiele:

3*H*-Pyrrol
Phosphinin-2(1*H*)-on

2.5.1.2.2 Kursiv geschriebene Präfixe

Zur Bezeichnung der Beziehung eines Liganden bzw. Substituenten zum anderen sowie der Definition von Polyederstrukturen werden kursiv geschriebene Präfixe verwendet, z.B. *cis-*, *fac-*, *arachno-* (siehe Tabelle 2.6).

Sie dienen anstelle von Lokanten zur Klärung zweideutiger Situationen.

Beispiel:

$[peroxo\text{-}^{18}O_2]$Peroxodischwefelsäure

2.5.1.2.3 Kursiv geschriebene lateinische Kleinbuchstaben

Kursiv geschriebene lateinische Kleinbuchstaben dienen zur Spezifizierung der Drehung des polarisierten Lichts durch das einzelne Isomere (siehe Kapitel 8):
d (*dextro*, +) und *l* (*laevo*, –).

In Namen oder Formeln organisch-chemischer Strukturen werden kursiv geschriebene lateinische Kleinbuchstaben verwendet

– anstelle numerischer Lokanten *o* (für 1,2), *m* (für 1,3), *p* (für 1,4) zur Lokalisierung der Substituenten in disubstituierten Benzenderivaten; die numerischen Lokanten werden bevorzugt.

– für die Angabe der an der Anellierung beteiligten Seiten der Einzelringe in einem anellierten Ringsystem.

In den 1970er Regeln [37] wurden die Positionen von Liganden in einem Koordinationspolyeder durch kursiv geschriebene lateinische Kleinbuchstaben bezeichnet, z.B. *engl. abc,def*-bis(1,2,3-propanetriamine)cobalt(3+) (siehe Abschnitt 2.4.4.6).

2.5.2 Interpunktion

Wie Normal- und Kursivschreibung, lateinische bzw. griechische Groß- und Kleinbuchstaben, arabische und römische Ziffern usw., werden auch (Satz)zeichen mit definierter Bedeutung verwendet. Die Interpunktion in chemischen Namen ist daher von großer Bedeutung und muß zur Vermeidung von Mißverständnissen beachtet werden.

2.5.2.1   Leerräume

Leerräume werden in Namen nur nach definierten Regeln verwendet; die Praxis kann sich von Sprache zu Sprache und auch von den englischen IUPAC Empfehlungen unterscheiden[51]. In der englischen Sprache sind Leerräume ein sehr wichtiger Typ der Interpunktion für viele Arten von Namen. Wenn ein Leerraum in einem Namen erforderlich ist, muß er verwendet werden, damit der Name eindeutig ist. Andererseits kann die Verwendung von Leerräumen an Stellen, wo sie nicht erforderlich sind, mißdeutig sein.

An vielen Stellen, wo im Englischen Leerräume zwischen den Wörtern eines Begriffs verwendet werden, stehen im Deutschen Bindestriche.

In NAMEN werden Leerräume wie folgt verwendet:

(a) Um am Ende des Namens einer mehrkernigen Verbindung die arabischen Ziffern von den kursiv geschriebenen Symbolen der Zentralatome zwischen runden Klammern zu trennen.

Beispiel:

   1. $[Os_3(CO)_{12}]$ *cyclo*-Tris(tetracarbonylosmium)(3 *Os—Os*)

(b) Um die Angabe der Mengenverhältnisse in Additionsverbindungen vom Rest des Namens zu trennen.

Beispiel:

   2. $3CdSO_4 \cdot 8H_2O$ Cadmiumsulfat—Wasser (3/8)

(c) Um die Bezeichnung des Strukturtyps vom Namen von Doppeloxiden bzw. -hydroxiden zu trennen (siehe Abschnitt 2.3.2.4).

Beispiel:

   3. $MgTiO_3$ Magnesium-titan-trioxid (*Ilmenit*-Typ)

2.5.2.2   Klammern

Die chemische Nomenklatur verwendet drei Typen von Klammern: geschweifte Klammern { }, eckige Klammern [ ] und runde Klammern ( ). Die letzten beiden Arten werden häufig gebraucht. Sie werden verwendet, um in einem Namen Teile

---

[51] Leerräume in Namen chemischer Verbindungen („two word names") sind im Deutschen nicht üblich; Ausnahmen sind Trivialnamen wie **Schweflige Säure**. Es wird vorgeschlagen, auch hier künftig Einwortnamen zu verwenden: **Schwefligsäure**.

mit spezifischer struktureller Bedeutung abzugrenzen und damit die Struktur einer Verbindung so klar wie möglich zu beschreiben.

Runde Klammen und eckige Klammern haben in Namen für isotopmodifizierte Verbindungen eine bestimmte Bedeutung (siehe Abschnitt 7.2). Bei der Verwendung von eckigen Klammern bestehen wie auch bei der Reihenfolge der Klammern Unterschiede zwischen der anorganisch- und organisch-chemischen Nomenklatur.

Mehrfach vorkommende Gruppen stehen in runden Klammern, ausgenommen, es handelt sich um Koordinationseinheiten. Diese stehen immer, auch einzeln, in eckigen Klammern. Wo in der FORMEL einer anorganischen Verbindung die Verwendung mehrerer Sätze von Klammern nötig ist, werden runde, eckige und geschweifte Klammern folgendermaßen angeordnet: [( )], [{( )}], [{[( )]}], [{{[( )]}}] usw. Wenn im NAMEN einer anorganischen Verbindung die Verwendung mehrerer Sätze von Klammern nötig ist, ändert sich die Reihenfolge: {{{[( )]}}} usw.

Anmerkung 1: Wenn in der organischen Nomenklatur zusätzliche Klammern nötig sind, werden von innen nach außen runde, eckige, geschweifte Klammern, dann runde, eckige, geschweifte Klammern usw. verwendet; d.h. {[( )]}, {[({[( )]})]} usw.

Anmerkung 2: Geschweifte Klammern werden in CA-Index-Namen nicht verwendet; eckige Klammern werden wiederholt,
z.B. [[[(2-chlorophenyl)cyanomethylene]amino]oxy]acetic acid.

2.5.2.2.1 Eckige Klammern

Verwendung in Formeln. Eckige Klammern werden in FORMELN in folgender Weise verwendet:
(a) Um die gesamte Formel einer neutralen Koordinationsverbindung einzuschließen.
Beispiel:
  1. $[Fe(C_5H_5)_2]$
  2. $[PtCl_2(C_2H_4)(NH_3)]$

Nach einer eckigen Klammer sollte in diesem Fall kein vervielfachender Index stehen. Beispielsweise sollte für das Ethylenderivat von $PtCl_2$ innerhalb der eckigen Klammer angezeigt werden, daß die Molekülformel das Doppelte der empirischen Formel ist.
Beispiel:
  3. $[\{PtCl_2(C_2H_4)\}_2]$ ist informativer als $[Pt_2Cl_4(C_2H_4)_2]$.
     Die Schreibung $[PtCl_2(C_2H_4)]_2$ ist falsch.

(b) Um ein Komplexion einzuschließen. Hier steht der Exponent für die Ladungsangabe außerhalb der eckigen Klammer, ebenso wie ein Index für die Anzahl der Komplexionen im Salz.

Beispiele:

  4. $[Al(OH)(H_2O)_5]^{2+}$
  5. $Ca[AgF_4]_2$

(c) Um Homopolyanionen und Heteropolyanionen einzuschließen.
Beispiele:

  6. $[S_2O_5]^{2-}$
  7. $[PW_{12}O_{40}]^{3-}$

(d) Um Strukturformeln einzuschließen.
Beispiele:

  8. $[O_2P(H)-O-P(H)O_2]^{2-}$

  9. 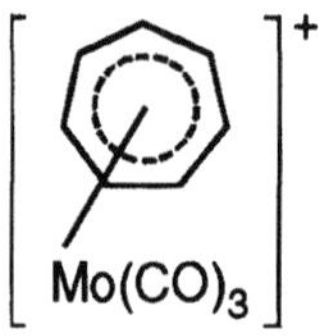
$$\left[\begin{array}{c} \text{(C}_7\text{H}_7\text{)} \\ \text{Mo(CO)}_3 \end{array} \right]^{+}$$

(e) Um ein Komplex-Ion in der Formel eines Salzes einzuschließen.
Beispiele:

  10. $K[PtCl_3(C_2H_4)]$
  11. $[Co(NH_3)_6][Cr(CN)_6]$
  12. $[Co\{SC(NHMe)_2\}_4](SO_4)$
  13. $[Co(N_3)(NH_3)_5]SO_4$
  14. $[CoCl_2(en)]_2(NO_3)$ (en = Ethan-1,2-diamin; siehe Tabelle 3.6.6)

(f) In der Festkörpernomenklatur bezeichnen eckige Klammern ein Atom oder
eine Gruppe von Atomen in einer oktaedrischen Lage.
Beispiel:

  15. $(Mg)[Cr_2]O_4$

(g) In spezifisch-markierten Verbindungen.
Beispiel:

  16. $H_2[^{15}N]NH_2$
zur Unterscheidung von der isotop-substituierten Verbindung, $H_2{}^{15}NNH_2$.

(h) In selektiv-markierten Verbindungen.
Beispiel:

  17. $[^{18}O,^{32}P]H_3PO_4$

Verwendung in Namen. Eckige Klammern werden in NAMEN wie folgt verwendet:

(a) In Namen von spezifisch und selektiv isotop-markierten Verbindungen wird das Nuklidsymbol in eckigen Klammern vor dem Namen des Teils der Verbindung plaziert, der isotop-modifiziert ist. (Isotop-substituierte Verbindungen jedoch siehe Abschnitt 2.5.2.2.2 - Verwendung in Namen (h)).
Beispiele:
1. $[^{15}N]H_2[^2H]$ $[^2H_1,^{15}N]$Ammoniak
2. $[^{13}C][Fe(CO)_5]$ $[^{13}C]$Pentacarbonyleisen

(b) Organische Liganden und andere organische Teile von Koordinationsverbindungen werden nach der organisch-chemischen Nomenklatur benannt. Für die Verwendung eckiger Klammern gelten hier die für organische Verbindungen [49] festgelegten Prinzipien.

(c) Um CEP-Deskriptoren (siehe Abschnitt 4.3.4.3).
Beispiel:
$[Mo_6S_8]^{2-}$ Octa-μ_3-thio[O_h-(141)-Δ^8-*closo*]hexamolybdat(2-)-Ion

2.5.2.2.2 Runde Klammern

Verwendung in Formeln. Runde Klammern werden in FORMELN wie folgt verwendet:

(a) Um Sätze gleicher Gruppen von Atomen einzuschließen (die Einheit kann ein Ion, Substituent oder Molekül sein). Gewöhnlich folgt der abschließenden runden Klammer ein vervielfachender Index. Bei einfachen Oxoanionen ist die Verwendung von runden Klammern nicht obligatorisch.
Beispiele:
1. $Ca_3(PO_4)_2$
2. $Tl(I_3)$
3. $[Ni(CO)_4]$
4. $(HBO_2)_n$
5. $(NO_3)^-$ oder NO_3^-
6. $[FeH(H_2)(Ph_2P–CH_2–CH_2–PPh_2)_2]^+$

(b) Um die Formel eines neutralen oder geladenen Liganden in einer Koordinationsverbindung einzuschließen. Die Liganden sollen dadurch voneinander oder vom restlichen Teil des Moleküls getrennt werden, um Mehrdeutigkeiten zu vermeiden. Runde Klammern können auch dann verwendet werden, wenn kein vervielfachender Index nötig ist.
Beispiel:
7. $[Co(ONO)(NH_3)_5]SO_4$

(c) Um in Formeln, die auf der Zusammensetzung basieren, die Abkürzung für einen Ligandennnamen einzuschließen. Erlaubte Abkürzungen für Ligandennamen sind in Tabelle 3.6.6 zusammengestellt.
Beispiel:
8. $[Co(en)_3]^{3+}$

(d)   In der Festkörpernomenklatur in Formeln, um Symbole von Atomen einzuschließen, die die gleiche Gitterlage in einer Zufallsverteilung einnehmen. Die Symbole selbst werden durch ein Komma ohne Leerraum getrennt.
Beispiel:
   9. $K(Br,Cl)$

(e) In der Festkörpernomenklatur, um ein Atom oder eine Gruppe von Atomen in tetraedrischer Umgebung zu bezeichnen.
Beispiel:
   10. $(Mg)[Cr_2]O_4$

(f) Um die Zusammensetzung einer nichtstöchiometrischen Verbindung anzugeben.
Beispiele:
   11. $Fe_{3x}Li_{4-x}Ti_{2(1-x)}O_6$ $(x = 0{,}35)$
   12. $LaNi_5H_x$ $(0 < x < 6{,}7)$

(g) In der KRÖGER-VINK-Notation (siehe Kapitel 10), um einen Defekt-Cluster zu bezeichnen.
Beispiel:
   13. $(Cr_{Mg}V_{Mg}Cr_{Mg})^x$

(h) Um bei kristallinen Substanzen den Kristalltyp anzugeben.
Beispiele:
   14. $ZnS(c)$ (*c*) steht für kubisch
   15. $AuCd(CsCl\text{-Typ})$

(i) Um bei optisch aktiven Verbindungen die Zeichen der Drehrichtung oder die Symbole für die absolute Konfiguration einzuschließen.
Beispiel:
   16. $(+)_{589}[Co(en)_3]Cl_3$

Verwendung in Namen. Runde Klammern werden in NAMEN wie folgt verwendet:
(a) Nach vervielfachenden Präfixen wie bis und tris, sofern nicht eine Rangfolge für ineinandergesetzte Klammern zu beachten ist (siehe Abschnitt 2.5.2.2).
Beispiel:
   1. $[CuCl_2(CH_3NH_2)_2]$ Dichlorobis(methylamin)kupfer(II)

(b) Um Oxidations- und Ladungszahlen einzuschließen.
Beispiel:
   2. $Na[B(NO_3)_4]$ Natrium-tetranitratoborat(III)
                                oder Natrium-tetranitratoborat(1−)

(c) Um in Namen für Additionsverbindungen und Clathrate die Angabe der stö-

chiometrischen Verhältnisse einzuschließen.
Beispiel:

   3. $8H_2S \cdot 46H_2O$ Hydrogensulfid–Wasser (8/46)

(d) Um die kursiv geschriebenen Elementsymbole einzuschließen, die Bindungen zwischen zwei (oder mehr) Metallatomen in Koordinationsverbindungen bezeichnen.
Beispiel:

   4. $[Os_3(CO)_{12}]$ *cyclo*-Tris(tetracarbonylosmium)(3 *Os–Os*)

(e) Um Stereodeskriptoren einzuschließen (siehe Kapitel 8.3).
Beispiel:

   5. $[Co(NO_2)_3(NH_3)_3]$ (*OC*-6-22)-Triammintrinitrocobalt(III)

(f) Um Namen von anorganischen Liganden mit vervielfachenden Präfixen wie (Triphosphato) einzuschließen, sowie zur Vermeidung von Mehrdeutigkeiten für Thio-, Seleno- und Telluro-Analoga von Oxoanionen, die mehr als ein Atom enthalten, wie (Thiosulfato). (Thio)(sulfato) bedeutet zwei Liganden.

(g) Um alle Namen für organische Liganden, ob neutral oder nicht, ob substituiert oder nicht, z.B. (Benzaldehyd), (Benzoato), falls nötig, einzuschließen und damit Mehrdeutigkeiten zu vermeiden. Wo die Ligandennamen selbst runde Klammern enthalten, muß man Klammern höherer Ordnung benutzen.
Beispiel:

   6. $[PtCl_3(C_2H_4)]^-$ Trichloro(ethylen)platinat(II)-Ion

   Diese Formulierung vermeidet eine Verwechslung mit Trichlorethylen als Ligand am Platin.

(h) In isotop-substituierten Verbindungen, um die entsprechenden Nuklid-Symbole vor dem Namen für den Verbindungsteil zu kennzeichnen, der isotop-substituiert ist (siehe Abschnitt 7.2). Man vergleiche auch Abschnitt 2.5.2.2.1 - Verwendung in Namen (a) über den Gebrauch eckiger Klammern.
Beispiel:

   7. H^3HO $(^3H_1)$Wasser

(i) Um die Zahlenangabe für die Anzahl von Wasserstoffatomen in Borhydriden einzuschließen.
Beispiel:

   8. B_6H_{10} Hexaboran(10)

2.5.2.2.3 Geschweifte Klammern

Diese werden in NAMEN und FORMELN in der im Abschnitt 2.5.2.2 genannten Rangfolge verwendet.

Sie können verwendet werden, um Substituenten-Präfixe einzuschließen, in denen schon eckige Klammern vorkommen.

Beispiel:

$$\text{NH}_2\text{-CH}_2\text{-CH}_2\text{-O-CH}(\text{CH}_3)\text{-O-CH}_2\text{-CH}_2\text{-O-CH}(\text{CH}_3)\text{-C}{\equiv}\text{N}$$

2-{2-[2-(2-Aminoethoxy)ethoxy]ethoxy}propannitril

In der Festkörper-Nomenklatur (Kapitel 10) dienen geschweifte Klammern zur Angabe von Atomen oder Atomgruppen in dodekaedrischer Umgebung.

2.5.2.3   Punkte, Doppelpunkte, Kommas, Semikolons und andere Zeichen

2.5.2.3.1 Punkte

Punkte werden in FORMELN in mehreren Positionen verwendet:

(a) Als Exponenten

– zeigen sie ungepaarte Elektronen bei Radikalen an. Bei Übergangsmetallkomplexen wird eine solche Angabe oft als unnötig erachtet.

Beispiel:

  1. $[\text{V(CO)}_6]^{\,\bullet}$

– in der KRÖGER-VINK-Notation der Festkörpernomenklatur (siehe Kapitel 10) zeigen sie die Anzahl der positiven Effektivladungen an (ein Punkt steht für eine Ladungseinheit).

Beispiel:

  2. $\text{Li}^x_{\text{Li},1-2x}\text{Mg}^{\bullet}_{\text{Li},x}V'_{\text{Li},x}\text{Cl}^x_{\text{Cl}}$

(b) Als mittiger Punkt[52] in Formeln von Hydraten, Additionsverbindungen, Doppelsalzen und Doppeloxiden trennt er die Bestandteile (z.B. die Oxide eines Minerals). Der Punkt wird in die Mitte der Zeile geschrieben, um ihn vom Punkt am Satzende zu unterscheiden.

Beispiele:

  3. $\text{ZrCl}_2\text{O}\cdot 8\text{H}_2\text{O}$
  4. $\text{NH}_3\cdot\text{BF}_3$
  5. $\text{CuCl}_2\cdot 3\text{Cu(OH)}_2$
  6. $\text{Ta}_2\text{O}_5\cdot 4\text{WO}_3$

---

[52] Auch zentraler Punkt oder Mittelpunkt genannt.

2.5.2.3.2 Doppelpunkte

Doppelpunkte werden in NAMEN verwendet:

(a) Um in Namen von Koordinationsverbindungen die koordinierenden Atome eines Liganden, der Zentralatome verbrückt, zu trennen.

Beispiel:

1. $[\{Co(NH_3)_3\}_2(\mu\text{-}NO_2)(\mu\text{-}OH)_2]Br_3$
   Di-μ-hydroxo-(μ-nitrito-κN:κO)bis(triammincobalt)(3+)-tribromid

(b) Um in Namen von Borverbindungen die Sätze der Lokanten für die Boratome zu trennen, die durch Wasserstoffatome verbrückt sind.

Beispiel:

2. B_9H_{15} (3,4:3,9:5,6:6,7:7,8-Penta-μH)-(3-*endo-H*)-*nido*-nonaboran(15)[53].

(c) Um die kursiv geschriebenen Elementsymbole der konstitutionellen Repetiereinheiten eines anorganischen Polymers anzuzeigen [57].

(d) Um zusammengehörende, durch Kommas getrennte Lokantensätze für verbrückte mehrkernige Spezies zu trennen.

Beispiel:

2,3:3,4:4,2-Tri-μ-carbonyl-
1,1,1,2,2,3,3,4,4-nonacarbonyl-*tetrahedro*-tetracobalt

(e) Um Zahlen, die die Mengenverhältnisse der Bestandteile in Additionsverbindungen angeben, zu trennen. Diese Anwendung ist auf das Englische beschränkt.

Beispiel:

engl. methanol compound with boron trifluoride (2:1)

(f) Um Elementsymbollokanten, die die Bindung der Brücken in mehrkernigen Koordinationsverbindungen bezeichnen, zu trennen.

Beispiel:

Bis(μ-nonafluorobutyrato-*O*:*O'*)-disilber

Falls eine höhere Stufe der Trennung erforderlich ist, werden Semikolons (siehe Abschnitt 2.5.2.3.4) verwendet.

Beispiel:

Benzo[1'',2'':3,4;4'',5'':3',4']dicyclobuta[1,2-*b*:1',2'-*c'*]difuran

---

[53] Im Original der IUPAC-Regeln von 1990 [45] wird in Abschnitt I-2.5.4 (c) die Verwendung von Semikolons beschrieben. Dies ist falsch; siehe Beispiele in den Abschnitten I-2.5.2 (b) und I-11.3.2.4.

2.5.2.3.3 Kommas[54]

Kommas werden fünf Arten verwendet:

(a) Um Lokanten, die sich auf den gleichen Teil eines Namens beziehen, zu trennen.

Beispiel:

  1. 1,2-Dichlor-ethan

(b) Um die Symbole der koordinierenden Atome eines vielzähnigen Chelat-Liganden zu trennen.

Beispiel:

  2. *cis*-Bis(glycinato-*N,O*)platin

(c) Um in der Festkörpernomenklatur die Symbole einander ersetzender Atome zu trennen.

Beispiel:

  3. $(Mo,W)_nO_{3n-1}$

(d) Um Oxidationszahlen in einer Verbindung zu trennen, die Elemente in mehreren Wertigkeitsstufen enthält.

Beispiel:

  4. $[(NH_3)_5Ru(C_4H_4N_2)Ru(NH_3)_5]^{5+}$
     (μ-Pyrazin)-bis(pentaamminruthenium)(II,III)[55] [56]

(e) Um in selektiv-markierten Verbindungen die Symbole der markierten Atome zu trennen.

Beispiel:

  5. $[^{18}O,^{32}P]H_3PO_4$ $[^{18}O,^{32}P]$Phosphorsäure

2.5.2.3.4 Semikolons

Semikolons werden in NAMEN auf mindestens zwei Arten verwendet:

(a) Um in Koordinationsverbindungen durch Kommas getrennte Lokanten zu ordnen, z.B. in der Kappa-Konvention (siehe Abschnitt 3.3.3.3.9).

Beispiel:

  1. $[Cu(2,2'\text{-bpy})(H_2O)(\mu\text{-OH})_2Cu(2,2'\text{-bpy})(SO_4)]$
     Aqua-1κO-bis(2,2'-bipyridin)-
     1$\kappa^2N^1,N^{1'}$;2$\kappa^2N^1,N^{1'}$-di-μ-hydroxo[sulfato(2–)-2κO]dikupfer(II)

---

[54] In diesem Abschnitt wird die Verwendung von Kommas in Namen und Formeln behandelt.

[55] Ammin wird als separates Wort behandelt, nicht jedoch amin, siehe Abschnitt 2.5.1.1 (b).

[56] Der Brückenligand μ-Pyrazin wurde zur Vermeidung von Mißverständnissen in Klammern gesetzt.

Ein Doppelpunkt kann hier nicht verwendet werden, da er eine verbrückende Gruppe anzeigen würde.

Beispiel:

Bis(μ-diphenylphosphinato-1κO:2$\kappa O'$)-tetrakis(pentan-2,4-dionato)-
1$\kappa^2 O,O'$;1$\kappa^2 O,O'$;2$\kappa^2 O,O'$;2$\kappa^2 O,O'$-dichrom
für (AcCHAc)$_2$Cr[OP(C$_6$H$_5$)$_2$O]$_2$Cr(AcCHAc)$_2$

Das Semikolon wird auch verwendet, um Lokantensätze, die Doppelpunkte enthalten, zu trennen.

Beispiel:

cyclo-Hexachloro-1$\kappa^2 Cl$,2$\kappa^2 Cl$,3$\kappa^2 Cl$-
tri-μ-nitrido-1:2κN;1:3κN;2:3κN-triphosphor   für (Cl$_2$PN)$_3$

(b) Um die Indizes zu trennen, die mögliche Positionen in selektiv-markierten Verbindungen angeben.

Beispiel:

2. [1-^{2}H$_{1;2}$]SiH$_3$OSiH$_2$OSiH$_3$

2.5.2.3.5 Bindestriche[57] [58]

Es darf an keinem Ende des Bindestrichs ein Leerraum sein. Bindestriche werden in FORMELN und in NAMEN verwendet:

(a) Um Symbole wie μ, η und κ vom Rest der Formel oder des Namens zu trennen.

(b) Um Strukturdeskriptoren wie *cyclo, catena, triangulo, quadro, tetrahedro, octahedro, closo, nido, arachno, cis* und *trans* sowie z.B. (*OC*-6-42), Λ und Δ vom Rest der Formel oder des Namens zu trennen. In den Bezeichnungen von Aggregaten oder Clustern werden Lokanten in gleicher Weise getrennt.

---

[57] Oft wird in Texten zwischen Minus-Zeichen und Bindestrich nicht unterschieden. In diesem Buch ist das Minus-Zeichen (–) länger als der Bindestrich (-).

Der Bindungsstrich in Formeln (–) ist länger als der Bindestrich (-) (siehe Abschnitt 2.5.2.3.7).

[58] In den Abschnitten I-2.3.1(a) bis (e) und dem für die deutsche Sprache formulierten Zusatzabschnitt I-2.3.1(f) der Übertragung der Regeln von 1990 [45] wird die Verwendung von Bindestrichen geregelt. Daneben können Bindestriche im Deutschen zur Verbesserung der Lesbarkeit eingefügt werden. Zur Unterscheidung von Alternativen sind sie aber unbrauchbar, da sie sich im normalen Buchdruck von Bindestrichen am Zeilenende nicht unterscheiden lassen; hier kann die Verwendung von Klammern zur Klarheit beitragen (z.B. sind die Namen für die Liganden (C$_5$H$_5$)(CH$_3$) nicht Cyclopentadienyl-methyl- oder gar Cyclopentadienylmethyl-, sondern Cyclopentadienyl(methyl)-), es sei denn, in abgetrennten Namen für chemische Verbindungen wird als Zeichen der Silbentrennung ein anderes Symbol (wie in diesem Buch das „=") verwendet.

Beispiel:
1.

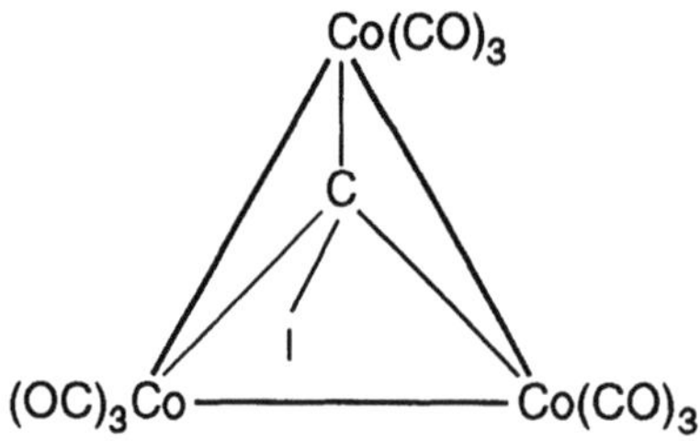

μ_3-Iodmethylidin-*cyclo*-
tris(tricarbonylcobalt)=
(3 *Co—Co*)

(c) Um Lokanten von Worten oder Morphemen des Namens zu trennen.
Beispiel:
  2. $Si_3H_5Cl_3$ 1,2,3-Trichlortrisilan

(d) Um zu verschiedenen Namensteilen gehörende, zusammenstehende Lokanten
zu trennen. Klammern sollten jedoch bevorzugt werden[59].
Beispiele:
  N-Acetyl-*N*-(2-naphthyl)benzamid (nicht *N*-Acetyl-*N*-2-naphthylbenzamid)
  2-(3-Pyridyloxy)pyrazin   (nicht 2-3'-Pyridyloxy-pyrazin)

(e) Um das Symbol des markierenden Nuklids von seinem Lokanten in der Formel
einer selektiv-markierten Verbindung zu trennen.
Beispiel:
  3. $[1\text{-}^2H_{1;2}]SiH_3OSiH_2OSiH_3$

(f) Um den Namen eines Brückenliganden vom Rest des Namens zu trennen.
Beispiel:
  4. $[Fe_2(CO)_9]$ Tri-μ-carbonyl-bis(tricarbonyleisen)

(g) Um einen Stereodeskriptor von einem Namen zu trennen.
Beispiel:
  5. (*E*)-But-2-en

(h) Zusätzlich können im Deutschen Bindestriche verwendet werden, um in Namen für binäre Verbindungen den elektropositiven Teil des Namens vom elektronegativen zu unterscheiden. Enthält der Name eine (in Klammern eingeschlossene)
Oxidations- oder Ladungszahl, so wird die Verwendung eines Bindestrichs nach
der Klammer dringend empfohlen.

---

[59] Die Verwendung zwischen Vokalen im Namen (z.B. penta-ammine statt pentaammine),
    als Ersatz für Klammern (z.B. bis-ethane-1,2-diamine-copper(2+) statt bis(ethane-1,2-
    diamine)copper(2+)), oder zur Trennung von Präfixen (z.B. bromo-dichloro-
    methylsilane statt bromodichloro(methyl)silane) ist in den USA nicht beliebt.

Beispiele:
  5. $NaTl(NO_3)_2$ Natrium-thallium-dinitrat
  6. $FeCl_3$ Eisen(III)-chlorid

Bindestriche werden vom BEILSTEIN hinter Präfixen verwendet, denen Lokanten vorangehen, die sich auf eine Stammstruktur beziehen, z.B. 2-Chlor-naphthalen, und hinter Präfixen ohne vorangehendem Lokanten, die zusammen mit anderen Präfixen Substituenten bezeichnen, die an die gleiche Stammstruktur oder den gleichen Rest gebunden sind.

Beispiele:
Dibrom-chlor-essigsäure
Brom-methoxy-acetyl-

2.5.2.3.6 Schrägstriche

Der Schrägstrich (/) wird in Namen für Additionsverbindungen verwendet, um die Zahlen zu trennen, die die Anzahl der Einzelmoleküle der Verbindung angeben.

Beispiele:
  1. $BF_3 \cdot 2H_2O$ Bortrifluorid—Wasser (1/2)
  2. $BiCl_3 \cdot 3PCl_5$ Bismuttrichlorid—Phosphorpentachlorid (1/3)

In der Literatur werden Schrägstriche auch verwendet, um die Namen der individuellen Bestandteile von Gemischen, z.B. Ethanol/Wasser, zu trennen.

2.5.2.3.7 Lange Striche

In NAMEN werden lange Striche verwendet,

(a) wenn man eine Metall—Metall-Bindung in mehrkernigen Verbindungen angeben will. Sie trennen die kursiv geschriebenen Symbole der Bindungspartner, die in runden Klammern am Ende des Namens stehen.

Beispiel:
  1. $[Mn_2(CO)_{10}]$ Bis(pentacarbonylmangan)(*Mn—Mn*)

(b) um die molekularen Bestandteile in Namen von Additionsverbindungen zu trennen.

Beispiele:
  2. $3CdSO_4 \cdot 8H_2O$ Cadmiumsulfat—Wasser (3/8)
  3. $2CHCl_3 \cdot 4H_2S \cdot 9H_2O$ Chloroform—Hydrogensulfid—Wasser (2/4/9)

(c) zusammen mit dem η-Symbol zwischen dem ersten und letzten Lokanten einer Folge von an ein Koordinationszentrum gebundenen Atomen.

Beispiel:
(1—3-η-But-2-enyl)tricarbonyl-cobalt

Bindungsstriche werden in der anorganisch-chemischen Nomenklatur in FOR-MELN nur verwendet, wenn diese strukturiert sind. Ein Bindungsstrich (–) ist

länger als ein Bindestrich (-), aber kürzer als der eben besprochene lange Strich (—). Er zeigt die Bindung zwischen den Atomen in einer Strukturformel an.
Beispiel:

$$H_2N\text{–}BF_2$$

2.5.2.3.8 Plus-Zeichen und Minus-Zeichen

Die Zeichen + und – werden in FORMELN und NAMEN verwendet,

(a) um die Ladung eines Ions anzugeben.
Beispiele:

1. Cl^-
2. Fe^{3+}
3. $SO_4{}^{2-}$
4. Tetracarbonylcobaltat(1–)

(b) um in Formel oder Namen die Richtung der optischen Drehung einer optisch aktiven Verbindung anzugeben.
Beispiel:

5. $(+)_{589}[Co(en)_3]^{3+}$ $(+)_{589}$-Tris(ethan-1,2-diamin)cobalt(3+)

2.5.2.3.9 Sternchen

Das Sternchen (*) wird in FORMELN als Exponent an einem Elementsymbol wie folgt verwendet:

(a) Es kann ein chirales Zentrum spezifizieren.
Beispiel:

1. $H_2C=C\text{–}H$
    |
    $H\text{–}C^*\text{–}CH_3$
    |
    $H\text{–}C(CH_3)_2$

Diese Anwendung ist in den Regeln von 1990 [45] erweitert worden, um einen chiralen Liganden oder ein Chiralitätszentrum in der Koordinationschemie zu markieren.
Beispiele:

2. L^* = (+)-diop oder (4*S*,5*S*)-diop (zu „diop" siehe Tabelle 3.6.6)

3. $\left[(\eta^5\text{–}C_5H_5)\{\eta^5\text{–}C_5H_4C^*H(CH_3)(C_6H_5)\}\, V^* \diagdown\!\!\!\begin{array}{c} S \\ \| \\ C \\ | \\ S \end{array} \right]$

(b) Es kann angeregte Molekül- oder Kernzustände bezeichnen (siehe Abschnitt 2.3.5.2).
Beispiel:

4. NO^*

(a) Einfachstriche (Apostrophe, '), Doppelstriche ("), Dreifachstriche (''') usw. werden in Namen für Koordinationsverbindungen verwendet, wenn in einem organischen Liganden von mehreren Atomen des gleichen Elements einige oder alle an das Metall gebunden sind. Die gebundenen Atome werden durch Strichindizes in aufsteigender Folge gekennzeichnet, um sie von nichtkoordinierenden Atomen des gleichen Elements zu unterscheiden.

Beispiel:

1. $[Rh_3(CO)_3Cl(\mu\text{-}Cl)[\mu_3\text{-}\{(C_6H_5)_2P\text{-}CH_2\text{-}P(C_6H_5)\text{-}CH_2\text{-}P(C_6H_5)_2\}]]Cl$
   Tricarbonyl-1κC,2κC,3κC-μ-chloro-
   1:2κ^2Cl-chloro-3κCl-bis{μ_3-bis[(diphenylphosphanyl)-
   1κP':3κP''-methyl]phenylphosphan-2κP}trirhodium(1+)-chlorid

(b) Einfach-, Doppel-, Dreifachstriche usw. werden auch als Exponenten in der KRÖGER-VINK-Notation (siehe Kapitel 10) verwendet, in der sie eine Stelle anzeigen, die eine, zwei oder drei Einheiten der negativen Effektivladung trägt.

Beispiel:

2. $Li^X_{Li,1-2x}Mg^{\bullet}_{Li,x}V'_{Li,x}Cl^X_{Cl}$

2.5.3　Rangfolgen

2.5.3.1　Einleitung

In der Nomenklatur bezeichnen die englischen Termini „priority", „seniority" und „precedence" die Rangfolge unter einer Anzahl von Möglichkeiten; sie sind allgemeine Konzepte von grundlegender Bedeutung.

Während das Schreiben von Symbol oder Namen eines Elements einfach ist, muß entschieden werden, welches Element in einer FORMEL und in einem NAMEN zuerst genannt wird, sobald zwei Elemente miteinander verbunden sind, beispielsweise in einer binären Verbindung. Die Reihenfolge basiert auf bewährten Auswahlmethoden, die nachstehend aufgeführt sind.

2.5.3.2　Rangfolge der Elemente

Die Rangfolge der Elemente basiert auf dem Periodensystem der Elemente (PSE); sie wird in Tabelle 2.7 auf der folgenden Seite gezeigt.

Die Gruppen (1 bis 18) sind miteinander durch Pfeile verknüpft. Die Anordnung hat ihren Ursprung in Elektronegativitäts-Betrachtungen. Sie wird in folgenden Fällen angewendet:

(a) Für die Numerierung der Zentralatome in mehrkernigen Koordinationsverbindungen. Das in Pfeilrichtung zuletzt auftretende Zentralatom erhält die niedrigste Nummer, die anderen Atome werden in der Reihenfolge numeriert, in der sie entgegen der Pfeilrichtung vorkommen.

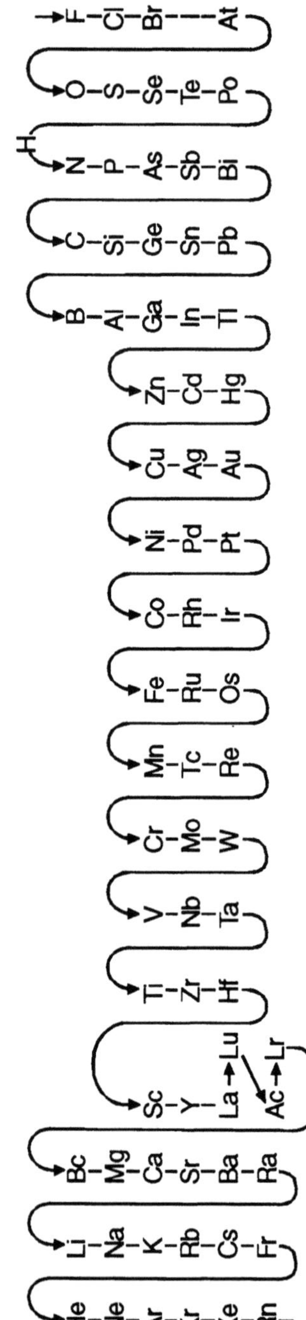

Tabelle 2.7   Reihenfolge der Elemente

Beispiel:

   (2)   (1)

$[Co(CO)_4Re(CO)_5]$ Nonacarbonyl-1κ^5C,2κ^4C-cobaltrhenium(Co—Re)

(b) In der Substitutionsnomenklatur, in der sich die Namen der Verbindungen von einem Stammhydrid ableiten. Wenn verschiedene Elemente in einer Verbindung vorkommen, wie in H_3GeSiH_3, ist die Festlegung des Verbindungsstamms nötig. Die Wahl fällt auf das Element, das später oder zuletzt in Tabelle 2.7 vorkommt[60].

2.5.3.3 Elektronegativitätsskalen (siehe auch Abschnitt 2.3.6.1.2)

Schon im frühen 19. Jahrhundert hatten Chemiker die enge Beziehung zwischen Chemie und elektrischer Ladung erkannt. Speziell bemerkten sie, daß einige Atome Anionen bilden, andere aber Kationen. Für die Nomenklatur ist eine relative Ordnung der Elektronegativität nötig, weil in germanischen Sprachen das Kation in FORMEL[61] und NAMEN traditionell vor dem Anion zitiert wird (NaCl Natrium-chlorid). Das gleiche Prinzip gilt für FORMELN und NAMEN binärer Verbindungen aus Nichtmetallen, d.h. das elektropositivere Element wird zuerst genannt (CO_2 Kohlenstoff-dioxid, BF_3 Bor-trifluorid).

Zwischen den nach unterschiedlichen Kriterien aufgestellten Elektronegativitätsskalen gibt es gewisse Unterschiede.

Die in der Langform des PSE gegebene Elementfolge stimmt mit den verschiedenen Elektronegativitätsskalen und mit Ausnahme von H und O mit der in Tabelle 2.7 gegebenen Folge entgegen der Pfeilrichtung[62] sowie mit den Regeln zur Benennung von Binärverbindungen (siehe Abschnitt 2.3.6.2) überein[63].

Beispiel:

S_2Cl_2 Dischwefel-dichlorid

2.5.3.4 Alphabetische Reihenfolge

Die Ordnung von Kationen, Anionen, Substituenten, Liganden, Präfixen, Infixen, usw. erfolgt innerhalb jeder Gruppe nach dem Alphabet. Ein Name beginnt mit dem ersten Buchstaben des Morphems, ein vervielfachendes Präfix, das nicht integraler Bestandteil des Morphems ist, wird nicht beachtet:

Beispiel:

1. Bis(sulfid) = zwei S^{2-} wird unter s eingeordnet, aber Disulfid = S_2^{2-} unter d, Diammin unter a, Dimethylamino aber unter d.

---

[60] Als Stammhydride kommen nur ein- oder homopolyatomige Hydride der in Abschnitte 4.2.1.1 aufgeführten Elemente als Verbindungsstamm in Frage. Für die Benennung einkerniger Hydride und deren Substitutionsprodukte gelten diese Regeln z.Z. jedoch nicht so streng (siehe Abschnitt 4.2.2.2).

[61] Dies gilt auch für romanische Sprachen, obgleich hier im NAMEN der elektropositive Bestandteil an letzter Stelle angeführt wird, z.B. für KCl *frz.* chlorure de potassium.

[62] In der IUPAC *Nomenclature of Inorganic Chemistry*, Ausgabe von 1970 [37], fehlt Wasserstoff in dieser Elementfolge.

[63] In der IUPAC *Nomenclature of Inorganic Chemistry*, Ausgabe von 1990 [45] fehlen in dieser Folge Ar, Ne, He.

Die alphabetische Reihenfolge wird in NAMEN wie folgt verwendet:
(a) In Namen für Koordinationsverbindungen[64], um die Reihenfolge der Liganden zu definieren. Dazu werden die Namen der Liganden nach dem Alphabet sortiert. Die Reihenfolge ist unabhängig von der Anzahl jedes Liganden und unabhängig davon, ob die Verbindung ein- oder mehrkernig ist.

Die Namen der Liganden stehen vor dem des Zentralatoms. Brückenliganden (in alphabetischer Ordnung mit anderen Liganden genannt) werden vor den entsprechenden Nicht-Brückenliganden angegeben, z.B. Di-μ-chloro-tetrachloro-; mehrfache Verbrückung wird in abnehmender Bindigkeit berücksichtigt, z.B. μ_3-Oxo-di-μ-trioxo-.
Beispiel[65]:

2. $K[AuS(S_2)]$ Kalium-(*d*isulfido)*t*hioaurat(1–)

In anorganischen und Koordinationspolymeren jedoch werden verbrückende Gruppen übereinstimmend mit den in der Polymerchemie [56][57] üblichen Praktiken am Ende des Namens zitiert.
(b) In Namen für hetero-mehrkernige Koordinationsverbindungen für die Nennung der Zentralatome.
Beispiel[65]:

3. $[CoCu_2Sn(C_5H_5)(CH_3)\{\mu\text{-}(C_2H_3O_2)\}_2]$
Bis(μ-acetato)cyclopentadienyl(methyl)cobaltdikupferzinn

(c) In Namen für Salze und Doppelsalze werden die Namen für Kationen und Anionen jeweils alphabetisch geordnet. Abweichungen sind erlaubt, wenn strukturelle Beziehungen zwischen mehreren Verbindungen betont werden sollen. In sauren Salzen wird Wasserstoff nicht als ein Kation angesehen, es sei denn, er ist eindeutig nicht Teil des Anions[66].

---

[64] Der Terminus Koordinationsverbindung wurde hier erweitert, um Verbindungen mit zwei oder mehreren an ein Zentralatom gebundenen unterschiedlichen Atomen oder Gruppen zu erfassen, unabhängig davon, ob dieses Zentralatom ein Metall ist oder nicht (siehe Abschnitt 4.3.1).

[65] Die Kursivschreibung, z.B. der Buchstaben *d* und *t*, dient hier nur der Hervorhebung der Anfangsbuchstaben.

[66] Im englischsprachigen Original [45] werden „hydrogen phosphate" und „hydrogen= phosphate" unterschieden. Im Deutschen unterscheiden sich die dafür vorgeschlagenen Benennungen dadurch, daß Hydrogen im ersten Fall als Kation aufgefaßt und durch einen Bindestrich vom Namen des elektronegativen Bestandteils getrennt wird, und im zweiten, der in der anorganisch-chemischen Nomenklatur vorwiegend verwendeten Form (Natrium-hydrogencarbonat), als Teil des elektronegativen Bestandteils aufgefaßt wird. In *Nomenclature of Organic Chemistry*, Ausgabe von 1979 [49], und in Kommentaren zu den Empfehlungen von 1957 [36], wird hydrogen als gesondertes Wort verwendet (natrium hydrogen citrat). Die deutsche Kommission empfiehlt, Hydrogen stets als elektropositiven Bestandteil zu behandeln und durch einen Bindestrich vom Namen des elektronegativen Bestandteils zu trennen. Vgl. Abschnitte, 3.3.2.3.4.1, 5.2.1.1, Fußnote 4 und 5.4.2.

Beispiele[65]:
 4. KMgF$_3$ Kalium-*magnesium*-fluorid
 5. ZnI(OH) Zink-*hydroxid*-*iodid*
 6. NaNbO$_3$ *Natrium*-*niob*-trioxid (*Perowskit*-Typ)
 7. LiH$_2$PO$_4$ Lithium-dihydrogenphosphat

Die alphabetische Ordnung wird in FORMELN wie folgt verwendet:
(a) Für Koordinationsverbindungen, um die Reihenfolge innerhalb des Satzes von ionischen Liganden und des von neutralen Liganden festzulegen (siehe Abschnitt 2.5.3.5 - Priorität von Liganden).

Die Liganden werden in jedem Satz alphabetisch nach dem ersten Symbol ihrer Formel angeordnet. Dennoch sind Abweichungen erlaubt, wenn Strukturbeziehungen betont werden sollen.
Beispiel:
 8. [CrCl$_2$(H$_2$O)$_2$(NH$_3$)$_2$]

(b) In Formeln für mehrkernige Koordinationsverbindungen oder für Polyanionen, um die Zentralatome zu ordnen.
Beispiel:
 9. [Fe$_2$Mo$_2$S$_4$(C$_6$H$_5$S$_4$)]$^{2-}$

(c) In Formeln für Salze und Doppelsalze, um die Reihenfolge innerhalb der Kationen und der Anionen zu regeln.
Beispiel:
 10. KNa$_4$Cl(SO$_4$)$_2$

2.5.3.5   Andere Rangfolgen

Organisch-chemische Rangfolgen. In der organisch-chemischen Nomenklatur gibt es eine Rangfolge für die Wahl der Hauptgruppe [49g]. Wenn eine organische Gruppe in einer anorganischen Verbindung vorkommt, wird der organische Teil nach der organisch-chemischen Nomenklatur benannt.

Isotope Markierung und Modifizierung. In isotopmodifizierten Verbindungen ist die Reihenfolge der Nuklidsymbole festgelegt (siehe Abschnitt 7.6).

Rangfolge von Ligandentypen. In FORMELN für Koordinationsverbindungen (siehe auch Abschnitt 2.3.6.2.6, – Abkürzungen für Liganden) werden, wenn mehrere Typen von Liganden, wie ionische und neutrale, vorkommen, diese in der Reihenfolge kationische, anionische, neutrale zitiert. Sowohl CO als auch NO werden bei der Namensbildung als neutral angesehen. Brückenliganden werden bei den jeweiligen Liganden als letzte genannt und in steigender Ordnung der Bindigkeit der Brücken angegeben.

In NAMEN für Koordinationsverbindungen stehen die Namen der Liganden vor dem des Zentralatoms. Zur Reihenfolge siehe Abschnitt 2.5.3.4(a).

Sterische Rangfolgen

CAHN-INGOLD-PRELOG-*Sequenzregel (CIP).* Die Priorität von Atomen oder Gruppen an einem chiralen Element bestimmt die Zuordnung der absoluten Termini *R* und *S* zu einem Stereoisomeren (siehe Abschnitte 8.3 und 8.6.1). Diese Rangfolge hängt in erster Linie von der Ordnungszahl des Atoms ab, das direkt an das chirale Zentrum gebunden ist. Weitere Kriterien können für die eindeutige Zuordnung nötig sein. Obwohl ursprünglich für organische Verbindungen aufgestellt, wird die CIP auch auf anorganische Stereoisomere angewendet.

Rangfolgen für Interpunktionszeichen. In NAMEN für Koordinationsverbindungen und für Borverbindungen werden Interpunktionszeichen verwendet, um die Atomsymbole von den numerischen Lokanten, den Lokanten für die verbrückenden Atome und anderen vorkommenden Sätzen von Lokanten zu trennen. Für sie gilt nachstehende Hierarchie:

Semikolon vor Doppelpunkt vor Komma.

Zur Reihenfolge von Klammern in NAMEN und FORMELN siehe Abschnitt 2.5.2.2.

3 Chemische Elemente und Verbindungen

3 Chemische Elemente und Verbindungen

3.1 Chemische Elemente (einschließlich ihrer allotropen Formen – Einatomige und homopolyatomige Spezies)

Ein chemisches Element ist eine Substanz aus Atomen der gleichen Ordnungszahl. Es kann einatomig oder mehratomig sein und in mehr als einer mehratomigen (molekularen) Form vorkommen. Es wird durch einen Namen bzw. ein Symbol beschrieben (Anhang). Die verschiedenen mehratomigen Formen eines Elements (allotrope Modifikationen) haben eigene Namen – trivial oder systematisch. Eine Ausnahme macht die Nomenklatur der Wasserstoffisotope (Abschnitte 3.1.1.5 und 3.1.3).

In der Praxis ist oft nicht klar erkennbar, ob z.B. ein Symbol für ein Atom oder ein Element steht. Im allgemeinen wird kein Unterschied zwischen einem Element und einer elementaren Substanz gemacht. Manche halten den Terminus Element für eine Abstraktion, während eine elementare Substanz zweifellos eine Form der Materie ist. Auch der Name des Elements sagt nichts über den atomaren Aufbau aus. Es sollte daher von einem Atom, Molekül bzw. Ion gesprochen werden.

Die Ursprünge der Namen für manche Elemente, wie z.B. Antimon, liegen in der Antike. Im Laufe der Zeit wurden die Namen der elementaren Substanzen auf die entsprechenden Atome übertragen.

Zweckmäßigerweise und dem Wunsche der IUPAC entsprechend sollten sich die Namen in den verschiedenen Sprachen so wenig wie möglich unterscheiden [36a]. Das ist z.Z. noch nicht so; einige Namen sind von Sprache zu Sprache verschieden, das gilt vor allem für Elemente, die seit altersher bekannt und daher mit landessprachlichen Bezeichnungen belegt sind. Weiterhin ist unbefriedigend, daß einige Elementnamen nicht den Anfangsbuchstaben haben, der dem international festgelegten Elementsymbol entspricht. Da Symbole und Namen Grundlage der Beschreibung der Verbindungen sind, führt dies z.B. dazu, daß die alphabetische Reihenfolge eine andere ist, je nachdem, ob die Elemente nach dem Namen oder nach den Symbolen geordnet werden. Da die Namen der Verbindungen aus Morphemen bestehen, die sich von den Elementnamen, ggf. deren lateinischen oder griechischen Äquivalenten, ableiten, kommt es auch hier zu sprachabhängigen Unterschieden. Die von der IUPAC propagierte internationale Vereinheitlichung muß daher mit Nachdruck angestrebt werden.

Besondere Beachtung verdienen die Namen der Nichtmetalle H, C, N und O. Die deutschen Bezeichnungen Wasserstoff, Kohlenstoff, Stickstoff und Sauerstoff haben keinen Zusammenhang mit den Elementsymbolen. Die lateinischen (griechischen) Bezeichnungen Hydrogen, Carbon, Nitrogen und Oxygen entsprechen den Symbolen, werden als Morpheme in Verbindungsnamen gebraucht[1] und sind zudem in zahlreichen Sprachen üblich. Im folgenden werden daher in den Beispielen neben den internationalen IUPAC-Namen die traditionellen deutschen aufgeführt.

Beispiel:

Ferrum(II)-chlorid   neben   Eisen(II)-chlorid

3.1.1 Namen und Symbole

A_1) Elemente mit natürlicher Isotopenzusammensetzung[2]
Namen der Elemente

---

a) Trivialnamen: Anhang
b) Systematische Namen:
− Zahlwortstämme (Tabelle 3.1)[3] für Ziffern der Ordnungszahl (OZ) **+ ium**
Beispiel: OZ 115   Ununpentium

In der Vergangenheit gefundene bzw. neuerdings künstlich hergestellte Elemente wurden aufgrund willkürlicher Assoziationen zum Ursprung, zu physikalischen oder chemischen Eigenschaften usw. benannt, und in letzter Zeit, um an berühmte Wissenschaftler zu erinnern. Dabei wurde dem Entdecker das Recht zugebilligt, einen Namen vorzuschlagen[4]. Diese Trivialnamen sind Grundlage für die von der IUPAC anerkannte anorganisch-chemische Nomenklatur.

Die Trivialnamen für Elemente mit Ordnungszahlen von 1 bis 109[5] sind in alphabetischer Reihenfolge im Anhang zusammengestellt.

---

[1] Beispiele sind die Namen Hydroxid, Carbonat, Nitrat, Oxid. Für elektropositives H hat sich die Bezeichnung Hydrogen weitgehend eingeführt.

[2] Elemente aus Isotopengemischen nicht natürlicher Zusammensetzung werden wie eine Verbindung behandelt.

[3] Die Zahlwortstämme werden in der gleichen Reihenfolge wie die Ziffern der Ordnungszahl zusammengestellt. Das endständige n von enn vor nil sowie das endständige i von bi und tri vor ium werden weggelassen.

[4] Dieser Name wurde bisher von der IUPAC entweder gebilligt oder modifiziert. Die Auswahl erfolgte dabei nach Zweckmäßigkeit und Verbreitung, die Priorität der Entdeckung spielt keine Rolle [301].

Zwischen 1911 und 1947 gab es viele Ansprüche auf Entdeckung der Elemente mit den Ordnungszahlen 43, 61, 72, 85 und 87.

Die ersten 9 Transurane wurden nach den Vorschlägen der Entdecker benannt. Ein potentieller Konflikt ließ sich dadurch vermeiden, daß die wahren Entdecker für das Element der Ordnungszahl 102 den Namen Nobelium akzeptierten. Dieser war 1957 von einer schwedischen Gruppe vorgeschlagen worden, die die Entdeckung nicht zweifelsfrei bewiesen hatte.

Die Kontroverse um die Entdeckung der Elemente der Ordnungszahlen 104 und 105 führte 1974 zur Konstituierung einer *Transfermium Working Group* (TWG), bestehend aus Physikern und Chemikern der USA, der ehemaligen SU und anderer Staaten [1b][31b].

[5] Die Herstellung der Elemente mit den Ordnungszahlen 110 bis 112 ist inzwischen bestätigt, Namen wurden bisher nicht vorgeschlagen.

3.1.1.1 Trivialnamen

Der Anhang enthält auch die von der IUPAC für die Verwendung in der englischen Sprache empfohlenen Namen. Andere, im Englischen ungebräuchliche, jedoch auf dem Elementsymbol basierende Namen oder Namen, die in die chemische Nomenklatur Eingang gefunden haben, sowie die von der IUPAC zugelassenen Alternativen sind im Anhang in Klammern oder als Fußnoten angefügt.

Die 1997 von der CNIC akzeptierten Namen und Symbole der Transfermium-Elemente sind:

OZ	Name	Symbol
101	Mendelevium	Md
102	Nobelium	No
103	Lawrencium	Lr
104	Rutherfordium	Rf
105	Dubnium	Db
106	Seaborgium	Sg
107	Bohrium	Bh
108	Hassium	Hs
109	Meitnerium	Mt

3.1.1.2 Systematisch Namen[6)7)]

Wegen gewisser Differenzen über die Priorität der Herstellung überschwerer Elemente beschloß die IUPAC im Jahre 1979 eine systematische Nomenklatur für Elemente mit Ordnungszahlen über 100, die solange in der Literatur verwendet werden sollte, bis die Herstellung und damit das Recht zur Benennung zweifelsfrei entschieden ist.

[6)] In den Empfehlungen der IUPAC *Nomenclature of Inorganic Chemistry, Ausgabe 1990* [45] wird zwischen den Namen und Symbolen für Elemente mit Ordnungzahlen unter 101 und den systematischen Namen und Symbolen für Elemente mit Ordnungszahlen über 100 unterschieden. Für die Elemente 101 bis 103 dort die systematischen Namen und Symbole als die weniger erwünschten Alternativen zu den von der IUPAC bereits festgelegten Trivialnamen angegeben. Ihre Verwendung ist überflüssig und daher im Anhang zu diesem Buch weggelassen. Gleiches gilt für die Elemente 104 bis 109, deren Herstellung inzwischen bestätigt ist und für die die CNIC 1994 Namen vorgeschlagen hatte. Diese in *Pure and Applied Chemistry* [47] veröffentlichen Namen wurden jedoch wegen massiver Einsprüche der USA vom IUPAC *Council* nicht ratifiziert. Nach erneuter Befragung der *National Adhering Organisations* (NAOs) und Beratung wurden 1997 die entgültigen Namen autorisiert [47a].

[7)] Die Existenz dieser systematischen Nomenklatur nimmt den Herstellern neuer Elemente nicht das Recht, der IUPAC andere Namen vorzuschlagen, nachdem ihr Anspruch zweifelsfrei gesichert ist. Die systematischen Namen und Symbole gelten solange, bis die CNIC andere Namen erlaubt.

Dieses System findet nur selten Anwendung, es wird u.a. von Physikern abgelehnt. In der CNIC wird überlegt, das „lateinische" Benennungssystem für Elemente mit Ordnungszahlen über 100 wegen zu geringer Akzeptanz aufzugeben. Als Übergangslösung, bis Name und Symbol von der IUPAC ratifiziert sind, genüge der allgemeinen Praxis entsprechend die Angabe der Ordnungszahl ggf. mit der Massenzahl als linker Exponent. Diese Alternative ist aber in Registern, Sachverzeichnissen, usw. nicht leicht einzuordnen und aus sprachlichen Gründen international

Der systematische NAME wird direkt von der Ordnungszahl des Elements unter Verwendung folgender Zahlwortstämme[8] abgeleitet:

Tabelle 3.1   Zahlwortstämme für systematisch gebildete Elementnamen

0 = nil	1 = un[9]	2 = bi	3 = tri	4 = quad
5 = pent	6 = hex	7 = sept	8 = oct	9 = enn

Die Stämme werden in der gleichen Reihenfolge wie die Ziffern der Ordnungszahl zusammengestellt; abschließend wird -ium angehängt[10]. Das endständige n von enn vor nil sowie das endständige i von bi und tri vor -ium werden weggelassen.

Beispiel:
  Element 103   Un/nil/tr/ium
(Die Schrägstriche (/) dienen der Verdeutlichung der Namensbildung und sind nicht Teil des Namens.)

3.1.1.3 Symbole für Elemente mit Trivialnamen

Für die Verwendung in chemischen Formeln wird jedes Element durch ein eindeutiges Symbol repräsentiert, das sich meist vom jeweiligen Trivialnamen ableitet (siehe Anhang). Dieses besteht aus einem lateinischen Großbuchstaben in geraden Typen, dem ggf. ein lateinischer Kleinbuchstabe folgt.

Die Symbole Id und Va dürfen für die Elemente Iod bzw. Vanadium verwendet werden, aber nur, wenn die Einzelbuchstaben als Symbole unbequem oder ungeeignet sind, z.B. wenn sie mit römischen Ziffern verwechselt werden können.

3.1.1.4 Symbole für systematisch benannte Elemente

Das Symbol eines systematisch benannten Elements setzt sich aus den Anfangsbuchstaben der Zahlwortstämme (Tabelle 3.1), die den Namen bilden, zusammen. Es besteht daher aus mindestens drei Buchstaben.

Beispiele:

	Element mit der Ordungszahl	Name	Symbol
1.	110	Ununnilium	Uun
2.	123	Unbitrium	Ubt

3.1.1.5 Namen für Wasserstoffatome, Ionen und Gruppen sowie für Reaktionen, an welchen diese beteiligt sind

Wasserstoff ist eine Ausnahme. Die drei Isotope ^{1}H, ^{2}H und ^{3}H tragen die traditionellen NAMEN Protium, Deuterium bzw. Tritium. Für die beiden letzten dürfen

---

[8]   Die Zahlwortstämme sind griechischen und lateinischen Ursprungs. Um eindeutige Symbole zu erhalten, wurden diese so ausgewählt, daß sie mit unterschiedlichen Buchstaben beginnen.

[9]   Der Wortstamm „un" wird mit langem „u" gesprochen (wie in „nun").

[10]   In den Elementnamen wird jeder Stamm getrennt ausgesprochen.

auch die SYMBOLE D bzw. T verwendet werden; ^{2}H und ^{3}H sind jedoch zu bevorzugen, da D und T die alphabetische Ordnung in Formeln stören. Diese Elementnamen führen für die Kationen ^{1}H$^+$, ^{2}H$^+$ bzw. ^{3}H$^+$ zu den Namen Proton, Deuteron und Triton.

Um Mehrdeutigkeiten zu vermeiden, hat die *Commission on Physical Organic Chemistry* daher folgendes [61] empfohlen:

Es werden spezifische Namen für bestimmte Isotope des Wasserstoffs von allgemeinen Namen unterschieden.

	Allgemein	^{1}H	^{2}H	^{3}H
Das Atom (H)[11]	Hydrogen[12]	Protium	Deuterium	Tritium
Das Kation (H$^+$)	Hydron	Proton	Deuteron	Triton
Das Anion (H$^-$)[13]	Hydrid	Protid	Deuterid	Tritid
Die Gruppe (–H)[14]	Hydro-	Protio-	Deuterio-	Tritio-
Übertragung des Kations auf ein Substrat	Hydronierung	Protonierung	Deuteronierung	Tritonierung
Austausch von Hydrogen gegen ein spezifisches Isotop		Protiierung	Deuteriierung (oder Deuteration)	Tritiierung

Beispiele:

1. Eine Brønsted-Säure ist ein Hydron-Donor, eine Brønsted-Base ist ein Hydron-Akzeptor.

2. Die Beobachtung eines kinetischen Protium/Deuterium-Isotopeneffektes kann in Begriffen des Hydron-Transfers im Übergangszustand interpretiert werden.

3. ^{1}HCl ist Protiumchlorid. K^{2}H ist Kalium-deuterid.

4. $(CH_3)_2C{=}O + [^2H_3O]^+ \rightarrow [(CH_3)_2C{=}O^2H]^+ + {}^2H_2O$ ist die Deuteronierung von Propanon.

---

[11] IUPAC *Nomenclature of Inorganic Chemistry*, 2. Auflage, Butterworths, London, 1971 [37b]. Siehe Internationale Regeln für die chemische Nomenklatur und Terminologie, Band 2, Gruppe 1, Seiten 9 und 10 [37m].

[12] Der systematische Name für atomaren Wasserstoff ist Monohydrogen/Monowasserstoff (vgl. [37d]).

[13] Die anorganisch-chemische Nomenklatur erlaubt den Terminus Hydrid sowohl für das Anion als auch dort, wo Wasserstoff die elektronegative Komponente einer binären kovalenten Verbindung ist (vgl. [37e]).

[14] Diese Terminologie ist gedacht für die Benennung von Transformationen (siehe u.a. [16]), in denen das Wort „Gruppe" zur Beschreibung einer Einheit, einatomig oder nicht, benutzt wird, die im Verlaufe einer Transformation, in der der Oxidationsgrad der Einheit nicht spezifiziert werden muß, mit dem Substrat verknüpft oder vom Substrat abgespalten werden kann (vgl. Beispiel 5). Es ist nicht beabsichtigt, diese Termini in der strukturbezogenen Nomenklatur, für die schon Empfehlungen [49oo] existieren, zu verwenden.

5. $HCCl_3 \rightarrow {}^3HCCl_3$ ist die Tritiierung von Trichlormethan. Der Austausch eines spezifischen Isotops durch ein anderes wird am besten wie folgt benannt: ${}^1HCCl_3 \rightarrow {}^3HCCl_3$, Tritio-de-protiierung von $({}^1H)$Trichlormethan.

Die z.Z. verfügbaren Namen für Wasserstoffatome, Ionen und Gruppen sowie für Reaktionen, an welchen diese beteiligt sind, reichen nicht immer für die Angabe der Unterschiede in der Isotopenzusammensetzung aus. Zum Beispiel wird das Wort Proton nicht nur für das ${}^1H^+$-Ion, sondern allgemein – und inkorrekt – für H^+ in der natürlichen Isotopenzusammensetzung verwendet; die CNIC empfiehlt, das zuletzt genannte Gemisch mit dem von Hydrogen abgeleiteten Namen Hydron zu bezeichnen. In vielen Kontexten führt dies heute und vielleicht auch künftig nicht zu Mißverständnissen. Bei der Diskussion von Isotopeneffekten und in bestimmten Bereichen der Nomenklatur muß jedoch unterschieden werden können.

3.1.2 Angabe von Masse, Ladung und Ordnungszahl durch Indizes und Exponenten (Tief- und hochgestellte Zahlen)

Masse, Ionenladung und Ordnungszahl eines Nuklids werden durch drei Indizes angegeben, die wie folgt um das Symbol herum angeordnet werden:

Index links oben (linker Exponent)	Massenzahl
Index links unten (linker Index)	Ordnungszahl[15]
Index rechts oben (Exponent)	Ionenladung

Die Ionenladung eines Atoms mit dem Symbol A wird durch A^{n+} oder A^{n-} gekennzeichnet und nicht durch A^{+n} oder A^{-n}.

Die Position rechts unten an einem Elementymbol ist für einen Index zur Kennzeichnung der Anzahl dieses Atoms in einer Formel reserviert, z.B. ist S_8 die Formel für ein Molekül aus acht Schwefelatomen. Zum genauen Formalismus bei zusätzlicher Angabe von Ladung oder Oxidationsgrad siehe die Abschnitte 2.3.4.1 und 2.3.4.2.

Beispiel:

$${}^{200}_{80}Hg_2^{2+}$$ bedeutet ein aus zwei Atomen bestehendes doppelt positiv geladenes Quecksilber-Ion mit der Ordnungszahl 80 und der Massenzahl 200.

Die Kernreaktion zwischen ${}^{26}_{12}Mg$ und ${}^4_2He$-Kernen unter Bildung von ${}^{20}_{13}Al$ und ${}^1H$-Kernen wird wie folgt geschrieben:

$${}^{26}Mg(\alpha,p)^{29}Al \quad [62]$$

Zur Nomenklatur isotop-modifizierter Verbindungen und der Verwendung von Atomsymbolen für die Angabe einer isotopen Modifizierung in chemischen Formeln siehe Kapitel 7.

---

[15] Auf die Angabe der Ordnungszahl wird, da redundant, oft verzichtet.

3.1.3   Isotope

A_2) Namen der Isotope

---

a) – Name nach A_1) + -Massenzahl[a] in Ziffern
Beispiel: ^{14}C Kohlenstoff-14
        Ausnahmen: Namen der Wasserstoffisotope ^{1}H, ^{2}H (oder D),
        ^{3}H (oder T): Protium, Deuterium, Tritium
b) *Angabe der allotropen Modifikation*
– Name nach A_2)a) + Angabe der Modifikation nach A_4)
Beispiel: $^{31}P_n$ Schwarzer Phosphor-31, Phosphor-31(*oC*8)

---

[a] Der Bindestrich „-" vor der Massenzahl ist Teil des Namens.

Isotope eines Elements tragen den gleichen Namen wie das Element. Die einzelnen Isotope werden durch ihre Massenzahlen gekennzeichnet. Im NAMEN wird diese nach dem Namen, durch einen Bindestrich verbunden, genannt; am SYMBOL durch einen linken Exponenten. Zum Beispiel heißt das Atom mit der Ordnungszahl 8 und der Massenzahl 18 Sauerstoff-18 oder Oxygen-18; es hat das Symbol ^{18}O. Früher wurden für einzelne Nuklide unterschiedliche Namen verwendet. Für Wasserstoffisotope gelten die Ausnahmen in Abschnitt 3.1.1.5.

3.1.4   Name eines Elements oder einer elementaren Substanz

A_3) Name eines Elements (einer elementaren Substanz)

---

a) *mit unbegrenzter oder unbestimmter Molekülformel oder Struktur*
– Name nach A_1)
Beispiel: Cu(fest)   Kupfer
b) *mit definierter Molekülformel*
– Vervielfachendes Präfix + Name nach A_1)
Beispiel: O_3 Trisauerstoff oder Trioxygen (Trivialname: Ozon)

3.1.4.1 Name eines Elements oder einer elementaren Substanz
        mit unbegrenzter oder unbestimmter Molekülformel oder Struktur

Ein Element mit unbegrenzter oder unbestimmter Molekülformel oder Struktur, z.B. ein Gemisch von Allotropen trägt den gleichen Namen wie das Atom.
Beispiele:
  1. Cu(fest)   Kupfer
  2. $S_6 + S_8 + S_n$ Schwefel
  3. Se_n Selen

3.1.4.2 Name eines Elements oder einer elementaren Substanz mit definierter Molekülformel

Diese Spezies werden durch Aufführen des zutreffenden vervielfachenden Präfixes (Tabelle 2.4) vor dem Namen des Atoms benannt, um die Anzahl der Atome im Molekül zu kennzeichnen. Das Präfix Mono- wird nicht gebraucht, es sei denn, daß das Element normalerweise nicht in einem einatomigen Zustand existiert.

Das vervielfachende Präfix Di- vor dem Elementnamen zweiatomiger gasförmiger Elemente wird gewöhnlich weggelassen. In Ligandennamen jedoch wird Di- verwendet, z.B. Distickstoff; deshalb werden die einatomigen Formen z.B. einatomiges Hydrogen bzw. Monowasserstoff, einatomiger Sauerstoff bzw. Monosauerstoff genannt.

Beispiele:
1. N Monostickstoff oder Mononitrogen
2. Ar Argon
3. O_3 Trisauerstoff oder Trioxygen

Die beiden Arten des molekularen H, in denen die Kernspins der beiden Kerne parallel oder entgegengesetzt sind, heißen ortho- bzw. para-Wasserstoff (o-H_2 bzw. p-H_2; für Deuterium: o-/p-D_2). Für Helium aber gilt die Schreibung o-/p-Helium.

3.1.5 Allotrope

A_4) Angabe der allotropen Modifikation

---

a) *Durch erlaubte Trivialnamen:*
Beispiel: Schwarzer Phosphor
b) *Durch Angabe der Molekülgröße*:
− Präfix zur Angabe der Struktur (Tabelle 2.5) + - + vervielfachendes Präfix
        für die Anzahl der Atome[a] (Tabelle 2.4) + Name nach A_1)
Beispiel: *tetrahedro*-Tetraphosphor
c) *Durch Abkürzung für das Kristallsystem (Kristalline allotrope Modifikation)*:
− Name nach A_1) + (PEARSON-Symbol (Tabelle 3.2))
Beispiel: Phosphor($oC8$)
d) *Feste amorphe Modifikation und allgemein bekannte Allotrope unbestimmter Struktur*:
− üblicher Deskriptor (griech. Buchstabe, Farb-, Mineralname,
        physikalische Eigenschaft) + U[b] + Name nach A_1)
Beispiel: glasiger Kohlenstoff

---

[a] Ist die Anzahl der Atome groß oder unbekannt, kann das Präfix Poly verwendet werden.
[b] „U" bedeutet einen Leerraum im Namen.

Allotrope Modifikationen eines Elements tragen den Namen des Atoms, von dem sie sich ableiten, zusammen mit einem Deskriptor zur Spezifizierung der Modifikation. Übliche Deskriptoren sind griechische Buchstaben α, β, γ usw., Farb- und, wo es angebracht ist, Mineralnamen, wie z.B. Graphit und Diamant für die allgemein bekannten Formen von Kohlenstoff. Solche Namen sollen als vorläufige Trivialnamen behandelt werden, die solange zu verwenden sind, bis die Strukturen gesichert sind und ein rationelles System empfohlen ist, das auf der Molekülformel basiert. Solche Namen beruhen auf der Anzahl von Atomen im Molekül, die durch ein vervielfachendes Präfix angegeben werden. Wenn die Anzahl groß und unbekannt ist, wie in langen Ketten oder großen Ringen, kann das Präfix Poly verwendet werden. Wo es notwendig ist, können geeignete strukturelle Präfixe aus Tabelle 2.6 gebraucht werden.

Beispiele:

	Symbol	Trivialname	Systematischer Name
1.	H	atomarer Wasserstoff	Monowasserstoff oder Monohydrogen
2.	O_2	Sauerstoff	Disauerstoff oder Dioxygen
3.	O_3	Ozon	*catena*-Trisauerstoff oder Trioxygen
4.	P_4	weißer Phosphor (gelber Phosphor)	*tetrahedro*-Tetraphosphor
5.	S_8	α-Schwefel, β- oder γ-Schwefel	*cyclo*-Octaschwefel oder Octasulfur
6.	S_n	μ-Schwefel (plastischer Schwefel)	*catena*-Polyschwefel oder Polysulfur

Kristalline allotrope Modifikationen eines Elements, d.h. dessen Polymorphe werden durch Angabe der Kristallstruktur unterschieden[16].

Beispiele:

	Symbol	Trivialname	Systematischer Name
1.	P_n	schwarzer Phosphor	Phosphor(*oC*8)

---

[16] Jedes Allotrop kann durch Anfügen eines kursiv geschriebenen PEARSON-Symbols [13], das die Struktur in Termini eines BRAVAIS-Gitters (Kristallklasse und Einheit der Elementarzelle) [76] und die Anzahl der Atome in dieser Elementarzelle (als steilgeschriebene Ziffer) angibt (Tabelle 3.2 und Kapitel 10), in runden Klammern direkt hinter dem Namen des Elements benannt werden. Danach ist Eisen(*cF*4) die allotrope Modifikation von Eisen (γ-Eisen) mit einem kubischen (*c*), flächenzentrierten (*F*) Gitter und vier (4) Eisenatomen in der Elementarzelle. Die umfangreiche Trivialnomenklatur für Allotrope wird nicht empfohlen.

In einigen Fällen reicht das PEARSON-Symbol nicht aus, um zwischen zwei kristallinen Allotropen des Elements zu unterscheiden. In solchen Fällen wird in der runden Klammer das Symbol für die Raumgruppe, getrennt durch ein Komma und einen Leerraum dem PEARSON-Symbol hinzugefügt. Zum Beispiel werden die beiden Formen von Se, α-Selen und β-Selen, beides Se_n, durch die Symbole (*mP*32, $P2_1/n$) bzw. (*mP*32, $P2_1/a$) unterschieden. Als Alternative kann eine Bezeichnung zweckmäßig sein, die den Verbindungstyp einbezieht.

2. C_n	Diamant	Kohlenstoff($cF8$)
3. C_n	Graphit (häufigste Form)	Kohlenstoff($hP4$)
4. C_n	Graphit (weniger häufige Form)	Kohlenstoff($hR6$)
5. Fe_n	α-Eisen	Eisen($cI2$)
6. Fe_n	γ-Eisen	Eisen($cF4$)
7. Sn_n	α- oder graues Zinn	Zinn($cF8$)
8. Sn_n	β- oder weißes Zinn	Zinn($tI4$)

Die gebräuchlichen Namen oder Deskriptoren sind z.Z. als Alternativen für allgemein bekannte, strukturdefinierte Allotrope von Kohlenstoff, Phosphor, Schwefel, Zinn und Eisen erlaubt. Trivialnamen werden auch künftig für amorphe Modifikationen eines Elements oder für diejenigen Elemente verwendet, bei denen es sich in ihren gewöhnlich vorkommenden Formen um Gemische eng verwandter Strukturen (wie Graphit) oder um eine schlecht definierte fehlgeordnete Struktur (wie roter Phosphor) handelt.

Beispiele:

1. C_n	glasiger Kohlenstoff	
2. C_n	Graphit-Kohlenstoff (Kohlenstoff in Form von Graphit, ungeachtet struktureller Defekte)	
3. P_n	roter Phosphor (eine fehlgeordnete Struktur mit Anteilen von Phosphor($oC8$) und Anteilen von Tetraphosphor)	
4. As_n	amorphes Arsen	

Tabelle 3.2 Für die vierzehn BRAVAIS-Gitter verwendete PEARSON-Symbole

System	Gittersymbol [a]	PEARSON-Symbol
triklin	P	aP [b]
monoklin	P	mP
	S [c]	mS
orthorhombisch	P	oP
	S	oS
	F	oF
	I	oI
tetragonal	P	tP
	I	tI
hexagonal (und trigonal P)	P	hP
rhomboederisch	R	hR
kubisch	P	cP
	F	cF
	I	cI

Fußnoten siehe nächste Seite

Fußnoten zu Tab. 3.2

a)   *P, S, F, I* und *R* sind primitive, basisflächenzentrierte, allseitig flächenzentrierte, raumzentrierte bzw. rhomboedrische Gitter. Der Buchstabe *C* wurde bisher anstelle von *S* benutzt (siehe auch Kapitel 10).

b)   Der Buchstabe *a* wird verwendet, um das trikline Gitter zu bezeichnen, da *t* dem tetragonalen vorbehalten ist. *a* ist abgeleitet von dem überholten Synonym anorthisch für triklin.

c)   Zweite Ausrichtung, ausgezeichnete y-Achse.

3.1.6   Elementgruppen im Periodensystem und ihre Untergruppen

Die Numerierung der Gruppen im Periodensystem von Gruppe I bis Gruppe VIII ist international eingeführt, jedoch wird die Unterteilung dieser Gruppen in *Typische Elemente* und die *Untergruppen A* und *B* in vielen Teilen der Welt unterschiedlich interpretiert und verwendet [29][371]. Daher sollte diese Unterteilung vermieden werden [28][30]. Die in Tabelle 3.3 empfohlene Form ist nach ausführlicher Diskussion in der CNIC die klarste und einfachste[17] [45]. Die Elemente (ausgenommen Wasserstoff) der Gruppen 1, 2 und 13 bis 18 werden als Hauptgruppen-Elemente bezeichnet; die ersten beiden Elemente jeder Hauptgruppe, außer Gruppe 18, werden Typische Elemente genannt. Die Elemente in Gruppen 3 bis 11 sind Übergangselemente. Die Buchstaben s, p, d und f können verwendet werden, um die verschiedenen Blöcke der Elemente zu unterscheiden. Für speziellere Zwecke ist es auch möglich, die Gruppen nach dem jeweils ersten Element zu bezeichnen, das in Tabelle 3.3 (S. 87) unterstrichen ist, z.B. Elemente der Bor-Gruppe (B, Al, Ga, In, Tl), Elemente der Titan-Gruppe [Ti, Zr, Hf, Unq] usw.[18]

Nachstehend sind die drei gängigsten von den veröffentlichten Formen des Periodensystems der Elemente zusammen mit dem von der IUPAC empfohlenen (Tabelle 3.3.1) aufgelistet: die sogenannte Acht-Gruppen-Tabelle (Kurzperiodensystem, Tabelle 3.3.2), die Achtzehn-Gruppen-Tabelle (Langperiodensystem, Tabelle 3.3.3) und die Zweiunddreißig-Gruppen-Tabelle (32-Gruppen-Periodensystem, Tabelle 3.3.4).

Die Hinweise auf die unterschiedlichen Bezeichnungen der Gruppen oder Familien im Kopf der Tabellen zeigen die komplizierte Situation, als die Kommission daran ging, die 1970er *Nomenclature of Inorganic Chemistry* [37] zu aktualisieren. Die „Nomenklatur von 1970" folgte einem früheren Vorschlag, die Buchstaben A und B zur Unterscheidung der links- und rechtsseitigen Familien zu verwenden. Diese Kennzeichnung ist in weiten Teilen der Welt allgemein üblich, in anderen dient die A-B-Kennzeichnung zur Unterscheidung von Haupt- und Nebengruppen-Elementen. Zusätzlich sind andere Formen vorgeschlagen worden und werden benutzt, um den eigenen speziellen Erfordernissen zu genügen [30][30a].

---

17)   Sie unterscheidet sich von der Empfehlung in der zweiten Auflage (1970) der *Nomenclature of Inorganic Chemistry* [371].

18)   Die in der IUPAC *Nomenclature of Inorganic Chemistry*, Ausgabe von 1970 [371], empfohlenen Gruppennamen Triele, Tetrele bzw. Pentele für die Elemente der dritten, vierten bzw. fünften Gruppe sind nicht gebräuchlich.

Tabelle 3.3 Bezeichnung von Gruppen im Periodensystem[a]

Gruppen	1[a]	2	3	4	5	6	7	8	9	10	11	12	13	14	15	16	17	18
	H[b]																	He
	Li	Be											B	C	N	O	F	Ne
	Na	Mg											Al	Si	P	S	Cl	Ar
	K	Ca	Sc	Ti	V	Cr	Mn	Fe	Co	Ni	Cu	Zn	Ga	Ge	As	Se	Br	Kr
	Rb	Sr	Y	Zr	Nb	Mo	Tc	Ru	Rh	Pd	Ag	Cd	In	Sn	Sb	Te	I	Xe
	Cs	Ba	La-Lu[c]	Hf	Ta	W	Re	Os	Ir	Pt	Au	Hg	Tl	Pb	Bi	Po	At	Rn
	Fr	Ra	Ac-Lr[d]	Rf	Db	Sg	Bh	Hs	Mt	Uun	Uuu	Uub						

a) Numerierungssystem von 1 bis 18, das als Ersatz der international uneinheitlichen Verwendung von A und B zur Bezeichnung der Untergruppen vorgeschlagen worden ist (siehe [45]).

b) H ist anomal und kann auch als Element der Gruppe 17 behandelt werden.

c) Lanthanoide (siehe Abschnitt 3.1.7).

d) Actinoide (siehe Abschnitt 3.1.7).

Tabelle 3.3.1   IUPAC Periodensystem der Elemente

1	2	3	4	5	6	7	8	9	10	11	12	13	14	15	16	17	18	n
1 H																	2 He	6
3 Li	4 Be											5 B	6 C	7 N	8 O	9 F	10 Ne	2
11 Na	12 Mg											13 Al	14 Si	15 P	16 S	17 Cl	18 Ar	3
19 K	20 Ca	21 Sc	22 Ti	23 V	24 Cr	25 Mn	26 Fe	27 Co	28 Ni	29 Cu	30 Zn	31 Ga	32 Ge	33 As	34 Se	35 Br	36 Kr	4
37 Rb	38 Sr	39 Y	40 Zr	41 Nb	42 Mo	43 Tc	44 Ru	45 Rh	46 Pd	47 Ag	48 Cd	49 In	50 Sn	51 Sb	52 Te	53 I	54 Xe	5
55 Cs	56 Ba	56-71 La-Lu	72 Hf	73 Ta	74 W	75 Re	76 Os	77 Ir	78 Pt	79 Au	80 Hg	81 Tl	82 Pb	83 Bi	84 Po	85 At	86 Rn	6
87 Fr	88 Ra	89-103 Ac-Lr	104 Rf	105 Db	106 Sg	107 Bh	108 Hs	109 Mt	110 Uun	111 Uuu	112 Uub	113 Uut	114 Uuq	115 Uup	116 Uuh	117 Uus	118 Uuo	7

57 La	58 Ce	59 Pr	60 Nd	61 Pm	62 Sm	63 Eu	64 Gd	65 Tb	66 Dy	67 Ho	68 Er	69 Tm	70 Yb	71 Lu	n
89 Ac	90 Th	91 Pa	92 U	93 Np	94 Pu	95 Am	96 Cm	97 Bk	98 Cf	99 Es	100 Fm	101 Md	102 No	103 Lr	6
															7

Tabelle 3.3.2   Kurzform des Periodensystems

I		II		III		IV		V		VI		VII		VIII			0
A	B	A	B	A	B	A	B	A	B	A	B	A	B				
1 H																	2 He
3 Li		4 Be		5 B		6 C		7 N		8 O		9 F					10 Ne
11 Na		12 Mg		13 Al		14 Si		15 P		16 S		17 Cl					18 Ar
19 K		20 Ca		21 Sc		22 Ti		23 V		24 Cr		25 Mn		26 Fe	27 Co	28 Ni	
	29 Cu		30 Zn		31 Ga		32 Ge		33 As		34 Se		35 Br				36 Kr
37 Rb		38 Sr		39 Y		40 Zr		41 Nb		42 Mo		43 Tc		44 Ru	45 Rh	46 Pd	
	47 Ag		48 Cd		49 In		50 Sn		51 Sb		52 Te		53 I				54 Xe
55 Cs		56 Ba		57 La*		72 Hf		73 Ta		74 W		75 Re		76 Os	77 Ir	78 Pt	
	79 Au		80 Hg		81 Tl		82 Pb		83 Bi		84 Po		85 At				86 Rn
87 Fr		88 Ra		89 Ac**													

*   Einschließlich Lanthanoide (57-71)
** Einschließlich Actinoide (89-103)

Tabelle 3.3.3 Achtzehn-Gruppen-Numerierung (Langperiodensystem)

1	2	3	4	5	6	7	8	9	10	11	12	13	14	15	16	17	18	
IA	IIA	IIIA	IVA	VA	VIA	VIIA		VIIIA		IB	IIB	IIIB	IVB	VB	VIB	VIIB	VIIIB	IUPAC 1988 / IUPAC 1970
IA	IIA	IIIB	IVB	VB	VIB	VIIB		VIIIB		IB	IIB	IIIA	IVA	VA	VIA	VIIA	VIIIA	Demming 1923
1 H																	2 He	
3 Li	4 Be											5 B	6 C	7 N	8 O	9 F	10 Ne	
11 Na	12 Mg											13 Al	14 Si	15 P	16 S	17 Cl	18 Ar	
19 K	20 Ca	21 Sc	22 Ti	23 V	24 Cr	25 Mn	26 Fe	27 Co	28 Ni	29 Cu	30 Zn	31 Ga	32 Ge	33 As	34 Se	35 Br	36 Kr	
37 Rb	38 Sr	39 Y	40 Zr	41 Nb	42 Mn	43 Tc	44 Ru	45 Rh	46 Pd	47 Ag	48 Cd	49 In	50 Sn	51 Sb	52 Te	53 I	54 Xe	
55 Cs	56 Ba	57 71 La-Lu†	72 Hf	73 Ta	74 W	75 Re	76 Os	77 Ir	78 Pt	79 Au	80 Hg	81 Tl	82 Pb	83 Bi	84 Po	85 At	86 Rn	
87 Fr	88 Ra	89 103 Ac-Lr††	104 Rf	105 Db	106 Sg	107 Bh	108 Hs	109 Mt	110 Uun	111 Uuu	112 Uub							
			57 †La	58 Ce	59 Pr	60 Nd	61 Pm	62 Sm	63 Eu	64 Gd	65 Tb	66 Dy	67 Ho	68 Er	69 Tm	70 Yb	71 Lu	
			89 ††Ac	90 Th	91 Pa	92 U	93 Np	94 Pu	95 Am	96 Cm	97 Bk	98 Cf	99 Es	100 Fm	101 Md	102 No	103 Lr	

Tabelle 3.3.4 Zweiunddreißig-Gruppen-Tabelle des Periodensystems

1	2																												3	4	5	6	7	8	9	10	11	12	13	14	15	16	17	18	IUPAC 1988
IA	IA																												IIIA	IVA	VA	VIA	VIIA		VIIIA		IB	IIB	IIIB	IVB	VB	VIB	VIIB	VIIIB	IUPAC 1970
IA	IA																												IIIB	IVB	VB	VIB	VIIB		VIIIB		IB	IIA	IIIA	IVA	VA	VIA	VIIA	VIIIA	Demming 1923

Periode 1:

1 H																	2 He

Periode 2:

3 Li	4 Be											5 B	6 C	7 N	8 O	9 F	10 Ne

Periode 3:

11 Na	12 Mg											13 Al	14 Si	15 P	16 S	17 Cl	18 Ar

Periode 4:

19 K	20 Ca	21 Sc	22 Ti	23 V	24 Cr	25 Mn	26 Fe	27 Co	28 Ni	29 Cu	30 Zn	31 Ga	32 Ge	33 As	34 Se	35 Br	36 Kr

Periode 5:

37 Rb	38 Sr	39 Y	40 Zr	41 Nb	42 Mo	43 Tc	44 Ru	45 Rh	46 Pd	47 Ag	48 Cd	49 In	50 Sn	51 Sb	52 Te	53 I	54 Xe

Periode 6:

55 Cs	56 Ba	57 La	58 Ce	59 Pr	60 Nd	61 Pm	62 Sm	63 Eu	64 Gd	65 Tb	66 Dy	67 Hc	68 Er	69 Tm	70 Yb	71 Lu	72 Hf	73 Ta	74 W	75 Re	76 Os	77 Ir	78 Pt	79 Au	80 Hg	81 Tl	82 Pb	83 Bi	84 Po	85 At	86 Rn

Periode 7:

87 Fr	88 Ra	89 Ac	90 Th	91 Pa	92 U	93 Np	94 Pu	95 Am	96 Cm	97 Bk	98 Cf	99 Es	100 Fm	101 Md	102 No	103 Lr	104 Rf	105 Db	106 Sg	107 Bh	108 Hs	109 Mt	110 Uun	111 Uuu	112 Uub

Die CNIC glaubt, daß die 1 bis 18-Gruppen-Numerierung eine alternative Kennzeichnung liefert (zum widersprüchlichen Gebrauch der A-B-Notation) und den Anforderungen einer klaren und präzisen Verständigung genügt.

3.1.7   Sammelnamen für Gruppen ähnlicher Elemente

Die folgenden Sammelnamen für Gruppen ähnlicher Elemente werden von der IUPAC vorgeschlagen, um der Bildung ungewöhnlicher Termini wie Pnicogene (s.u.) vorzubeugen:

Actinoide oder Actinide
(Ac, Th, Pa, U, Np, Pu, Am, Cm, Bk, Cf, Es, Fm, Md, No, Lr)[19],
Lanthanoide oder Lanthanide
(La, Ce, Pr, Nd, Pm, Sm, Eu, Gd, Tb, Dy, Ho, Er, Tm, Yb, Lu)[19],
Erdalkalimetalle (Ca, Sr, Ba, Ra)[20],
Chalkogene (O, S, Se, Te, Po)[21],
Halogene (F, Cl, Br, I, At)[21],
Edelgase (He, Ne, Ar, Kr, Xe, Rn),
Alkalimetalle (Li, Na, K, Rb, Cs, Fr) und
Seltenerdmetalle (Sc, Y und die Lanthanoide).

Für die Gruppe der Atome N, P, As, Sb und Bi ist der Sammelname Pnico= gene (Pnictide für binäre Verbindungen) vorgeschlagen worden [371]; er wird aber von der IUPAC nicht empfohlen.

Ein Übergangselement ist ein Element, dessen Atom eine unvollständige d-Unterschale hat, oder das ein Kation oder Kationen mit einer unvollständigen d-Unterschale bildet. Die erste Reihe der Übergangselemente ist Sc, Ti, V, Cr, Mn, Fe, Co, Ni, Cu. Die zweite und dritte Reihe der Übergangselemente ist ähnlich gebildet: diese schließen Lanthanoide bzw. Actinoide ein. Die letzteren werden als Innere (oder f-) Übergangselemente ihrer Periode im Periodensystem bezeichnet.

Da die Bezeichnung Metalloid in verschiedenen Sprachen unterschiedlich benutzt wird, sollte dieser Name aufgegeben werden. Elemente sollten als Metalle, Halbmetalle und Nichtmetalle klassifiziert werden.

---

[19]   Obwohl der Ausdruck Actinoide „ähnlich wie Actinium" bedeutet und dementsprechend Actinium nicht mit einschließt, wird dieses in der Praxis mit erfaßt. Ähnlich liegen die Verhältnisse beim Ausdruck Lanthanoid. Die Endung -id zeigt normalerweise eine negative Ladung an, weshalb Lanthanoid und Actinoid gegenüber Lanthanid und Actinid zu bevorzugen sind. Wegen des weitverbreiteten Gebrauch sind die Ausdrücke Lanthanid und Actinid aber noch erlaubt.

[20]   Zu den Erdalkalimetallen werden häufig auch noch Be und Mg gerechnet, z.B. in den *Chemical Abstracts* [3].

[21]   Die allgemeinen Termini Chalkogenide und Halogenide werden zur Benennung von Verbindungen der entsprechenden Elemente benutzt. Der im Englischen verwendete Terminus Halide ist im Deutschen nicht allgemein eingeführt. Es gibt keine Gründe, diese Verkürzung im Deutschen zu empfehlen.

3.2   Verbindungen

3.2.1   Einleitung

Verbindungen sind Kombinationen aus zwei oder mehr Elementen. Sie bestehen aus elektrisch neutralen Molekülen oder sind aus Ionen aufgebaut. Im allgemeinen sind sie durch Strukturformeln, vereinfachte Strukturformeln[22] (linearisierte Strukturformeln) oder empirische Formeln, die lediglich das Atomverhältnis in der Verbindung wiedergeben, beschreibbar. Bei ionisch aufgebauten Festkörpern kann die Zusammensetzung innerhalb gewisser Grenzen variieren („nicht-daltonide" oder „berthollide" Verbindungen), vgl. dazu Kapitel 10. Entsprechend dem für den Strukturtyp gewählten Nomenklatursystem erfolgt die Benennung der Strukturelemente (Ionen, Stammstruktur, Zentralatom, Substituenten, Liganden) und die Zusammenstellung von deren Namen zum Gesamtnamen. Details werden in den Kapiteln 4 – Namen für Neutralmoleküle und deren Bestandteile (Stammhydride, Zentralatome, Substituenten, Radikale, Liganden), sowie Koordinationsverbindungen, 5 – Auf der Stöchiometrie basierende Namen einschließlich der Namen für Salze und Säuren einschließlich Oxosäuren, 6 – Borhydride, 7 – Isotopmarkierte Verbindungen, 8 – Stereoisomerie, 9 – Ketten und Ringe und 10 – Festkörper behandelt. Am Schluß (Kapitel 11) sind Definitionen und Abkürzungen zusammengestellt.

3.2.2   Konstruktion von Namen

Für einen systematischen Namen werden die Morpheme für Teile der Strukturformel (Strukturelemente) nach einem vorgegebenen Verfahren (Operation)[23] kombiniert, um über Zusammensetzung und Struktur zu informieren.

Für die Wahl der Morpheme erfolgt die Zerlegung der Strukturformel des Moleküls in Strukturelemente nicht nach Belieben, auch nicht unter Aspekten von Synthesewegen oder Substanzeigenschaften, sondern ausschließlich nach den Auswahlregeln des jeweiligen Nomenklatursystems. Basis der Morpheme ist überwiegend der Elementname (oder der von diesem oder seinem lateinischen, selten griechischen Äquivalent abgeleitete Wortstamm). Die Morpheme werden mit entsprechenden Affixen kombiniert, um systematische Namen nach einer Vielzahl von Verfahren, Nomenklatursysteme genannt, zu konstruieren.

---

[22]   Wenn die Angabe der Ionenladung erwünscht ist, schreibt man die Formel: $(Na^+)_3(PO_3)^{3-}$. Eine solche Schreibung ist für die automatische Generierung von Namen Voraussetzung.

[23]   Es ist üblich, Gruppen von Atomen als Einheiten zu behandeln. In einigen Fällen ist ein Name die Summierung der Namen der Bestandteile der Verbindung, oder er repräsentiert die formale Addition eines Atoms oder einer Gruppe von Atomen an eine Verbindung unabhängig von deren Existenz, oder er bedeutet den formalen Ersatz (einschließlich Substitution) eines Atoms in einer Stammverbindung durch ein anderes Atom oder eine Atomgruppe, oder die formale Entfernung eines oder mehrerer Atome aus einer Stammverbindung. Der resultierende Name kann aus einem Wort, zusammengesetzt aus Morphemen bestehen, oder aus zwei oder mehreren Worten, von denen jedes durch eine oder mehrere Operationen gebildet ist.

Es gibt mehrere akzeptierte Nomenklatursysteme[24]. Im Laufe der Entwicklung der systematischen Nomenklatur haben sich einige für die Konstruktion von chemischen Namen bewährt. Diese wurden in Abschnitt 2.2.2 vorgestellt. Jedes System hat eine eigene Logik und einen eigenen Satz von Regeln. Einige Systeme sind allgemein anwendbar, andere weniger. In manchen Gebieten der Chemie werden Spezialsysteme verwendet.

Bei der Namenskonstruktion muß eine Vermischung von z.B. Substitutions- und Koordinationsnomenklatur vermieden werden. So sollten Ligandennamen wie **Disulfido-, Nitrito-** und **Arsenato-** nicht in Namen verwendet werden, die sich von Hydridnamen (siehe Abschnitt 4.2.1) ableiten. Auch sollte man Substituentennamen wie **Phosphanyl-, Acetyl-** und **Boryl-** nicht als Namen anionischer Liganden verwenden, wenn der Name mit dem eines Zentralatoms endet (Koordinationsname). Es hat sich aber eingebürgert, daß Liganden, die sich von Elementen der Gruppe 14 ableiten, üblicherweise wie Substituenten benannt werden, z.B. **Ethyl-, Benzyl-, Silyl-, Germyl-.**

Unabhängig vom Nomenklatursystem werden Namen immer aus Morphemen konstruiert, die sich wenigen Gruppen zuordnen lassen (siehe Tabelle 2.2). Die Methoden, sie zum Namen zusammenzustellen, sind unterschiedlich; die Beherrschung der chemischen Nomenklatur erfordert daher die Kenntnis dieser Methoden.

Das vielleicht einfachste System ist das für die Benennung binärer Verbindungen. Der Name **Eisen-dichlorid** für $FeCl_2$ entsteht durch das Nebeneinanderstellen der Elementnamen (**Eisen, Chlor**), ihre Anordnung in vorgegebener Weise (elektropositiv vor elektronegativ), die eventuell notwendige Modifizierung eines Elementnamens (z.B. zur Angabe der Ladung, hier -id für ein Anion), die Angabe der Stöchiometrie durch vervielfachende Präfixe (hier **di-**).

Die Konstruktion des systematischen Namens[25] für eine anorganische Verbindung erfolgt in folgenden Stufen (Operationen):
(a) Festlegung des Nomenklatursystems
(b) Ermittlung der Art der Bestandteile der Verbindung[26]
(c) Auswahl der Morpheme für das jeweilige Strukturelement
(d) Vervollständigung des Namens durch Modifikatoren
(e) Zusammenstellen der Morpheme und Modifikatoren zum vollständigen Namen.

Interpunktions- und Sonderzeichen definieren die Bedeutung der Morpheme und Modifikatoren.

Wie die Abbildung 3.1 zeigt, ist die Benennung einer anorganischen Verbindung eine echte Konstruktion unter Verwendung der Strukturformel als Bauplan.

---

[24] Diese sind nicht unveränderlich, sondern werden bei Bedarf durch IUPAC-Nomenklaturkommissionen aktualisiert (der Ausdruck „Revisions" im Titel von IUPAC-Empfehlungen ist in diesem Sinne zu verstehen).

[25] Im Prinzip gibt es in der anorganisch-chemischen Nomenklatur nur Trivial- und semisystematische Namen, da die Elemente keine systematischen Namen haben.

[26] Eine Verbindung kann als aus Ionen oder aus einer Stammstruktur (Zentralatom, Stammhydrid) bestehend betrachtet werden, an welche Atome oder Gruppen (Liganden, Substituenten) gebunden sind.

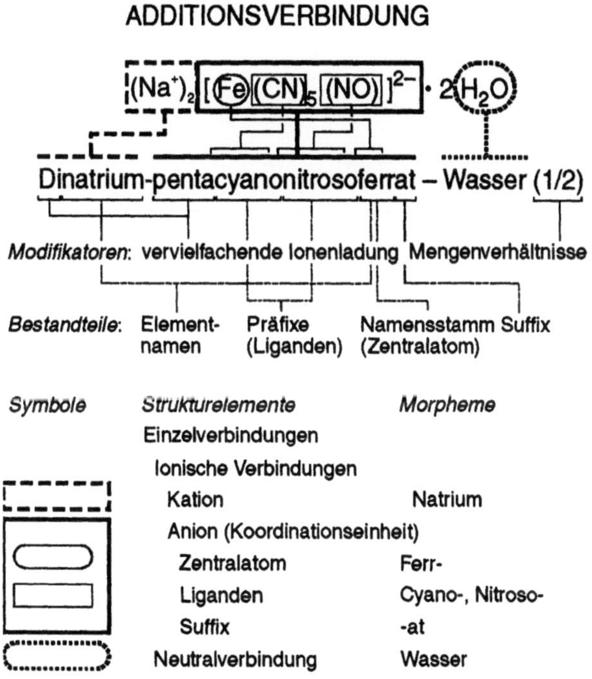

Abb. 3.1 Konstruktion des Namens einer chemischen Verbindung.

Die festgelegte Schreibung der Morpheme und Modifikatoren, Formalismen wie Interpunktion und die Verwendung von Abkürzungen mit semantischer Bedeutung müssen streng beachtet werden.

3.3   Ionen

3.3.1   Kationen

B) Namen für elektropositive Bestandteile $(M_m M'_{m'} ... M''_{m''})^{n+}$:

– Vervielfachendes Präfix für **m** + Name für **M** nach B_1)-B_5)
   + vervielfachendes Präfix für **m'** + Name für **M'** nach B_1)-B_5) + ...
   + vervielfachendes Präfix für **m''** + Name für **M''** nach B_1)-B_5) + -[a]
Beispiel: $[KNa_2H]^{4+}$ Kalium-dinatrium-hydrogen-(Ion)[b]

[a] Der Bindestrich „-" ist Teil des Namens.

[b] Namen der elektropositiven Bestandteile, ausgenommen Wasserstoff, werden in alphabetischer Reihenfolge zitiert. Hydrogen wird immer zuletzt genannt.

3.3.1.1   Allgemeines

Ein Kation ist eine ein- oder mehratomige Einheit, die eine oder mehrere Elementarladungen eines Hydrons trägt. In einer mehratomigen Einheit kann sich die Ladung an einem der Atome befinden, oder sie kann delokalisiert sein. Sie kann in Namen und Formeln durch die Ladungszahl, der das Plus-Zeichen folgt, oder die Oxidationszahl ausgedrückt werden (siehe Abschnitte 2.3.4.1 und 2.3.4.2). Die Oxidationszahl gibt die Ladung nur indirekt an.

Wenn die Ladung am Kation eindeutig ist, kann ihre Angabe entfallen, z.B. Aluminium-Ion für Aluminium(3+) oder Natrium-Ion für Natrium(1+). Ältere Namen wie Ferro für Eisen(II), Cupri für Kupfer(II) und Mercuri für Queck= silber(II) sind nicht länger erlaubt.

Soll das Kation als Einheit genannt werden, kann als Zusatz zum Namen – verbunden durch einen Bindestrich – das Wort Ion oder Kation verwendet werden.
Beispiel:
   1. Cr^{3+}-Ion oder Cr^{III}-Ion oder Chrom(3+)-Ion, oder Chrom(III)-Kation

Die präzise Bedeutung eines Namens hängt oft vom Kontext ab. So kann man annehmen, daß das Hexaaquachrom(3+)-Ion ein Chrom(3+)-Kation enthält, und man kann es auch so bezeichnen, indem man das koordinativ gebundene Wasser unberücksichtigt läßt. Dagegen kann Chrom(3+) der vollständige Name für eine genau definierte Einheit in der Gasphase sein.

3.3.1.2 Namen einatomiger Kationen

B_1) $(M_m M'_{m'}...M''_{m''})^{n+}$ = M^{n+} ist einatomig:

$m'... = m'' = 0; m = 1$:
— Elementname für **M** nach A_1) + **(EB+)** bzw. **(ST)**[27] für **n+** + - [a]
Ausnahme: Hydrogen-
Beispiel: Cu^{2+} Kupfer(2+)-(Ion) bzw. Kupfer(II)-(Ion)

---

[a] Der Bindestrich „-" ist Teil des Namens.

Einatomige Kationen werden durch den unveränderten Elementnamen benannt (siehe Anhang), deren Ladungs- bzw. Oxidationszahl (siehe Abschnitte 2.3.4.1 und 2.3.4.2) direkt hinter dem Namen angegeben werden kann.
Beispiele:
1. Na^+ Natrium(1+)-Ion, Natrium(I)-Kation
2. U^{6+} Uran(6+)-Ion, Uran(VI)-Kation

3.3.1.3 Namen mehratomiger Kationen

3.3.1.3.1 Allgemeines
Man unterscheidet homopolyatomige und heteropolyatomige Kationen. Die Namen werden nach den in Abschnitt 3.3.1.2 genannten Prinzipien gebildet. Jedoch sind eingeführte Namen für spezielle Gruppen (insbesondere sauerstoffhaltige Spezies wie Nitrosyl- und Phosphoryl-) in bestimmten Fällen weiterhin erlaubt.
Beispiele:
1. NH_4Cl Ammonium-chlorid
2. $POCl_3$ Phosphoryl-trichlorid
3. $NOHSO_4$ Nitrosyl-hydrogensulfat
4. OF_2 Sauerstoff-difluorid oder Oxygen-difluorid
5. O_2F_2 Disauerstoff-difluorid oder Dioxygen-difluorid
6. $O_2[PtF_6]$ Disauerstoff-hexafluoroplatinat
                oder Dioxygen-hexafluoroplatinat

---

[27] Wenn die Ladung am Kation eindeutig ist, kann ihre Angabe nach EWENS-BASSETT (**EB+**) bzw. STOCK (**ST**) entfallen.

3.3.1.3.2 Homopolyatomige Kationen

B$_2$) (M$_m$M'$_{m'}$...M''$_{m''}$)$^{n+}$ = M^{n+} ist mehratomige Gruppe:

---

m'... = m'' = 0; m > 1; M^{n+} = homopolyatomig
− Vervielfachendes Präfix für **m** + Name für **M** nach **A$_1$**)

$$+ \text{ (EB+) für } \mathbf{n+} + - \text{ a)}$$

Beispiel: (Bi$_5$)$^{4+}$ Pentabismut(4+)-(Ion)

---

a) Der Bindestrich „-" ist Teil des Namens.

Der Name für ein homopolyatomiges Kation kann durch Anfügen der Ladungszahl, evtl. auch der Oxidationszahl an den Namen der neutralen Einheit gebildet werden. Die Verwendung von Klammern um Formeln ist unter bestimmten Umständen zweckmäßig.

Beispiele:
1. (O$_2$)$^+$ Disauerstoff(1+)- oder Dioxygen(1+)-Ion
2. (Hg$_2$)$^{2+}$ Diquecksilber(2+)-Ion oder Diquecksilber(I)-Kation
3. (H$_3$)$^+$ Triwasserstoff(1+)- oder Trihydrogen(1+)-Ion

3.3.1.3.3   Heteropolyatomige Kationen

3.3.1.3.3.1   Kationen, die formal durch Anlagerung von Hydronen an binäre Hydride entstehen

B$_3$) (M$_m$M'$_{m'}$...M''$_{m''}$)$^{n+}$ = M^{n+} ist ein binäres Hydrid **[QH$_j$]** + **H$^+$**
bzw. ein Substitutionsprodukt:

---

a) M^{n+} ist ein einkerniges Hydrid:
a$_1$) − Ggf. Namen für Substituenten nach **D)** + Name des Stammhydrids **[QH$_j$]**
nach **G$_2$)**+ **ium** + ggf. (EB+)$^{28)}$ für **n+** + - a)
Beispiele: [Cl$_2$SH]$^+$ Dichlorsulfanium-(Ion)
            PH$_4^+$ Phosphanium-(Ion)
a$_2$) − Ggf. Namen für Substituenten nach **D)**
+ Namenstamm für **Q** (Anhang; für **Q** = **N** gilt **Amm**) + **onium-**
Beispiel: [(CH$_3$)$_3$NH]$^+$ Trimethylammonium-(Ion)

---

28) Die Angabe der EWENS-BASSETT-Zahl (**EB+**) ist nötig, wenn sich von der Base mehr als ein Kation ableiten läßt.

b) M^{n+} ist ein mehrkerniges Hydrid:
– Ggf. Namen für Substituenten nach **D)** + Name des Stammhydrids $[QH_j]$ nach
G_2) + ggf. vervielfachendes Präfix für **n** + **ium-**

Ausnahme: Hydrazinium-(Ion), Hydrazinium(2+)-(Ion), Hydrazindiium-(Ion).
Beispiel: $[H_3C–NH–NH_2–CH_3]^+$ N,N'-Dimethyl-diazanium-(Ion) oder
N,N'-Dimethyl-hydrazinium(1+)-(Ion)

c) $M^{n+} = [QL_iL'_{i'}...]^+$:
– Vervielfachendes Präfix für **i** + Name **L** nach **F)** + vervielfachendes Präfix
für **i'** + Name **L'** nach **F)** + ... + Elementname für **Q** nach A_1) + - [a]
Beispiel: $[CoCl_2(NH_3)_4]^+$ Tetraammindichlorocobalt(III)-(Ion)

d) M^{n+} ist eine organische oder Oxosäure + H^+ bzw. ein Substitutionsprodukt:
d_1) – Stamm des systematischen Namens der organischen Säure
      + **acidium-** (oder Endung säure $\rightarrow$ acidium)
Beispiel: $(H_3C–CO_2H_2)^+$ Ethanacidium-(Ion)
d_2) – Name des Säurerestes + **oxonium-**
Beispiel: $(H_3C–CO_2H_2)^+$ Acetyloxonium-(Ion)
d_3) – nach **c)**
Beispiel: $(H_3SO_4)^+$ Trihydroxooxoschwefel(VI)-(Ion)

e) M^{n+} ist ein neutrales organisches Molekül + H^+:
– Name des Neutralmoleküls + vervielfachendes Präfix für **n** + **ium-**
Beispiel:

O ⌬ OH$^+$ 1,4-Dioxanium-(Ion)

f) M^{n+} ist ein neutrales organisches Molekül – H^-
f_1) – Name des Neutralmoleküls + **ylium-**
Beispiel: PH_2^+ Phosphanylium-(Ion)
Ausnahmen: gesättigte, acyclische oder monocyclische Kohlenwasserstoffe so-
  wie einkernige Derivate von Silan, German, Stannan, Plumban und Boran:
  Endung -an $\rightarrow$ ylium-
Beispiel: BH_3^+ Borylium-(Ion)
f_2) Name des Restes + - [a]
Beispiel: CH_3^+ Methyl-(Kation)

g) M^+ ist eine organische Säure – OH^-:
– Name der Acylgruppe + **ium-**
Beispiel: $H_3C–C(O)^+$ Acetyl-(Kation) oder Acetylium-(Ion)
      oder 1-Oxoethylium-(Ion)

h) Sonderfälle z.B.:
  NO^+ Nitrosyl-Kation NO_2^+ Nitryl-Kation (Nitronium-Ion)
  UO_2^{2+} Uranyl(2+)-Kation OH^+ Hydroxylium-Ion
  $[HO–C(NH_2)_2]^+$ Uronium-Ion $[HS–C(NH_2)_2]^+$ Thiouronium-Ion

---

[a] Der Bindestrich „-" ist Teil des Namens.

Die Namen werden durch Anfügen von -ium an den systematischen Namen oder Trivialnamen des Stammhydrids gebildet. Für Polykationen werden die Suffixe -diium, -triium usw. verwendet.

Beispiele:

1. NH_4^+ Azanium-Ion
2. $N_2H_5^+$ Diazanium- oder Hydrazinium-Ion
3. $N_2H_6^{2+}$ Diazandiium-Ion oder Hydrazinium(2+)-Ion

                                     oder Hydrazindiium-Ion
4. $N_2H_3^+$ Diazenium-Ion
5. $N_2H_4^{2+}$ Diazendiium- oder Diazenium(2+)-Ion
6. $H_3O_2^+$ Dioxidanium-Ion

3.3.1.3.3.2 Andere Namen für Kationen, die formal durch Anlagerung von Hydronen an einkernige binäre Hydride entstehen

Namen für Kationen, die sich von einkernigen binären Hydriden ableiten, und deren Substitutionsprodukte können auch durch Anfügen von -onium an den Stamm des Elementnamens (für N gilt Amm) gebildet werden.

Das H_3O^+-Ion, d.h. das einfach hydratisierte Proton, heißt Oxonium-Ion[29] (Hydronium-Ion ist nicht erlaubt), und ist allein dieser Spezies vorbehalten. Ist der Grad der Hydratisierung des H^+-Ions nicht bekannt oder spielt dieser keine Rolle, kann der einfachere Terminus Hydron (siehe Abschnitt 3.1.1.5) oder Hydrogen- bzw. Wasserstoff-Ion verwendet werden. Gleiches gilt für das unbestimmt solvatisierte Proton in nichtwäßrigen Lösungsmitteln. Die Koordinationsnomenklatur liefert Namen für spezielle Einheiten, wie Diaquahydrogen(1+)-Ion für $[H(H_2O)_2]^+$.

Diese Methode ist für alle nachstehend aufgeführten Fälle und deren Substitutionsprodukte erlaubt. In den Beispielen 1 und 5 ist ihr der Vorzug zu geben. Zur Nomenklatur substituierter Kationen siehe Abschnitt 3.3.1.3.3.4.

Beispiele:

1. NH_4^+ Ammonium- (siehe auch Abschnitt 3.3.1.3.3.1, Beispiel 1))
2. PH_4^+ Phosphonium-Ion
3. H_3O^+ Oxonium-Ion
4. H_3S^+ Sulfonium-Ion
5. H_2I^+ Iodonium-Ion

---

[29] Der Name Oxidanium für H_3O^+ ist, auch wenn er vom systematischen Namen Oxidan für Wasser abgeleitet werden kann, gegenüber Oxonium nicht bevorzugt.

3.3.1.3.3.3 Kationische Koordinationsverbindungen

B_4) $(M_m M'_{m'}...M''_{m''})^{n+} = M^{n+}$ ist ein mehrkerniger Komplex:

— Name des Komplexes nach G_2), b) + **at** + (EB+)[28] + - [a]

Beispiel: $[\{Cr(NH_3)_5\}_2(\mu\text{-}OH)]^{5+}$ μ-Hydroxo-
bis(pentaamminchrom)(5+)-(Ion)

---

[a] Der Bindestrich „-" ist Teil des Namens.

Die Namen von komplexen Kationen werden durch Verwendung der Koordinationsnomenklatur vereinfacht. Diese Namen sind vorzuziehen, sobald sich andernfalls Mehrdeutigkeiten ergeben.

Beispiele:

1. $[ICl_2]^+$ Dichloroiod(1+)-Ion
2. $[Al(POCl_3)_6]^{3+}$ Hexakis(phosphoryltrichlorid)aluminium(3+)-Ion
3. $[Al(H_2O)_6]^{3+}$ Hexaaquaaluminium-Kation
4. $[CoCl(NH_3)_5]^{2+}$ Pentaamminchlorocobalt(2+)-Ion
5. $[H(H_2O)_2]^+$ Diaquahydrogen(1+)-Ion

3.3.1.3.3.4 Substituierte Kationen

Namen für substituierte Kationen können aus den Namen der Stammverbindungen durch Verwendung substitutiver Präfixe gebildet werden. Wenn ein Zentralatom bestimmt werden kann, ist die Koordinationsnomenklatur vorzuziehen. In den nachstehenden Beispielen werden beide Systeme einander gegenübergestellt.

Beispiele:

1. $[PCl_4]^+$ Tetrachlorphosphonium-Ion
        oder Tetrachlorophosphor(1+)-Ion
        oder Tetrachlorphosphanium-Ion[30]
2. $[SCl_3]^+$ Trichlorsulfonium-Ion
        oder Trichloroschwefel(1+)-Ion
        oder Trichlorsulfanium-Ion[30]
3. $[NH_3(OH)]^+$ Hydroxyammonium-
        oder Hydroxylaminium-Ion[31]
4. $[CH_3OH_2]^+$ Methyloxonium-
        oder Methyloxidanium-Kation[29]

---

[30] Diese Namen sind in *Nomenclature of Organic Chemistry*, Ausgabe von 1979 [49s], nicht vorgesehen.

[31] Der Name leitet sich von Hydroxylamin ab.

3.3.1.3.3.5 Kationen, die formal durch Anlagerung von Hydronen an Oxosäuren oder organische Säuren entstehen

Diese Kationen können nach mehreren Methoden benannt werden. Die für einen gegebenen Fall bevorzugte Methode hängt von der Art der Säure ab, an die das Hydron angelagert wird. Es gibt zwei allgemeine Methoden, die nachstehend aufgeführt sind.

(a) Behandlung der Säure als Substitutionsprodukt des Oxonium-Ions.

(b) Verwendung der Koordinationsnomenklatur (siehe Abschnitt 4.3)[32].

Beispiele: *Methode*

1. $(CH_3CO_2H_2)^+$ Ethanoyloxonium-
          oder Acetyloxonium-Ion   (a)

2. $(H_2NO_3)^+$ Dihydroxooxostickstoff-
          oder Dihydroxooxonitrogen-Kation   (b)

3. $(H_4SO_4)^{2+}$ Tetrahydroxoschwefel(VI)-
          oder Tetrahydroxosulfur(VI)-Kation   (b)

4. $(CH_3CO_2H_2)(ClO_4)$ Ethanoyloxonium-perchlorat
          oder Acetyloxonium-perchlorat   (a)

5. $(C_6H_5CH_2)(CH_3)P(NH)(OH_2)$
          Aquabenzyl(imido)methylphosphor(1+)-Ion   (b)

Im Englischen kann der Name durch Anfügen von -ium an den englischen, auf acid endenden Namen der Säure[33] gebildet werden. Diese Namen sind den nach (a) bzw. (b) gebildeten nicht unbedingt gleichwertig. Ethanacidium- spezifiziert nicht den Ort der Hydronierung, während Ethanoyloxonium- dies tut.

Beispiele:

1. $(CH_3CO_2H_2)^+$ Ethanacidium-
          oder Acetacidium-Ion[34]

2. $(CH_3CO_2H_2)(ClO_4)$ Ethanacidium-perchlorat[34]

3. $(C_6H_5CH_2)(CH_3)P(NH)(OH_2)$ *P*-Benzyl-*P*-methylphosphin=
          imidacidium-Ion[34]

3.3.1.3.3.6 Kationen, die formal durch Anlagerung von Hydronen an verschiedenartige organische Moleküle entstehen

Diese Kationen werden durch Anfügen von -ium, -diium usw. an den Namen der Stammverbindung mit gegebenenfalls notwendigen Lokanten benannt. Details siehe *Nomenclature of Organic Chemistry*, Ausgabe von 1979 [49s], [53a] und [53b].

---

[32] Formeln für nach der Koordinationsnomenklatur benannte Ionen sollten in eckige Klammern eingeschlossen werden. Die Verwendung der Klammern in den folgenden Formeln ist freigestellt, kann aber bei längeren Formeln nützlich sein.

[33] Diese Methode wird in *Nomenclature of Organic Chemistry* [49s] impliziert und sollte — wenn überhaupt — nur für organische Säuren verwendet werden.

[34] Entspricht 3.3.1.3.3.5 Beispiel 1 bzw. 4 (Methode a) sowie Beispiel 5 (Methode b).

Beispiele:
1. $C_5H_5NH^+$ Pyridinium-Ion
2. $(CH_3)_2COH^+$ Acetonium- oder Propan-2-ylidenoxonium-Ion
3. Imidazolium-Ion[35]

3.3.1.3.3.7 Kationen, die formal durch Abgabe eines Hydrid-Ions aus einem neutralen Molekül entstehen

Diese Kationen können durch Anfügen von -ylium an den Stammnamen benannt werden [49d]. In den Namen neutraler, gesättigter acyclischer oder monocyclischer Kohlenwasserstoffe sowie einkerniger Derivate von Silan, German, Stannan, Plumban und Boran wird die Endung -an durch -ylium ersetzt.

Kationen, die sich formal durch Abgabe eines Hydroxid-Ions aus einer organischen Säure herleiten, werden durch Anfügen von -ium an den Namen der entsprechenden Acylgruppe benannt. Ein gegebenenfalls notwendiger Lokant steht unmittelbar vor dem Suffix.

Ein akzeptabler Name kann auch durch Nennung des Wortes Kation hinter dem Namen des entsprechenden Restes gebildet werden.

Beispiele:
1. CH_3^+ Methyl-Kation oder Methylium-Ion[36]
2. $CH_3C=O^+$ Acetyl-Kation oder Acetylium- oder 1-Oxoethylium-Ion
3. PH_2^+ Phosphanylium-Ion
4. SiH_3^+ Silylium-Ion
5. $Si_2H_5^+$ Disilanylium-Ion
6. BH_2^+ Borylium-Ion

3.3.1.3.4 Spezialfälle

Es gibt einige Fälle, in denen triviale, nichtsystematische oder halbsystematische Namen weiterhin erlaubt sind. Einige Beispiele sind nachstehend angeführt.

Beispiele:
1. NO^+ Nitrosyl-Kation
2. NO_2^+ Nitryl-Kation
3. UO_2^{2+} Uranyl(2+)-Kation oder Dioxouran(2+)-Ion
4. OH^+ Hydroxylium-Ion
5. $[HOC(NH_2)_2]^+$ Uronium-Ion

---

[35] Genauer ist Imidazol-3-ium- oder 1*H*-Imidazol-3-ium-Ion.

[36] Carbenium-Ion als Name für CH_3^+ wird in anorganischen Kontexten wegen der möglichen Verwechslungen nicht empfohlen.

3.3.1.3.5   Kationische Gruppen oder Radikale

B$_5$) $(M_m M'_{m'} ... M''_{m''})^{n+}$ = **M^{n+}** ist eine kationische Gruppe oder ein kationisches Radikal:

---

a) −   Name nach **B$_3$)a$_1$**) bzw. **b)** + **yl, yliden**

oder **diyl** (ggf. mit Lokanten) + - [a]

Beispiel: H$_3$N$^+$−   Ammoniumyl-(Ion) oder Azaniumyl-(Ion)

b) −   Ändern der Endung onium- in onio-

im Namen eines einatomigen Kations nach **B$_3$)a$_2$**):

Beispiel: H$_3$N$^+$−   Ammonio-(Ion)

---

[a] Der Bindestrich „-" ist Teil des Namens.

Namen von kationischen Substituenten oder Radikalen werden durch Anfügen von Suffixen wie -yl, -yliden und -diyl mit gegebenenfalls notwendigen Lokanten an die Endung -ium des Namens für das Kation erhalten. Als Alternative wird die Endung -onium für einwertige Kationen in die Endung -onio umgewandelt. Namen einfach positiv geladener Zentren, die sich formal von einer mehrkernigen Struktureinheit durch Abgabe eines Wasserstoffatoms ableiten, werden durch Ändern der Endung -ium in -io gebildet.

Beispiele[37]:

1. H$_3$N$^+$−   Ammoniumyl- oder Azaniumyl- oder Ammonio-
2. (CH$_3$)$_2$S$^+$−   Dimethylsulfoniumyl-
         oder Dimethylsulfaniumyl- oder Dimethylsulfonio-
3. CH$_3$CH$_3$$^+$−   Ethan-1-ium-1-yl-
4. N≡N$^+$−   Diazin-1-ium-1-yl- oder Diazonio-
5. HBr$^+$−   Bromonio- oder Bromoniumyl-

3.3.2   Anionen

C) Namen für elektronegative Bestandteile $[A_n A'_{n'} ... A''_{n''}]^{m-}$:

− -Vervielfachendes Präfix[a] für **n** + Name für **A** nach **C$_1$)-C$_3$**)

+ -vervielfachendes Präfix für **n'** + Name für **A'** nach **C$_1$)-C$_3$**) + ...

+ -vervielfachendes Präfix für **n''** + Name für **A''** nach **C$_1$)-C$_3$**)[38]

Beispiel: [ClF(SO$_4$)$_2$]$^{6-}$ -chlorid-fluorid-bis(sulfat)

---

[a] Der Bindestrich „-" (z.B. bei -vervielfachendes Präfix) ist Teil des Namens.

---

[37] Bindungs- und Bindestriche an Formel und Namen sind nur bei Substituenten gebräuchlich.

[38] Namen der elektronegativen Bestandteile werden in alphabetischer Reihenfolge zitiert.

3.3.2.1 Allgemeines

Ein Anion ist eine ein- oder mehratomige Einheit mit der ein- oder mehrfachen
Elementarladung des Elektrons. In einer mehratomigen Einheit kann sich die
Ladung an einem der Atome befinden, oder sie kann delokalisiert sein. Sie kann in
Namen und Formel durch die Ladungszahl oder die Oxidationszahl angegeben
werden.

Soll das Anion als Einheit genannt werden, kann als Zusatz zum Namen – verbunden durch einen Bindestrich – das Wort Ion oder Anion verwendet werden,
doch sollte das Suffix des Namens in jedem Fall das Vorliegen einer negativen
Ladung angeben. Diese Suffixe sind -id (einatomige oder homopolyatomige Einheiten), -at (Koordinationsnomenklatur, heteropolyatomige Einheiten) und -it (in
einigen Trivialnamen).

Beispiele:

1. Cl^- Chlorid-Ion
2. S^{2-} Sulfid-Ion
3. $[Fe(CO)_4]^{2-}$ Tetracarbonylferrat(2–)-Ion
4. NO_2^- Nitrit-Ion

Die Namen von Anionen werden alphabetisch geordnet. Das kann zu Unterschieden der Reihenfolge in verschiedenen Sprachen und in Namen und Formel
führen. Die stöchiometrische Methode kann, soweit es notwendig ist, für die Angabe der Mengenverhältnisse der Bestandteile angewendet werden.

Beispiele:

5. $Na_6ClF(SO_4)_2$ Hexanatrium-chlorid-fluorid-bis(sulfat)
6. $Na_4ClF(HSO_4)_2$ Tetranatrium-chlorid-fluorid-bis(hydrogensulfat)
7. $Ca_5F(PO_4)_3$ Pentacalcium-fluorid-tris(phosphat)
8. $KNa_4Cl(SO_4)_2$ Kalium-tetranatrium-chlorid-bis(sulfat)

In Verbindung mit den obigen Anionen werden die vervielfachenden Präfixe
Bis-, Tris- usw. verwendet, da Di-, Tri-, Tetra- usw. (Tabelle 2.5) der Bezeichnung kondensierter Anionen vorbehalten sind (siehe Kapitel 5.5.3).

3.3.2.2 Namen einatomiger Anionen

C_1) $[A_nA'_{n'}...A''_{n''}]^{m-}$ = A^- ist einatomig:

---

n'... = n'' = 0; n = 1:
− Namenstamm für **A** (Anhang)[39] + **id**
Beispiel: K^- Kalid-(Ion)

Einatomige Anionen werden benannt, indem die Endung -id an den Namensstamm
des entsprechenden Elements (Anhang) angehängt wird.

---

[39] Abkürzungen sind: Carb für C und Germ für Ge.

Beispiele:
1. Aluminid   von Aluminium   2. Kalid   von Kalium
3. Natrid   von Natrium   4. Silicid   von Silicium

In einigen Fällen werden auch die Elementnamen selbst, Abkürzungen oder die von den lateinischen bzw. griechischen Namen abgeleiteten Varianten verwendet, wie aus den nachstehenden Bespielen zu ersehen ist.

Beispiele:

1. H^-	Hydrid-Ion[40]	12. I^-	Iodid-Ion
2. O^{2-}	Oxid-Ion	13. Br^-	Bromid-Ion
3. $^1H^-$	Protid-Ion	14. Cl^-	Chlorid-Ion
4. $^2H^-$	Deuterid-Ion	15. F^-	Fluorid-Ion
5. S^{2-}	Sulfid-Ion	16. P^{3-}	Phosphid-Ion
6. Se^{2-}	Selenid-Ion	17. As^{3-}	Arsenid-Ion
7. Te^{2-}	Tellurid-Ion	18. Sb^{3-}	Antimonid-Ion
8. Na^-	Natrid-Ion	19. C^{4-}	Carbid-Ion
9. Au^-	Aurid-Ion	20. Si^{4-}	Silicid-Ion
10. K^-	Kalid-Ion	21. B^{3-}	Borid-Ion
11. N^{3-}	Nitrid-Ion	22. Al^{3-}	Aluminid-Ion
		23. Ge^{4-}	Germid-Ion[41]

Wenn die Verbindung mehrere elektronegative Bestandteile enthält, werden deren Namen nach den Anfangsbuchstaben (oder nachfolgender Buchstaben, wenn die ersten sich nicht unterscheiden) der Namen ohne Berücksichtigung etwaiger vervielfachender Präfixe alphabetisch geordnet (vgl. Abschnitt 5.3.1). Auch hier können die Namensteile durch Bindestriche getrennt werden.

Beispiele:

24.	$BBrF_2$	Bor-bromid-difluorid
25.	PCl_3O	Phosphor-trichlorid-oxid
26.	$Na_6ClF(SO_4)_2$	Hexanatrium-chlorid-fluorid-bis(sulfat)
		(siehe Abschnitt 5.4.1)
27.	Pt_3B_2	Triplatin-diborid

3.3.2.3 Namen mehratomiger Anionen

3.3.2.3.1 Allgemeines

Es werden homopolyatomige und heteropolyatomige Anionen unterschieden. Die Ladung kann als Ladungszahl dem Namen in Klammern nachgestellt (siehe Abschnitte 2.3.4.2 und 5.3.2.3) oder durch die Oxidationszahl ausgedrückt werden (siehe Abschnitte 2.3.4.1 und 5.3.2.2).

---

[40] Der Name Hydrid sollte nur für das natürlich vorkommende Isotopen-Gemisch oder als allgemeiner Terminus für $^1H^-$, $^2H^-$ und $^3H^-$ verwendet werden (siehe Abschnitt 3.1.1.5).

[41] Der Name Germid ist besser als Germanid, der für GeH_3^- verwendet wird.

C_2) $[A_n A'_{n'}...A''_{n''}]^{m-}$ = A^- ist eine mehratomige Gruppe:

A = A' =... A''; n'... = n'' = 0: n > 1 (**A^-** = Homopolyatomig)
— Vervielfachendes Präfix für **n**
                          + Namensstamm für **A** (Anhang) + **id** + (**EB–**)
Beispiel: $(I_3)^-$ Triiodid(1–)-(Ion)
(**A^-** = Heteropolyatomig)
a) Systematischer Name:
a_1) Stammhydrid – **nH^+**:
— Stammname + vervielfachendes Präfix für **n** + **id** + (**EB–**) oder (**ST**)
Beispiele: NH^{2-} Azandiid- oder Azanid(2–)-(Ion)
           $[HN–NH]^{2-}$ Diazan-1,2-diid-(Ion)
a_2) Säure **$R-Q(OH)_n$ – mH^+**:
— Vervielfachendes Präfix für (**n – m**) + **hydrogen**
             + Restname für **$R-Q(O^-)_n$** + (o)at[42] + (**EB–**) oder (**ST**)
Beispiele: NO_3^- Nitrat-(Ion) oder Trioxonitrat(1–)-(Ion)
                       oder Trioxonitrat-(V)-(Ion)
           $H_2PO_4^-$ Dihydrogenphosphat(1–)-(Ion)
a_3) **$R-OH$**[43] **– H^+**:
— Name für **$R-OH$** + **at**
Beispiel: H_3C-O^- Methanolat-(Ion)
a_4) Stammhydrid + **nH^-**:
— Vervielfachendes Präfix für die Anzahl der H-Atome
    + **hydrido** + Namensstamm des Zentralatoms (Anhang) + **at** + (**EB–**)
Beispiel: PH_6^- Hexahydridophosphat(1–)-(Ion)
b) Trivialname: siehe Tabelle 3.4
Beispiel: NH^{2-} Imid-(Ion)

3.3.2.3.2 Homopolyatomige Anionen

Diese Bestandteile tragen den Namen des einatomigen Stammanions, ergänzt durch das entsprechende vervielfachende Präfix wie Di-, Tri-, Tetra- (Tabelle 2.5) (siehe Abschnitt 5.3.2.3) und die Ladungszahl.
Beispiele:
1. S_2^{2-} Disulfid(2–)-Ion
2. Sn_5^{2-} Pentastannid(2–)-Ion
3. Pb_9^{4-} Nonaplumbid(4–)-Ion

Müssen Strukturunterschiede betont werden, kann man runde Klammern verwenden (es ist Sorgfalt geboten, wenn zwischen mehreren einatomigen Anionen und einem mehratomigen Anion zu unterscheiden ist).

---

[42] Bei organischen Säuren wird an den Stammnamen des entsprechenden Kohlenwasserstoffs -oat angehängt.

[43] Sowie Chalkogen-Analoga.

Beispiele:

4. $Na_4(Sn_9)$ Tetranatrium-(nonastannid)
5. $TlCl_3$ Thallium-trichlorid oder Thallium(3+)-trichlorid[44]
6. $Tl(I_3)$ Thallium-(triiodid) oder Thallium(1+)-(triiodid)[44]

In den folgenden Beispielen sind neben den systematischen Namen einige erlaubte Alternativbezeichungen mit aufgeführt.

Beispiele:

		systematisch	alternativ
1.	O_2^-	Dioxid(1–)-Ion	Hyperoxid-[45] oder Superoxid-Ion[46]
2.	O_2^{2-}	Dioxid(2–)-Ion	Peroxid-Ion
3.	O_3^-	Trioxid(1–)-Ion	Ozonid-Ion
4.	I_3^-	Triiodid(1–)-Ion	
5.	C_2^{2-}	Dicarbid(2–)-Ion	Acetylid-Ion[47]
6.	N_3^-	Trinitrid(1–)-Ion	Azid-Ion

3.3.2.3.3 Heteropolyatomige Anionen

Die Namen dieser Anionen enden auf -at.

Folgende Ausnahmen mit den Suffixen -id oder -it sind noch erlaubt (siehe auch Tabelle 3.4):

8.	CN^-	Cyanid
9.	$NHNH_2^-$	Hydrazid (oder Hydrazinid oder Diazanid [42])
10.	$NHOH^-$	Hydroxyamid[48] (oder Hydroxylamid)
11.	NH_2^-	Amid (oder Azanid [42])
12.	NH^{2-}	Imid {oder Azandiid oder Azanid(2–) [42]}
13.	HO^-	Hydroxid (nicht Hydroxyl-Ion[49])
14.	HF_2^-	Hydrogendifluorid(1–)-Ion
15.	PO_3^{3-}	Phosphit
16.	AsO_3^{3-}	Arsenit

---

[44] Der zweite Name (Angabe der Oxidationszahl) ist zu bevorzugen (siehe Abschnitt 5.3.2.2).

[45] Die im Englischen noch übliche Bezeichnung „superoxide" wird für die Verwendung im Deutschen nicht empfohlen; vgl. Fußnote 46.

[46] Obwohl O_2^- in der biochemischen Nomenklatur Superoxid genannt wird, empfiehlt die Kommission die Verwendung des systematischen Namens Dioxid(1–), da das Präfix Super nicht in allen Sprachen dieselbe Bedeutung hat. Weitere gebräuchliche Namen sind nicht erlaubt.

[47] In der Literatur wird auch der Name Acetylenid verwendet. Carbid ist die Bezeichnung für ionische Verbindungen mit C_2^{2-}- bzw. C^{4-}-Ionen.

[48] Der Trivialname für dieses Anion lautet Hydroxylamid, der Name als Ligand Hydroxyl= amido. Der systematisch gebildete Ligandenname lautet Hydroxylaminato-κN bzw. -κO. Zur Vermeidung von Mißverständnissen ist Sorgfalt geboten (vgl.Tabelle 3.6.3 sowie Abschnitt 3.3.2.3.4, Beispiel 7).

[49] Hydroxyl ist für die neutrale oder positiv geladene Hydroxygruppe (frei oder substituiert) reserviert.

17. ClO_2^- Chlorit
18. ClO^- Hypochlorit
19. NO_2^- Nitrit
20. SO_3^{2-} Sulfit
21. $S_2O_4^{2-}$ Dithionit

Das Suffix -it in den Namen vorstehender Oxosäure-Anionen gibt einen niedrigeren als den maximalen Oxidationsgrad an.

Betrachtet man das Anion als Koordinationseinheit, so wird der Name nach den Prinzipien der Koordinationsnomenklatur gebildet (Abschnitt 4.3). Der Name des Anions besteht danach aus den Namen der Liganden und dem Namen des Zentralatoms, das durch das Suffix -at modifiziert wird (Tabelle 5.1 enthält eine Aufstellung derart modifizierter Namen). In vielen Fällen ist zur Vermeidung von Mehrdeutigkeiten die Angabe der Ladungszahl oder der Oxidationszahl notwendig.

Beispiele:

1. $[Cr(NCS)_4(NH_3)_2]^-$ Diammintetraisothiocyanatochromat(1–)[50]
2. $[Fe(CO)_4]^{2-}$ Tetracarbonylferrat(2–)
                        oder Tetracarbonylferrat(–II)
3. $[PF_6]^-$ Hexafluorophosphat(1–)

Das Suffix -at ist auch charakteristisch für Namen von Oxosäure-Anionen und deren Derivaten (siehe Abschnitte 5.5.3.1 und 3.3.2.3.4.5). Die Namen Sulfat, Phosphat, Nitrat usw. sind allgemein gebräuchlich für schwefel-, phosphor- und stickstoffhaltige Oxoanionen, in denen Schwefel, Phosphor bzw. Stickstoff von Liganden – einschließlich Sauerstoff – umgeben sind, unabhängig von deren Anzahl und Art. Ursprünglich waren die Namen Sulfat, Phosphat und Nitrat den Oxosäure-Anionen SO_4^{2-}, PO_4^{3-} bzw. NO_3^- vorbehalten. Das ist künftig nicht mehr der Fall.

Beispiele:

4. SO_3^{2-} Trioxosulfat oder Sulfit
5. SO_4^{2-} Tetraoxosulfat oder Sulfat

Viele Namen mit dem Suffix -at sind noch erlaubt, obwohl sie mit den oben genannten Empfehlungen nicht völlig übereinstimmen (siehe Abschnitt 5.5.3). Einige davon sind Cyanat, Dichromat, Diphosphat, Disulfat, Dithionat, Ful= minat, Hypophosphat, Metaborat, Metaphosphat, Metasilicat, Orthosilicat[51], Perchlorat, Periodat, Permanganat, Phosphinat und Phosphonat.

---

[50] Besser ist der Name Diammintetrakis(thiocyanato-*N*)chromat(1–).

[51] Die noch erlaubten Präfixe Ortho-, Pyro- und Meta- sollten besser durch die systematischen Bezeichnungen Mono-, Di- und Cyclo- bzw. Poly- ersetzt werden.

3.3.2.3.4 Spezialfälle und Trivialnamen

Es gibt mehrere Anionen, deren früher verwendete Trivialnamen nicht länger erlaubt sind. Andere haben Trivialnamen, die weiterhin akzeptiert werden. Nachstehend ist eine Auswahl genannt.

Tabelle 3.4 Ausnahmen

1.	HS^-	Hydrogensulfid(1–)-Ion	(Hydrosulfid-Ion ist in der anorganisch-chemischen Nomenklatur nicht zugelassen)[52]
2.	HO_2^-	Hydrogendioxid(1–)-Ion	(Hydroperoxid-Ion ist in der anorganisch-chemischen Nomenklatur nicht zugelassen)[52]
3.	NCS^-	Thiocyanat-Ion[53]	
4.	NCO^-	Cyanat-Ion[53]	
5.	OCN^-	Isocyanat-Ion	
6.	CNO^-	Fulminat-Ion	

3.3.2.3.4.1 Anionen, die formal durch Abgabe eines oder mehrerer Hydronen aus neutralen Molekülen bzw. charakteristischen Gruppen entstehen

Ein Anion, das formal durch Abgabe eines oder mehrerer Hydronen aus einem Kohlenwasserstoff entsteht, wird durch Anfügen von -id, -diid usw. an den Namen der Stammverbindung benannt. Alternativ kann das Wort Anion dem Namen des entsprechenden Substituenten angefügt werden.

Beispiele:

1.	H_3C^-	Methanid- oder Methyl-Anion
2.	$(CH_3)_2CH^-$	Propan-2-id-Ion
3.	$C_6H_5^-$	Benzenid-Ion
4.	$C_5H_5^-$	Cyclopentadienid-Ion

Die Namen von Anionen, die bei Verlust aller Hydronen aus charakteristischen Gruppen, wie einer sauren Hydroxygruppe, entstehen, werden aus den Säurenamen durch Ersatz von -säure durch -at gebildet, gegebenenfalls unter Einschub von -o-.

---

[52] In Monohydrogensulfid für HS^- vermeidet die Verwendung des Präfixes Mono- eine Verwechslung mit Hydrogensulfid für H_2S. Es sei betont, daß Hydrogensulfid und Hydroperoxid in der organisch-chemischen Nomenklatur weiterhin erlaubt sind. In den Regeln von 1970 [37] ist auch Hydrogenperoxid erlaubt.

[53] Wenn sie in einem einkernigen Komplex koordiniert sind, können diese Ionen über jedes Ende gebunden sein. Das hat zur Verwendung von Namen wie Isocyanato usw. geführt, um den Donor zu bezeichnen. Diese Form wird nicht empfohlen; es sollten stattdessen kursiv geschriebene Donor-Symbole wie in Cyanato-*O* oder Cyanato-*N* verwendet werden.

Beispiele:
  5. $CH_3CO_2^-$ Ethanoat- oder Acetat-Ion
  6. $C_6H_5SO_3^-$ Benzensulfonat- oder Benzolsulfonat-Ion
  7. HPO_2^{2-} Phosphinat-Ion

Wenn nur einige der sauren Hydronen einer Säure abgegeben wurden, werden die Namen durch Vorsetzen von Hydrogen, Dihydrogen usw. für die verbleibenden, grundsätzlich austauschbaren Wasserstoffatome vor den Namen des Anions gebildet. Damit wird die Anzahl der Hydronen angegeben, die weiterhin vorhanden sind[54].

Beispiele:
  8. HCO_3^- Hydrogencarbonat(1–)-Ion
  9. HSO_4^- Hydrogensulfat(1–)- oder Hydrogentetraoxosulfat(VI)-Ion
  10. $H_2PO_4^-$ Dihydrogenphosphat(1–)-Ion

Namen von Anionen, die sich formal durch Abgabe eines oder mehrerer Hydronen aus Hydroxygruppen von Alkoholen, Phenolen und deren Chalko= gen-Analoga (charakterisiert durch Suffixe wie -ol und -thiol) ableiten, werden durch Anfügen von -at an den entsprechenden Namen gebildet.

Beispiele:
  11. CH_3O^- Methanolat- oder Methoxid-Ion   (siehe *Nomenclature of Organic Chemistry*, Ausgabe von 1979 [49v]). Als anionischer Ligand heißt das Anion Methoxo.
  12. $C_6H_5S^-$ Benzenthiolat- oder Benzolthiolat-Ion

Namen für Anionen, die sich formal durch Abspaltung eines oder mehrerer Hydronen von Nicht-Kohlenstoff- und Nicht-Sauerstoff-Atomen eines Hydrids ableiten, werden, wie für Kohlenwasserstoffe beschrieben, durch Anfügen von -id (oder -diid usw.) an den Namen der Stammverbindung gebildet.

Beispiele:
  13. PH^{2-} Phosphandiid- oder Hydrogenphosphid(2–)-Ion
  14. SiH_3^- Silanid-Ion
  15. GeH_3^- Germanid-Ion
  16. SnH_3^- Stannanid-Ion

3.3.2.3.4.2 Anionen, die formal durch Anlagerung eines Hydrid-Ions an ein einkerniges Hydrid entstehen

Anionen, die sich formal durch Addition eines Hydrid-Ions an ein einkerniges Hydrid ableiten, werden nach der Koordinationsnomenklatur benannt (siehe

---

[54] Die hier verwendeten Namen sind aber Koordinationsnamen, und es gelten abweichende Regeln. In der anorganisch-chemischen Nomenklatur ist Hydrogen im Namen von Säuren als Kation anzusehen, falls im Namen nicht ausgedrückt werden soll, daß es in einem Anion gebunden ist, wie in obigen Beispielen 8, 9 und 10 gezeigt wird. Siehe auch Abschnitt 2.5.3.4, Fußnote 66.

Abschnitt 4.3), auch wenn das Zentralatom kein Metall ist.
Beispiele:

1. BH_4^- Tetrahydroborat(1–)-Ion[1]
2. CH_5^- Pentahydridocarbonat(1–)-Ion
3. PH_6^- Hexahydridophosphat(1–)-Ion

3.3.2.3.4.3 Koordinationsnomenklatur für heteropolyatomige Anionen

C_3) $[A_n A'_{n'} ... A''_{n''}]^{m-}$ = A^- ist ein einkerniger Komplex:

---

a) $A^- = [QO_j]^-$ mit Trivialnamen bzw. ein Substitutionsprodukt:
  – Ggf. Namen für Substituenten nach **F**)[2]
                                    + Trivialname für $[QO_j]^-$ (Tabelle 5.2)[3]
Beispiel: CS_3^{2-} Trithiocarbonat(2–)-(Ion)

b) $A^- = [QL_i L'_{i'} ...]^-$:
  – Vervielfachendes Präfix für **i** + Name für **L** nach **F**)
    + -vervielfachendes Präfix für **i'** + Name für **L'** nach **F**) + ...
    + Namensstamm für **Q** (Anhang) + **at**
Beispiel: $[PF_6]^-$ Hexafluorophosphat(V)-(Ion)
                        oder Hexafluorophosphat(1–)-(Ion)

Die Namen mehratomiger Anionen, die nicht zu den vorstehend behandelten
Klassen gehören, werden vom Namen des Zentralatoms unter Verwendung von
-at abgeleitet. Die mit dem Zentralatom verknüpften Gruppen, einschließlich der
einatomigen, werden wie Liganden in der Koordinationsnomenklatur behandelt.
Der Name eines nichtmetallischen Zentralatoms kann verkürzt werden.
Beispiele:

1. $[PF_6]^-$ Hexafluorophosphat(V)- oder Hexafluorophosphat(1–)-Ion
2. $[Sb(OH)_6]^-$ Hexahydroxoantimonat(V)-Ion
3. $[HF_2]^-$ Difluorohydrogenat(1–)-Ion (auch Hydrogendifluorid-Ion)
4. $[BH_2Cl_2]^-$ Dichlorodihydroborat(1–)-Ion[55]

Diese Methode kann sogar dann angewendet werden, wenn die exakte Zusammensetzung nicht bekannt ist. Die Angabe der Zahl der Liganden kann weggelassen werden, wie bei Hydroxozincat oder Zincat-Ion usw.

---

[55] Hydro statt Hydrido oder Hydrogen ist traditionsgemäß in der Bor-Nomenklatur erlaubt
   (siehe Kapitel 6), nicht aber in anderem Zusammenhang.
[56] Namen der Liganden werden in alphabetischer Reihenfolge zitiert.
[57] Als Ausnahme sind Namen mit der Endung it weiterhin erlaubt.

3.3.2.3.4.4 Substituierte Anionen

Namen substituierter Anionen werden aus den Namen der formalen Stammverbindung unter Verwendung von Präfixen für die Substituenten und deren Anzahl gebildet. Wenn ein Zentralatom bestimmt werden kann, sollte die Koordinationsnomenklatur (siehe oben) bevorzugt werden.

Beispiele:

1. $[B_{10}Cl_{10}]^{2-}$ Decachlorodecaborat(2–)-Ion
2. $C(C_6H_5)_3^-$ Triphenylmethanid-Ion
3. $PbCl_3^-$ Trichloroplumbat(1–)- oder Trichlorplumbanid-Ion
4. $CH_3C(O)^-$ 1-Oxoethanid-Ion oder Acetyl-Anion

3.3.2.3.4.5 Oxosäure-Anionen

Obwohl Sauerstoff genau wie andere Liganden behandelt und bei der Benennung von Anionen nach der Koordinationsnomenklatur (siehe Abschnitt 5.5.3) verwendet werden kann, sind Namen mit dem Suffix -it (sie geben einen niedrigeren als den maximalen Oxidationszustand an) nützlich und weiterhin erlaubt (siehe Abschnitt 3.3.2.3.3).

Eine vollständige Liste erlaubter alternativer Namen für Oxosäuren und deren Anionen ist im Abschnitt 5.5.3 (Tabelle 5.1) enthalten.

3.3.2.3.4.6 Anionische Gruppen (siehe Abschnitt 3.3.3.2.2)

Namen von anionischen Substituenten oder Radikalen, die formal durch Abgabe von Hydronen aus einem Stammhydrid entstehen, werden durch Anfügen von Suffixen wie -yl, -yliden und -diyl mit gegebenenfalls notwendigen Lokanten an den Namen für das Anion gebildet.

Beispiele:

1. $(H_2C-)^-$ Methanidyl-
2. $(N\equiv)^-$ Azanidyliden- oder Amidyliden-
3. $(N-)^{2-}$ Azandiidyl- oder Imidyl-

Namen für anionische Zentren, die formal durch Abgabe sämtlicher Hydronen von Chalkogenatomen in Säuren entstehen, werden durch Anfügen von -o an das Suffix -at gebildet. Die Endung -ido entsteht aus dem Suffix -id.

Beispiele:

5. $-CO(O)^-$ Carboxylato-
6. $-SO(O)_2^-$ Sulfonato-
7. $(O-)^-$ Oxido- oder Oxidanidyl-
8. $(SS)^-$ Disulfido- oder Disulfanidyl-
9. $(OSe)^{--}$ Selenidooxy- oder Selenidyloxy-[58]

---

[58] Aus der Schreibung der Formel könnte man eine Bindung über das Selen ableiten. Besser wären für die Beispiele 8 und 9 die Formeln $(S-S-)^-$ bzw. $(-O-Se)^-$.

3.3.2.3.4.7 Spezialfälle

C_4) A^- ist ein mehrkerniger Komplex (Traditionelle Nomenklatur):
- kettenförmiges $[\{(QL_iL'_{i'}...)X\}- ... -\{(Q'L_iL'_{i'}...)X'\}-\{(Q''L_iL'_{i'}...)\}]^-$
- ringförmiges $[\{(QL_iL'_{i'}...)X\}- ... -\{(Q'L_iL'_{i'}...)X'\}]^-$ oder
- verzweigtkettiges[4] Anion[5]:

a) $Q... = Q' = Q''$ (Homopolysäureanion):

a_1) $L \neq L' ... \neq L'' \neq X ... \neq X'$:
- Lokant(en)- für L[61] + vervielfachendes Präfix für i
  + Name für L nach F)[62] + -Lokant(en)- für L'[61]
  + vervielfachendes Präfix für i' + Name für L' nach F)[62] + ... + -
und/oder − Lokant- für X[61] + μ- + Name für X nach F)[62] + ...
  + -Lokant- für X'[61] + μ- + Name für X' nach F)[62]
  + vervielfachendes Präfix für die Anzahl der Q
  + Name des komplexen Anions nach C_3) + (EB−)

Beispiel: $[(O)_2PO-S-PS(O)_2]^{4-}$ Pentaoxo-μ-thio-1-thiodiphosphat(4−)-(Ion)

b) $Q... = Q' = Q''$; $L = L' ... = L'' = X ... = X' = O$:

b_1) Trivialname (Tabelle 5.2)

Beispiel: $[(O)SO_2-O-SO_2(O)]^{2-}$ Disulfat(2−)-(Ion)

b_2) Q hat die höchste Oxidationsstufe für die Gruppe im PSE:

$b_{2'}$) Geradkettige Struktur:
- Vervielfachendes Präfix für die Anzahl der Q
  + Namensstamm für Q (Anhang) + **at** + (EB−)

Beispiel: $[P_3O_{10}]^{5-}$ Triphosphat(5−)-(Ion)

Angabe über Struktur nötig:
- **catena-** + vervielfachendes Präfix für die Anzahl der Q
  + Namensstamm für Q (Anhang) + **at** + (EB−)

Beispiel: $[O(PO_3)_n]^{(n+2)-}$ *catena*-Polyphosphat-(Ion)

$b_{2''}$) Ringförmige Struktur:
- **cyclo-** + vervielfachendes Präfix für die Anzahl der Q
  + Namensstamm für Q (Anhang) + **at** + (EB−)

Beispiel: $[P_3O_9]^{6-}$ *cyclo*-Triphosphat(6−)-(Ion)

---

[59] Einschließlich der Molybdo/Wolframo-Anionen. Verzweigtkettige Homopolyanionen können analog zu den Heteropolyanionen benannt werden.

[60] Die i, i' ... und L, L' ... können verschieden sein.

[61] Es wird die Position der Q angegeben, zwischen denen sich die Brücke $X \neq O$ befindet. Numeriert werden die charakteristischen Atome der Kette oder des Ringes.

[62] Namen der Liganden und Brücken werden, unabhängig von der Art, in alphabetischer Reihenfolge zitiert. Sauerstoff-ersetzende L erhalten möglichst niedrige Lokanten. Brücken werden vor den entsprechenden Nichtbrückenliganden genannt.

c) Q... ≠ Q' ≠ Q''; L ≠ L' ... ≠ L'' ≠ X ... ≠ X' (Heteropolysäureanionen):

c') − Lokanten, vervielfachende Präfixe und Namen für **L, L'** ... , **L''**,

$\quad\quad\quad\quad$ **X** ... , **X'** [61] [62] + (Namen für **Q...** , **Q', Q''**) + **at** + (EB−)

Beispiel: $[(O)_2PO{-}NH{-}As(O)_2{-}O{-}S(O)_2{-}O{-}PO(O)_2]^{5-}$

$\quad\quad\quad\quad\quad$ 1,2-μ-Imido-di-μ-oxo-decaoxo(2-arsen-1,4-

$\quad\quad\quad\quad\quad\quad\quad$ diphosphor-3-schwefel)at(5−)-(Ion)

c'') **Q''** = Übergangsmetallatom:

− Lokanten, vervielfachende Präfixe und Namen für **L, L'** ... , **L''**,

$\quad\quad\quad\quad$ **X** ... , **X'** [61] [62] + Ligandennamen für **Q...** , **Q'**

$\quad\quad\quad\quad\quad$ + Namensstamm für **Q''** (Anhang) + **at** + (EB−)

Beispiel: $[O_3Cr{-}O{-}SO_3]^{2-}$ $\quad\quad$ Trioxo(tetraoxosulfato)chromat(2−)-Ion

d) Dreidimensionales Netzwerk mit einem oder mehreren tetraedrisch
oder oktaedrisch von Sauerstoffatomen umgebenen Zentralatomen
(Hauptgruppenelement)[a]:

− Vervielfachendes Präfix für die Anzahl der Sauerstoffatome der Oktaeder

+ (vervielfachendes Präfix für die Anzahl der Sauerstoffatome

+ Namensstamm des/der Zentralatoms/e (Anhang) + **ato**)

+ vervielfachendes Präfix für die Anzahl der Polyeder

+ Namensstamm des Zentralatoms der Polyeder (Anhang) + **at**[63] + (EB−)

Beispiel: $[Co^{II}Co^{III}W_{12}O_{42}]^{7-}$ Pentatriacontaoxo[pentaoxocobalto(II)=

$\quad\quad\quad\quad\quad$ cobalt(III)ato]dodecawolframat(7−)-(Ion)

$\quad\quad\quad\quad\quad$ /Dodecawolframocobalt(II)cobalt(III)at- oder

$\quad\quad\quad\quad\quad$ Dodecawolframocobalt(II)cobaltat(7−)-(Ion)/

[a] Die nach den 1970er Regeln gebildeten Namen stehen in Schrägstrichen „/ /" (vgl. Abschnitt 5.5.4.4.).

C$_5$) A$^-$ ist ein mehrkerniger Komplexe

1. nach der Nomenklatur für Ketten und Ringe (Kapitel 9).
2. nach den Empfehlungen für die Nomenklatur der Anorganischen Chemie 1970 [37].

− kettenförmiges $[\{(QL_iL'_i...)X\}- ... -\{(Q'L_iL'_i...)X'\}\ \{(Q''L_iL'_i...)\}]^-$

− ringförmiges $[\{(QL_iL'_i...)X\}- ... -\{(Q'L_iL'_i...)X'\}]^-$ oder

− verzweigtkettiges Anion

---

a) L = L' ... = X ... = X' = O:

a$_1$) Geradkettige Struktur:

1. − Tafel **K$_f$**)
2. − [(Namensstamm für **Q**[64] (Anhang) + **ato**)

$\quad\quad\quad$ + Namensstamm für **Q'** (Anhang) + **ato**...][65]

$\quad\quad\quad$ + Namensstamm für **Q''** [66] (Anhang) + **at** + (EB−)

---

[63] Falls zur Vermeidung von Mißverständnissen nötig, wird die STOCK-Zahl (**ST**) unmittelbar
hinter den Namen des Atoms gesetzt, auf das sie sich bezieht.

[64] Name des im Alphabet an erster Stelle stehenden endständigen **Q**.

[65] Wenn es nur zwei Zentralatome **Q** (**Q'** und **Q''**) gibt, sind Klammern überflüssig.

[66] Die Atome der charakteristischen Elemente **Q** werden für die Lokalisierung von **L** und **X**

(Fortsetzung s. S. 116 unten)

Beispiel: $[O_3S-O-CrO_2-O-AsO_2-O-PO_3]^{4-}$

1. 2,2,4,4,6,6,8,8-Octaoxo-6-arsy-4-chromy-
   1,3,5,7,9-pentaoxy-8-phosphy-2-sulfy-[9]catenat(4–)-(Ion)

2. [(Phosphatoarsenato)chromato]sulfat(4–)-(Ion)

$a_{1'}$) **Q**... = **Q'** = **Q''** hat nicht die höchste Oxidationsstufe

für die Gruppe im PSE:

1. – Tafel $\mathbf{K_f}$)
2. – Name nach $\mathbf{C_4b_2}$) + (**ST**) + (**EB–**)

Beispiel: $[O_2P-O-PO_2]^{4-}$

1. 2,4-Dioxo-1,3,5-trioxy-2,4-diphosphy-[5]catenat(4–)-(Ion)
2. Diphosphat(III)(4–)-(Ion)

$a_{1''}$) Oxidationszustand von **Q**... ≠ **Q'** ≠ **Q''**:

1. – Tafel $\mathbf{K_f}$)
2. – Name nach $\mathbf{b_2}$) + (**ST...,ST',ST''**)[67] + (**EB–**)

Beispiel: $[O_2As-O-AsO_3]^{4-}$

1. 2,4,4-Trioxo-1,3,5-trioxy-2,4-diarsy-[5]catenat(4–)-(Ion)
2. Diarsenat(III,V)(4–)-(Ion)

a_2) Verzweigtkettige Struktur:

1. –   Tafel $\mathbf{K_f}$)
2. –   (Namensstamm für peripheres **Q**[68] (Anhang) + **ato**)
   + (Namensstamm für peripheres **Q**[69] (Anhang) + **ato**)
   + (....Namensstamm für peripheres **Q** (Anhang) + **ato**)[70] +
   Namensstamm des Zentralatoms **Q** (Anhang) + **at** + (**EB–**)

Beispiel: $[O_3Cr-O-PO(OSO_3)-O-AsO_3]^{4-}$

1. 2-Hydroxo-2,4,6,6-tetraoxo-4-sulfato-2-arsy-6-chromy-
   1,3,5,7-tetraoxy-6-phosphy-[7]catenat(2–)-(Ion)

2. (Arsenato)(chromato)(sulfato)phosphat(4–)-(Ion)

a_3) Ringförmige Struktur:

1. – Tafel $\mathbf{K_f}$)
2. – ***cyclo-*** + Namensstamm für **Q**[68] (Anhang) + **ato**
   + Namensstamm für **Q'**[69] (Anhang) + **ato** + ...
   + Namensstamm für **Q''** (Anhang) + **at** + (**EB–**)

---

entlang der Kette oder des Rings numeriert, beginnend an dem Atom, dessen Name in der alphabetischen Reihenfolge zuerst kommt.

[67] Die niedrigere STOCK-Zahl (**ST**) wird zuerst genannt.

[68] Name des im Alphabet an erster Stelle stehenden **Q**.

[69] Name des benachbarten **Q**, das im Alphabet an erster Stelle steht, dann die sich anschließenden **Q**'s.

[70] Die peripheren Liganden werden in alphabetischer Reihenfolge zitiert.

Beispiel:

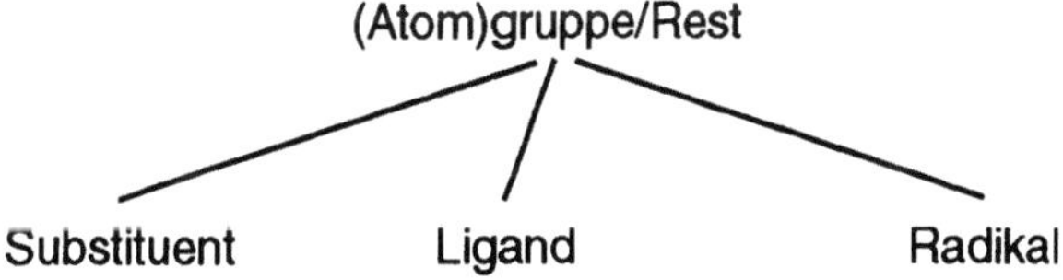

1. 2,2,4,4,6,6,8,8-Octaoxo-6-arsy-8-chromy-1,3,5,7-tetraoxy-4-phosphy-2-sulfy-[8]cyclat(2–)-(Ion)

2. *cyclo*-Arsenatochromatosulfatophosphat-(2–)-(Ion)

3.3.3 Substituenten, Radikale, Liganden

3.3.3.1 Allgemeines

Atome und Atomgruppen kommen in Molekülen chemischer Verbindungen in unterschiedlicher Bedeutung vor. Unterschieden werden Substituenten, Liganden, die an eine Stammstruktur oder ein Zentralatom gebunden sind, sowie Radikale. Radikale können neutral ($CH_3^{\cdot}$, $NO^{\cdot}$) bzw. negativ ($O_2^{\cdot\,-}$) oder positiv ($UO_2^{\cdot+}$) geladen sein.

(Atom)gruppe/Rest

Substituent   Ligand   Radikal

Der Terminus Radikal wurde früher traditionell – vorwiegend in der englischen Sprache – für ein Atom oder eine Atomgruppe verwendet, deren Name in der Substitutionsnomenklatur als Präfix verwendet wird[71]. Die IUPAC empfiehlt, die Verwendung des Wortes Radikal auf Spezies zu beschränken, die herkömmlich als freie Radikale bezeichnet werden, d.h. auf Atome oder Atomgruppen mit einem oder mehr ungepaarten Elektronen.

Die gleiche Gruppe kann in der anorganischen und in der organischen Chemie verschiedene Namen haben. Namen organischer Substituenten und Verbindungen, von denen viele in Komplexverbindungen als Liganden vorkommen (vgl. Ab-

---

[71] Im A Guide to IUPAC *Nomenclature of Organic Chemistry* [53a] und *Compendium of Chemical Terminology*, IUPAC *Recommendations* [32], wird von einer Verwendung des Wortes Radikal in diesem Zusammenhang abgeraten.

schnitt 3.3.3.3.6), sollten stets nach der Nomenklatur der organischen Chemie [49][53a] gebildet werden.

Da Substituenten und Radikale oft die gleichen Namen tragen, wird im folgenden die Nomenklatur für Radikale zusammen mit der für Substituenten behandelt.

3.3.3.2 Systematische Namen für Substituenten oder Radikale

D) Namen für Substituenten $[A_nA'_{n'}...A''_{n''}]-$

---

n'... = n'' = 0; n = 1:

a) **A−** ist einatomig:
Namensstamm für **A** (Anhang) + **io-** [a] [72]
Beispiel: Na−   Natrio-

b) **A−** ist eine mehratomige Gruppe:

b₁) Trivialname: (siehe Tabelle 3.5) + -
Beispiel: S_2O_5- Disulfuryl-

b₂) Systematischer Name:
 A− aus **A** (Abschnitt 4.2.1) − **H**:
 − Hydridname + **yl-** [73]
Beispiel: H_2N-NH- Diazanyl-
 A− aus **A** (Abschnitt 4.2.1) − **2 H**:
 − Hydridname + **diyl-** [74]
Beispiel: −NH−NH−   Diazan-1,2-diyl-
 A− aus **A** (Abschnitt 4.2.1) − **3 H**:
 − Hydridname + **triyl-** [75]
Beispiel: $-HBH_2B=$ Diboran(6)-1,1,2-triyl-

c) $[AL_n...L'_{n'}]-$:
 − Ligandennamen für $L_n...L'_{n'}$ + Name für **A-** nach D)a)
Beispiel: F_5S- Pentafluorosulfurio-

d) Namen für kationische Substituenten $[A_nA'_{n'}...A''_{n''}]^+-$:

d₁) Auf ium endender Name des Kations + Lokanten + **yl-**, **diyl-** bzw. **yliden-**
Beispiel: $H_3C-CH_3^+-$ Ethan-1-ium-1-yl-

d₂) Auf onium endender Name des Kations:
 − Ändern der Endung onium in **onio-**
Beispiel: H_3N^+- Ammonio- (oder Ammoniumyl- oder Azaniumyl-)

---

[72] Ausnahmen sind Sulfurio- und Phosphorio-. Für Cl, Br und I sollten die io-Namen nur verwendet werden, wenn die Wertigkeit des Restes größer als 1 ist. Ist die Wertigkeit 1, so werden die Elementnamen Chlor, Brom bzw. Iod verwendet. Die io-Namen werden nur in der Substitutionsnomenklatur benötigt, nicht jedoch in der Koordinationsnomenklatur.

[73] Ausnahmen: Bei Boran, Silan, German, Stannan und Plumban wird an durch yl ersetzt.

[74] Für Substituenten mit zwei endständigen Bindungen auch yliden.

[75] Für Substituenten mit drei endständigen Bindungen auch ylidin.

e) Namen für anionische Substituenten $[A_nA'_{n'}...A''_{n''}]^{-}$:

e_1) $[A_nA'_{n'}...A''_{n''}]^{-}$ aus **A** (Stammhydrid) $-$ **H$^+$**:

− Anionname + **yl-**, **diyl-** bzw. **yliden-**

Beispiel: HN^{-} Azanidyl-

e_2) $[A_nA'_{n'}...A''_{n''}]^{-}$

                aus **R−Q(O)OH** − alle an Chalkogenatome gebundenen **H**:

− Anionname + **o-**

Beispiel: $PO_2(O)^{2-}$ Phosphonato-

[a)] Der Bindestrich „-" ist Teil des Namens.

E) Namen für Radikale $[A_nA'_{n'}...A''_{n''}]^{\cdot}$

---

n'... = n'' = 0; n = 1:

a) **A$^{\cdot}$** ist einatomig:

− Name für **A** (Anhang)

    + vervielfachendes Präfix für die Anzahl der freien Elektronen + **-Radikal**

Beispiel: $^{\cdot}O^{\cdot}$ oder $O^{\cdot\cdot}$ oder $O^{2\cdot}$ Sauerstoff-Diradikal

− Namensstamm (Anhang) + **io**

Beispiel: $Na^{\cdot}$ Natrio-Radikal

b) **A$^{\cdot}$** ist eine mehratomige Gruppe:

b_1) Trivialname[76] (Tabelle 3.6)

Beispiel: $HO^{\cdot}$ Hydroxyl-Radikal

b_2) Systematischer Name:

A$^{\cdot}$ aus **A** (Abschnitt 4.2.1) − **H**:

− Hydridname + **yl**[77]

Beispiel: $(PH_5)^{\cdot}$ λ^5-Phosphanyl-Radikal

A$^{\cdot}$ aus **A** (Abschnitt 4.2.1) − **2 H**:

− Hydridname + **diyl**[78]

Beispiele: $^{\cdot}OO^{\cdot}$ Dioxidan-1,2-diyl-Radikal

         $(NH)^{2\cdot}$ Azandiyl-Radikal oder Azanyliden-Radikal

A$^{\cdot}$ aus **A** (Abschnitt 4.2.1) − **3 H**:

− Hydridname + **triyl**[79]

Beispiel: $(H_3C-C)^{3\cdot}$ Ethantriyl-Radikal oder Ethylidin-Radikal

A$^{\cdot}$ aus **R−OH** − **H**:

− Name für **R** + **oxyl**

Beispiel: $(CH_3-O)^{\cdot}$ Methyloxyl-Radikal (Kurzname: Methoxyl-Radikal)

A$^{\cdot}$ aus **R−OOH** − **H**:

− Name für **R** + **dioxyl** oder **peroxyl**

---

[76] In den Regeln von 1990 [45] mit „Spezialname" bezeichnet.

[77] Ausnahmen: Bei Boran, Silan, German, Stannan und Plumban wird an durch yl ersetzt.

[78] Für endständige Diradikale auch yliden.

[79] Für endständige Triradikale auch ylidin.

Beispiel: $[H_3C-C(O)O_2]^{\cdot}$ Acetyldioxyl-Radikal oder Acetylperoxyl-Radikal
A· aus **R–C(O)OH** – ·**OH**:
– Name der Acylgruppe
Beispiel: $(H_3C-CO)^{\cdot}$ Acetyl-Radikal oder 1-Oxo-ethanyl-Radikal
                                                 oder 1-Oxo-ethyl-Radikal
c) Namen für Radikalkationen $[A_nA'_{n'}...A''_{n''}]^{\cdot\,+}$:
c_1) Auf ium endender Name des Kations
                         + Lokanten + **yl, diyl** bzw. **yliden** + **-Radikalion** + (EB)
Beispiel: $(CH_3-CH_3)^{\cdot\,+}$ Ethan-1-ium-1-yl-Radikalion
c_2) Auf onium endender Name des Kations:
– Ändern der Endung onium in **onio** + **-Radikalion** + (EB)
Beispiel: $(H_3As)^{\cdot\,+}$ Arsonio-Radikalion (oder Arsaniumyl-Radikalion)
d) Namen für Radikalanionen $[A_nA'_{n'}...A''_{n''}]^{\cdot\,-}$:
d_1) $[A_nA'_{n'}...A''_{n''}]^{\cdot\,-}$ aus **A** (Stammhydrid) – **H⁺**:
– Anionname + **yl, diyl** bzw. **yliden** + **-Radikalion** + (EB)
Beispiel: $(H_2C)^{\cdot\,-}$ Methanidyl-Radikalion
d_2) $[A_nA'_{n'}...A''_{n''}]^{\cdot\,-}$
                         aus **R–QO$_x$OH$_y$** – (alle an Chalkogenatome gebundene) **H⁺**:
– Anionname + **o**
Beispiel: $C_6H_5-SO_2(O)^{\cdot\,-}$ Benzensulfonato-Radikalion

Um die Art der beschriebenen Spezies zu definieren, kann man das Wort Gruppe
oder Rest bzw. Radikal oder Radikalion an den Namen der Spezies anfügen.

Mit Ausnahme einiger Trivialnamen enden die Namen ungeladener Gruppen
oder Radikale auf yl. Der hochgestellte Punkt (·) in der Formel wird nur für freie
Radikale verwendet[80].
Beispiele:
  1. $(CH_3)^{\cdot}$ Methanyl oder Methyl-Radikal
  2. $(NO)^{\cdot}$ Nitrosyl
     $CN^{\cdot}$ Cyanyl
Von der IUPAC-CNIC ist für die einheitliche systematische Benennung von
anorganischen Radikalen eine a) additive und in Anlehnung an die Recommendations für organische Radikale [53b] eine b) substitutive Methode vorgeschlagen
worden. Der Radikalcharakter wird nach a) durch ein -yl (der Bindestrich ist Teil
des Namens) am additiven Namen, nach b) durch yl (ohne Bindestrich) am
systematischen Namen des Stammhydrids angegeben.
Beispiele:
  3. $HSe^{\cdot}$ a) Hydridoselen-yl   b) Selanyl
  4. $O_2^{\cdot\,-}$ a) Dioxid-yl(1-)   b) Dioxidanidyl
  5. $H_2S^{\cdot\,+}$ a) Dihydridosulfur-yl(1+)   b) Sulfaniumyl

---

[80] Man beachte, daß bei der Nomenklatur von Festkörperphasen (Kapitel 10) der Punkt als
     Exponent die Ladung angeben kann (siehe auch Abschnitt 2.3.4.3).

Substituenten werden nach den Regeln der Nomenklatur der organischen
Chemie benannt.

Beispiele:

1. CH_3- Methanyl- oder Methyl-[81]
2. NO–   Nitrosyl-
3. NH<   Imino- oder Azandiyl-

3.3.3.2.1 Substituenten und Radikale mit Trivialnamen

Einige neutrale und kationische sauerstoff- (oder chalkogen-)haltige Radikale
haben unabhängig von der Ladung, spezielle auf yl endende Namen. Diese Namen
(oder Ableitungen davon) werden ausschließlich zur Bezeichnung von Verbindungen verwendet, die aus diskreten Molekülen oder Gruppen bestehen[82]. So steht der
Ausdruck Hydroxyl-Radikal für das Radikal HO·, Hydroxy-Verbindung für eine
Verbindung, die HO-Gruppen enthält, Hydroxy-Gruppe für die Gruppe HO–
selbst. In den folgenden Beispielen ist daher auf die Angabe der Bindung bzw. des
freien Elektrons verzichtet worden. Die Präfixe Thio-, Seleno- und Telluro- bezeichnen auch weiterhin den Ersatz von Sauerstoff in solchen Gruppen durch
Schwefel, Selen bzw. Tellur.

Tabelle 3.5   Trivialnamen für Substituenten und Radikale[83]

1.	HO	Hydroxyl (als Substituent: Hydroxy-)
2.	CO	Carbonyl
3.	NO	Nitrosyl
4.	NO_2	Nitryl[84]
5.	PO	Phosphoryl
6.	SO	Sulfinyl oder Thionyl[85]
7.	SO_2	Sulfonyl oder Sulfuryl[85]
8.	S_2O_5	Disulfuryl

---

[81] Nach der organisch-chemischen Nomenklatur wird Methyl- bevorzugt.

[82] Namen wie Bismutyl und Antimonyl werden nicht gebilligt, da die Verbindungen keine ab-
gegrenzten BiO- bzw. SbO-Gruppen enthalten; solche Verbindungen sind als Oxide zu benennen.

[83] Die hier genannten Gruppen entsprechen mit Ausnahme von Beispiel 11, welches zusätzlich
aufgenommen worden ist, der in den Regeln von 1970 [37f] enthaltenen Liste. Von dieser
heißt es: „... die Kommission ist damit einverstanden, daß diese (Namen) in den folgenden
Fällen vorläufig beibehalten werden.“

[84] Der Name Nitroxyl sollte für diese Gruppe nicht benutzt werden, da der Trivialnamen
Nitroxylsäure für H_2NO_2 nicht verwendet wird. Im Englischen und Deutschen ist der
Name Nitryl gut eingeführt. Für andere Sprachen könnte sich Nitroyl besser eignen.

[85] Die erstgenannten Namen sind vorzuziehen, die anderen sind aber auch erlaubt. Die anzu-
wendende Variante hängt in jedem Fall von den Umständen ab. So wird Sulfuryl in der anorganischen radikofunktionellen Nomenklatur und Sulfonyl in der organischen Substitutionsnomenklatur verwendet. Siehe *Nomenclature of Organic Chemistry*, Ausgabe von 1979
[49f].

Fortsetzung Tab. 3.5

9.	SeO	Seleninyl
10.	SeO_2	Selenonyl
11.	HOO	Hydrogenperoxyl oder Perhydroxyl
		oder Hydroperoxyl (als Substituent: Hydrogenperoxy-)
12.	CrO_2	Chromyl
13.	UO_2	Uranyl
14.	NpO_2	Neptunyl
15.	PuO_2	Plutonyl (und analog für andere Actinoide)
16.	ClO	Chlorosyl
17.	ClO_2	Chloryl
18.	ClO_3	Perchloryl (und analog für andere Halogene)

Derartige Bezeichnungen können auch in den Namen komplizierterer Moleküle oder ionischer Spezies verwendet werden. Hat das charakteristische Element eines Radikals verschiedene Oxidationszahlen, so sollen diese nach der STOCKschen Bezeichnungsweise angegeben werden. Ist das Radikal ein Ion, so kann seine Ladung durch die Ladungszahl oder die Oxidationszahl bezeichnet werden. Zum Beispiel heißt das Ion UO_2^{2+} Uranyl(VI) oder Uranyl(2+), das Ion UO_2^+ Uranyl(V) oder Uranyl(1+).

Mehratomige Gruppen werden in Verbindungen stets als positive Bestandteile behandelt.

Beispiele:

19.	$COCl_2$	Carbonyl-dichlorid
20.	$PSCl_3$	Thiophosphoryl-trichlorid[86]
21.	S_2O_5ClF	Disulfuryl-chlorid-fluorid
22.	IO_2F	Iodyl-fluorid
23.	$NO_2HS_2O_7$	Nitryl-hydrogendisulfat

Die Verwendung stets gleicher Gruppennamen ohne Rücksicht auf unbekannte oder umstrittene Ladungsverteilungen gestattet die Bildung feststehender Namen, ohne zu strittigen Fragen Stellung nehmen zu müssen. So werden z.B. die Verbindungen $NOCl$ und $NOClO_4$ vollkommen eindeutig als Nitrosyl-chlorid bzw. Nitrosyl-perchlorat bezeichnet.

3.3.3.2.2 Substituenten oder Radikale, die formal durch Abgabe eines oder mehrerer Wasserstoffatome aus einem Stammhydrid entstehen

Substituenten oder Radikale, die formal durch Abgabe eines Wasserstoffatoms aus jeder beliebigen Position eines Stammhydrids entstehen, werden durch Anfügen der Endung yl an den Hydridnamen benannt.

---

[86] In der Literatur wurde tri meist weggelassen.

Ausnahmen: Bei Radikalen, die sich von neutralen gesättigten acyclischen und monocyclischen Kohlenwasserstoffen sowie von Boran, Silan, German, Stannan und Plumban ableiten, wird das Suffix an durch yl ersetzt. So sind Methyl und Silyl gegenüber Methanyl bzw. Silanyl bevorzugt. Obwohl dies mit den systematischen Regeln unvereinbar ist, werden solche Abkürzungen oft verwendet und sind deshalb erlaubt.

Beispiele:

1. $(SnCl_3)^{\cdot}$ Trichlorstannyl
2. $(PPh_4)^{\cdot}$ Tetraphenylphosphoranyl
   oder Tetraphenyl-λ^5-phosphanyl[87]
3. $(NH_2\text{--}NH)^{\cdot}$ Diazanyl oder Hydrazinyl
4. $(C_6H_5\text{--}NH)^{\cdot}$ Phenylazanyl oder Benzenaminyl
5. $(CH_3)^{\cdot}$ Methyl
6. $(HC{\equiv}C\text{--}CH_2)^{\cdot}$ Prop-2-in-1-yl
7. $(BH_2)^{\cdot}$ Boryl

Substituenten oder Radikale, die sich von einem Stammhydrid (oder dessen Substitutionsprodukt) durch Abgabe von zwei oder mehr Wasserstoffatomen an zwei oder mehr Positionen ableiten, werden durch Anfügen von diyl, triyl usw. an den Namen der Stammverbindung benannt.

Ausnahmen: Die Namen Carben, Nitren und Silen wurden bisher für die Diradikale $(CH_2)^{2\cdot}$, $(NH)^{2\cdot}$ und $(SiH_2)^{2\cdot}$ und als Grundlage für die Namen ihrer Substitutionsprodukte sowie ihrer Komplexe verwendet. In den vorliegenden Regeln werden solche Namen nicht für bestimmte Diradikale gebraucht und nicht empfohlen. Sie können jedoch zweckmäßig sein, um das Vorkommen solcher Gruppen in komplexen Strukturen anzuzeigen.

Beispiele:

8. $^{\cdot}OO^{\cdot}$ Dioxidan-1,2-diyl[88]
9. $^{\cdot}H_2C\text{--}CH_2{}^{\cdot}$ Ethan-1,2-diyl[88]
10. $(CH_2)^{2\cdot}$ Carben[89] oder Methandiyl oder Methylen
    oder Methyliden
11. $(CH_3\text{--}N)^{2\cdot}$ Methylnitren oder Methylazandiyl
    oder Methylazanyliden
12. $(H_3C\text{--}C)^{3\cdot}$ Ethan-1,1,1-triyl oder Ethylidin

---

[87] Phosphoran und λ^5-Phosphan sind nach den Regeln von 1990 alternative Namen für PH_5 (siehe Abschnitt 4.2.1).

[88] Nicht zu verwechseln mit den Grundzuständen von Dioxygen, Diazen bzw. Ethen.

[89] Nach dem unmittelbar voranstehenden Textabschnitt ist Carben für $(CH_2)^{2\cdot}$ usw. nicht erlaubt.

Bei solchen Di- und Polyradikalen kann die Lage der Radikalzentren durch die Positionen der Punkte in der Strukturformel angegeben werden. Wenn die genauen Positionen der Radikalzentren nicht bekannt sind, sollten Formeln wie $(O_2)^{2\cdot}$, $(C_2H_4)^{2\cdot}$ und $(C_2H_3)^{3\cdot}$ verwendet werden (siehe Abschnitt 2.3.4.3).

3.3.3.2.3 Substituenten oder Radikale, die sich von Hydroxyverbindungen und von Aldehyden ableiten

Namen von Radikalen, die sich von Hydroxyverbindungen wie Alkoholen, Säuren und Phenolen oder von Hydroperoxiden ableiten, werden gebildet, indem der Name der substituierenden Gruppe als Präfix vor oxyl, peroxyl oder dioxyl genannt wird.

Beispiele:

1. $(CH_3{-}O)^{\cdot}$ Methyloxyl (normalerweise verkürzt zu Methoxyl)
2. $(C_6H_5{-}O)^{\cdot}$ Phenyloxyl (normalerweise verkürzt zu Phenoxyl)
3. $(CH_3{-}CO_2)^{\cdot}$ Acetyloxyl (normalerweise verkürzt zu Acetoxyl)
4. $[CH_3{-}CO(OO)]^{\cdot}$ Acetylperoxyl oder Acetyldioxyl
5. $(NH_2{-}CH_2{-}CH_2{-}O)^{\cdot}$ 2-Amino-ethoxyl

Die Namen der entsprechenden Substituenten enden auf oxy-, peroxy- oder dioxy-.

Namen von Substituenten oder Radikalen, die sich formal von Aldehyden ableiten, können auf Namen von Oxokohlenwasserstoffen basieren; alternativ können auch Namen von Acylgruppen verwendet werden (siehe *Nomenclature of Organic Chemistry*, Ausgabe von 1979 [49w]).

Beispiele:

6. $(CH_3CO)^{\cdot}$ Acetyl oder 1-Oxo-ethanyl oder 1-Oxo-ethyl
7. $(C_6H_5CO)^{\cdot}$ Benzoyl oder Phenylcarbonyl

3.3.3.2.4 Verwendung von Namen anorganischer und organischer Substituenten als Präfixe

Die Namen von Gruppen, die als Substituenten in organischen Verbindungen oder als Liganden in Koordinationsverbindungen angesehen werden können, stimmen oft mit den Namen der entsprechenden Radikale überein. Das gilt besonders für die organischen Radikale, deren Namen auf yl, yliden usw. enden. Radikale, die sich nicht von Hydriden ableiten, werden anders benannt.

Namen für Elemente als Substituenten werden durch Anfügen der Endung io an den Namensstamm des Elements gebildet (Anhang). Für Cl, Br und I sollten diese io-Namen nur verwendet werden, wenn die Wertigkeit des Radikals oder des Restes größer als 1 ist. Ist die Wertigkeit 1, so werden die Elementnamen Chlor, Brom bzw. Iod benutzt. In der anorganisch-chemischen Nomenklatur ist die Verwendung des Affixes thio auf die Kennzeichnung des Ersatzes von =O durch =S beschränkt.

Die io-Namen werden nur in der Substitutionsnomenklatur verwendet[90]; sie werden in der Koordinationsnomenklatur nicht benötigt (Abschnitt 4.3). Mit derartigen Namen wird jedoch nicht beabsichtigt, über die Bindungsart zu informieren.

Beispiele:

1. Cl–	Chlorio-	4. Ti–	Titanio-
2. Br–	Bromio-	5. Fe–	Ferrio-
3. I–	Iodio-	6. Er–	Erbio-
7. S–	Sulfurio-		

Mehratomige Gruppen müssen nicht unbedingt systematisch benannt werden, doch erhalten sie als Radikale und Substituenten ebenfalls die Endung o.

Beispiele:

7. ClS–	Chlorothio-	11. OCN–	Cyanato-*N*-
8. Cl_2I–	Dichloroiodio-	12. $CH_3N(H)$–	Methylamino-
9. NC–	Cyano-	13. NCS–	Thiocyanato-*S*-
10. NCO–	Cyanato-*O*-	14. SCN–	Thiocyanato-*N*-

Gruppen oder Radikale, die sich von einem Zentralelement (mit oder ohne Liganden) ableiten, haben Namen, die ausnahmslos die io-Endung (siehe Anhang) tragen. Die Namen werden nach den Regeln der Koordinationsnomenklatur zusammengesetzt (Abschnitt 4.3).

Beispiele:

15. Na–	Natrio-
16. ClHg–	Chloromercurio-
17. F_5S–	Pentafluorosulfurio-[91]
18. OI–	Oxoiodio- oder Iodosyl-[91]
19. $(OC)_4Co$–	Tetracarbonylcobaltio-

3.3.3.2.5 Geladene Substituenten oder Radikale

Allgemeines. Wenn es in einer Verbindung mehr als ein Ladungszentrum gibt, und wenn es nicht möglich ist, einen Namen nach den für Kationen (Abschnitt 3.3.1) und Anionen (Abschnitt 3.3.2) aufgestellten Prinzipien abzuleiten, werden die Namen durch Wahl eines ionischen (vorzugsweise anionischen) Zentrums als Basis gebildet. Dieses Zentrum wird dann als Stammverbindung verwendet und entsprechend den Abschnitten 3.3.1 oder 3.3.2 modifiziert. Die anderen Zentren der Verbindung werden als Präfixe aufgeführt.

---

[90] In der organischen Substitutionsnomenklatur bilden anorganische „io-Gruppen" eine oder mehrere Einfachbindungen; jede Bindung ersetzt ein Wasserstoffatom in der Stammverbindung. Die Endungen -yliden und -ylidin geben in der Substitutionsnomenklatur an, daß die Gruppe an einer Doppel- bzw. Dreifachbindung beteiligt ist.

[91] Alternative Namen für die Beispiele 17 und 18 sind Pentafluor-λ^6-sulfanyl bzw. Oxo-λ^3-iodanyl (siehe Abschnitt 4.2.1).

Beispiel:

$$ClHg \longrightarrow \langle pyridine \rangle N^+ - C(O)O^-$$

[4-(Chloromercurio)-1-pyridinio]formiat
oder 4-(Chloromercurio)pyridinium-1-carboxylat

Kationische Gruppen. Namen von kationischen Substituenten oder Radikalen werden durch Anfügen von Suffixen wie yl, yliden und diyl mit gegebenenfalls notwendigen Lokanten an die Endung ium des nach Abschnitt 3.3.1 gebildeten Namens für das Kation erhalten. Als Alternative wird die Endung onium für einwertige Kationen in die Endung onio umgewandelt. Namen einfach positiv geladener Zentren, die sich formal von einer mehrkernigen Struktureinheit durch Abgabe eines Wasserstoffatoms ableiten, werden durch Ändern von ium in io gebildet.

Beispiele:

1. H_3N^+- Ammoniumyl- oder Azaniumyl- oder Ammonio-
2. $(CH_3)_2S^+-$ Dimethylsulfoniumyl- oder Dimethyl-λ^4-sulfaniumyl-
                   oder Dimethylsulfonio-
3. $N{\equiv}N^+-$ Diazin-1-ium-1-yl- oder Diazonio-
4. H_3As^+- Arsonio- oder Arsaniumyl-

Anionische Gruppen. Namen von anionischen Substituenten oder Radikalen, die formal durch Abgabe eines Hydrons aus einem Stammhydrid entstehen, werden durch Anfügen von Suffixen wie yl, yliden und diyl mit gegebenenfalls notwendigen Lokanten an den nach Abschnitt 3.3.2 erhaltenen Namen für das Anion gebildet.

Beispiele:

1. H_2C^-- Methanidyl-
2. HN^-- Azanidyl- oder Amidyl-
3. $N^-{\equiv}$ Azanidyliden- oder Amidyliden-
4. $N^{2-}-$ Azandiidyl- oder Imidyl-

Namen für anionische Zentren, die formal durch Abgabe sämtlicher Hydronen von Chalkogenatomen in Säuren entstehen, werden durch Anfügen von o an die Endung at gebildet. Die Endung ido entsteht aus der Anionendung id.

Beispiele:

5. $-CO(O)-$ Carboxylato-
6. $-SO(O)_2-$ Sulfonato-
7. O^-- Oxido- oder Oxidanidyl-
8. $(O-Se)^--$ Selenidooxy- oder Selenidyloxy-[92]

---

[92] Aus der Schreibung der Formel würde man eine Bindung über das Selen ableiten.

3.3.3.3 Namen von Liganden

3.3.3.3.1 Allgemeines

Unterschieden werden anionische, kationische und neutrale sowie ein- und mehrzähnige Liganden.

Die Namen für kationische Liganden bleiben unverändert, solange keine Mehrdeutigkeit besteht.

Die Namen sowohl anorganischer als auch organischer anionischer Liganden enden auf o. Wenn die Anionnamen auf id[93], it oder at enden, ergeben sich generell die Suffixe ido, ito bzw. ato.

Klammern werden für anorganische anionische Liganden benötigt, die vervielfachende Präfixe enthalten, z.B. (Triphosphato), und für Thio-, Seleno- und Telluro-Analoga von Oxoanionen, die mehr als ein Sauerstoffatom enthalten, z.B. (Thiosulfato). Von Aminen, Amiden oder Iminen abgeleitete Liganden werden als substituierte Amido- (siehe Beispiel 3) oder Imido-Liganden benannt. Phosphor- bzw. Arsen-Analoga können auf Basis der Namen Phosphido bzw. Arsenido (additiv) oder auf Basis der Namen Phosphanido bzw. Arsanido (substitutiv) bezeichnet werden. Namen für organische Anionen, die als Liganden fungieren, können auf ähnliche Weise – ausgenommen Kohlenwasserstoffe – durch Anhängen von ato an den Stammnamen abgeleitet werden.

Für neutrale Liganden werden Namen in Klammern verwendet. Ausnahme sind Aqua[94], Ammin[94], Carbonyl, Nitrosyl, Thiocarbonyl und Thionitrosyl für H_2O, NH_2, CO, NO, CS, NS sowie Ethylen.

Der Bindestrich in nach der Binärnomenklatur benannten Liganden bleibt erhalten (z.B. Hydrogen-sulfid für H_2S, aber Hydogensulfido für (HS)⁻). Das Präfix Di ist Bestandteil des Ligandennamens zweiatomiger Elemente, auch wenn es im Namen des Elements selbst nicht genannt wird (z.B. Distickstoff).

Die Angabe der koordinierenden Atome – in den IUPAC-Regeln von 1970 [37] kompliziert behandelt und daher selten benutzt – ist in den hier zugrunde liegenden Regeln von 1990 vereinfacht worden (Abschnitte 3.3.3.3.8 bis 3.3.3.3.10).

Brückenliganden sind einatomige oder mehratomige Gruppen, die über das gleiche oder verschiedene Atome verbrückt sein können (Abschnitt 3.3.3.3.11).

---

[93] Es gibt Ausnahmen, in denen id in o geändert wird: Br⁻ – Bromo, Cl⁻ – Chloro, (CN)⁻ – Cyano, F⁻ – Fluoro, (HO₂)⁻ – Hydrogenperoxo, (HO)⁻ – Hydroxo, I⁻ – Iodo, (HS)⁻ – Mercapto oder Hydrosulfido, O^{2-} – Oxo, $(O_2)^{2-}$ – Peroxo, S^{2-} – Thio.

[94] Die Bezeichnungen als Hydrate bzw. Ammoniakate ist nicht mehr erlaubt. Anstelle von Aqua wurde früher Aquo verwendet.

Alle als systematisch bezeichneten Namen von Liganden in den Tabellen 3.6.1 bis 3.6.5 sind von der IUPAC erlaubt.

Beispiele:

1. CH_3-COO^- Acetato oder Ethanoato
2. $(CH_3)_2N^-$ Dimethylamido
3. $CH_3-CO-NH^-$ Acetamido oder Acetylamino[95]

F) Namen für Liganden **L**

F_1) L ist einzähnig

---

a) L ist anorganisch gebunden:

a_1) L ist anionisch:
- Name nach Tafel **C)** + **o**

Beispiel: $[(CH_3)_2N]^-$ Dimethylamido

a_2) L ist kationisch:
- Name nach Tafel **B)**

Beispiel: $[H_2N-CH_2-CH(NH_2)-CH_2-NH_3]^+$ 2,3-Diamino-propylammonium

a_3) L ist neutral:
- Name nach Tafel **G)**

Beispiel: (H_3C-NH_2) Methylamin

b) L ist organisch gebunden:

Beispiel: $(HC{\equiv}C)$ Ethinyl

c) Angabe der Struktur nötig:

c_1) Donoratomsymbol-Konvention (Das koordinierende Atom **X** ist durch * gekennzeichnet):
- Name nach Tafel **F_1)a)** oder **b)** + -**X**[a]

Beispiel: $(H_3C-CO-CH^*-CO-CH_3)-$ Pentan-2,4-dionato-C^3

c_2) Kappa-Konvention:
- Name nach Tafel **F_1)a)** oder **b)** + -κX[a]

Beispiel[b]: NCS^* Thiocyanato-κS

---

[a] Der Bindestrich „-" ist Teil des Donoratomsymbols. **X** ist das Symbol des koordinierenden Atoms.

[b] Der Stern „*" bezeichnet das Donoratom.

---

[95] Im englischsprachigen Original steht: „Diese übliche Form leitet sich nicht vom Namen Acetamid ab, sondern kann als Kontraktion von Acetylamido angesehen werden." Diese Erklärung ist falsch; nach *Nomenclature of Organic Chemistry*, Ausgabe von 1979, *Section* C [49] leiten sich die alternativen Namen von Acetamid bzw. Acetylamin ab. Der zweite Name lautet daher Acetylamino und nicht, wie dort angegeben, Acetylamido.

F$_2$) L ist mehrzähnig

---

a) Angabe der Struktur unnötig:

a$_1$) L ist zweizähnig:

μ- + Name nach Tafel **F$_1$)a)** oder **b)**

Beispiel: (CO) μ-Carbonyl

(HO) μ-Hydroxo

a$_2$) L ist mehrzähnig:

μ_n- (**n** ist die Zahl der verknüpften Zentren) + Name nach **F$_1$)a)** oder **b)**

Beispiel: (μ_4-S) μ_4-Thio

b) Angabe der Struktur nötig:

b$_1$) Donoratomsymbol-Konvention (Die koordinierenden Atome **X, Y** sind

durch * gekennzeichnet):

— Name nach **F$_1$)a)** oder **b)** + **-X, Y, . . .**[c)]

Beispiel: (O*OC–CH$_2$–N*H$_2$)$^-$ Glycinato-*N,O*

b$_2$) Kappa-Konvention:

— Name nach **F$_1$)** + **-κ^nX, X', . . .**[c) d)]

Beispiel: H$_2$N*–CH$_2$–CH$_2$–N*H$_2$ Ethan-1,2-diamin-κ^2*N,N'*

oder Ethylendiamin-κ^2*N,N'*

b$_3$) Hapto-Konvention:

— η^n [d)] + Name nach **F$_1$)a)** oder **b)**

Beispiel: (H$_2$C=CH–C$_5$H$_4$)   (η^2-Ethenyl)pentadienyl

(für Bindung über die H$_2$C=CH$_2$-Gruppe)

[c)] Der Bindestrich „-" ist Teil des Donoratomsymbols. **X, X'** bzw. **Y**... sind die Symbole der koordinierenden Atome.

[d)] Der Exponent *n* gibt die Anzahl der koordinierenden Atome an.

3.3.3.3.2 Wasserstoff als Ligand

In seinen Komplexen wird Wasserstoff stets als anionisch behandelt. Die Namen der anderen Wasserstoff-Isotope werden im Abschnitt 3.1.1.5 [siehe auch Tafel A$_2$)] besprochen. Sowohl Hydrido als auch Hydro werden für koordinierten Wasserstoff verwendet, wobei Hydro auf die Bor-Nomenklatur zu beschränken ist (siehe Kapitel 6).

Beispiele:

1. H$^-$ Hydrido
2. D$^-$ [^{2}H]Hydrido

3.3.3.3.3 Auf Halogenen (Elementen der Gruppe 17) basierende Liganden

Die Namen einfacher Halogen-Anionen werden in Abschnitt 3.3.2.2 behandelt. Die in der Koordinationsnomenklatur erlaubten Varianten sind in Abschnitt 3.3.3.2 angegeben. Tabelle 3.6.1 enthält die Namen einiger Halogen-Derivate, die in der Koordinationschemie verwendet werden.

Tabelle 3.6.1   Namen einiger halogenhaltiger Liganden[a]

Formel	Systematischer Ligandenname	Alternativer Ligandenname
Br_2	(Dibrom)	
F^-		Fluoro
Cl^-		Chloro
$(I_3)^-$		[Triiodo(1–)]
$[ClF_2]^-$	[Difluorochlorato(1–)]	
$[IF_4]^-$	[Tetrafluoroiodato(1–)]	
$[IF_6]^-$	[Hexafluoroiodato(1–)]	
$(ClO)^-$	[Oxochlorato(1–)]	Hypochlorito
$(ClO_2)^-$	[Dioxochlorato(1–)]	Chlorito
$(ClO_3)^-$	[Trioxochlorato(1–)]	Chlorato
$(ClO_4)^-$	[Tetraoxochlorato(1–)]	Perchlorato
$(IO_5)^{3-}$	[Pentaoxoiodato(3–)]	Mesoperiodato[b]
$(IO_6)^{5-}$	[Hexaoxoiodato(5–)]	Orthoperiodato[b]
$(I_2O_9)^{4-}$	[μ-Oxo-octaoxodiiodato(4–)]	(Dimesoperiodato)[b]

[a] Die Verwendung von Klammern in diesen Tabellen ist in gewissem Maße willkürlich. $[IF_4]^-$ wird z.B. als Koordinationskomplex angesehen, daher die eckigen Klammern, $(ClO_3)^-$ aber als einfaches Anion, daher runde Klammern. Die Klammern, die systematische Namen von Liganden umschließen, sind dann notwendig, wenn sie in Namen von Koordinationseinheiten eingebaut sind. Bei organischen Anionen folgt die Anordnung der Klammern der üblichen Praxis der organisch-chemischen Nomenklatur [49] [53a], die von der Praxis in der Koordinationsnomenklatur abweicht.

Die in den Tabellen 3.6.1 bis 3.6.4 angegebenen Ligandennamen sind so in Klammern gesetzt, wie sie in Namen von Koordinationseinheiten verwendet werden (s. Abschnitt 2.5.2.2, Anm. 1).

[b] Diese traditionellen Namen sind nicht erlaubt (siehe Abschnitt 5.5.3).

3.3.3.3.4 Auf Chalkogenen (Elementen der Gruppe 16) basierende Liganden

Die Tabelle der Chalkogen-Derivate (Tabelle 3.6.2) enthält mehrere Anionen, deren Namen von den nach den einfachen Regeln in Abschnitt 3.3.3.3.1 gebildeten Namen abweichen können. Von der IUPAC erlaubte Namen sind mit einem Sternchen, die seit dem Erscheinen des 9. *Collective Index of Chemical Abstracts* [3c] verwendeten Namen mit § gekennzeichnet. Mit einem @ (*at-sign*) sind die normalerweise in der organisch-chemischen Nomenklatur verwendeten alternativen IUPAC-Namen versehen.

Tabelle 3.6.2   Namen für chalkogenhaltige Liganden [a) b)]

Formel	Systematischer Ligandenname	Alternativer Ligandenname
O_2	(Disauerstoff), (Dioxygen)	Sauerstoff, Oxygen
S_8	(Octaschwefel), (Octasulfur)	
O^{2-}	Oxido	Oxo[*§]
S^{2-}	Sulfido	Thio[*], Thioxo[§]
Se^{2-}	Selenido	Selenoxo[§]
Te^{2-}	Tellurido	Telluroxo[§]
$(O_2)^{2-}$	[Dioxido(2–)]	Peroxo[*], Peroxy[§]
$(O_2)^-$	[Dioxido(1–)]	Hyperoxo[*], Superoxido[*§ d)]
$(O_3)^-$	[Trioxido(1–)]	Ozonido[*]
$(S_2)^{2-}$	[Disulfido(2–)]	(Dithio)[§]
$(S_5)^{2-}$	[Pentasulfido(2–)], (Pentasulfan-1,5-diido)	
$(Se_2)^{2-}$	[Diselenido(2–)]	(Diseleno)[§]
$(Te_2)^{2-}$	[Ditellurido(2–)]	(Ditelluro)[§]
H_2O		Aqua[*§]
H_2S	(Sulfan)	(Hydrogen-sulfid)[*]
H_2Se	(Selan)	(Hydrogen-selenid)[*]
H_2Te	(Tellan)	(Hydrogen-tellurid)[*]
$(OH)^-$	Hydroxido	Hydroxo[*], Hydroxy[§]
$(SH)^-$	Sulfanido, (Hydrogensulfido)[c)]	
$(SeH)^-$	Selanido, (Hydrogenselenido)	Selenyl[§]
$(TeH)^-$	Tellanido, (Hydrogentellurido)	Telluryl[§]
H_2O_2		(Hydrogen-peroxid)
H_2S_2	(Disulfan)	(Hydrogen-disulfid)
H_2Se_2	(Diselan)	(Hydrogen-diselenid)
H_2S_5	(Pentasulfan)	(Hydrogen-pentasulfid)
$(HO_2)^-$		(Hydrogenperoxo)[*], (Hydroperoxy)[§]
$(HS_2)^-$	(Disulfanido)	(Hydrogendisulfido), (Hydrodisulfido)[§]
$(HS_5)^-$	(Pentasulfanido)	(Hydrogenpentasulfido)
$(CH_3{-}O)^-$	(Methanolato)	Methoxo[*], Methoxy[§]
$(C_2H_5{-}O)^-$	(Ethanolato)	Ethoxo[*], Ethoxy[§]
$(C_3H_7{-}O)^-$	(Propan-1-olato)	Propoxido[*], Propoxy[§]
$(C_4H_9{-}O)^-$	(Butan-1-olato)	Butoxido[*], Butoxy[§]
$(C_5H_{11}{-}O)^-$	(Pentan-1-olato)	(Pentyloxido)[*], Pentoxy[§]

Fortsetzung Tab. 3.6.2

Formel	Systematischer Ligandenname	Alternativer Ligandenname
$(C_{12}H_{25}-O)^-$	(Dodecan-1-olato)	(Dodecyloxido)*, (Dodecyloxy)@
$(CH_3-S)^-$	(Methanthiolato)	(Methylthio)*
$(C_2H_5-S)^-$	(Ethanthiolato)	
$(C_2H_4ClO)^-$	(2-Chlorethanolato)	
$(C_6H_5-O)^-$	(Phenolato)	Phenoxido*, Phenoxy§
$(C_6H_5-S)^-$	(Benzenthiolato), (Benzolthiolato)	(Phenylthio)*
$[C_6H_4(NO_2)O]^-$	(4-Nitrophenolato)	
CO	(Kohlenstoffmonoxid), (Carbonmonoxid)	Carbonyl*§
CS	(Kohlenstoffmonosulfid), (Carbonmonosulfid)	(Thiocarbonyl)*, (Carbonothioyl)§
$(C_2O_4)^{2-}$	(Ethandioato)	(Oxalato)@
$(HCO_2)^-$	(Methanoato)	(Formiato)@
$(CH_3-CO_2)^-$	(Ethanoato)	(Acetato)@
$(CH_3-CH_2-CO_2)^-$	(Propanoato)	(Propionato)@
$(SO_2)^{2-}$	[Dioxosulfato(2–)]	[Sulfoxylato(2–)]@
$(SO_3)^{2-}$	[Trioxosulfato(2–)]	[Sulfito(2–)]
$(HSO_3)^-$	[Hydrogentrioxosulfato(1–)]	(Hydrogensulfito)
$(SeO_2)^{2-}$	[Dioxoselenato(2–)]	[Selenoxylato(2–)]
$(S_2O_2)^{2-}$	[Dioxothiosulfato(2–)]	[Thiosulfito(2–)]@
$(S_2O_3)^{2-}$	[Trioxothiosulfato(2–)]	[Thiosulfato(2–)]
$(SO_4)^{2-}$	[Tetraoxosulfato(2–)]	[Sulfato(2–)]
$(S_2O_6)^{2-}$	[Hexaoxodisulfato(*S–S*)(2–)]	[Dithionato(2–)]
$(S_2O_7)^{2-}$	[μ-Oxo-hexaoxodisulfato(2–)]	[Disulfato(2–)]
$(TeO_6)^{6-}$	[Hexaoxotellurato(6–)]	Orthotellurato

a)   Siehe Fußnote a) von Tabelle 3.6.1.
b)   Definition von *, § und @ siehe Text.
c)   Der im englischsprachigen Original genannte alternative Ligandenname Mercapto- ist nicht mehr erlaubt.
d)   Siehe Abschnitt 3.3.2.3.2, Fußnote 45.

3.3.3.3.5 Auf Elementen der Gruppe 15 basierende Liganden

Die Liganden mit Elementen der Gruppe 15 des Periodensystems (siehe Abschnitt 3.1.6 und Tabelle 3.3) sind oft schwierig zu benennen. Das gilt insbesondere für die wasserstoffhaltigen Liganden, bei denen ein oder mehrere Wasserstoffatome entfernt werden können. Die in Tabelle 3.6.3 verwendeten Konventionen entsprechen den vorstehend genannten (Abschnitt 3.3.3.3.4 und Tabelle 3.6.1). Liganden wie NCS–, die über N oder über S oder über mehr Atome gebunden sein können, werden „ambident" genannt; ihre Bindungsisomerie wird in den Abschnitten 3.3.3.3.8 und 3.3.3.3.9 behandelt.

Für N-Abkömmlinge ist eine besondere Empfehlung [42] veröffentlicht worden. Während es keine Probleme gibt, wenn der N-Ligand an Hauptgruppenelemente gebunden ist, nimmt in Übergangsmetallkomplexen der Ligand oft eine Position zwischen verschiedenen Bindungszuständen ein, und der formale Oxidationsgrad des Metalls ist nicht definiert. So kann der N_2H_3-Ligand formal als $H_2N\!-\!NH^-$ oder als $HN\!=\!NH_2^+$ betrachtet werden. Um möglichst einheitliche Namen zu erhalten, gelten für die Wahl der Ligandennames folgende Kriterien:

1. Der Ligand ist möglichst als neutrales Molekül, das weder ein Zwitterion, noch ein Radikal oder Diradikal ist, zu benennen.
2. Ist dies nicht möglich, so erfolgt die Benennung als anionischer Ligand mit der niedrigstmöglichen formalen Ladung.
3. Ist die Bezeichnung nach 1. und 2. nicht möglich, wird der Ligand als zwitterionischer Ligand mit einer formalen Gesamtladung Null oder anderenfalls mit der niedrigstmöglichen negativen Ladung benannt.
4. Ist keine der obigen Möglichkeiten gegeben, wird der Ligand als kationischer Ligand behandelt.

Die Anwendung dieser Rangfolge verringert für N_2H_x-Liganden (x = 0 bis 5) die z.T. drei Möglichkeiten auf einen Namen. In Tabelle 3.6.3 sind nicht alle alternativen Namen aufgeführt.

Tabelle 3.6.3 Namen für Derivate von Elementen der Gruppe 15 als Liganden [a]

Formel	Systematischer Ligandenname	Alternativer Ligandenname
N_2	(Distickstoff), (Dinitrogen)	
P_4	(Tetraphosphor)	
As_4	(Tetraarsen)	
N^{3-}	Nitrido	
P^{3-}	Phosphido	
As^{3-}	Arsenido	
$(N_2)^{2-}$	[Dinitrido(2–)]	
$(N_2)^{4-}$	[Dinitrido(4–)]	[Hydrazido(4–)]
$(N_3)^-$	(Trinitrido)	Azido*

Fortsetzung Tab. 3.6.3

Formel	Systematischer Ligandenname	Alternativer Ligandenname
$(P_2)^{2-}$	[Diphosphido(2–)]	
$(CN)^-$	Cyano	
$(NCO)^-$	(Cyanato)	
$(NCS)^-$	(Thiocyanato)	
$(NCSe)^-$	(Selenocyanato)	
$(NCN)^{2-}$	[Carbodiimidato(2–)]	
NF_3	(Trifluorazan)	(Stickstoff-trifluorid), (Nitrogen-trifluorid)
NH_3	(Azan)	Ammin*[§]
PH_3	(Phosphan)	(Phosphin)[§][1]
AsH_3	(Arsan)	(Arsin)[1]
SbH_3	(Stiban)	(Stibin)[1]
$(NH)^{2-}$	Azandiido	Imido*[§]
$(NH_2)^-$	Azanido	Amido*[§]
$(PH)^{2-}$	Phosphandiido	Phosphiniden[§]
$(PH_2)^-$	Phosphanido	Phosphino[§]
$(SbH)^{2-}$	Stibandiido	Stibylen[§]
$(SbH_2)^-$	Stibanido	Stibino[§]
$(AsH)^{2-}$	Arsandiido	Arsiniden[§]
$(AsH_2)^-$	Arsanido	Arsino[§]
$(FN)^{2-}$	(Fluorazandiido)	(Fluorimido)
$(ClHN)^-$	(Chlorazanido)	(Chloramido)[§]
$(Cl_2N)^-$	(Dichlorazanido)	(Dichloramido)
$(FP)^{2-}$	(Fluorphosphandiido)	
$(F_2P)^-$	(Difluorphosphanido)	(Difluorphosphido), (Phosphonigdifluoridato)[§]
CH_3-NH_2	(Methanamin), (Methylazan)[2]	(Methylamin)[@]
$(CH_3)_2NH$	(*N*-Methylmethanamin), (Dimethylazan)[2]	(Dimethylamin)[@]
$(CH_3)_3N$	(*N,N*-Dimethylmethanamin), (Trimethylazan)[2]	(Trimethylamin)[@]
CH_3-PH_2	(Methylphosphan)	(Methylphosphin)[1]
$(CH_3)_2PH$	(Dimethylphosphan)	(Dimethylphosphin)[1]
$(CH_3)_3P$	(Trimethylphosphan)	(Trimethylphosphin)[1]
$(CH_3-N)^{2-}$	[Methanaminato(2–)], (Methylazandiido)[2]	(Methylimido)

Fortsetzung Tab. 3.6.3

Formel	Systematischer Ligandenname	Alternativer Ligandenname
$(CH_3-NH)^-$	[Methanaminato(1–)], (Methylazanido)[(2)]	(Methylamido)
$[(CH_3)_2N]^-$	(*N*-Methylmethanaminato), (Dimethylazanido)[(2)]	(Dimethylamido)
$[(CH_3)_2P]^-$	(Dimethylphosphanido)	(Dimethylphosphino)[(1)]
$(CH_3-P)^{2-}$	(Methylphosphandiido)	(Methylphosphiniden)[§(1)]
$(CH_3-PH)^-$	(Methylphosphanido)	(Methylphosphino)[(1)]
$HN=NH$	(Diazen)	(Diimid), (Diimin)
H_2N-NH_2	(Diazan)	(Hydrazin)[§]
HN_3	(Hydrogen-trinitrid)	(Hydrogen-azid)*
$(HN=N)^-$	(Diazenido)	(Diiminido)
$(HN-N)^{3-}$	(Diazantriido)	[Hydrazido(3–)]
$(H_2N-N)^{2-}$	(Diazan-1,1-diido)	[Hydrazido(2–)-*N,N*]
$(HN-NH)^{2-}$	(Diazan-1,2-diido)	[Hydrazido(2–)-*N,N'*]
$(H_2N-NH)^-$	(Diazanido)	(Hydrazido)
$HP=PH$	(Diphosphen)	
H_2P-PH_2	(Diphosphan)	
$(HP=P)^-$	(Diphosphenido)	
$(H_2P-P)^{2-}$	(Diphosphan-1,1-diido)	
$(HP-PH)^{2-}$	(Diphosphan-1,2-diido)	
$(H_2P-PH)^-$	(Diphosphanido)	
$HAs=AsH$	(Diarsen)[(3)]	
$H_2As-AsH_2$	(Diarsan)	
$(HAsAs)^{3-}$	(Diarsantriido)	
$(H_2As-As)^{2-}$	(Diarsan-1,1-diido)	
$(CH_3-AsH)^-$	(Methylarsanido)	(Methylarsino)[§(1)]
$(CH_3-As)^{2-}$	(Methylarsandiido)	(Methylarsiniden)[§(1)]
H_2N-OH	(Hydroxyazan)	(Hydroxylamin)
$(HN-OH)^-$	(Hydroxylaminato-*κN*), (Hydroxyazanido-*κN*)[(2)]	(Hydroxylamido)[b)]
$(H_2NO)^-$	(Hydroxylaminato-*κO*), (Hydroxyazanido-*κO*)[(2)]	(Hydroxylamido)[b)]
$(HON)^{2-}$	[Hydroxylaminato(2–)], (Hydroxoazandiido)[(2)]	(Hydroxylimido)[b)]
$(PO_3)^{3-}$	[Trioxophosphato(3–)]	[Phosphito(3–)]
$(HPO_2)^{2-}$	[Hydridodioxophosphato(2–)]	[Phosphonito(2–)]
$(H_2PO)^-$	[Dihydridooxophosphato(1–)]	(Phosphonito)
$(AsO_3)^{3-}$	[Trioxoarsenato(3–)]	[Arsenito(3–)]
$(HAsO_2)^{2-}$	[Hydridodioxoarsenato(2–)]	[Arsenito(2–)]

Fortsetzung Tab. 3.6.3

Formel	Systematischer Ligandenname	Alternativer Ligandenname
$(H_2AsO)^-$	[Dihydridooxoarsenato(1–)]	(Arsinito)
$(PO_4)^{3-}$	[Tetraoxophosphato(3–)]	[Phosphato(3–)][§]
$(HPO_3)^{2-}$	[Hydridotrioxophosphato(2–)]	[Phosphonato(2–)]
$(H_2PO_2)^-$	[Dihydridodioxophosphato(1–)]	(Phosphinato)
$(AsO_4)^{3-}$	[Tetraoxoarsenato(3–)]	[Arsenato(3–)]
$(HAsO_3)^{2-}$	[Hydridotrioxoarsenato(2–)]	[Arsonato(2–)]
$(H_2AsO_2)^-$	[Dihydridodioxoarsenato(1–)]	Arsinato
$(P_2O_7)^{4-}$	[μ-Oxo-hexaoxodiphosphato(4–)]	[Diphosphato(4–)]
$(C_6H_5N_2)^-$	(Phenyldiazenido)	(Phenylazo)[@]
$(NO_2)^-$	[Dioxonitrato(1–)]	Nitrito-*O*, Nitrito-*N*, Nitro
$(NO_3)^-$	[Trioxonitrato(1–)]	Nitrato
NO	(Stickstoffmonoxid), (Nitrogenmonoxid)	Nitrosyl
NS	(Stickstoffmonosulfid), (Nitrogenmonosulfid)	(Thionitrosyl)
N_2O	(Distickstoffoxid), (Dinitrogenoxid)	
$(N_2O_2)^{2-}$	[Dioxodinitrato(*N–N*)(2–)]	Hyponitrito

[a] Zur Definition von *, [§] und [@] siehe Text in Abschnitt 3.3.3.3.4 sowie Fußnote a) von Tabelle 3.6.1.

[b] Dies ist ein weit verbreiteter Trivialname; nach der Substitutionsnomenklatur sollte er Hydroxyamido lauten. Weder die traditionellen Ligandennamen (Hydroxylamido) und (Hydroxylimido) noch die systematischen Ligandennamen geben die Position der Ladung an oder implizieren Bindungsisomerie (siehe auch Abschnitt 3.3.2.3.3, Fußnote 48).

[1] Von der Verwendung dieses Namens wird abgeraten; siehe Abschnitt 4.2, Fußnote 1.

[2] Die auf **Azan** bezogenen Namen wurden nachgetragen.

[3] Der systematische Name „Diarsen" für (HAs=AsH) ist im Deutschen wegen Verwechslungsgefahr mit (As_2) unbrauchbar. Als Alternative wird 1,2-Didehydrodiarsan vorgeschlagen; siehe Abschnitt 4.2.2.6, Fußnote 22.

3.3.3.3.6 Organische Liganden

Namen neutraler organischer Verbindungen werden ohne Änderung als Ligandennamen verwendet. Die Namen werden geändert, wenn der Ligand geladen ist. Diese Ligandennamen sollten nach *Nomenclature of Organic Chemistry*, Ausgabe von 1979 [49], gebildet werden. Für Liganden, die Ringsysteme enthalten, sei auf das *Ring System Handbook* [78] verwiesen. Ältere Formen der Namen organischer

Liganden sind im normalen Sprachgebrauch üblich, und einige von ihnen, die häufig auftreten, sind in Tabelle 3.6.4 aufgeführt. Es muß betont werden, daß IUPAC-Namen stets bevorzugt gegenüber trivialen Varianten sind, die sich nicht selbst erklären, und von verschiedenen Autoren oft in unterschiedlicher Weise verwendet wurden. Die hier berücksichtigten Konventionen wurden in Abschnitt 3.3.3.3.1 und Tabelle 3.6.1 vorgestellt.

Namen von Liganden, die sich von neutralen organischen Verbindungen formal durch Abgabe eines Hydrons ableiten (andere als die in den Abschnitten 3.3.3.3.1 und 3.3.2 genannten Strukturen), enden auf -ato. Klammern werden zur Kennzeichnung der Namen organischer Liganden verwendet, ohne Rücksicht darauf, ob sie neutral, geladen, substituiert oder unsubstituiert sind, z.B. (Benzaldehyd), (Benzoato), (*p*-Chlorphenolato), [2-(Chlormethyl)-1-naphtholato].

Der Name eines Kations wird, wenn es koordiniert ist, ohne Änderung verwendet. Über Kohlenstoff an Metalle gebundene Liganden werden bei den Organometallverbindungen (siehe Abschnitt 4.4) behandelt. Diese Liganden führen Substituentennamen (siehe Beispiele in Abschnitten 4.3.3 und 4.4.2). Gebräuchliche Namen von Kohlenwasserstoff-Resten (siehe Tabelle 3.6.5) werden ohne Klammern verwendet.

Tabelle 3.6.4   Beispiele für organische Ligandennamen[a]

Systematischer Ligandenname[1]	Alternativer Ligandenname
(Ethan-1,2-diamin)	(Ethylendiamin)[@]
(Propan-1,2-diamin)	(Propylendiamin)[@]
(Propan-1,3-diamin)	(Trimethylendiamin)[@]
[N-(2-Aminoethyl)ethan-1,2-diamin][2]	(Diethylentriamin)
[N,N'-Bis(2-aminoethyl)ethan-1,2-diamin]	(Triethylentetramin)
[N,N-Bis(2-aminoethyl)ethan-1,2-diamin][3]	[Tris(2-aminoethyl)amin][@]
[N,N-Bis[2-(dimethylamino)ethyl]-N',N'-dimethylethan-1,2-diamin][4]	Tris[2-(dimethylamino)=ethyl]amin[@]
(2-Aminoethanol)	(Ethanolamin)
(2,2',2''-Nitrilotriethanol)	(Triethanolamin)
(2,2'-Bipyridin)	
(2,2':6',2''-Terpyridin)	
(Pentan-2,4-dionato)	(Acetylacetonato)*
(Butan-2,3-diondioximato)	(Dimethylglyoximato)
(Chinolin-8-olato)	(8-Hydroxychinolinato)[b]
(2-Hydroxybenzaldehydato)	(Salicylaldehydato)
(1,5-Diphenylthiocarbazonato)	(Dithizonato), (Phenyldiazencarbothioyl-2-phenylhydrazidato)*
N-Nitroso-N-phenylhydroxylamin, Ammonium-Salz	Cupferron

Fortsetzung Tab. 3.6.4

Systematischer Ligandenname[1]	Alternativer Ligandenname
[Ethan-1,2-diylbis(dimethylphosphan)]	[1,2-Bis(dimethyl=phosphano)ethan][5]
[Iminodiacetato(2–)]	[N-(Carboxymethyl)=glycinato(2–)]*
[Nitrilotriacetato(3–)]	[N,N'-Bis(carboxymethyl)=glycinato(3–)]*
[(Ethan-1,2-diyldinitrilo)tetraacetato(4–)]	[Ethylendiamin=tetraacetato(4–)]*
[2,2'-[Ethan-1,2-diylbis(nitrilo=methylidin)]diphenolato(2–)]	[N,N'-Ethylenbis=(salicylideniminato)(2–)]* [Bis(salicylal)ethylen=diaminato(2–)]
(1,4,8,11-Tetraazacyclotetradecan)	
(1,4,7,10,13,16-Hexaoxacyclooctadecan)	
(N,N-Diethylcarbamodithioato)	(Diethyldithiocarbamato)*
(O-Ethylcarbonodithioato)	(O-Ethyl-dithiocarbonato)*, (Ethyl-xanthogenato)
[3,7,12,17-Tetramethyl-8,13-divinyl=porphyrin-2,18-dipropionato(2–)]	[Protoporphyrin-IXato(2–)]

[a]   Zur Definition von *, § und @ siehe Text in Abschnitt 3.3.3.3.4.

[b]   Der Name Oxin ist für diese Verbindung nicht möglich, da Oxin der nach dem HANTZSCH-WIDMAN-System für Pyran abgeleitete Name ist.

[1]   Es wurde davon abgesehen, von Azan abgeleitete Namen zu konstruieren.

[2]   Zulässig ist auch [2,2'-Iminodi(ethylamin)].

[3]   Zulässig ist auch [2,2',2''-Nitrilotri(ethylamin)].

[4]   Zulässig ist auch [N,N,N',N',N'',N''-Hexamethyl-2,2',2''-nitrilotri(ethylamin)].

[5]   Von den mit phosphin gebildeten Namen wird abgeraten; siehe Abschnitt 4.2, Fußnote 1.

Tabelle 3.6.5   In der Koordinationsnomenklatur verwendete Namen
organischer (und ähnlicher) Substituenten

Formel des Substituenten	Systematischer Name	Alternativer Name[a]
CH_3-	Methyl	
CH_3-CH_2-	Ethyl	
$CH_3-CH_2-CH_2-$	Propyl	
$(H_3C)_2CH-$	1-Methylethyl	Isopropyl
$CH_2=CH-CH_2-$	Prop-2-enyl	Allyl
$CH_3-CH_2-CH_2-CH_2-$	Butyl	
$(H_3C)_2CH-CH_2-$	2-Methylpropyl	Isobutyl
$CH_3-CH_2-CH(CH_3)-$	1-Methylpropyl	sec-Butyl
$CH_3-C(CH_3)_2-$	1,1-Dimethylethyl	tert-Butyl
Cyclopropyl-Ring	Cyclopropyl	
Cyclobutyl-Ring	Cyclobutyl	
Cyclopentyl-Ring	Cyclopentyl	

Fortsetzung Tab. 3.6.5

Formel des Substituenten	Systematischer Name	Alternativer Name[a]
C_5H_5-	Cyclopentadienyl	
C_6H_5-		Phenyl
$C_6H_5CH_2-$	Benzyl	
$C_{10}H_7-$	Naphthalen-1-yl oder -2-yl	1- oder 2-Naphthyl
C_9H_7-	1H-Indenyl	Indenyl
$C_{10}H_{17}-$	1,7,7-Trimethyl= bicyclo[2.2.1]= heptan-2-yl	Born-2-yl
$H_3C-C(O)-$	Acetyl	
H_3Si-	Silyl	
H_3Sn-	Stannyl	
H_3Ge-	Germyl	
$H_3C-\underset{\underset{CH_3}{\vert}}{\overset{\overset{CH_3}{\vert}}{C}}-CH_2-$	2,2-Dimethyl-propyl	Neopentyl
$H_3C-CH_2-C(O)-$	Propanoyl	Propionyl
$H_3C-CH_2-CH_2-C(O)-$	Butanoyl	Butyryl
$H_2C=$	Methylen	
$H_3C-CH=$	Ethyliden	
$H_3C-CH_2-CH=$	Propyliden	
$H_2C=CH-CH=$	Prop-2-enyliden	Allyliden
$\underset{H_3C}{\overset{H_3C}{{\Large>}}}C=$	1-Methylethyliden	Isopropyliden
Cyclopropyliden (Struktur)	Cyclopropyliden	
Cyclobutyliden (Struktur)	Cyclobutyliden	

Fortsetzung Tab. 3.6.5

Formel des Substituenten	Systematischer Name	Alternativer Name[a]
(Cyclopentadienyliden-Struktur)	Cyclopenta-2,4-dien-1-yliden	
$C_6H_5-CH=$	Benzyliden	
$HC\equiv$	Methylidin	
$H_3C-C\equiv$	Ethylidin	
$H_3C-CH_2-C\equiv$	Propylidin	
$C_6H_5-C\equiv$	Benzylidin	
$-CH_2-CH_2-$	Ethan-1,2-diyl	Ethylen
$-CH_2-CH_2-CH_2-$	Propan-1,3-diyl	Trimethylen
$-CH_2-CH_2-CH_2-CH_2-$	Butan-1,4-diyl	Tetramethylen
$H_2C=CH-$	Ethenyl	Vinyl
$-CH(CH_3)-CH_2-$	1-Methylethan-1,2-diyl	Propylen
$HC\equiv C-$	Ethinyl	

[a]   Die alternativen Namen werden normalerweise bevorzugt.

3.3.3.3.7 Verwendung von Abkürzungen für Ligandennamen

In der chemischen Literatur sind Abkürzungen üblich. Eine Zusammenstellung von Abkürzungen für Ligandennamen wird in Tabelle 3.6.6 gegeben. Bei deren Verwendung sollten die folgenden Empfehlungen beachtet werden. Man kann nicht voraussetzen, daß der Leser mit den Abkürzungen vertraut ist. Folglich sollten in jedem Text die verwendeten Abkürzungen erklärt werden. Abkürzungen sollten so kurz wie möglich sein und dürfen nicht zu Verwirrungen führen; z.B. sollten die allgemein anerkannten Abkürzungen für organische Gruppen (Me, Methyl; Et, Ethyl; Ph, Phenyl usw.) nicht in anderer Bedeutung verwendet werden. Die zweckmäßigsten Abkürzungen sind solche, die den Ligandennamen nahelegen, entweder, weil sie deutlich vom Ligandennamen abgeleitet sind oder weil sie einen systematischen Bezug zur Struktur haben. Die Rangfolge von Liganden-Abkürzungen in Formeln sollte den Vorschriften in Abschnitt 2.3.6.7.2 entsprechen. Für alle Abkürzungen werden Kleinbuchstaben empfohlen, ausgenommen sind bestimmte Kohlenwasserstoff-Reste. In Formeln sollten die Abkürzungen in runden Klammern stehen, wie in $[Co(en)_3]^{3+}$. In den Abkürzungen in Tabelle 3.6.6 werden die

Wasserstoffatome, die durch ein Metallatom ersetzt werden können, mit dem Symbol H angezeigt. Demnach bildet das Molekül Hacac einen anionischen Liganden mit der Abkürzung acac.

Tabelle 3.6.6   Abkürzungen für Liganden und ligandenbildende Verbindungen

Abkürzung	Gebräuchlicher Name	Systematischer Name
Diketone		
Hacac	Acetylaceton	Pentan-2,4-dion
Hhfa	Hexafluoracetylaceton	1,1,1,5,5,5-Hexafluorpentan-2,4-dion
Hba	Benzoylaceton	1-Phenylbutan-1,3-dion
Hfod	1,1,1,2,2,3,3-Heptafluor-7,7-dimethyloctan-4,6-dion	6,6,7,7,8,8,8-Heptafluor-2,2-dimethyloctan-3,5-dion
Hfta	Trifluoracetylaceton	1,1,1-Trifluorpentan-2,4-dion
Hdbm	Dibenzoylmethan	1,3-Diphenylpropan-1,3-dion
Hdpm	Dipivaloylmethan	2,2,6,6-Tetramethylheptan-3,5-dion
Aminoalkohole		
Hea	Ethanolamin	2-Aminoethanol
H_3tea	Triethanolamin	2,2',2''-Nitrilotriethanol
H_2dea	Diethanolamin	2,2'-Iminodiethanol
Kohlenwasserstoffe		
cod	Cyclooctadien	Cycloocta-1,5-dien
cot	Cyclooctatetraen	Cycloocta-1,3,5,7-tetraen
Cp	Cyclopentadienyl	Cyclopentadienyl
Cy	Cyclohexyl	Cyclohexyl
Ac	Acetyl	Acetyl
Bu	Butyl	Butyl
Bzl	Benzyl	Benzyl
Et	Ethyl	Ethyl
Me	Methyl	Methyl
nbd	Norbornadien	Bicyclo[2.2.1]hepta-2,5-dien
Ph	Phenyl	Phenyl
Pr	Propyl	Propyl
Heterocyclen		
py	Pyridin	Pyridin
thf	Tetrahydrofuran	Tetrahydrofuran
Hpz	Pyrazol	1*H*-Pyrazol

Fortsetzung Tab. 3.6.6

Abkürzung	Gebräuchlicher Name	Systematischer Name
Heterocyclen (Fortsetzung)		
Him	Imidazol	1*H*-Imidazol
terpy	2,2',2''-Terpyridin	2,2':6',2''-Terpyridin
picolin(e)	α-Picolin	2-Methyl-pyridin
Hbpz$_4$	Hydrogen-tetra=(pyrazol-1-yl)borat(1–)	Hydrogentetrakis=(1*H*-pyrazolato-*N*)borat(1–)
isn	Isonicotinamid	Pyridin-4-carbamid
nia	Nicotinamid	Pyridin-3-carbamid
pip	Piperidin	Piperidin
lut	Lutidin	2,6-Dimethylpyridin
Hbim	Benzimidazol	1*H*-Benzimidazol
Chelatbildende und andere Liganden		
H$_4$edta	Ethylendiamin=tetraessigsäure	(Ethan-1,2-diyldinitrilo)=tetraessigsäure
H$_5$dtpa	*N,N,N',N'',N''*-Diethylen=triaminpentaessigsäure	{[(Carboxymethyl)imino]=bis(ethylennitrilo)}=tetraessigsäure
H$_3$nta	Nitrilotriessigsäure	
H$_4$cdta	*trans*-Cylohexan-1,2-diamintetraessigsäure	*trans*-(Cyclohexan-1,2-diyl=dinitrilo)tetraessigsäure
H$_2$ida	Iminodiessigsäure	
dien	Diethylentriamin	*N*-(2-Aminoethyl)ethan-1,2-diamin(1)
en	Ethylendiamin	Ethan-1,2-diamin
pn	Propylendiamin	Propan-1,2-diamin
tmen	*N,N,N',N'*-Tetramethyl=ethylendiamin	*N,N,N',N'*-Tetramethylethan-1,2-diamin
tn	Trimethylendiamin	Propan-1,3-diamin
tren	Tris(2-aminoethyl)amin	Tris(2-aminoethyl)amin[2]
trien	Triethylentetramin	*N,N'*-Bis(2-aminoethyl)ethan-1,2-diamin
chxn	1,2-Diaminocyclohexan	Cyclohexan-1,2-diamin
hmta	Hexamethylentetramin	1,3,5,7-Tetraaza=tricyclo[3.3.1.13,7]decan
Hthsc	Thiosemicarbazid	Hydrazincarbothioamid@
depe	1,2-Bis(diethyl=phosphano)ethan	Ethan-1,2-diyl=bis(diethylphosphan)
diars	*o*-Phenylenbis=(dimethylarsan)	1,2-Phenylenbis=(dimethylarsan)

Fortsetzung Tab. 3.6.6

Abkürzung	Gebräuchlicher Name	Systematischer Name
Chelatbildende und andere Liganden (Fortsetzung)		
dppe	1,2-Bis(diphenyl= phosphano)ethan[3]	Ethan-1,2-diylbis= (diphenylphosphan)
diop	2,3-*O*-Isopropyliden-2,3-dihydroxy-1,4-bis(diphenyl= phosphano)butan[3]	3,4-Bis[(diphenylphosphano)= methyl]-2,2-dimethyl-1,3-dioxolan[4]
triphos		{2-[(Diphenylphosphano)= methyl]-2-methylpropan-1,3-diyl}bis(diphenylphosphan)
hmpa	Hexamethylphosphor= säuretriamid	Hexamethylphosphorsäure= triamid
bpy	2,2'-Bipyridin	2,2'-Bipyridin
H_2dmg	Dimethylglyoxim	Butan-2,3-diondioxim
dmso	Dimethylsulfoxid	Sulfinyldimethan
phen	1,10-Phenanthrolin	1,10-Phenanthrolin
tu	Thioharnstoff	Thioharnstoff
Hbig	Biguanid	Imidodicarbonimidsäure= diamid[5]
HEt$_2$dtc	Diethyldithiocarbamidsäure	Diethylcarbamodithiosäure
H_2mnt	Maleonitrildithiol	*cis*-2,3-Dimercaptobut-2-endinitril[6]
tcne	Tetracyanoethylen	Ethylentetracarbonitril
tcnq	Tetracyanochinodimethan	2,2'-(Cyclohexa-2,5-dien-1,4-diyliden)bis(propan-1,3-dinitril)
dabco	Triethylendiamin	1,4-Diazabicyclo[2.2.2]octan
2,3,2-tet	1,4,8,11-Tetraazaundecan	*N,N'*-Bis(2-aminoethyl)= propan-1,3-diamin
3,3,3-tet	1,5,9,13-Tetraazatridecan	*N,N'*-Bis(3-aminopropyl)= propan-1,3-diamin
ur	Harnstoff	Harnstoff
dmf	Dimethylformamid	*N,N*-Dimethylformamid
Schiffsche Basen		
H_2salen	Bis(salicyliden)ethylen= diamin	2,2'-[Ethan-1,2-diylbis(nitrilo= methylidin)]diphenol
H_2acacen	Bis(acetylaceton)ethylen= diamin	4,4'-(Ethan-1,2-diyldinitrilo)= bis(pentan-2-on)

Fortsetzung Tab. 3.6.6

Abkürzung	Gebräuchlicher Name	Systematischer Name
Schiffsche Basen (Fortsetzung)		
H_2salgly	Salicylidenglycin	*N*-[(2-Hydroxyphenyl)= methylen]glycin
H_2saltn	Bis(salicyliden)- 1,3-diaminopropan	2,2'-[Propan-1,3-diylbis= (nitrilomethylidin)]diphenol
H_2saldien	Bis(salicyliden)diethylen= triamin	2,2'-[Iminobis(ethan-1,2-diyl= nitrilomethylidin)]diphenol
H_2tsalen	Bis(2-mercaptobenzyl= iden)ethylendiamin	2,2'-[Ethan-1,2-diylbis(nitrilo= methyliden)]dibenzenthiol oder ...benzolthiol
Makrocyclen		
18-krone-6	1,4,7,10,13,16-Hexaoxa= cyclooctadecan	1,4,7,10,13,16-Hexa= oxacyclooctadecan
benzo-15- krone-5	2,3-Benzo-1,4,7,10,13- pentaoxacyclo= pentadec-2-en	2,3,5,6,8,9,11,12-Octahydro- 1,4,7,10,13-benzopenta= oxacyclopentadecen
cryptand 222	4,7,13,16,21,24-Hexaoxa- 1,10-diazabicyclo= [8.8.8]hexacosan	4,7,13,16,21,24-Hexaoxa- 1,10-diazabicyclo= [8.8.8]hexacosan
cryptand 211	4,7,13,18-Tetraoxa-1,10- diazabicyclo[8.5.5]icosan	4,7,13,18-Tetraoxa-1,10-diaza= bicyclo[8.5.5]icosan
[12]aneS_4	1,4,7,10-Tetrathia= cyclododecan	1,4,7,10-Tetrathia= cyclododecan
H_2pc	Phthalocyanin	Phthalocyanin
H_2tpp	Tetraphenylporphyrin	5,10,15,20-Tetraphenyl= porphyrin
H_2oep	Octaethylporphyrin	2,3,7,8,12,13,17,18- Octaethylporphyrin
ppIX	Protoporphyrin IX	3,7,12,17-Tetramethyl- 8,13-divinylporphyrin- 2,18-dipropansäure
[18]aneP_4O_2	1,10-Dioxa-4,7,13,16-tetra= phosphacyclooctadecan	1,10-Dioxa-4,7,13,16-tetra= phosphacyclooctadecan
[14]aneN_4	1,4,8,11-Tetraaza= cyclotetradecan	1,4,8,11-Tetraaza= cyclotetradecan
[14]1,3- dieneN_4	1,4,8,11-Tetraaza= cyclotetradeca-1,3-dien	1,4,8,11-Tetraaza= cyclotetradeca-1,3-dien

Fortsetzung Tab. 3.6.6

Abkürzung	Gebräuchlicher Name	Systematischer Name
Makrocyclen (Fortsetzung)		
Me$_4$[14]= aneN$_4$	2,3,9,10-Tetramethyl- 1,4,8,11-tetraaza= cyclotetradecan	2,3,9,10-Tetramethyl- 1,4,8,11-tetraaza= cyclotetradecan
cyclam		1,4,8,11-Tetraaza= cyclotetradecan

[1] Siehe Anmerkung (2) in Tabelle 3.6.4.

[2] Siehe Anmerkung (3) in Tabelle 3.6.4.

[3] Siehe Anmerkung (5) in Tabelle 3.6.4.

[4] Korrekt ist 4,5-Bis[(diphenylphosphanyl)methyl]-2,2-dimethyl-1,3-dioxolan-4,5-diol.

[5] Leichter verständlich ist Iminobis(formimidamid).

[6] *cis* wurde der Vollständigkeit halber eingefügt.

[7] Zulässig ist auch (2-Hydroxybenzylidenamino)essigsäure.

3.3.3.3.8 Donoratomsymbol-Konvention

Das koordinierende Atom in einem ambidenten Liganden oder das spezielle koordinierende Atom in einem flexidenten[98] Liganden kann durch Angabe des kursiv geschriebenen Elementsymbols für das koordinierende Atom, verbunden durch einen Bindestrich, hinter dem Ligandennamen bezeichnet werden (siehe Abschnitt 4.3). So kann CN$^-$ entweder über C (Cyano-*C*) oder N (Cyano-*N*) und NO$_2^-$ über N (Nitro-*N*) oder O (Nitro-*O*) gebunden sein.

Bei gleichen Symbolen werden diese nach steigender Zahl an Apostrophen oder Hochzahlen (entsprechend der Numerierung der Liganden) geordnet[96]. Das Dithiooxalat-Anion kann über O oder S am Zentralatom haften. Die Koordinationsmöglichkeiten werden durch Dithiooxalato-*S,S'* bzw. Dithiooxalato-*O,O'* unterschieden.

Für mehrzähnige unsymmetrische Liganden werden die Symbole alphabetisch[97] genannt. Sind die koordinierenden Atome linear entlang einer Kette angeordnet, beginnt die Nennung am alphabetisch bevorzugten Kettenende.

---

[96] Die Konventionen der 1970er Regeln [37k] für die Ordnung der Symbole der koordinierenden Atome zur Bezeichnung der Position in Koordinationspolyedern sind komplex und wurden kaum angewendet. Dennoch kann das Prinzip nützlich sein.

[97] Die Konventionen der 1970er Regeln [37k] wenden die Rangfolge der Tabelle 2.7 an.

Beispiele (koordinierende Atome sind durch * markiert):
1. $H_2N^*\text{--}CH_2\text{--}CH_2\text{--}S^*\text{--}CH_3$ 2-(Methylthio)ethylamin-*N,S*

2.

$$\left[\; O{=}C{-}O \diagdown \underset{}{\overset{}{Pt}} \diagup O{-}C{=}O \;\right]$$

cis-Bis(glycinato-*N,O*)platin

Wenn eine so einfache Unterscheidung nicht möglich ist, wird das bevorzugte
koordinierende Atom nach den Regeln der organisch-chemischen Nomenklatur bestimmt. Beispiele siehe Abschnitt 2.4.4.2 – Arabische Ziffern (e).

Für unterschiedliche Formen existieren auch spezielle Namen: z.B. Cyanato
für Cyanato-*O* und Isocyanato für Cyanato-*N* oder Nitrito für Nitro-*O* und
Nitro für Nitro-*N*. Ein solches System läßt sich jedoch schwer verallgemeinern.

3.3.3.3.9 Kappa-Konvention

Mit zunehmender Komplexität des Ligandennamen nimmt die Anwendbarkeit vorstehender Methode (Donoratomsymbol-Konvention) ab, da das gleiche Elementsymbol als Lokant für einen organischen Substituenten im Liganden nötig ist. Solche Mißverständnisse werden durch die Kappa-Konvention vermieden. Danach
werden in der Nomenklatur mehrzähniger Chelatkomplexe die koordinierenden
Atome eines mehratomigen Liganden, die an einem Koordinationszentrum haften,
durch die kursiv geschriebenen Elementsymbole angegeben, denen der griechische
Buchstabe κ vorangestellt wird. Dieser Deskriptor steht hinter dem Namensteil (für
Funktion, Ring, Kette oder Substituent), in dem sich das koordinierende Atom befindet.

Einzähnige ambidente Liganden sind einfache Beispiele, wobei für diese Fälle
die Kappa-Konvention nicht unbedingt vorteilhafter ist als die Donoratomsymbol-
Konvention (Abschnitt 3.3.3.3.8). Stickstoffgebundenes NCS ist Thiocyanato-
κN, und schwefelgebundenes NCS ist Thiocyanato-*κS*. Stickstoffgebundenes
Nitrit wird Nitrito-*κN*, sauerstoffgebundenes Nitrit Nitrito-*κO* genannt; z.B.
$[O{=}N\text{--}O\text{--}Co(NH_3)_5]^{2+}$ ist ein Pentaamminnitrito-*κO*-cobalt(III)-Ion. Bei zwei
oder mehr derartigen koordinierenden Gruppen erhält κ einen Exponenten.
Beispiel:
1. $[NiBr_2\{(CH_3)_2P\text{--}CH_2\text{--}CH_2\text{--}P(CH_3)_2\}]$
   Dibromobis[ethan-1,2-diylbis(dimethylphosphan)-$\kappa^2 P$]nickel(II)

Koordinierende Atome in charakteristischen Gruppen, Ketten, Ringen und
Substituenten, in denen es weitere Donoratome gibt, werden eindeutig durch hochgestellte Zahlen, Buchstaben oder Strichindizes am Elementsymbol bezeichnet.

Diese Exponenten geben die Position des koordinierenden Atoms in der
charakteristischen Gruppe, der Kette, dem Ring oder dem Substituenten an. Das
folgende Beispiel zeigt das Ergebnis der Insertion von Nickel in eine C–H-
Bindung. Der rechte Exponent am kursiv geschriebenen Donoratomsymbol
bezeichnet den Lokanten des Kohlenstoffatoms.
Beispiel:
  2.

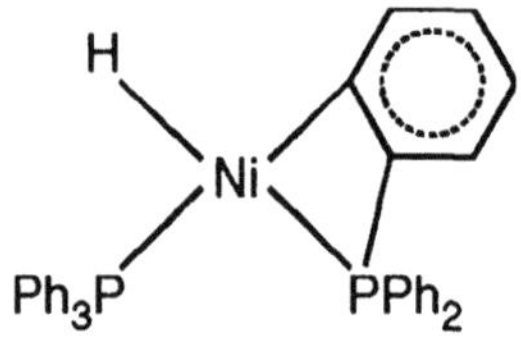

[2-(Diphenylphosphanyl-κP)phenyl-
κC^1]hydrido(triphenylphosphan-
κP)nickel(II)

Bei mehrzähnigen Liganden wird die Zahl der gleichartig gebundenen Ligan-
denatome im flexidenten[98] Liganden
  – durch Anfügen eines Exponenten rechts am Symbol κ, oder
  – durch vervielfachende Präfixe wie Bis zusammen mit dem κ-Lokanten-Index
angegeben. In den Beispielen 3 und 4 dient die Chelatbildung mit dem linearen
Tetraamin-Liganden *N,N'*-Bis(2-aminoethyl)ethan-1,2-diamin zur Veranschaulichung dieser Regeln; der Ligand ist dreizähnig gebunden.
Beispiele:
  3.

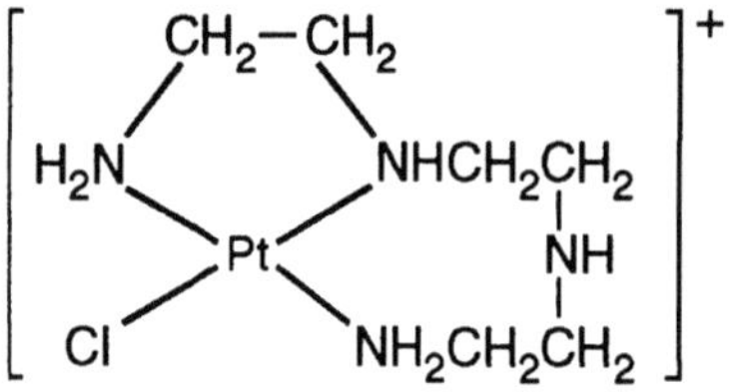

[*N,N'*-Bis(2-amino-κN-ethyl)ethan-1,2-diamin-κN]chloroplatin(II)

---

98) Ein Chelatligand, der in der Lage ist, mit mehr als einem Satz von Donoratomen zu
    koordinieren, wird als *flexident* beschrieben [85].

4.

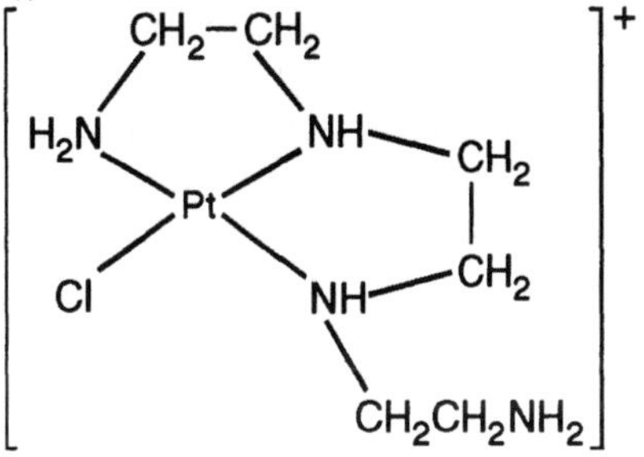

[*N*-(2-Amino-κN-ethyl)-*N'*-
(2-amino-ethyl)ethan-1,2-diamin-
$\kappa^2 N,N'$]chloroplatin(II)

In Beispiel 3 wird die Koordination über die beiden endständigen primären Aminogruppen des Liganden durch die Anordnung des κ-Lokanten-Indexes nach dem Namen des Substituenten und dessen Verdopplung durch das Präfix **Bis** vor dem Teilnamen (2-Amino-κN-ethyl) angezeigt. Der einfache Index κN nach Ethan-1,2-diamin gibt eindeutig die Bindung von nur einer der beiden äquivalenten sekundären Aminogruppen an. In Beispiel 4 ist nur eine der primären Aminogruppen koordiniert. Dies wird durch den Verzicht auf das Präfix **Bis** sowie die Wiederholung von (2-aminoethyl), aber Einfügen des κ-Indexes nur in die erste Gruppe (2-amino-κN-ethyl) ausgedrückt. Die Einbeziehung beider sekundärer Aminogruppen in die Chelatbildung wird durch den Index $\kappa^2 N,N'$ angegeben.

Bei unsymmetrischen zweikernigen Koordinationsverbindungen wird der Name konstruiert, indem nacheinander aufgeführt werden:
- Ligandennamen,
- Bindestrich,
- die dem Zentralatom zugewiesene Nummer (siehe Abschnitt 4.3),
- der kleine griechische Buchstabe κ mit einem Exponenten, der die Anzahl der Liganden angibt (die Zahl 1 für einen einzelnen Liganden wird weggelassen), und
- das kursivgeschriebene Symbol des Elements, über das der Ligand an das Zentralatom gebunden ist.

Diese Sequenz bildet den genauen Deskriptor für die Liganden und die Art ihrer Verknüpfung. Verschiedene Deskriptoren werden in alphabetischer Reihenfolge zitiert. Der Name endet mit den Namen der Zentralatome in alphabetischer Reihenfolge, denen sich ohne Zwischenraum in runden Klammern deren kursiv geschriebene Symbole, ebenfalls in alphabetischer Reihenfolge, verbunden durch einen langen Strich, anschließen.

Beispiele:

[Co(CO)$_4$Re(CO)$_5$]   Nonacarbonyl-1$\kappa^5 C$,2$\kappa^4 C$-cobaltrhenium(*Co—Re*)
[Li{(C$_6$H$_5$)$_3$Pb}]   Triphenyl-2$\kappa^3 C$-bleilithium(*Li—Pb*)

3.3.3.3.10 Hapto-Konvention

Die besondere Natur der Bindung von Kohlenwasserstoffen und anderen π-Elektronensystemen an Metalle und die komplizierte Struktur dieser Einheiten kann durch die herkömmliche Nomenklatur nicht wiedergegeben werden. Hier schafft die Hapto-Konvention [21] Abhilfe. Das Hapto-Symbol η mit dem numerischen Exponenten liefert eine topologische Beschreibung durch Angabe der Bindigkeit, die der Ligand gegenüber dem Zentralatom betätigt.

Der Name wird konstruiert, indem nacheinander aufgeführt werden:

– Ligandennamen,

– das Hapto-Symbol vor dem Ligandennamen oder dem Teil des Ligandennamens, dessen Bindigkeit angegeben werden soll, mit einem Exponenten, der die Zahl der koordinierenden Atome im Liganden angibt.

Reicht der Exponent zur Spezifizierung der Struktur nicht aus, werden die Lokanten der koordinierenden Atome vor η angeordnet; der Exponent ist dann überflüssig.

Beispiele:

1. $[Fe(CO)_3(C_4H_6SO)]$
   Tricarbonyl(η^2-2,5-dihydrothiophen-1-oxid-κO)eisen

2.

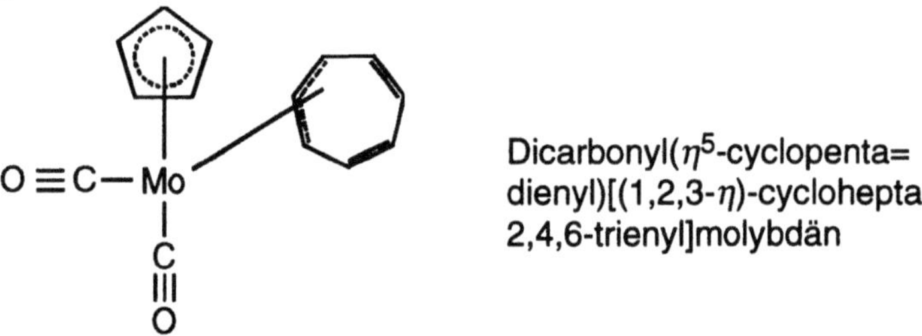

Dicarbonyl(η^5-cyclopenta=
dienyl)[(1,2,3-η)-cyclohepta-
2,4,6-trienyl]molybdän

3.3.3.3.11 Brückenliganden

In mehrkernigen Komplexen können die Zentralatomen durch Liganden verbrückt sein. Ein solcher Brückenligand wird durch das Symbol μ vor dem Ligandennamen gekennzeichnet. Mehrfaches Vorkommen wird durch das entsprechende vervielfachende Präfix angegeben. Ein Index am μ nennt die Anzahl der durch den Brückenliganden verbundenen Koordinationszentren; auf den Index 2 wird üblicherweise verzichtet. Mehrfachbrücken werden im Namen nach abnehmenden Indizes geordnet, z.B. μ_3-Oxo-di-μ-oxo-trioxo-.

4 Neutralmoleküle

4 Neutralmoleküle

4.1 Einleitung

Dieses Kapitel behandelt Neutralmoleküle mit kovalenten Zweizentrenbindungen sowie neutrale Koordinationsverbindungen und beschäftigt sich auch mit einigen Organometallverbindungen. Säuren und ihre Derivate werden in Abschnitt 5.5, neutrale Bor-Cluster werden in Kapitel 6 behandelt.

Für die Benennung von Molekülverbindungen muß das geeignete Nomenklatursystem gewählt werden. Bei einfachen Molekülen genügt in den meisten Fällen ein stöchiometrischer Name (siehe Kapitel 5). So sind Octacarbonyldicobalt und Tetraphosphordecaoxid eindeutige Beschreibungen; sie geben jedoch keine Auskunft über die Struktur. Für diesen Zweck eignen sich die Substitutionsnomenklatur (siehe Abschnitt 4.2) oder die Koordinationsnomenklatur (siehe Abschnitt 4.3).

Bei der Namenskonstruktion muß eine Vermischung von Substitutions- und Koordinationsnomenklatur vermieden werden. So dürfen Ligandennamen wie Disulfido-, Nitrito- und Arsenato- nicht in Namen verwendet werden, die sich von Hydridnamen („an-Namen") ableiten. Auch sollte man Substituentennamen wie Phosphanyl-, Acetyl- und Boryl- nicht als Namen anionischer Liganden verwenden, wenn der Name mit dem für ein Zentralatom endet (Koordinationsname). Es hat sich aber eingebürgert, daß Liganden, die sich von Elementen der Gruppe 14 ableiten, üblicherweise wie Substituenten benannt werden, z.B. Ethyl-, Benzyl-, Silyl-, Germyl-.

Methoden für die Benennung längerkettiger Systeme mit Repetiereinheiten und von verschiedenartigen Ringsystemen sind in *Nomenclature of Organic Chemistry*, Ausgabe von 1979 [49ee][49gg] zu finden; es handelt sich allerdings nur um vorläufige Empfehlungen.

Cluster mit vier und mehr Zentralatomen stellen ein gesondertes Problem dar, das hier nicht besprochen wird. Moleküle, die sowohl Ketten als auch Ringe enthalten, werden in Kapitel 9 behandelt; Verbindungen mit Vielzentrenbindungen, wie z.B. im tetrameren Methyllithium, sind teilweise in Abschnitt 4.3 zu finden.

4.2 Substitutionsnomenklatur

Unter *Substitutionsnomenklatur* wird ein normalerweise für die Benennung organischer Verbindungen verwendetes System verstanden, in dem die Namen auf dem Namen eines Stammhydrids basieren. Dieser endet für organische Hydride normalerweise auf -an, -en oder -in[1]. Für Hydride anderer Elemente als Kohlenstoff

---

[1] Im englischsprachigen Original der 1990er Regeln [45] ist neben den Endungen -ane, -ene

gilt jedoch stets die Endung -an (die auf -in endenden Beispiele in Fußnote a) zu Tabelle 4.2, Abschnitt 4.2.1.1, werden für die Benennung von Substitutionsprodukten nicht empfohlen)[2]. Bei Fehlen anderer Kennzeichnungen, z.B. des λ-Symbols, impliziert die Endung -an, daß die Zentralatome mit ihrer Standard-Bindungszahl (z.B. 3 für P; 4 für Si) vorkommen, und daß alle vom Skelett ausgehenden Valenzen durch eine entsprechende, aber nicht genannte Anzahl neutraler Wasserstoffatome abgesättigt sind.

Beispiele:

1. $H_3C-CH_2-CH_2-CH_2-CH_3$ Pentan
2. C_6H_6 Benzen oder Benzol
3. Si_2H_6 Disilan

Namen für Derivate werden aus den für die substituierenden Atome oder Atomgruppen geltenden Präfixen (mit vorangestellten Lokanten, falls erforderlich) und dem ohne Bindestrich[3] folgenden Namen des unsubstituierten Stammhydrids gebildet. Bei Kohlenstoff- und bei Siliciumverbindungen können charakteristische Gruppen statt dessen durch Suffixe bezeichnet werden.

Beispiele:

4. 1-Brom-pentan
5. Nitrobenzen oder Nitrobenzol
6. Hydroxystannan
7. Silanol

Diese Namen implizieren, daß die Anzahl der Wasserstoffatome in den Stammhydriden, z.B. in Pentan, Benzen, Cyclohexan, Stannan, Silan oder Cyclobutan, durch Substitution entsprechend verringert worden ist. Die einwertige NO_2-Gruppe ersetzt in Nitrobenzen, $C_6H_5NO_2$, ein Wasserstoffatom von Benzen. Entsprechend verhält es sich mit der Benzenpentacarbonsäure, $C_6H(COOH)_5$.

Wird diese Methode auf andere Elemente als Kohlenstoff angewendet, so muß die Bindungszahl der Skelettatome entweder durch Definition festgelegt sein (z.B. 4 für Si und Sn), oder, falls sie variabel ist, durch ein geeignetes Symbol (λ) angegeben werden (siehe Abschnitt 4.2.1.3). Von diesen Besonderheiten abgesehen, entspricht diese Methode dem in der organisch-chemischen Nomenklatur [49] [53a] verwendeten Verfahren und folgt den dort festgelegten Praktiken und Konventionen.

So haben z.B. Silan und Trisilan die Formeln SiH_4 bzw. $H_3Si-SiH_2-SiH_3$.

---

    und -yne noch die Endung -ine (wegen der traditionellen Namen phosphine, arsine usw.) aufgeführt. Zur Vermeidung von Mehrdeutigkeiten ist dies ein weiterer Grund dafür, künftig auf die traditionellen Namen Phosphin, Arsin usw. zu verzichten.

[2]   Siehe aber Abschnitte 4.2.2.6 und 4.2.2.8, in denen für ungesättigte Ketten und Ringe die Namen für die entsprechende gesättigte Verbindung durch die Endungen -en, -adien usw. modifiziert werden.

[3]   Wenn zur Lokalisierung der Substituenten Lokanten erforderlich sind, sollten vor dem Namen des Stammhydrids Bindestriche verwendet werden.

Die Namen für derartige Hydride, in denen einige oder alle Wasserstoffatome durch andere Atome oder Gruppen ersetzt sein können, werden im folgenden Abschnitt behandelt.

G) Namen für Neutralmoleküle (nichtionische Verbindungen)

G_1) $E_p E'_{p'}...E''_{p''}$[1] ist ein Hydrid bzw. ein Derivat davon

---

a) Hydrid ist einkernig

a_1) **E** ist ein Hydrid eines Elements der Gruppe 17:
– Benennung als pseudobinäre Verbindung nach Tafel II_1)
Beispiel: HCl   Hydrogenchlorid

a_2) – **E** ist das Hydrid eines Elements der Gruppe 14 bis 16 oder B mit Standard-Bindungszahl:
– Namen siehe Tabelle 4.2 [= Namenstamm für **E** (Anhang) + **an**]
Beispiel: H_2S Sulfan
Ausnahmen:
Erlaubte Trivialnamen: PH_3, Phosphin; AsH_3, Arsin; SbH_3, Stibin;
BiH_3, Bismutin; H_2O, Wasser; NH_3, Ammoniak.

a_3) – **E** ist das Hydrid eines Elements der Gruppe 14 bis 16 sowie B[2] mit Nichtstandard-Bindungszahl:
– Lambda-Zahl für **E** + - + Name nach a_2)
Beispiel: H_6S λ^6-Sulfan

b) Hydrid ist mehrkernig: E_p-$E'_{p'}$-...-E''
b_1) Homogene Ketten: $E = E' = ...E''$ ($p + p' + ... + p'' = p^*$)
b_1·) – **E** ist das Hydrid eines Elements der Gruppe 14 bis 16 oder B[2] (alle **E** mit Standard-Bindungszahl):
– Vervielfachendes Präfix für p^* + Name nach a_2)
Beispiel: HS–S–S–SH   Tetrasulfan
Ausnahme:
Erlaubter Trivialname: H_2N–NH_2 Hydrazin

b_1··) – **E** ist das Hydrid eines Elements der Gruppe 14 bis 16 oder B[2] (alle **E** mit gleicher Nichtstandard-Bindungszahl):
– Lokant für **E** + Lambda-Zahl für **E** + Lokant für **E'** + Lambda-Zahl für **E'**
+... + Lokant für **E''** + Lambda-Zahl für **E''** + - + Name nach b_1·)
Beispiel: H_5S–SH_4–SH_4–SH_5 $1\lambda^6,2\lambda^6,3\lambda^6,4\lambda^6$-Tetrasulfan
oder
b_1···)
– (Lambda-Zahl für $E)_{p^*}$ + - + Name nach b_1·)
Beispiel: H_5S–SH_4–SH_4–SH_5 $(\lambda^6)_4$-Tetrasulfan

b$_2$) Inhomogene Ketten: **E$_p$-E'$_{p'}$-...-E''$_{p''}$**

b$_2$') − **E = E'=...** **E''** ist das Hydrid eines Elements der Gruppe 14 bis 16 oder B[2)], davon einige oder alle Elemente (**E***) mit Nichtstandard-Bindungszahl:

− Lokant für **E*** + Lambda-Zahl für **E*** + , + Lokant für **E*'**
   + Lambda-Zahl für **E*'** + , + Lokant für **E*''** + Lambda-Zahl für **E*''** + , +
   ... + - + Name nach **b$_1$')**

Beispiel: HS–SH$_2$–SH$_4$–SH$_4$–SH $2\lambda^6,3\lambda^6,4\lambda^4$-Pentasulfan

b$_2$'') − **E$_p$ ≠ E'$_{p'}$ ≠... ≠E''$_{p''}$** ist das Hydrid von Elementen der Gruppe 14 bis 16 oder B mit Standard-Bindungszahl:

− Lokant(en) für **E** + - + ggf. vervielfachendes Präfix für **p** + a-Term für **E**
   + - + Lokant(en) für **E'** + - + ggf. vervielfachendes Präfix für **p'** + a-Term für
   E' + ...
   + - + Lokant(en) für **E''** + - + ggf. vervielfachendes Präfix für **p''** + a-Term
   für **E''** + **an**

Beispiel: HS–NH–S–SH   1,2,4-Trithia-3-azan

b$_2$''') − **E$_p$ ≠ E'$_{p'}$ ≠... ≠E''$_{p''}$** ist das Hydrid von Elementen der Gruppen 14 bis 16 oder B[2)], davon einige oder alle Elemente (**E***) mit Nichtstandard-Bindungszahl:

− Lokant für **E*** + Lambda-Zahl für **E*** + , + Lokant für **E*'** + Lambda-Zahl für
   E*' + , + ... + , + Lokant für **E*''** + Lambda-Zahl für **E*''** + - + Lokant(en)
   für **E** + ggf. vervielfachendes Präfix für **p** + a-Term für **E** + - + Lokant(en) für
   E' + ggf. vervielfachendes Präfix für **p'** + a-Term für **E'** + ... + - + Lokant(en)
   für **E''** + ggf. vervielfachendes Präfix für **p''** + a-Term für **E''** + **an**

Beispiel: H$_5$S–SH$_4$–NH–SH$_4$–SH $2\lambda^6,4\lambda^6,5\lambda^6$-1,2,4,5-Tetrathia-3-azan

b$_3$) Ketten aus Repetiereinheiten: **(EE')$_n$E**

− Vervielfachendes Präfix für (**n** + 1) + Name für **(EE')**

Beispiel: H$_3$Si–S–SiH$_2$–S–SiH$_2$–S–SiH$_3$ Tetrasilathian

b$_4$) Monocyclische Verbindungen: **E$_p$-E'$_{p'}$-...E''$_{p''}$**

b$_4$') Hydridnomenklatur

− **Cyclo** + Name nach **b$_1$)** bis **b$_3$)**

Beispiele

HN–N=N–N, HN——NH (ring)   Cyclopentaazen

HB–S–BH, S–B–S ring with B–H   Cyclotriborathian

b$_4$'') Hantzsch-Widman-Nomenklatur

− Lokanten für **E E', ... ,E''**[3)] + a-Term für **E** + a-Term für **E'** + ... + a-
   Term für **E''** + Endung für Ringgröße und Sättigungsgrad nach Tabelle 4.3.

Beispiel:

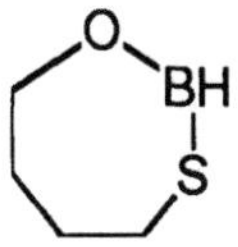

1,3,2-Oxathiaborepin

b$_5$) Polycyclische Verbindungen
b$_{5'}$) Austauschnomenklatur:
– Lokant(en) + ggf. vervielfachendes Präfix für **p** + a-Term für **E** + Lokant(en)
   + ggf. vervielfachendes Präfix für **p'** + a-Term für **E'** + ... + Lokant(en) +
   ggf. vervielfachendes Präfix für **p"** + a-Term für **E"** + Name des
   Carbocyclus
Beispiel:

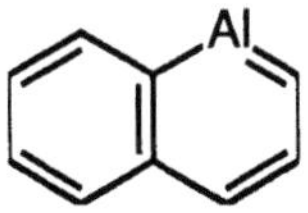

1-Aluminanaphthalen

b$_{5''}$) Cyclen aus Repetiereinheiten: **(EE')$_n$**:
– BAEYER-Term für Anzahl und Größe der Einzelringe + vervielfachendes
   Präfix für die **n** + a-Terme **EE'** + **an**
Beispiel:

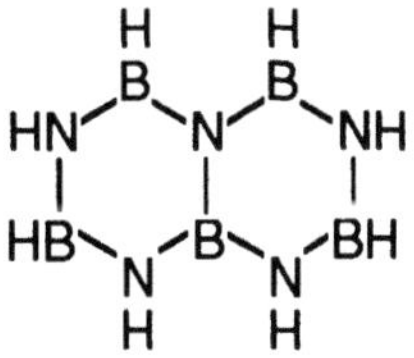

Bicyclo[4.4.0]pentaborazan

b₅‴) Anellierungsnomenklatur:
Beispiel:

3*H*-[1,3]Selenazolo[4,5-*c*]=
[1,2,5]thiazaphosphinin

b₅‴‴) HANTZSCH-WIDMAN-Nomenklatur
Beispiel:

2,1,3-Benzothiazastannol

1)   Die von **E** ausgehenden Bindungen sind durch Wasserstoffatome bzw. Substituenten gesättigt

2)   Diese Elementfolge kann auf Halogene ausgedehnt werden.

3)   Die Reihenfolge der Lokanten richtet sich nach der Reihenfolge der a-Terme.

4.2.1   Hydridnamen

4.2.1.1   Namen einkerniger Hydride

Die Substitutionsnomenklatur ist gewöhnlich auf Hydride folgender Zentralatome begrenzt: B, C, Si, Ge, Sn, Pb, N, P, As, Sb, Bi, O, S, Se, Te, Po, wie es das eingerahmte Feld im Ausschnitt des Periodensystems in Tabelle 4.1 zeigt. Diese Elementfolge kann in der Praxis auch auf bestimmte Halogenderivate, insbesondere auf Iodderivate ausgedehnt werden.

Die Namen der in diesem Nomenklatursystem verwendeten einkernigen Hydride sind in Tabelle 4.2 zusammengestellt.

Bei Fehlen eines λ-Symbols gibt die Endung -an an, daß das Skelettatom in seiner Standardbindungszahl vorliegt, nämlich 3 für Bor[4], 4 für die Elemente der Gruppe 14, 3 für die Elemente der Gruppe 15 und 2 für die Elemente der Gruppe 16[5]. In Fällen, in denen die Bindungszahlen von den vorstehend genannten abweichen, müssen diese im Hydridnamen als Exponent am griechischen Buchstaben λ (Lambda-Konvention, siehe Abschnitt 4.2.1.3) angezeigt werden; dieses Symbol wird vom Namen nach Tabelle 4.2 durch einen Bindestrich getrennt.

---

[4]   Dieses Konzept eignet sich nicht für die Benennung von Hydriden von Polybor-Clustern (siehe Kapitel 6), obwohl die Endung -an dort in ähnlicher Weise verwendet wird.

[5]   Für Elemente der Gruppe 17 gilt die Standard-Bindungszahl 1.

Beispiele:
1. PH_5 λ^5-Phosphan
2. SH_6 λ^6-Sulfan

Die Verwendung von λ ist auf die **an**-Namen in Tabelle 4.2 beschränkt. Sie ist für Synonyme dieser Namen nicht erlaubt.

Tabelle 4.1   Stammhydrid-Elemente

Gruppe 13	Gruppe 14	Gruppe 15	Gruppe 16	Gruppe 17	Gruppe 18
B	C	N	O	F	Ne
Al	Si	P	S	Cl	Ar
Ga	Ge	As	Se	Br	Kr
In	Sn	Sb	Te	I	Xe
Te	Pb	Bi	Po	At	Rn

Tabelle 4.2   Einkernige Stammhydride[a]

BH_3	Boran	NH_3	Azan[b]	OH_2	Oxidan[b) c]
SiH_4	Silan	PH_3	Phosphan[d]	SH_2	Sulfan[e]
GeH_4	German[f]	AsH_3	Arsan[d]	SeH_2	Selan[c]
SnH_4	Stannan	SbH_3	Stiban[d]	TeH_2	Tellan[c]
PbH_4	Plumban	BiH_3	Bismutan[c]	PoH_2	Polan[c]

[a]   Die übliche Elementfolge in den Formeln H_2O, H_2S, H_2Se, H_2Te und H_2Po wurde der Vergleichbarkeit halber umgedreht.

[b]   Die systematischen Namen für Ammoniak, NH_3, und Wasser, H_2O, sind in der Substitutionsnomenklatur **Azan** bzw. **Oxidan**. Diese werden normalerweise nicht verwendet, stehen aber zur Verfügung, falls sie benötigt werden.

[c]   Namen, die auf Formen wie **Oxan**, **Selenan**, **Telluran**, **Polanan** (für Po existiert noch kein HANTZSCH-WIDMAN-Präfix) und **Bisman** basieren, können nicht verwendet werden, da sie nach dem HANTZSCH-WIDMAN-System (siehe Abschnitt 4.2.2.8.2) als Namen für gesättigte sechsgliedrige heteromonocyclische Ringe verwendet werden.

[d]   Die Namen **Phosphin**, **Arsin** und **Stibin** können für die unsubstituierten einkernigen Hydride beibehalten werden, ebenso für die Bezeichnung davon abgeleiteter Liganden und bestimmter Substituenten. Sie werden aber für die Benennung von Substitutionsprodukten nicht empfohlen.

[e]   Unsubstituiertes **Sulfan** wird gewöhnlich **Hydrogensulfid** genannt.

[f]   Dieser Name ist systematisch vom a-Term für das Element **Ge** abgeleitet. Somit trifft der in der Ausgabe von 1990 der *IUPAC Nomenclature of Inorganic Chemistry* [45] in Fußnote b) zu Tabelle I-7.2 gebrachte Hinweis nicht zu. Der HANTZSCH-WIDMAN-Name für den gesättigten Sechsring lautet **Germinan**.

Für einkernige Stammhydride von Elementen mit einer anderen als der Standardbindungszahl wurden auch andere Stammnamen, Endungen und Endungen zusammen mit Präfixen verwendet, z.B. Phosphoran, Arsoran, Sulfuran und Persulfuran. Obwohl diese Möglichkeit gewisse Bequemlichkeiten bietet, ist sie nicht allgemein anwendbar. Sie erlaubt keine Erweiterung, führt zu mehrdeutigen Namen und wird aus diesem Grunde nicht empfohlen[6]. Deshalb wird die Lambda-Konvention [50] für die Benennung von „Nichtstandard"-Stammhydriden bevorzugt.

Der Hauptvorteil der an-Namen nach Tabelle 4.2 liegt darin, daß sie sich zur Benennung von mehrkernigen Hydriden, Substitutionsprodukten und Substituenten eignen. Nach der organisch-chemischen Nomenklatur werden organische Derivate von H_2S und H_2Se gewöhnlich als Sulfide oder Thiole[7] bzw. Selenide oder Selenole[7] bezeichnet [49x][53a], während organische Derivate von NH_3 gewöhnlich Amine, Amide, Nitrile usw. genannt werden [49r][49s][49t][53a].
Beispiele:

3. C_6H_5–S–C_6H_5 Diphenylsulfid oder Diphenylsulfan
4. CH_3–CH_2–SeH   Ethylselan[7]
5. $(BrCH_2)_3N$ Tris(brommethyl)amin oder Tris(brommethyl)azan

4.2.1.2 Namen linearer mehrkerniger Hydride, die nur Elemente mit Standard-Bindungszahl enthalten

Allgemein können die Namen für lineare homogene und heterogene mehrkernige Hydride nach der erweiterten Austauschnomenklatur [49q][49dd] durch Nennen
– der a-Terme für die Atome in der Kette,
  – beginnend an dem Kettenende mit dem vorrangigen Atom oder dem folgenden, zuerst auftretenden vorrangigen Atom (Abschnitt 2.5.3.2),
  – in der Reihenfolge ihres Auftretens mit den evtl. nötigen vervielfachenden Präfixes (Di-, Tri-, Tetra- usw.),
  – unter Weglassen des Buchstabens a vor Vokalen (einschließlich der Endungen -an, -en, -in)
– und den Endungen -an, -en und/oder -in
gebildet werden. Borhydride (siehe Kapitel 6) bilden die Ausnahme.
Beispiele:

1. H_2P–PH_2 Diphosphan
2. HSe–Se–SeH   Triselan
3. H_2N–N=N–NH–NH_2 Pentaaz-2-en
4. H_3Si–S–SiH_2–NH–NH–SiH_3 2-Thia-4,5-diaza-1,3,6-trisilan

Die Namen Azan (für NH_3, bekannt als Ammoniak, nach einer der traditionel-

---

[6]   Siehe aber Abschnitt 3.3.3.2.2, Fußnote 87.

[7]   Für den im englischsprachigen Original aufgeführten Namen Ethaneselenol gibt es keine deutsche Entsprechung; Selenol ist der HANTZSCH-WIDMAN-Name für den ungesättigten Fünfring mit einem Se-Atom. Gleiches gilt für Thiol. Im Deutschen sollten diese Suffixe mit Vorsicht gebraucht werden.

len Methoden zur Benennung seiner organischen Substitutionsprodukte zu Amin modifiziert), Diazan (für N_2H_4, allgemein als Hydrazin bekannt), Diazen (für HN=NH)[8], Triazan (für $H_2N-NH-NH_2$) usw. entsprechen diesen Regeln, wenn auch Triazan und Tetraazan in freiem Zustand nicht bekannt sind [9]. Es gibt davon aber Substitutionsprodukte (siehe Beispiel 4 in Abschnitt 4.2.2.3). Namen von Verbindungen, die die >N–N<-Einheit enthalten, werden ausführlicher in den Regeln der organisch-chemischen Nomenklatur [49cc] behandelt, die die Verwendung von Hydrazin als Stammnamen für die Benennung von Substitutionsprodukten einschließen. Diese Bezeichnungsweise ist – soweit praktikabel – eine Alternative zur Verwendung von Diazan[10].

Die Namen für ungesättigte Verbindungen können analog durch Anwendung der entsprechenden Regeln der organisch-chemischen Nomenklatur (siehe auch Abschnitt 4.2.2.6) gebildet werden.

4.2.1.3 Namen mehrkerniger Hydride, die auch oder nur Elemente mit Nichtstandard-Bindungszahlen enthalten (Lambda-Konvention)[11]

Weicht die Bindungszahl sonst gleicher Skelettatome von Hydridketten bei einem oder mehreren Atomen von dem Wert ab, der in Abschnitt 4.2.1.1 genannt ist, dann wird der Name des Hydrids so gebildet, als hätten alle Atome die Standard-Bindungszahl (Abschnitt 4.2.1.2); für jedes Atom mit Nichtstandard-Bindungszahl werden Lokanten vorangestellt, denen ohne Zwischenraum die Bezeichnung λ^n folgt, wobei n die zugehörige Bindungszahl ist. Die Anwendung der Lambda-Konvention [50] ist aus den Beispielen zu ersehen. Lokanten werden wie folgt zugeordnet:

Die **Numerierung von Stammhydriden** mit Heteroatomen in Nichtstandard-Bindigkeiten folgt – soweit möglich – den Regeln der Nomenklatur der organischen Chemie [49][53a] für die Numerierung von Heteroatomen. Wenn gleiche Skelettatome in unterschiedlichen Valenzzuständen vorliegen, so erhält das Atom in Nichtstandard-Bindigkeit den niedrigeren Lokanten. Wenn eine weitere Entscheidung zwischen gleichen Skelettatomen in zwei oder mehr Nichtstandard-Bindigkeiten notwendig wird, erfolgt die Zuordnung der niedrigeren Lokanten in der Reihenfolge abnehmender Werte der Bindungszahl; dementsprechend ist z.B. λ^6 gegenüber λ^4 bevorzugt.

---

[8] Für HN=NH wurden auch die Namen Diimid und Diimin verwendet; sie werden aber nicht empfohlen (siehe [42]).

[9] Nomenklaturregeln sind prinzipiell nicht an die Existenz von Verbindungen gebunden.

[10] Stickstoffhydride werden in *The Nomenclature of Hydrides of Nitrogen and Derived Cations, Anions, and Ligands* (*Recommendations* 1981) [42] behandelt und sollen im Teil 2 des *Red Book* [45] veröffentlicht werden.

[11] Borhydride werden in Kapitel 6 behandelt.

Beispiele:

1. $\overset{1}{H_5}S\text{-}\overset{2}{S}\text{-}\overset{3}{S}H_4\text{-}\overset{4}{S}H$ $1\lambda^6,3\lambda^6$-Tetrasulfan
                        (nicht $2\lambda^6,4\lambda^6$)

2. $\overset{1}{H}S\text{-}\overset{2}{S}H_4\text{-}\overset{3}{S}H_4\text{-}\overset{4}{S}H_2\text{-}\overset{5}{S}H$ $2\lambda^6,3\lambda^6,4\lambda^4$-Pentasulfan
                        (nicht $2\lambda^4,3\lambda^6,4\lambda^6$)

Wenn alle Skelettatome eines Stammhydrids die gleiche Nichtstandard-Bindungszahl haben, so kann auf die Wiederholung der Lambda-Symbole verzichtet werden, indem man die für die alternativen Namen in den Beispielen 3 und 4 angegebene Form wählt.

Beispiele:

3. $H_4P\text{-}PH_3\text{-}PH_3\text{-}PH_4$ $1\lambda^5,2\lambda^5,3\lambda^5,4\lambda^5$-Tetraphosphan
                        oder $(\lambda^5)_4$-Tetraphosphan

4. $HPb\text{-}Pb\text{-}PbH$ $1\lambda^2,2\lambda^2,3\lambda^2$-Triplumban
                        oder $(\lambda^2)_3$-Triplumban

4.2.2 Namen von Substitutionsprodukten der Hydride

4.2.2.1 Die Verwendung von Präfixen

Präfixe werden in Einklang mit der Substitutionsnomenklatur für organische Verbindungen verwendet. Gruppen, die formal Wasserstoffatome ersetzen, werden durch Präfixe für Substituenten (Amino-, Acetoxy-, Nitroso-, Fluor- usw.) und nicht für Liganden (Acetato-, Fluoro-) bezeichnet. Diese Unterscheidung ist allerdings nicht möglich, wenn die Namen der beiden Formen gleich sind. Wenn es mehrere Arten von Substituenten gibt, werden deren Präfixe alphabetisch vor dem Namen des Stammhydrids angeordnet. Klammern verwendet man zur Vermeidung von Mehrdeutigkeiten. Vervielfachende Präfixe zeigen das Vorhandensein von zwei oder mehr gleichen Gruppen an; sind die substituierenden Gruppen selbst substituiert, dann werden die Präfixe Bis-, Tris-, Tetrakis- usw. verwendet (siehe Tabelle 2.5).

4.2.2.2 Substituierte einkernige Hydride

Die folgenden Namen veranschaulichen die im vorstehenden Abschnitt (4.2.2.1) dargelegten Prinzipien.

Beispiele:

1. $PH_2(CH_2\text{-}CH_3)$ Ethylphosphan
2. $Te(O\text{-}CO\text{-}CH_3)_2$ Diacetoxytellan
3. $AsBr(CH_3)(O\text{-}CH_3)$ Brom(methoxy)(methyl)arsan[12]
4. $SiCl_3(O\text{-}CH_2\text{-}CH_2\text{-}CH_3)$ Trichlor(propoxy)silan[12]

---

[12] Um Mißverständnisse zu vermeiden, werden runde Klammern in der angegebenen Weise verwendet. So gibt die Klammer um Methyl- im Beispiel 3 an, daß diese Gruppe nicht durch davor genannte Gruppen (hier Br–) substituiert ist.

5. $GeH(S–CH_3)_3$ Tris(methylthio)german[13]
6. $Si(O–CH_2–CH_3)_4$ Tetraethoxysilan

Beispiel 6 kann auch als Derivat der **Monokieselsäure**, H_4SiO_4[14], und Beispiel 3 als ein **Arsinigsäureester** angesehen werden. Die Namen von **Oxosäure**derivaten werden in Abschnitt 5.5.3 ausführlich behandelt.

Wenn unter den Elementen in Tabelle 4.1 das **Zentralatom** gewählt werden muß, so wird der Name auf das einkernige **Stammhydrid** des jeweils zweckmäßigen **Skelettelements** bezogen[15]. Dieses Verfahren ist nicht auf solche Ketten anwendbar, die nicht als Derivate einkerniger **Hydride** angesehen werden können.
Beispiele:

7. $H_3C–PH–SiH_3$ (Methylphosphanyl)silan
          oder **Methyl(silyl)phosphan**
          oder (Silylphosphanyl)methan[16]

8. $Ge(C_6H_5)Cl_2(SiCl_3)$ Dichlor(phenyl)(trichlorsilyl)german
          oder **Trichlor[dichlor(phenyl)germyl]silan**

Wenn das **Zentralatom** eines **Hydrids**, das als Stamm angesehen wird, zugleich ein Atom einer charakteristischen Gruppe ist, wie sie in der organisch-chemischen Nomenklatur definiert ist (z.B. das O in –OH, das C in –COOH oder das S in $-SO_2OH$), so sollte der Name in Einklang mit den Regeln der organisch-chemischen Nomenklatur auf dem Stamm dieser charakteristischen Gruppe basieren. Andere anwesende Gruppen werden als Präfix genannt[17].
Beispiele:

9. $H_2As(CH_2)_4SO_2Cl$ 4-Arsanylbutan-1-sulfonylchlorid

---

[13] In *A Guide to IUPAC Nomenclature of Organic Chemistry* [53a] wird die Verwendung von Sulfanyl- statt Mercapto- bzw. Methylsulfanyl- statt Methylthio- usw. empfohlen.

[14] Der traditionelle Name Orthokieselsäure sollte nicht mehr verwendet, sondern durch Kieselsäure oder Monokieselsäure ersetzt werden.

[15] Diese Regel besagt nichts; sie muß künftig präzisiert werden, z.B. in Anlehnung an die Rangfolge der Elemente in Abschnitt 2.3.6.2 oder in Abschnitt 4.2.2.5.

[16] Phosphanyl-: $H_2P–$, Phosphandiyl-: HP< , Phosphanyliden-: HP= , und Phosphan= triyl-: –P< sind alle logisch von PH_3, Phosphan, abgeleitet. Die Verwendung des Namens Phosphin führt dagegen zu Phosphinyl-, Phosphindiyl- bzw. Phosphintriyl-. Dies kollidiert mit der weitverbreiteten Verwendung von „Phosphinyl-" für den Substituenten $H_2P(=O)–$, der häufig in Analogie zu bestimmten organischen Acyl-Gruppen auch mit Phosphinoyl- bezeichnet wird. Deshalb werden die auf Phosphan basierenden Namen empfohlen, da sie diese Verwechslungsgefahr vermeiden.

[17] Diese von Stammhydriden abgeleiteten Substituenten werden durch Ändern der Endung -an in -anyl- (oder -yl- für die von Elementen der Gruppe 14 abgeleiteten Hydride) für einwertige, -andiyl- für zweiwertige usw. Spezies benannt. Man kann Einelement-Substituenten aber auch durch Anfügen von -io- an den Stamm eines Elementnamens oder seiner lateinisierten Form benennen, z.B. Mercurio-, Ferrio- oder Zincio-. Diese Bezeichnungsweise wird gewählt, um eine Verknüpfung anzuzeigen, ohne sich bei der Bindigkeit festzulegen, obwohl sie oft aus dem Kontext hervorgeht. Zur Diskussion von Substituenten siehe auch Abschnitt 3.3.3.
Die in Abschnitt 3.3.3.2.4, Fußnote 91 formulierten Einschränkungen müssen beachtet werden.

10.

$$Cl_3Si\text{–}S\text{–}CH\text{–}CH\text{–}PO(OH)_2$$
$$\diagdown \diagup$$
$$CH_2$$

2-[(Trichlorsilyl)thio]cyclo= propylphosphonsäure[13]

4.2.2.3 Substitutionsprodukte unverzweigter gesättigter homogene Ketten

Für die Benennung von Substitutionsprodukten wird die Kette schrittweise von einem zum anderen Ende numeriert, die Substituenten werden alphabetisch in ihrer Präfix-Form vor dem nach Abschnitt 4.2.1.1 benannten Hydrid aufgeführt. Erforderlichenfalls werden vervielfachende Präfixe (ausgenommen Mono-) vorangestellt. Die Richtung der Numerierung wird nach den in Abschnitt 4.2.1.3 ausgeführten Kriterien festgelegt. Wenn es keine λ-Symbole gibt, ist die Richtung der Numerierung durch den niedrigsten Satz von Lokanten für die Substituenten bestimmt. Wenn nach Anwendung dieser Kriterien in der angegebenen Reihenfolge noch eine Wahl möglich ist, werden die niedrigsten Lokanten dem Substituenten zugewiesen, der im Namen zuerst genannt wird.

Beispiele:

1. $(C_2H_5)_3Pb\text{–}Pb(C_2H_5)_3$ — Hexaethyldiplumban
2. $(F_3C)HP\text{–}P(CF_3)\text{–}PH(CF_3)$ — 1,2,3-Tris(trifluormethyl)triphosphan
3. $H_3Ge\text{–}Ge\text{–}GeH_2\text{–}GeBr_3$ — 4,4,4-Tribrom-$2\lambda^2$-tetragerman

In Beispiel 3 wird die Reihenfolge durch das Lambda-Symbol bestimmt.

Beispiele:

4. $H_3C\text{–}NH\text{–}NH\text{–}NH\text{–}CH_2\text{–}CH_2\text{–}CH_3$ — 1-Methyl-3-propyltriazan
5. $C_3H_7\text{–}SnH_2\text{–}SnCl_2\text{–}SnH_2Br$ — 1-Brom-2,2-dichlor-3-propyltristannan

Im Beispiel 5 gilt der Lokanten-Satz 1,2,2,3 von jedem Ende, aber 1-Brom ist gegenüber 3-Brom bevorzugt.

4.2.2.4 Verzweigte gesättigte homogene Ketten

Der Name basiert auf der längsten unverzweigten Kette, die als Stammhydrid betrachtet wird; die kürzeren Ketten werden als Substituenten benannt. Wenn die längste Kette gefunden ist, wird sie so numeriert, daß sich für die Substituenten der niedrigste Satz von Lokanten ergibt[18].

---

[18] Eine gängige Methode für die Benennung von Hydriden der Gruppe 14 der allgemeinen Formel $E(EH_3)_4$ bedient sich des Präfixes Neo- (wie in Neopentan, $C(CH_3)_4$), z.B. Neo= pentagerman für $Ge(GeH_3)_4$; dies wird jedoch nicht empfohlen.
Vorrang bei der Vergabe des niedrigeren Lokanten hat die Hauptgruppe.

Beispiele:

1.

$$\begin{array}{ccccc} {}_1 & {}_2 & {}_5 & {}_6 & {}_7 \\ H_3Si\text{–}SiH_2 & SiH_2SiH_2SiH_3 \end{array}$$

HSi–SiH   4-Disilanyl-3-silylheptasilan[19]

H_3Si SiH_2SiH_3

2. $H_3C\text{–}Pb[Pb(CH_3)_3]_3$ 1,1,1,2,3,3,3-Heptamethyl-2-(trimethylplumbyl)triplumban

Wenn die Wahl der Hauptkette damit noch nicht zu entscheiden ist, wird nach der Nomenklatur der organischen Chemie [49k][53a] diejenige Kette als Basis für den Namen bevorzugt, die die größere Anzahl von als Präfixe zu nennende Substituenten trägt.

Beispiel:

3.

ClH_2Si SiH_2Cl

SiH–SiH$_2$–SiH   1,1,1,5,5-Pentachlor-2,4-

Cl_3Si $SiHCl_2$ bis(chlorsilyl)pentasilan

4.2.2.5 Ketten aus Repetiereinheiten[20]

Ketten, die abwechselnd aus den Elementen a und b bestehen und durch das Element a begrenzt sind, das in Tabelle 2.7 nach dem Element b aufgeführt ist, werden benannt durch:

(i) ein vervielfachendes Präfix (Tabelle 2.5) für die Anzahl der Atome des Kettenelements a; das endständige a des vervielfachenden Präfixes bleibt vor einem nachfolgenden Vokal erhalten.

(ii) die a-Terme der Elemente a und b der Kette in dieser Reihenfolge unter Weglassen des Buchstabens a vor Vokalen (einschließlich der Endungen -an, -en, -in).

(iii) die Endungen -an, -en bzw. -in.[21]

---

[19] Für einkernige Reste von Stammhydriden der Gruppe 14 gilt die Endung -yl-: Silyl-, Germyl-, Stannyl-, Plumbyl- (anstelle von Silanyl- usw.). Mehrkernige Reste enden auf -anyl- und lauten: Trisilanyl-, Tetragermanyl-, Distannanyl-, Hexaplumbanyl- usw.

[20] In *Nomenclature of Organic Chemistry*, Ausgabe von 1979, *Section* D [49ff] wird zwischen drei Arten von Ketten mit regelmäßig angeordneten Folgen von Heteroatomen unterschieden: 1. Ketten aus gleichartigen Heteroatomen, a_n; 2. Ketten aus alternierenden Heteroatomen, die durch zwei gleichartige Heteroatome begrenzt sind, $(ab)_n a$; 3. Ketten aus Repetiereinheiten $(ab)_n$, $(abc)_m$ usw. Dabei kann die hier formulierte Regel – sie entspricht Punkt 2 – als Sonderfall der unter Punkt 3 formulierten angesehen werden, die auch Repetiereinheiten aus mehr als zwei Atomarten erfaßt.

[21] Damit können auch ungesättigte Ketten erfaßt werden.

Jede andere gebundene Einheit wird vor dem nach (i), (ii) und (iii) gebildeten Namen als Präfix zitiert, versehen mit entsprechenden Lokanten. Dazu wird die Kette, wie in Abschnitt 4.2.1.3 beschrieben, durchgehend von einem zum anderen Ende numeriert. Wenn verschiedene Numerierungen möglich sind, werden Beginn und Richtung der Numerierung so gewählt, daß sich für die Substituenten der niedrigste Satz von Lokanten ergibt.

Beispiele:

1. $H_3Sn\text{–}O\text{–}SnH_2\text{–}O\text{–}SnH_2\text{–}O\text{–}SnH_3$ — Tetrastannoxan
2. $HSnCl_2\text{–}O\text{–}SnH_2\text{–}O\text{–}SnH_2\text{–}O\text{–}SnH_2Cl$ — 1,1,7-Trichlor-tetrastannoxan
3. $H_3Si\text{–}GeH_2\text{–}SiH_2\text{–}GeH_3$ — 1-Silyl-digermasilan
4. $H_2N\text{–}PH\text{–}NH\text{–}PH\text{–}NH\text{–}PH\text{–}NH_2$ — 1,5-Diamino-triphosphazan
5. $H_2P\text{–}NH\text{–}PH\text{–}NH\text{–}P{=}N\text{–}PH_2$ — Tetraphosphaz-2-en

4.2.2.6 Ungesättigte Ketten

Derartige Verbindungen werden nach der Substitutionsnomenklatur benannt, indem der Name des entsprechenden gesättigten kettenförmigen Hydrids durch Ersatz der Endung -an durch -en bei einer Doppelbindung und durch -in bei einer Dreifachbindung[22] modifiziert wird. Gibt es jeweils eine dieser Mehrfachbindungen, so lautet das Suffix -en ... -in mit den entsprechenden Lokanten; -adien wird verwendet, wenn es zwei Doppelbindungen gibt, usw. Die Position der Mehrfachbindung muß durch einen numerischen Lokanten unmittelbar vor dem Suffix angegeben werden. In komplizierteren Fällen, z.B. bei ungesättigten verzweigten Systemen, müssen die Kriterien für die Wahl der Hauptkette in den entsprechenden Regeln der organisch-chemischen Nomenklatur befolgt werden, soweit man diese anwenden kann [49k][53a].

Beispiele:

1. $H_2N\text{–}NH\text{–}N{=}N\text{–}NH_2$ — Pentaaz-2-en
2. $(C_6H_5)NH\text{–}N{=}N\text{–}N{=}N\text{–}NH(C_6H_5)$ — 1,6-Diphenylhexaaza-2,4-dien
3. $H_3C\text{–}NH\text{–}N{=}N\text{–}CH_3$ — 1,3-Dimethyltriazen
4. $H_3C\text{–}N{=}CH\text{–}N{=}CH_2$ — Tricarbaza-1,3-dien
5. $H_2P\text{–}NH\text{–}PH\text{–}NH\text{–}P{=}N\text{–}PH_2$ — Tetraphosphaz-2-en

Im Beispiel 3 ist für die Doppelbindung kein Lokant notwendig.

4.2.2.7 Heterogene Ketten

Die Nomenklatur heterogener Ketten wird in Kapitel 9 ausführlicher behandelt. Sind jedoch Kohlenstoffatome enthalten, können die Methoden der organischen Austauschnomenklatur angewendet werden [49q][53a]. Bei dieser Methode wird

---

[22] Diese Regel ist im Deutschen nicht ohne weiteres anwendbar. Für höhere ungesättigte Arsane führt sie z.B. zum Namen Diarsen für $HAs{=}AsH$ (als Alternative wird 1,2-Di=dehydrodiarsan vorgeschlagen). Diphosphin ist z.Z. nicht zur Benennung von $P{\equiv}P$ verfügbar, da der Name im Deutschen oft noch für $H_2P\text{–}PH_2$ benutzt wird.

die Kette so benannt, als bestände sie vollständig aus Kohlenstoffatomen, wobei die endständigen Atome in jedem Fall Kohlenstoff sein müssen[22a]; dazwischenliegende Atome der in Abschnitt 4.2.1.1 genannten Elemente – mindestens vier – erhalten entsprechende a-Terme (Anhang) in der in Tabelle 2.7 angeführten Reihenfolge; jedem Term wird der entsprechende Lokant vorangestellt. Die Lokanten werden durch Numerierung der Kette von dem Ende erhalten, das den niedrigsten Satz von Lokanten für die Heteroatome ergibt; sind diese gleich, so wird von dem Ende aus numeriert, das den niedrigsten Lokant für den im Anhang zuerst genannten a-Term ergibt. Wenn dann noch eine Wahl möglich ist, erhalten gegebenenfalls vorhandene Mehrfachbindungen die niedrigeren Lokanten. Heteroatome, die sich außerhalb der endständigen Kohlenstoffatome befinden, werden als Substituenten am Anfang des Namens berücksichtigt.

Enthält die Kette charakteristische Gruppen [49i][53a], dann wird sie von dem Ende numeriert, das den niedrigeren Satz von Lokanten für die gegebenenfalls mehrfach vorkommende Hauptgruppe ergibt; diese Gruppe wird am Namensende als Suffix genannt. Die Benennung von Ketten ohne zwei endständige Kohlen= stoffatome wird in Abschnitt 9 behandelt.

Beispiele:

1. $\overset{11}{H_3Si}-NH-\overset{10}{CH_2}-\overset{9}{O}-NH-\overset{8}{CH_2}-\overset{7}{S}-\overset{6}{SiH_2}-\overset{5}{NH}-\overset{4}{O}-\overset{3}{SiH_2}-\overset{2}{O}-\overset{1}{CH_3}$

11-(Silylamino)-2,4,10-trioxa-7-thia-5,9-diaza-3,6-disilaundecan
(der Lokanten-Satz 2,3,4,5 usw. für die a-Terme hat Vorrang vor 2,3,5,6 usw.)

2. N–CH=CH–CH₂–O–CH₂–CH=CH₂
    ‖
    N–CH=CH–CH₂–S–CH₂–CH=CH₂

4-Oxa-13-thia-8,9-diazahexadeca-1,6,8,10,15-pentaen
(4-oxa hat Vorrang vor 13-oxa, obwohl sich für die a-Terme von jedem Ende der gleiche Lokanten-Satz 4,8,9,13 ergibt)

3. HS–CH=N–O–CH₂–Se–CH₂–O–NH–CH₃

3,7-Dioxa-5-selena-2,8-diazanon-1-en-1-thiol[7]

4.2.2.8 Monocyclische Verbindungen

4.2.2.8.1 Austauschnomenklatur

Der Name eines homogenen Ringes wird durch Voranstellen von Cyclo-[23] vor den nach Abschnitt 4.2.2.3 gebildeten Namen der unverzweigten, unsubstituierten Kette mit derselben Anzahl der Skelettatome erhalten.

[22a] Die CNIC erwägt, diese Einschränkung auf die Elemente P, As, Sb, Bi, Si, Ge, Sn, Pb und B auszudehnen.

[23] In der Substitutionsnomenklatur ist Cyclo- ein nicht abtrennbares Präfix und wird in steilen Buchstaben geschrieben. In der Nomenklatur der anorganischen Chemie steht *cyclo-* als strukturelles Präfix in Kursivbuchstaben.

Beispiele:

1.

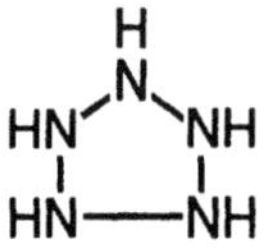

HN—N(H)—NH / HN——NH ring   Cyclopentaazan

2.

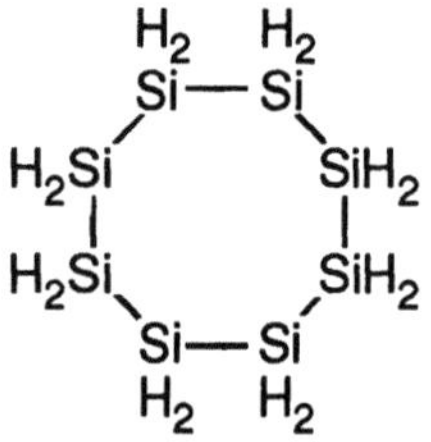

Cyclooctasilan

Das Vorliegen von Doppel- oder Dreifachbindungen wird im Namen durch Ändern der Endung -an zu -en, -in, -adien, -enin usw. angezeigt. Eine einzelne Mehrfachbindung liegt automatisch zwischen den Atomen 1 und 2; gibt es zwei oder mehr derartige Bindungen, dann erhalten sie den niedrigsten Satz von Lokanten, der mit ihrer Position im Ring vereinbar ist.

Beispiele:

3.

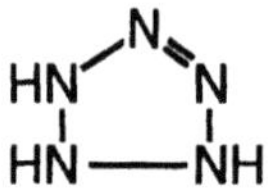

Cyclopentaazen

4.

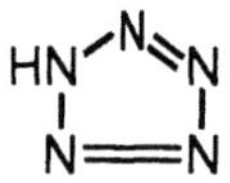

Cyclopentaazadien

Für Ringe aus Repetiereinheiten von zwei alternierenden Skelettatomen folgen dem Präfix Cyclo- die a-Terme (Anhang) entgegen der in Tabelle 2.7 angeführten Reihenfolge.

Es sei angemerkt, daß viele der zur Diskussion stehenden Verbindungen erlaubte Trivialnamen haben; einige davon sind hier aufgeführt.

Beispiele:

	Erlaubter Trivialname	*Systematischer Name*

5.

Borazin — Cyclotriborazan

6.

Boroxin — Cyclotriboroxan

7.

Borthiin — Cyclotriborathian

Die Namen **Borazol**, **Boroxol** und **Borthiol** sollten für diese Verbindungen nicht verwendet werden, da sie HANTZSCH-WIDMAN-Namen für fünfgliedrige Ringe vortäuschen (siehe Abschnitt 4.2.2.8.2).

Der Name endet auf **-an**, wenn die Repetiereinheit gesättigt ist. Doppelbindungen werden durch Ändern der Endung **-an**, je nach Anzahl der Doppelbindungen, in **-en**, **-adien**, **-atrien** usw. bezeichnet, versehen mit den entsprechenden Lokanten.

Beispiele:

8.

Cyclotriboraphosphan

9.

Cyclotrisilaza-1,3,5-trien

10.

Cyclotetraazathian

11.

2,2-Dimethylcyclotrisiloxan
(hier sind die Positionen 1 und 3 gleichwertig)

Die Numerierung beginnt an dem Atom, das in Tabelle 2.7 zuerst aufgeführt ist, und wird in die Richtung weitergeführt, die die niedrigsten Lokanten für diejenigen Atome ergibt, die früher in Tabelle 2.7 vorkommen. Bei einer Wahlmöglichkeit werden die niedrigsten Lokanten erst den Mehrfachbindungen und dann den Präfixen für Substituenten als Satz zugewiesen.

Beispiel:

12.

4-Ethyl-2,2-dimethylcyclodisilazan

Wenn die Bindigkeit von Ringatomen von ihrer Standard-Bindungszahl (siehe Abschnitt 4.2.1.1) abweicht, wird die tatsächliche Bindungszahl in arabischen

Ziffern als Exponent am griechischen Buchstaben λ, der unmittelbar dem entsprechenden Lokanten folgt, ausgedrückt.
Beispiel:
13.

2,2,4,4,6,6-Hexachlor-
$2\lambda^5,4\lambda^5,6\lambda^5$-cyclotriphosphaza-1,3,5-trien

4.2.2.8.2 Erweiterte HANTZSCH-WIDMAN-Nomenklatur

Eine Alternative zu den vorerwähnten Methoden ist das erweiterte HANTZSCH-WIDMAN-System, das man auch auf inhomogene Ringe anwenden kann, für deren Benennung die bisher beschriebenen Methoden nicht geeignet sind. Dieses Verfahren ist in der letzten aktualisierten Fassung (*Recommendations* 1982) der *Revision of the Extended Hantzsch-Widman System of Nomenclature for Heterocycles* [48], behandelt; sie ersetzt Regel B-1.51 und einen Teil von Regel B-1.1 der *Nomenclature of Organic Chemistry*, Ausgabe von 1979 [49]. Die Namen werden für diese Verbindungsklasse durch die Bezeichnung von Atomart durch den a-Term[24], Ringgröße und Sättigungsgrad unter Verwendung spezifischer Suffixe gebildet. Eine Auswahl der wichtigsten Möglichkeiten ist in Tabelle 4.3 angegeben.

Wenn Ringpositionen von unterschiedlichen Atomen besetzt sind, bestimmt das im Anhang zuletzt aufgeführte Element das Suffix. Dieser Endung werden die a-Terme in der im Anhang angegebenen Reihenfolge vorangestellt.

Tabelle 4.3   Im erweiterten HANTZSCH-WIDMAN-System verwendete Suffixe

Anzahl der Atome im Ring	Ungesättigt	Gesättigt
5	-ol	-olan (-olidin für N-haltige Ringe)
6(A)[a]	-in	-an
6(B)	-in	-inan
6(C)	-inin	-inan
7	-epin	-epan
8	-ocin	-ocan

[a]   6(A) gilt für   O, S, Se, Te, Bi, Hg
      6(B) gilt für   N, Si, Ge, Sn, Pb
      6(C) gilt für   F, Cl, Br, I, B, P, As, Sb

[24]   Als Heteroatome kommen nur die in der Tabelle 4.3 unter 6(A) bis 6(C) genannten Elemente in Frage.

Die Heteroatome erhalten die niedrigsten Lokanten, die mit der Numerierung der Ringpositionen vereinbar sind; diese Lokanten werden, getrennt durch Kommas und gefolgt von einem Bindestrich, an den Anfang des Namens gestellt. Im Fall einer Wahlmöglichkeit bekommen die in Tabelle 2.7 zuerst genannten Atome die niedrigstmöglichen Lokanten.

Beispiele:

14.

Silolan

15.

Thiepin

16.

3-Fluor-1,2,3,6-tetrahydro-
1,2,4,5,3,6-tetraazadiborinin

17.

2,2,4,4,6,6-Hexaethyl-
1,3,5,2λ^5,4λ^5,6λ^5-
triazatriphosphinin

4.2.2.9 Bi- und polycyclische Verbindungen

Die in Abschnitt 4.2.2.8 genannten Methoden können auf andere cyclische Systeme ausgedehnt werden. Der folgende Überblick beschränkt sich auf folgende Verfahren:

1a) Namen, die nach der Austauschnomenklatur gebildet werden.
1b) Namen, die auf der Angabe von Repetiereinheiten basieren.
2a) Adaption der Nomenklatur anellierter Ringe.
2b) Erweiterung des HANTZSCH-WIDMAN-Systems auf Zweiring-Heterocyclen mit einem anellierten Benzenring.

1a) Austauschnamen. Diese leiten sich von den nach der Nomenklatur der organischen Chemie [49d][53a] gebildeten Namen für carbocyclische Systeme ab, denen die a-Terme (Anhang) der gegen C-Gruppen ausgetauschten Atome vorangestellt werden. Vor jedem a-Term wird der Lokant des ersetzten Kohlenstoffatoms im Carbocyclus angegeben.
Beispiele:

1.

4a,8a,12a-Triaza-
4b,8b,12b-triboratriphenylen

2.

Decahydro-1-methyl-
1-aluminanaphthalen

3.

6-Methyl-1-borabicyclo[4.2.0]octan

1b) Repetiereinheiten. Der Name beginnt mit dem entsprechenden VON BAEYER-Term, der die Anzahl der Ringe und die Ringgrößen bezeichnet. Diesem folgen das vervielfachende Präfix und alle a-Terme (Anhang) für die Repetiereinheit, beginnend mit dem in Tabelle 2.7 zuletzt genannten Term, sofern eine Wahl möglich ist.
Beispiel:
4.

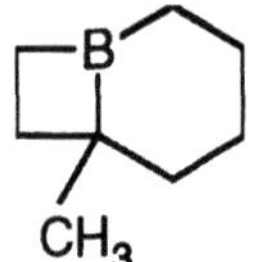

Bicyclo[4.4.0]pentaborazan

Diese Methode ist nicht allgemein anwendbar.

Für Beispiel 4 lautet der Name nach der allgemeiner anwendbaren Austausch-Methode (1a) 1,3,5,7,9-Pentaaza-2,4,6,8,10-pentaborabicyclo[4.4.0]decan oder Octahydro-1,3,4a,6,8-pentaaza-2,4,5,7,8a-pentaboranaphthalen[25].

2a) Anellierte Ringe. Bei der Benennung nach Regel B-3 der *Nomenclature of Organic Chemistry*, Ausgabe von 1979 [49b] wird angenommen, daß alle Komponenten vor der Anellierung sowie das anellierte Endsystem die maximale Anzahl nichtkumulierter Doppelbindungen enthalten.
Beispiel:
5.

3H-[1,3]Selenazolo[4,5-c]=
[1,2,5]thiazaphosphinin

2b) Zweiring-Benzo-Heteromonocyclen. Nach *Nomenclature of Organic Chemistry*, Ausgabe von 1979, Regel B-3.5 [49d], beginnt der Name mit den Lokanten

---

[25] Im englischsprachigen Original der 1990er Regeln [45] steht als alternativer Name irrtümlich Decahydro-1,3,4a,6,8-pentaaza-2,4,5,7,8a-pentaboranaphthalene. Nach der Regel B-4.2(b) der *Nomenclature of Organic Chemistry*, Ausgabe von 1979 [49b], ist dies eine Octahydro-Verbindung, da der Stammheterocyclus maximal vier nichtkumulierte Doppelbindungen enthalten kann.

für die Heteroatome, gefolgt von **Benzo** und einem Trivial- oder entsprechend dem erweiterten HANTZSCH-WIDMAN-System nach Abschnitt 4.2.2.8 gebildeten Namen für den heteromonocyclischen Bestandteil. Im Fall mehrerer Möglichkeiten sollen die Heteroatome in Übereinstimmung mit der Numerierung des Gesamtsystems möglichst niedrige Lokanten erhalten. Wenn das zu keiner Lösung führt, erhalten diejenigen Elemente die niedrigeren Lokanten, die in Tabelle 2.7 zuerst aufgeführt sind.

Beispiele:

6.

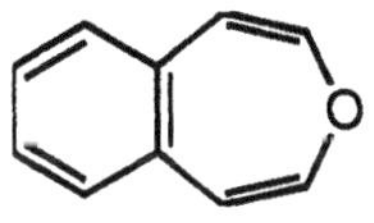

3-Benzoxepin

7.

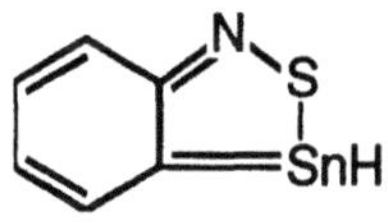

2,1,3-Benzothiazastannol

Verfahren zur Bildung von Namen für Gruppen oder Substituenten, die sich von einer der oben beschriebenen Spezies herleiten, werden in Abschnitt 3.3 beschrieben, der auch cyclische Ionen behandelt. Wenn bei der Zuordnung von Lokanten zu derartigen Gruppen oder Substituenten eine Wahlmöglichkeit bleibt, rangiert die freie Valenz in der hierarchischen Ordnung unmittelbar vor der Mehrfachbindung.

4.3   Koordinationsnomenklatur

G_2) **E** ist eine Koordinationsverbindung:

---

a) **E** ist einkernig: **E** = **[QL$_i$L'$_{i'}$...]**
a$_1$) − Vervielfachendes Präfix für **i** + Namen für **L** nach Tafel **F)**
           + vervielfachendes Präfix für **i'** + Name für **L'** nach Tafel **F)** + ...
              + Elementname für **Q** (Anhang)
Beispiel: {PtCl$_2$[P(CH$_3$)$_3$]$_2$}   Dichlorobis(trimethylphosphan)platin

b)   **E** ist mehrkernig
        b$_1$) mit brückenbildenden Atomen oder Gruppen:
        E = **[L$_i$L'$_{i'}$...Q]$_k$–X$_l$–[Q'L''$_{i''}$L'''$_{i'''}$...]$_m$** ;

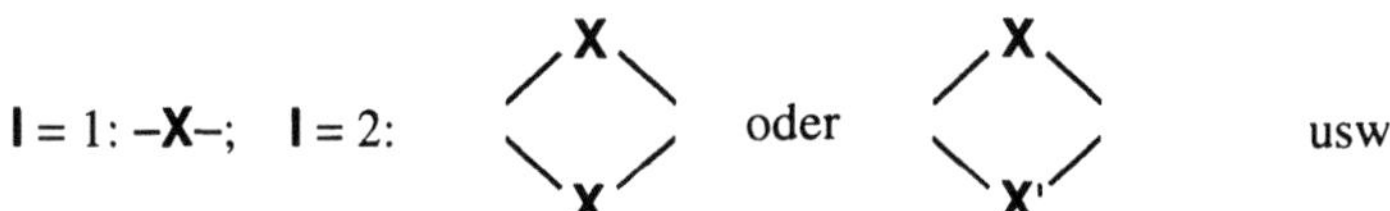

  l = 1: **–X–**;   **l** = 2:   oder   usw.

b$_1$·) Symmetrische Struktur: **X** ist über ein Atom koordiniert;
        [L$_i$L'$_{i'}$...Q] = **[Q'L''$_{i''}$L'''$_{i'''}$...]**
   − Vervielfachendes Präfix für **l** + **-μ-** + Name für **X–bis**
      + **(**vervielfachendes Präfix für **i** + Name für **L** nach Tafel **F)** +
      vervielfachendes Präfix für **i'** + ... + Name für **L'** nach Tafel **F)** +
      Elementname für **Q** (Anhang)**)**
Beispiel: {[(CO)$_3$Fe]$_2$(CO)$_3$}   Tri-μ-carbonyl-bis(tricarbonyleisen)
b$_1$··) Symmetrische Struktur: **X** ist über mehrere Atome koordiniert
   − Angabe der koordinierenden Atome durch kursiv geschriebene Atomsymbole:
   − − Koordinierende Atome sind gleich:
Beispiel: [Al$_3$O(CH$_3$COS)$_6$]$^-$ μ$_3$-Oxo-hexa-μ-thioacetato-
                                S-trialuminium(1−)-Ion

   − − Koordinierende Atome sind ungleich:
Beispiel:

F$_9$C$_4$–C(O—Ag—O)(O—Ag—O)C–C$_4$C$_9$ Bis(μ-nonafluorvalerato-*O,O'*)-
                                disilber(I)

b$_2$) Mit direkten Zentralatom-Zentralatom-Bindungen
E = **[L$_i$L'$_{i'}$...Q–Q'L''$_{i''}$L'''$_{i'''}$...]**
   − Der Komplex ist symmetrisch:
Beispiel: [(CO)$_5$Mn–Mn(CO)$_5$]   Bis(pentacarbonylmangan)(*Mn–Mn*)
   − Der Komplex ist unsymmetrisch:
Beispiel: [(CO)$_4$Co–Re(CO)$_5$]   Nonacarbonyl-1κ^5*C*,2κ^4*C*-
                                cobaltrhenium(*Co–Re*)

b$_3$) Ringe und Cluster von Zentralatomen
  – Der Komplex ist eine begrenzte Gruppe mit direkt verbunden Metallatomen (Cluster):
b$_{3'}$)
  – Struktur der Koordinationseinheit: **[–(QL$_l$L'$_{l'}$ ....)$_k$X$_l$–]$_m$** [a]
    – cyclisch:
  – **cyclo-** + Name nach **b$_1$)**
Beispiel: *cyclo*-Tetrakis(μ-2-methylimidazolato-
κN^1:κN^3)tetrakis(dicarbonylrhodium)
    – unbegrenzt ohne Angabe der koordinierenden Atome:
  – **catena-** + Name nach **b$_1$)**
Beispiel: $(HO)_2P(O)$–O–$P(O)(OH)$–O–$P(O)(OH)_2$
                catena-Triphosphorsäure
    – unbegrenzt mit Angabe der koordinierenden Atome:
  – **catena-** + Name nach **b$_1$)**
Beispiel:

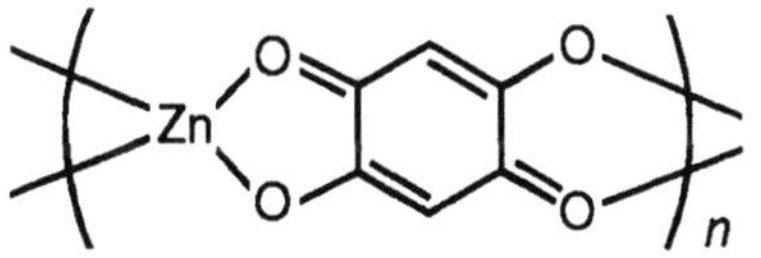

catena-Poly{zink-μ-[2,5-dihydroxy-*p*-benzochinonato(2–)-O^1,O^2:O^4,O^5]}

---

[a] Angaben zur Stereoisomerie siehe Kapitel 8.

4.3.1 Einleitung

Das Prinzip der Benennung von Koordinationsverbindungen beruht auf dem Konzept von Haupt- und Nebenvalenz [90]. Nach einem historisch begründeten Formalismus werden Koordinationsverbindungen als durch Additionsreaktionen aus Zentralatom und Liganden gebildet angesehen (s.a. Abschnitt 2.2.2.2), deshalb wird diese Nomenklatur in der Literatur auch als additive Nomenklatur bezeichnet.

Obwohl ursprünglich für Moleküle mit einem Metallatom als Zentralatom gedacht, ist diese Methode auf Fälle erweitert worden, in denen das Zentralatom ein Nichtmetall oder ein Element der Gruppe 18 ist. Die Verwendung von Namen wie Trichlorophosphor für [PCl$_3$] oder Chlorophenylquecksilber anstelle von Phosphortrichlorid oder Phenylquecksilberchlorid vermeidet den Eindruck, daß diese Verbindung einen salzähnlichen Charakter hat, wie er zuweilen durch einen Binärnamen erweckt wird, z.B. Wolframhexafluorid. So ist auch der Koordinationsname dem nach der Substitutionsnomenklatur gebildeten (z.B. Trichlorphos= phan) vorzuziehen. Wenn dagegen der an das Zentralatom gebundene Ligand korrekterweise als Ion anzusehen ist, wirkt ein Koordinationsname wie Dichlorocal= cium für CaCl$_2$, verglichen mit Calciumchlorid, sehr konstruiert und gekünstelt oder irreführend.

Unterteilt werden Koordinationsverbindungen in
- einkernige Koordinationsverbindungen und
- mehrkernige Koordinationsverbindungen.

Zu letzteren gehören ionische Festkörper, molekulare Polymere, mehrkernige Oxosäuren sowohl von Metallen als auch von Nichtmetallen, nichtmetallische Ketten und Ringe, verbrückte Metallkomplexe sowie homo- und heteronukleare Cluster, aber auch Organometall-Verbindungen.

Zentralatom, Koordinationseinheit, Ligand und andere in diesem Abschnitt verwendete Termini sind in Abschnitt 11.1 definiert.

4.3.2 Einkernige Koordinationsverbindungen

Dieser Abschnitt behandelt Moleküle mit einem einzigen Zentralatom. Die Namen werden durch Nennung der alphabetisch geordneten Ligandennamen vor dem Namen des Zentralatoms gebildet. Kommen Liganden mehr als einmal vor, so werden sie im Namen zusammengefaßt unter Verwendung der vervielfachenden Präfixe **Di-**, **Tri-**, **Tetra-** usw. für einfache Liganden wie **Chloro-**, **Benzyl-**, **Aqua-**, **Ammin-** und **Hydroxo-** bzw. **Bis-**, **Tris-**, **Tetrakis-** usw. für komplexe oder ihrerseits substituierte Liganden wie **2,3,4,5,6-Pentachlorbenzyl-** oder **Triphenylphosphan-**. Letztere Präfixe werden auch zur Vermeidung von Mehrdeutigkeiten gebraucht, die bei der Verwendung von **Di-**, **Tri-** usw. entstehen können. Vervielfachende Präfixe, die nicht Teil des eigentlichen Ligandennamens sind, beeinflussen die alphabetische Reihenfolge nicht.

Beispiele[26]:

1. $[WF_5\{N(CH_3)_2\}]$ (**D**imethylamido)pentafluorowolfram
2. $[GeF_4\{N(CH_3)_3\}]$ **T**etrafluoro(trimethylamin)germanium
3. $[NiCl_2\{P(C_6H_5)_3\}_2]$ **D**ichlorobis(triphenylphosphan)nickel
4. $[Ga(SO_2CH_3)_3]$ **T**ris(methansulfinato)gallium
5. $[Mn(CH_2CH=CH_2)(CO)_5]$ **A**llylpentacarbonylmangan

Wenn die Position der Verknüpfung einer Gruppe unklar ist, kann durch Verwendung von Klammern ein eindeutiger Name erhalten und so die alphabetische Reihenfolge beibehalten werden.

Beispiele:

6. $[Hg(C_6H_5)(CHCl_2)]$ (**D**ichlormethyl)(**p**henyl)quecksilber
7. $[Te(CH_3)(C_5H_9)(NCO)_2]$ **C**yclopentyldiisocyanato(**m**ethyl)tellur

4.3.3 Mehrkernige Koordinationsverbindungen

4.3.3.1 Allgemeines

Der vorliegende Abschnitt behandelt vor allem die Nomenklatur von verbrückten Metallkomplexen sowie von homo- und heteronuklearen Clustern. Mehrkernige Komplexe können eine so große und ausgedehnte Struktur haben, daß eine rationelle strukturbezogene Benennung nicht praktikabel ist.

---

[26] Die Fettschreibung dient nur der Hervorhebung der Buchstaben.

4.3.3.2 Auf der Zusammensetzung basierende Nomenklatur

Die Strukturen können unbestimmt oder nicht ausreichend geklärt sein. Unter diesen Umständen genügt die auf der Zusammensetzung basierende Nomenklatur (siehe auch Kapitel 5).

Liganden werden in der üblichen alphabetischen Reihenfolge mit entsprechenden vervielfachenden Präfixen genannt. Brückenliganden werden, soweit sie sich spezifizieren lassen, durch den griechischen Buchstaben μ vor den Ligandennamen gekennzeichnet und von diesen durch einen Bindestrich getrennt. Der gesamte Term, z.B. μ-Chloro, wird vom Rest des Namens durch einen Bindestrich getrennt, wie in Ammin-μ-chloro-chloro usw., oder, wenn kompliziertere Liganden vorkommen, in Klammern gesetzt. Tritt der Brückenligand mehr als einmal auf und sind vervielfachene Präfixe nötig, wird die Beschreibung wie in Tri-μ-chloro-chloro usw. oder, falls kompliziertere Liganden vorkommen, wie in Bis=(μ-diphenylphosphido) usw. modifiziert. Der Brückenindex, der die Zahl der durch den Brückenliganden miteinander verbundenen Koordinationszentren bezeichnet, wird als Index angegeben, μ_n mit $n \geq 2$. Auf den Brückenindex 2 wird normalerweise verzichtet. Brückenliganden werden mit den übrigen Liganden alphabetisch geordnet, wobei ein Brückenligand vor dem entsprechenden Nichtbrückenliganden genannt wird, z.B. Di-μ-chloro-tetrachloro... Mehrfachbrücken werden nach abnehmenden Indizes angeordnet, wie in μ_3-Oxo-di-μ-oxo-trioxo... Für Ligandennamen, die Klammern erfordern, wird μ in die Klammer einbezogen[27]. Zentralatome werden in alphabetischer Reihenfolge nach den Liganden aufgeführt (Beispiel 2).

Die Zahl der Zentralatome einer bestimmten Art, die größer als 1 ist, wird durch ein vervielfachendes Präfix angegeben (Beispiel 1). Bei Anionen werden das Suffix -at und die Ladungszahl des Ions nach den Zentralatomen angegeben; die Aufstellung der Zentralatomnamen wird dann in runde Klammern eingeschlossen (Beispiel 3).

Beispiele:

1. $[Rh_3H_3\{P(OCH_3)_3\}_6]$ Trihydridohexakis(trimethylphosphit)trirhodium

2. $[CoCu_2Sn(CH_3)\{\mu\text{-}(C_2H_3O_2)\}_2(C_5H_5)]$
   Bis(μ-acetato)(cyclopentadienyl)(methyl)cobaltdikupferzinn

3. $Fe_2Mo_2S_4(C_6H_5S)_4]^{2-}$
   Tetrakis(benzenthiolato)tetrathio(dieisendimolybdän)at(2–)

4.3.3.3 Symmetrische zweikernige Koordinationsverbindungen

Hierbei ist jedes Zentralatom von gleicher Art und ist in gleicher Weise von Liganden umgeben. Brückenliganden werden wie in Abschnitt 4.3.3.2 erläutert, angegeben. Für die Benennung stehen zwei Methoden zur Verfügung.

(a) Bei der folgenden Methode werden in der angegebenen Reihenfolge ohne Zwischenraum und Interpunktion zusammengesetzt:

---

[27] Die Position des Brückenindikators μ für den Liganden und seine Plazierung innerhalb der Klammern ist anders als bei einsträngigen Koordinationspolymeren (siehe Abschnitt 4.3.6).

– das entsprechende vervielfachende Präfix für mehrfach vorhandene Liganden,
– der Name des Liganden (Brückenliganden vor Nichtbrückenliganden),
– das Präfix Di-
– und schließlich der Name des Zentralatoms.

Die kursiv gedruckten Symbole für die beiden Zentralatome, getrennt durch einen langen Strich und in runde Klammern eingeschlossen, werden hinzugefügt, wenn es wünschenswert oder notwendig ist, das Vorhandensein einer Bindung zwischen den beiden Zentralatomen anzugeben.

(b) Bei der zweiten Methode beginnt der Name mit Bis-. Danach wird in runden Klammern der Name des Halbmoleküls genannt, der nach dem in Abschnitt 4.3.2 beschriebenen Verfahren gebildet ist.

Beispiele:

1. $[(C_2H_5)_3Pb–Pb(C_2H_5)_3]$ (a) Hexaethyldiblei(*Pb–Pb*)
                                   (b) Bis(triethylblei)(*Pb–Pb*)

2. $[(CO)_5Mn–Mn(CO)_5]$ (a) Decacarbonyldimangan(*Mn–Mn*)
                            (b) Bis(pentacarbonylmangan)(*Mn–Mn*)

Für ionische Koordinationseinheiten endet der Name mit der Angabe für die Ionenladung (siehe Abschnitt 3.3.1.3.4.3. bzw. 3.3.2.3.4.3)

4.3.3.4 Unsymmetrische zweikernige Koordinationsverbindungen

Davon gibt es zwei Typen:
 (i) solche mit gleichen Zentralatomen aber unterschiedlichen Liganden und
 (ii) solche mit unterschiedlichen Zentralatomen.

In beiden Fällen werden die Namen nach dem hier beschriebenen Verfahren[28] gebildet, das auch Brückenliganden behandelt.

Die Priorität wird den Zentralatomen wie folgt zugewiesen.

Bei Typ (i) wird das Element, das die größere Anzahl von Liganden bindet, mit 1 numeriert, und das andere mit 2. Wenn an jedem Zentralatom die gleiche Anzahl von Liganden gebunden sind, so wird dasjenige mit Nummer 1 bezeichnet, an das die größere Anzahl der alphabetisch bevorzugten Liganden koordiniert ist.

Bei Typ (ii) wird die Nummer 1 dem nach Tabelle 2.7 vorrangigen Zentralatom, d.h. dem mit dem stärkeren Metallcharakter, zugewiesen, unabhängig von der Ligandenverteilung.

---

[28] Diese Regel ersetzt die in Abschnitt 7.711 der *Nomenclature of Inorganic Chemistry*, Ausgabe von 1970 [37k], beschriebene Benennungsprozedur, nach der ein Zentralatom mitsamt seinen Liganden als ein zusammengesetzter Ligand des anderen Zentralatoms ausgedrückt wird. Das führte zu Mischformen, bei denen scheinbar die Substitutionsmethode auf die Koordinationsnomenklatur für die Zentralatome angewendet wird; es ergab sich aber kein strukturbeschreibendes Verfahren. Die Entwicklung der *Kappa-Konvention* (siehe Abschnitt 3.3.3.3.9) erlaubt nun die Bildung „reiner" Koordinationsnamen mit vollständiger spezifischer Lokalisierung aller koordinierenden Gruppen und auch die Zusammenfassung von gleichen Liganden unter Verwendung entsprechender vervielfachender Präfixe (siehe auch Beispiel 2 dieses Abschnitts).

In beiden Verbindungstypen werden die Namen konstruiert, indem nacheinander aufgeführt werden:
- Ligandennamen,
- Bindestrich,
- der dem Zentralatom zugewiesene Lokant,
- der griechische Buchstaben κ mit einem Exponenten, der die Anzahl der gleichartigen Liganden am gegebenen Zentralatom angibt (die Nummer 1 für einen einzelnen Liganden wird weggelassen)
- und das kursiv geschriebene Symbol des Elements (Donor), über das der Ligand an das Zentralatom gebunden ist.

Diese Sequenz bildet den genauen Deskriptor für die Liganden und die Art ihrer Verknüpfung. Solche Deskriptoren werden in alphabetischer Reihenfolge zitiert, und der Name endet wie folgt:
- für Typ (i) mit di-, gefolgt vom Namen des Zentralatoms,
- und für Typ (ii) mit den Namen der Zentralatome in alphabetischer Reihenfolge.

Abschließend folgen bei beiden Typen ohne Zwischenraum in runden Klammern die kursiv geschriebenen Elementsymbole der Zentralatome, ebenfalls in alphabetischer Reihenfolge und verbunden durch einen langen Strich, zur Angabe der Metall—Metall-Bindung.

Beispiele:

1. $[ClGe(NHC_6H_5)_2GeCl_3]$ (2)(1) Tetrachloro-1κ^3Cl,2κCl-bis(phenylamido-2κN)digermanium(*Ge—Ge*)

2. $[Co(CO)_4Re(CO)_5]$ (2)(1) Nonacarbonyl-1κ^5C,2κ^4C-cobaltrhenium(*Co—Re*)

3. $[Li\{(C_6H_5)_3Pb\}]$ (1)(2) Triphenyl-2κ^3C-bleilithium(*Li—Pb*)

Wenn die genaue Position der Liganden nicht bekannt ist, oder wenn man weiß, daß sie statistisch verteilt sind, so verwendet man am besten Namen des in Abschnitt 4.3.3.1 beschriebenen Typs.

Beispiel:

4. $[Pb_2(CH_2C_6H_5)_2F_4]$ Dibenzyltetrafluorodiblei

Von Beispiel 1 gibt es Stellungsisomere, die alle durch einen gemeinsamen Namen beschrieben werden können. Beispiel 5 zeigt dies für eine ähnliche Verbindung.

Beispiel:

5. $[Ge_2(C_6H_5CH_2)(C_6H_5NH)_2Cl_3]$
   (Benzyl)trichlorobis(phenylamido)digermanium

4.3.3.5 Verbrückte Koordinationseinheiten

Eine Verbrückung wird durch das Präfix μ angezeigt; wenn die Verbrückung über verschiedene Atome derselben Gruppe zustandekommt, werden die Lokanten und Symbole der koordinierenden Atome durch einen Doppelpunkt voneinander getrennt, z.B. μ-Nitrito-1κN:2κO. Im allgemeinen gilt als Hierarchie „,“ < „:“ < „;“ (siehe Abschnitt 2.5.3.5 – Interpunktion); in diesem Zusammenhang dient der Doppelpunkt (:) nur zur Angabe der Verbrückung. Im nachstehenden Beispiel 5 kommen sowohl das Komma als auch das Semikolon vor, da keine Verbrückung vorliegt, bei der die Hierarchie der Markierungen angewendet werden muß.

Beispiele:

1. $[\{IrCl_2(CO)\{P(C_6H_5)_3\}_2\}(HgCl)]$
    Carbonyl-1κC-trichloro-1$\kappa^2 Cl$,2κCl-bis(triphenylphosphan-1κP)=
    iridiumquecksilber($Hg{-}Ir$)

2. $[Cr(NH_3)_5(\mu\text{-}OH)Cr(NH_3)_4\{NH_2(CH_3)\}]Cl_5$
    Nonaammin-μ-hydroxo-(methanamin)dichrom(5+)-pentachlorid

3. $[\{Co(NH_3)_3\}_2(\mu\text{-}OH)_2(\mu\text{-}NO_2)]Br_3$
    Di-μ-hydroxo-μ-nitrito-κN:κO-bis(triammincobalt)(3+)-tribromid

4. $[\{Co(NH_3)_3\}(\mu\text{-}OH)_2(\mu\text{-}NO_2)\{Co(C_5H_5N)(NH_3)_2\}]Br_3$
    Pentaammin-1$\kappa^3 N$,2$\kappa^2 N$-di-μ-hydroxo-μ-nitrito-1κN:2κO-
    (pyridin-2κN)dicobalt(3+)-tribromid

5. $[Cu(2,2'\text{-bpy})(H_2O)(\mu\text{-}OH)_2Cu(2,2'\text{-bpy})(SO_4)]$[29]
    Aqua-1κO-bis(2,2'-bipyridin)-1$\kappa^2 N^1$,$N^{1'}$;2κN^1,$N^{1'}$-
    di-μ-hydroxo-[sulfato(2–)-2κO]dikupfer(II)

6. $[\{Cu(C_5H_5N)\}_2(\mu\text{-}C_2H_3O_2)_4]$
    Tetrakis(μ-acetato-κO:$\kappa O'$)bis[(pyridin)kupfer(II)]

7. $[Ni(NH_3)_4Cl\{\mu\text{-}(C_2H_3OS)\}Ni(NH_3)_3Cl_2]$
    Heptaammin-1$\kappa^4 N$,2$\kappa^3 N$-trichloro-1κCl,2$\kappa^2 Cl$-(μ-thioacetato-
    2κO:1κS)dinickel

8. Isomer von 7 mit umgekehrt gebundenem Thioacetat
    Heptaammin-1$\kappa^4 N$,2$\kappa^3 N$-trichloro-1κCl,2$\kappa^2 Cl$-(μ-thioacetato-
    1κO:2κS)dinickel

4.3.4 Andere mehrkernige Verbindungen

4.3.4.1 Einleitung

Metallatome können unter Bildung homonuklearer und heteronuklearer Cluster verbunden sein, die als Kerne bei der Bildung von Koordinationseinheiten wirken.

---

[29] Da bpy immer 2,2'-Bipyridin ist (siehe Tabelle 3.6.6), können die Lokanten vor dem Kürzel entfallen.

Diese Einheiten können auch ionisch sein. Der vorliegende Abschnitt geht auf einige einfache Situationen ein.

4.3.4.2 Koordinationsverbindungen mit Ketten von Zentralatomen

Die in den Abschnitten 4.3.2 und 4.3.3 genannten Verfahren können auf diese Systeme angewendet werden, doch ist es im allgemeinen günstiger, sie nach dem Abschnitt 4.2 zu behandeln. Koordinationsnamen basieren auf dem Atom höchster Priorität, das dem Zentrum der Kette am nächsten ist. Liganden werden im Namen entsprechend den in Abschnitt 4.3.2 genannten Prinzipien aufgeführt.

Beispiele:

1. $Cl_3Si–SiCl_2SiCl_3$ Dichlorobis(trichlorsilyl)silicium[30]
        oder Octachlorotrisilicium(2 *Si–Si*)

2. $F(CH_3)_2Si–Si(CH_3)_2Si(CH_3)_3$
        (Fluordimethylsilyl)dimethyl(trimethylsilyl)silicium[30]
        oder 1-Fluoroheptamethyltrisilicium(2 *Si–Si*)

In komplizierteren Fällen ergibt die in den Beispielen 1 und 2 angewendete zweite Methode einfachere und übersichtlichere Namen als jene, die erhalten werden, wenn alle Gruppen als Liganden eines einzigen Zentralatoms angesehen werden.

4.3.4.3 Dreikernige und größere Strukturen

Die strukturelle Nomenklatur komplizierterer mehrkerniger Einheiten basiert auf der Beschreibung der zentralen oder wesentlichen Struktureinheit und einem logischen Verfahren für die Numerierung der Atome. Nur die Metallatome kommen für diesen Zweck in Frage.

CSU-Deskriptor. Für nichtlineare Cluster wurden bisher Deskriptoren wie *tetrahedro* und *dodecahedro* zur Beschreibung einer zentralen Struktureinheit („central structural unit", CSU) verwendet. Diese Deskriptoren sollten nur für einfache Fälle verwendet werden.

CEP-Deskriptor. Die Synthesechemie ist inzwischen jedoch weit über den Bereich hinausgeschritten, der durch Deskriptoren der CSU zu beschreiben ist. Ein weiterreichender Deskriptor, und ein Numerierungssystem, das CEP-System, wurde insbesondere für vollständig aus Dreiecksflächen aufgebaute Polyeder (Deltaeder) mit mindestens einer Rotationssymmetrieachse und einer Symmetrieebene von CASEY, EVANS und POWELL entwickelt [18a]. Die fünfteiligen alphanumerischen CEP-Deskriptoren sind systematische Alternativen zu den traditionellen Deskriptoren für Deltaeder; sie sind in Tabelle 4.4 aufgeführt und bestehen aus:

---

[30] Die Verwendung von Silyl- als Präfix, gebildet nach der Substitutionsnomenklatur, erscheint in Koordinationsnamen zwar unpassend, wird jedoch aus Traditionsgründen in derartigen Fällen geduldet. Die Verwendung der -io-Präfixe wird in Abschnitt 3.3.3.2.4 diskutiert. Unter diesen Umständen könnte sich auch die *Lambda-Konvention* (siehe Abschnitt 4.2.1.3) anwenden lassen [50].

1. einer arabischen Ziffer (m) für die Anzahl der Ecken und dem kursiv geschriebenen Buchstaben v in runden Klammern,
2. dem Punktgruppensymbol für die Symmetrie des idealisierten Deltaeders,
3. einer Folge aus arabischen Ziffern und Symbolen v^n in runden Klammern (mv^n) (m = Zahl der Ecken mit der gleichen Bindungszahl in der Ebene; n = Zahl der Flächen, die mit jeder Ecke assoziiert sind) für Anordnung und Typ der Ecken des idealisierten Deltaeders,
4. dem Symbol Δ^f für die Anzahl (f) der Dreiecksflächen des idealisierten Deltaeders und
5. dem Morphem *closo*.

Die Teile 2. bis 5. stehen in eckigen Klammern.

Für das Beispiel 3 in Abschnitt 4.3.4.3.1 lautet der vollständige CEP-Deskriptor $(4v)[T_d\text{-}(1v^33v^3)\text{-}\Delta^4\text{-}closo]$. Dieser kann vereinfacht werden, da der Term 1 der Summe der m in Term 3 entspricht, v^n kann entfallen, wenn $n = 5$ oder wenn $n = 3$ oder 4 und keine Ecke mit $n > 5$ vorkommt: $[T_d\text{-}(13)\text{-}\Delta^4\text{-}closo]$.

Tabelle 4.4   Strukturdeskriptoren

Zahl der Atome in CSU	Deskriptor	Punktgruppe	CEP-Deskriptor
3	*triangulo*	D_{3h}	
4	*quadro*	D_{4h}	
4	*tetrahedro*	T_d	$[T_d\text{-}(13)\text{-}\Delta^4\text{-}closo]$
5		D_{3h}	$[D_{3h}\text{-}(131)\text{-}\Delta^6\text{-}closo]$
6	*octahedro*	O_h	$[O_h\text{-}(141)\text{-}\Delta^8\text{-}closo]$
6	*triprismo*	D_{3h}	
8	*antiprismo*	S_6 [31)]	
8	*dodecahedro*	D_{2d}	$[D_{2d}\text{-}(2222)\text{-}\Delta^6\text{-}closo]$
8	*hexahedro* (Würfel)	O_h	
12	*icosahedro*	I_h	$[I_h\text{-}(1551)\text{-}\Delta^{20}\text{-}closo]$

Die Numerierung basiert auf der Festlegung einer Bezugsachse und von dazu senkrecht angeordneten Ebenen aus Atomen (siehe Abschnitt 6.3.2.3). Die Bezugsachse ist die Achse der höchsten Rotationssymmetrie. Zur Numerierung wird das Ende der Bezugsachse mit einem einzelnen Atom (oder der niedrigsten Anzahl von Atomen) in der ersten Ebene ausgewählt. Die CSU wird so orientiert, daß die erste zu numerierende Position in der ersten Ebene mit mehr als einem Atom die 12-Uhr-Position einnimmt. Jetzt werden Lokanten für die axiale Position oder für

---

[31)] Für diesen Deskriptor findet sich häufig auch die Punktgruppe D_{4h}.

die Positionen in der ersten Ebene zugeordnet; man beginnt mit der 12-Uhr-Position und bewegt sich entweder im oder entgegen den Uhrzeigersinn. Von der ersten Ebene geht man zur nächsten Ebene über und fährt in derselben Richtung (im oder entgegen dem Uhrzeigersinn) fort, wobei man immer bei der 12-Uhr-Position oder bei einer Position beginnt, die dieser „in Fahrtrichtung" am nächsten liegt. Der vollständige CEP-Deskriptor für die CSU sollte vor deren Namen genannt werden. Wenn sie strukturell signifikant sind, können **Metall–Metall**-Bindungen angegeben werden (Abschnitt 4.3.3.3).

4.3.4.3.1 Symmetrische zentrale Struktureinheiten

Zentrale Struktureinheiten können gesondert identifiziert und für Nomenklaturzwecke wie in Abschnitt 4.3.4.3 – CEP-Deskriptor – numeriert werden. Viele symmetrische CSUs brauchen jedoch im Namen keinen vollständigen Satz von Lokanten, weil Verbindungen mit diesen CSU keine Isomerie zeigen.

Lokanten für Brückenliganden werden wie bei zweikernigen Einheiten genannt. Manchmal sind Lokanten für einatomige Brücken in komplizierteren mehrkernigen Einheiten notwendig. Für diese Einheiten werden die Lokanten alle nacheinander jeweils vor dem Symbol κ zitiert und durch einen Doppelpunkt voneinander getrennt, z.B. Tri-μ-chloro-1:2κ^2Cl;1:3κ^2Cl;2:3κ^2Cl-. Es sei betont, daß wegen der Doppelpunkte die Sätze der Brückenliganden durch Semikolons getrennt werden. Die hier angewendete Hierarchie der Interpunktionszeichen wird in Abschnitt 4.3.3.5 besprochen.

Beispiele:

1. [{Co(CO)$_3$}$_3$(μ_3-Cl)]
   Nonacarbonyl-(μ_3-iodmethylidin)-*triangulo*-tricobalt(3 *Co—Co*)
2. Cs$_3$[Re$_3$Cl$_{12}$]$^{3-}$
   Caesium-dodecachloro-*triangulo*-trirhenat(3 *Re—Re*)(3–)
3. [Cu$_4$I$_4${P(C$_2$H$_5$)$_3$}$_4$]
   Tetra-μ_3-iodo-tetrakis(triethylphosphan)-*tetrahedro*-tetrakupfer
   oder
   Tetra-μ_3-iodo-tetrakis(triethylphosphan)[*T$_d$*-(13)-Δ^4-*closo*]-tetrakupfer
4. [Mo$_6$S$_8$]$^{2-}$ Octa-μ_3-thio-*octahedro*-hexamolybdat(2–)
   oder Octa-μ_3-thio-[*O$_h$*-(141)-Δ^8-*closo*]hexamolybdat(2–)
5.

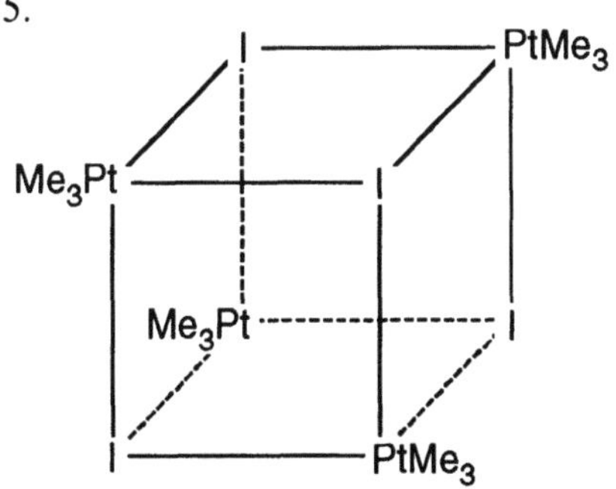

Tetra-μ_3-iodo-tetrakis=
[trimethylplatin(IV)]
oder Tetra-μ_3-iodo-dodeca=
methyl-1κ^3C,2κ^3C,3κ^3C,4κ^3C-
tetrahedro-tetraplatin(IV)
oder Tetra-μ_3-iodo-dodeca=
methyl-1κ^3C,2κ^3C,3κ^3C,4κ^3C [*T$_d$*
(13)-Δ^4-*closo*]tetraplatin(IV)

6. $[Be_4(\mu\text{-}C_2H_3O_2)_6(\kappa_4\text{-}O)]$
   Hexakis(μ-acetato-κO:$\kappa O'$)-μ_4-oxo-*tetrahedro*-tetraberyllium
   oder   Hexakis(μ-acetato-κO:$\kappa O'$)-μ_4-oxo-[T_d-(13)-Δ^4-*closo*]=
   tetraberyllium

7. $[\{Hg(CH_3)\}_4(\mu_4\text{-}S)]^{2+}$
   μ_4-Thio-tetrakis(methylquecksilber)(2+)–Ion
   oder   Tetramethyl-1κC,2κC,3κC,4κC-μ_4-thio-*tetrahedro*-
   tetraquecksilber(2+)-Ion
   oder   Tetramethyl-1κC,2κC,3κC,4κC-μ_4-thio-[T_d-(13)-Δ^4-*closo*]=
   tetraquecksilber(2+)-Ion

8.

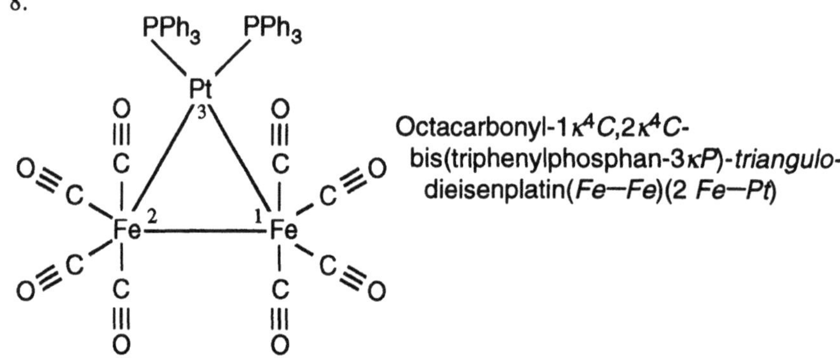

Octacarbonyl-1$\kappa^4 C$,2$\kappa^4 C$-bis(triphenylphosphan-3κP)-*triangulo*-dieisenplatin(*Fe—Fe*)(2 *Fe—Pt*)

4.3.4.3.2 Unsymmetrische zentrale Struktureinheiten

Zentrale Struktureinheiten in Ketten, verzweigten Ketten und cyclischen mehr-kernigen Strukturen werden fortlaufend von einem Ende zum anderen numeriert, so daß die größte Zahl von Zentralatomen berührt wird. Das Ende für den Beginn der Numerierung wird wie folgt ausgewählt: unter Verwendung von Tabelle 2.7 wird die höchste Priorität dem Zentralatom gegeben, das als letztes in der Folge auftritt. Führt das zu keiner Entscheidung, dann erhält das Zentralatom die Priori-tät, durch das der niedrigste Satz von Lokanten für die Liganden erhalten wird; entscheidend ist dabei die erste Abweichung. Mißlingt auch das, dann bestimmt die alphabetische Reihenfolge der Liganden die Priorität. Das bevorzugte endstän-dige Zentralatom wird mit 1 numeriert. Wenn es notwendig ist, steht im Namen der Lokant in der Aufstellung der Zentralatome vor dem Atomnamen (siehe Bei-spiel 3). Das Symbol κ, wird, soweit nötig, zusammen mit dem Zentralatomlokan-ten und kursiv geschriebenem Donoratomsymbol zur Angabe der Position der ko-ordinierenden Atome verwendet.

Beispiele:

         (5)   (4)   (3)   (2)   (1)
   1. $SiH_3\text{–}Si(CH_3)_2\text{–}SiCl_2\text{–}SiH_2\text{–}SiClH_2$
   Trichloro-1κCl,3$\kappa^2 Cl$-heptahydridodimethyl-4$\kappa^2 C$-pentasilicium[32]

---

[32] 1,3,3,4,4 ist ein niedrigerer Lokantensatz als 2,2,3,3,5 (erste Abweichung: 1 ist niedriger als 2).

2. $[Os_3(SiCl_3)_2(CO)_{12}]$ Dodecacarbonyl-1κ^4C,2κ^4C,3κ^4C-
bis(trichlorsilyl)-1κSi,3κSi-triosmium(2 *Os—Os*)

3.

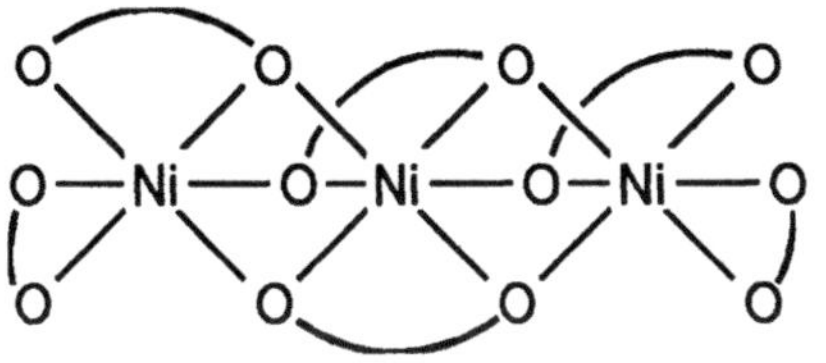

$\stackrel{\frown}{O\ O}$ bedeutet
$(CH_3COCH_2COCH_3)^-$

Bis(μ_3-pentan-2,4-dionato-1:2κ^2O^2;2:3κ^2O^4)bis(μ-pentan-2,4-dionato)-
1κO^2,1:2κ^2O^4;3κO^4,2:3κ^2O^2-bis(pentan-2,4-dionato)-
1κ^2O^2,O^4;3κ^2O^2,O^4-trinickel

4.

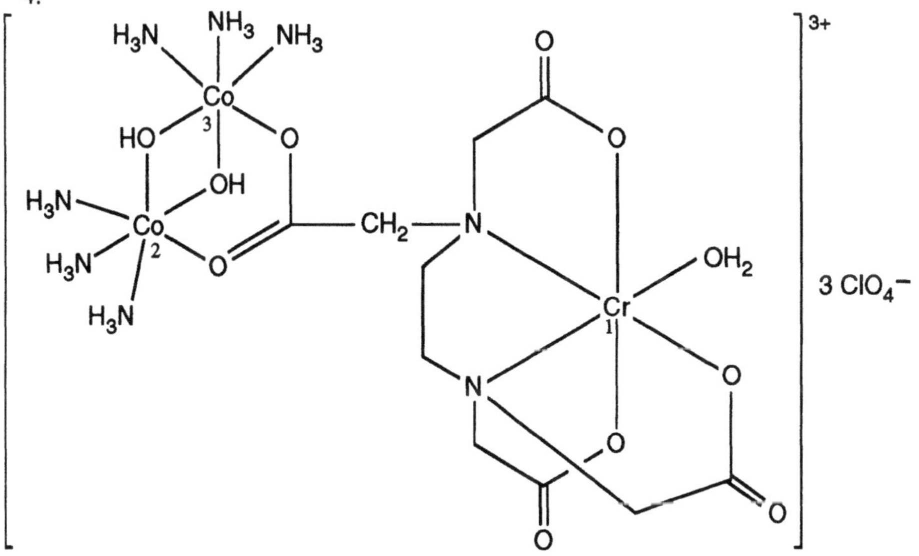

Hexaammin-2κ^3N,3κ^3N-aqua-1κO-[μ_3-(ethan-1,2-diyldinitrilo-1κ^2N,N')=
tetraacetato-1κ^3O^1,O^2,O^3:2κO^4:3$\kappa O^{4'}$]-di-μ-hydroxo-2:3κ^4O-1-chrom-
2,3-dicobalt(3+)-triperchlorat

Zentralatome in verbrückten cyclischen Strukturen werden wie folgt numeriert:
unter Verwendung von Tabelle 2.7 wird die höchste Priorität dem Zentralatom zugeordnet, das, der Pfeilrichtung folgend, als letztes auftritt. Reicht das nicht aus,
erhält das Zentralatom die höchste Priorität, durch das der niedrigste Satz von Lokanten für Liganden erhalten wird; entscheidend ist dabei die erste Abweichung.
Mißlingt auch das, dann bestimmt die alphabetische Reihenfolge der Liganden die
Priorität. Das Zentralatom mit der größten Anzahl alphabetisch bevorzugter Liganden erhält die höchste Priorität. Das Präfix *cyclo-* kann für monocyclische Verbindungen verwendet werden, es wird kursiv geschrieben und vor allen Liganden genannt.

Beispiele:

5. $[Pt_3(NH_3)_6(\mu\text{-}OH)_3]^{3+}$ *cyclo*-Tri-μ-hydroxo-tris(diamminplatin)(3+)
oder Hexaammintri-μ-hydroxo-*triangulo*-triplatin(3+)

6.

cyclo-Pentaammin-1$\kappa^2 N$,2$\kappa^2 N$,3κN-
tri-μ-hydroxo-1:2$\kappa^2 O$;1:3$\kappa^2 O$;2:3$\kappa^2 O$-
(methylamin-3κN)palladium=
diplatin(3+)

4.3.5 Koordinationsverbindungen mit Ringen und Clustern von Zentralatomen

Drei gleiche Zentralatome können in einer kurzen Kette oder in einem Ring angeordnet sein, oder sie sind an tetraedrischen Anordnungen mit einem vierten Atom wie N oder auch an komplizierteren Anordnungen beteiligt. Der vorliegende Abschnitt enthält nur einen einfachen Fall.

Wenn das Präfix *cyclo-* in Namen von Metall–Metall-gebundenen Einheiten verwendet wird, sind Elementsymbole erforderlich, die das Vorliegen der Metall–Metall-Bindungen angeben. ·

Beispiel:

1.

Dodecacarbonyltriosmium
oder *cyclo*-Tris(tetracarbonylosmium)
oder
Tris(tetracarbonylosmium)(3 *Os–Os*)
oder
Dodecacarbonyl-*triangulo*-triosmium
oder
cyclo-Dodecacarbonyl-
1$\kappa^4 C$,2$\kappa^4 C$,3$\kappa^4 C$-triosmium(3 *Os–Os*)

Der erste Name gibt keine Information über die Struktur. Die folgenden drei Namen können verwendet werden, wenn die Art der Substitution an jedem Zentralelement gleich ist. Der zweite Name demonstriert die allgemeine Anwendbarkeit von *cyclo* für die Angabe, daß die Zentralatome einen Ring bilden. Der dritte Name verwendet den Symbolismus (3 *Os–Os*), um die zentrale Anordnung der

Osmiumatome mit drei *Os—Os*-Bindungen anzuzeigen. Der letzte ist ein vollständig strukturbezogener Name für diese Verbindung.

4.3.6 Einsträngige Koordinationspolymere

Wenn Verbrückungen zu einer unbegrenzten Ausdehnung der Struktur führen,
werden die Verbindungen auf der Basis der Repetiereinheiten benannt. So sollte
die Verbindung, deren Zusammensetzung durch die Formel $ZnCl_2 \cdot NH_3$ wiedergegeben wird, und die die nachstehende Struktur hat, als Polymeres benannt werden.

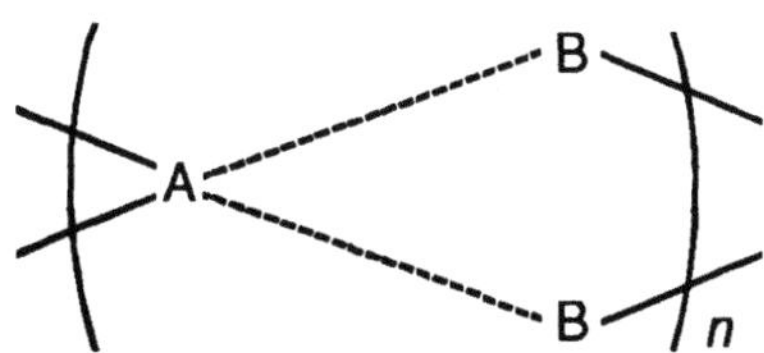

catena-Poly[(amminchlorozink)-μ-chloro]

Eine doppelt verbrückte Polymerstruktur wurde für $PdCl_2$ gefunden.

catena-Poly[palladium(II)-μ-dichloro]

Beides sind einsträngige Polymere.

Die Reihenfolge der Morpheme in diesen Namen entspricht nicht der in der
Koordinationsnomenklatur üblichen.

Reguläre einsträngige Polymere werden durch eine *konstitutionelle Repetiereinheit* („Constitutional repeating unit", CRU) charakterisiert, die an beiden Enden
über Einzelatome gebunden ist –(A–B)$_n$–. In $ZnCl_2 \cdot NH_3$ entsprechen A und B Zn
bzw. Cl. Die Benennungspraktiken für diese Spezies sind in den 1985 erschienenen IUPAC-Empfehlungen [57] dokumentiert. Quasi-einsträngige Polymere werden ähnlich charakterisiert, doch ist nur eine Seite über ein einzelnes Atom mit der
nächsten CRU verknüpft. In $PdCl_2$ entsprechen A und B Pd bzw. Cl. Die Nomenklaturregeln, die die CRU definieren und die das Polymer in Form der CRU definieren, sind mit den oben gegebenen Regeln für mehrkernige Komplexe nicht
völlig konsistent. Hier wird nur eine Grundkonzeption gegeben.

Wichtig ist die Auswahl der CRU; sie wird so orientiert, daß das Zentralatom höchster Priorität (Tabelle 2.7) zuerst aufgeführt wird. Es folgt die Benennung des Teils der CRU, der keine Brückenliganden enthält, entsprechend den Praktiken der Koordinationsnomenklatur, und schließlich die Benennung der Brückenliganden, getrennt durch den Brückenindikator μ [33].

Beispiele:

1.

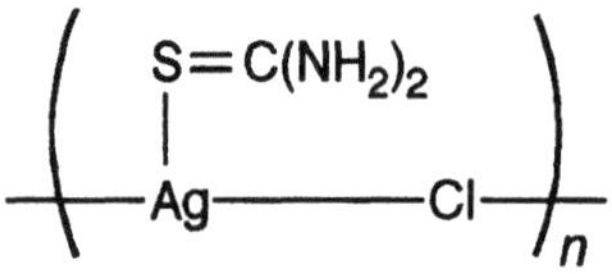

$$\left(\begin{array}{c} S{=}C(NH_2)_2 \\ | \\ {-}Ag{-}\!\!-\!\!-Cl{-} \end{array} \right)_n$$

catena-Poly[[(thio=harnstoff-*S*)silber]-μ-chloro]

2.

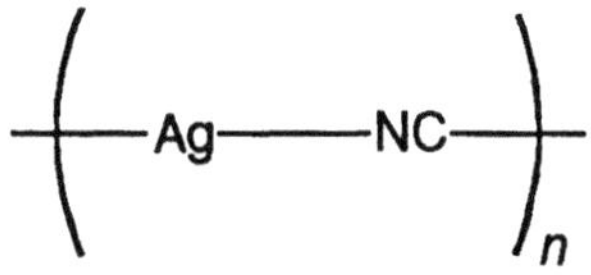

$$\left({-}Ag{-}\!\!-\!\!-NC{-} \right)_n$$

catena-Poly[silber-μ-(cyano-*N:C*)] [34]

3.

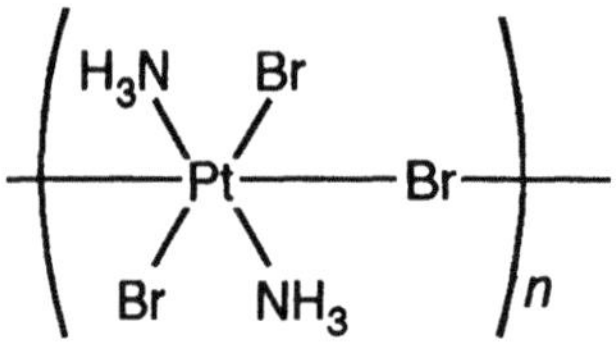

$$\left(\begin{array}{cc} H_3N & Br \\ \diagdown & \diagup \\ {-}Pt&{-}\!\!-\!\!-Br{-} \\ \diagup & \diagdown \\ Br & NH_3 \end{array} \right)_n$$

catena-Poly[(diammin=dibromoplatin)-μ-bromo]

4.

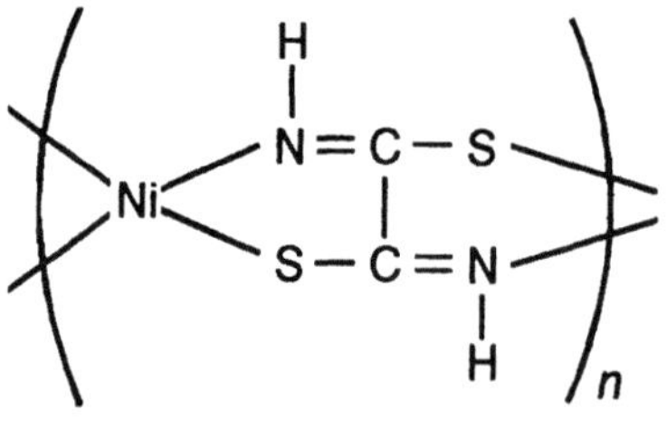

$$\left(\begin{array}{c} H \\ | \\ N{=}C{-}S \\ Ni \qquad | \\ S{-}C{=}N \\ | \\ H \end{array} \right)_n$$

catena-Poly{nickel-μ-[dithiooxamidato(2–)-$\kappa N, \kappa S{:} \kappa N', \kappa S'$]}

---

[33] Die Position des Brückenindikators μ im Namen von Koordinationspolymeren und seine Plazierung außerhalb der Klammern um die Liganden ist anders als bei mehrkernigen Komplexen (siehe Abschnitt 4.3.3.2).

[34] Diese Verbindung wird nicht *catena*-Poly[silber-μ-(cyano-*C:N*)] genannt.

4.4 Organometall-Verbindungen

4.4.1 Allgemeines

Als Organometall-Einheiten werden normalerweise alle chemischen Spezies betrachtet, die eine Kohlenstoff-Metall-Bindung enthalten. Die einfachsten Einheiten sind solche mit Alkylliganden, z.B. Diethylzink. Im allgemeinen erhalten solche Liganden, die durch ein einfach gebundenes Kohlenstoffatom mit Metallen verknüpft sind, die üblichen Substituenten-Namen, obwohl diese Liganden zur Berechnung der Oxidationszahlen als Anionen behandelt werden müssen. In einigen Fällen ist die Bezeichnung willkürlich. Liganden, die üblicherweise so behandelt werden, als enthielten sie Metall-Donor-Doppelbindungen (Alkylidene) und -Dreifachbindungen (Alkylidine), erhalten ebenfalls Substituenten-Namen.

Beispiele:

1. $MgBr[CH(CH_3)_2]$ Bromo(isopropyl)magnesium
2. $[Fe(CH_3CO)I(CO)_2\{P(CH_3)_3\}_2]$
   Acetyldicarbonyliodobis(trimethylphosphan)eisen
3. $[W\{(C-C_6H_5)(CH_3O)\}(CO)_4(NCCH_3)]$
   (Acetonitril)tetracarbonyl(α-methoxy-benzyliden)wolfram[34a]

4. $[Pt\{C(O)-CH-(C_6H_5)-CH(C_6H_5)\}\{P(C_6H_5)_3\}_2]$

(1-Oxo-2,3-diphenyl-propan-1,3-diyl)-κC^1,κC^3-bis(triphenylphosphan)platin

Tabelle 3.6.5 enthält eine Liste von organischen Restnamen für die Verwendung bei der Benennung von Koordinationsverbindungen.

Liganden, die über ein neutrales Heteroatom und ein Kohlenstoffatom an Metallatome koordiniert sind, erhalten den üblichen Substituenten-Namen; die bindenden Atom werden durch das kursiv geschriebene Donoratomsymbol oder die κ-Notation angegeben.

Beispiel:

5. $[Pd\{C_6H_4-[CH_2-N(CH_3)_2]\}Cl_2]^-$

Dichloro{2-[(dimethylamino)methyl]phenyl-C^1,N}palladat(II)
   oder Dichloro{2-[(dimethylamino-κN)methyl]phenyl-κC^1}palladat(II)

Namen von Liganden, die über ein Kohlenstoffatom und ein anionisches Heteroatom an Metallatome gebunden sind, enden auf -ato. Die scheinbare anionische Ladung wird durch die Ladungszahl ausgedrückt. Die bindenden Atome werden durch die Donoratomsymbole oder die κ-Notation angegeben.

Beispiele:

6. $[Ni\{CH_2-CH_2-C(O)O\}\{(C_6H_5)_2P-CH_2-CH_2-P(C_6H_5)_2\}]$

[Ethan-1,2-diylbis(diphenylphosphan-P)][propanoato(2–)-C^3,O]nickel(II)
   oder [Ethan-1,2-diylbis(diphenylphosphan-κP]=
      [propanoato(2–)-κC^3,κO]nickel(II)

[34a] Nach „A Guide to IUPAC Nomenclature of Organic Compounds, Recommendations 1993" [53] ist nur Substitution im Ring von Benzyliden erlaubt.

4.4.2   Komplexe mit ungesättigten Molekülen oder Gruppen

Seit der ersten Synthese von Ferrocen hat die Anzahl und Vielfalt der Organometallverbindungen mit ungesättigten organischen Liganden gewaltig zugenommen. Komplikationen bei der Benennung treten auf, weil Alkene, Alkine, Imide, Diazene und andere ungesättigte Ligandensysteme wie Cyclopentadienyl, $C_5H_5^-$, Buta-1,3-dien, C_4H_6, und Cycloheptatrienylium, $C_7H_7^+$, formal anionisch, neutral oder kationisch auftreten können. Struktur und Bindungsweise können manchmal kompliziert oder auch schlecht definiert sein. In diesen Fällen sind solche Namen nützlich, die die stöchiometrische Zusammensetzung angeben. Die Ligandennamen werden alphabetisch angeordnet, gefolgt von den Namen der Zentralatome, ebenfalls in alphabetischer Reihenfolge. Bindungsbezeichnungen werden nicht angegeben.

Beispiele:

1. $[PtCl_2(C_2H_4)(NH_3)]$ Ammindichloro(ethylen)platin
2. $[Hg(C_5H_5)_2]$ Bis(cyclopentadienyl)quecksilber
3. $[Fe_4Cu_4(C_5H_5)_4\{[(CH_3)_2N]C_5H_4\}_4]$
   Tetrakis(cyclopentadienyl)tetrakis=
   [(dimethylamino)cyclopentadienyl]tetraeisentetrakupfer

Die besondere Natur der Bindung von Kohlenwasserstoffen und anderen π-Elektronensystemen an Metalle und die komplizierte Struktur dieser Einheiten kann durch die herkömmliche Nomenklatur nicht wiedergegeben werden. Zur Anpassung an die Probleme, die sich aus den Bindungsweisen und Strukturen ergeben, wurde das hapto-Symbol eingeführt [21]. Das hapto-Symbol η, (griechisches Eta, gesprochen hapto), mit dem numerischen Exponenten liefert eine topologische Beschreibung durch Angabe der Bindigkeit, die der Ligand gegenüber dem Zentralatom betätigt.

Das Symbol η wird dem Ligandennamen oder dem Teil des Ligandennamens vorangestellt, dessen Bindigkeit angegeben werden soll, wie in (η^2-Ethenyl= cyclopentadien) und (Ethenyl-η^5-cyclopentadienyl). Der Exponent gibt die Zahl der koordinierenden Atome im Liganden an, die an das Metall gebunden sind (Beispiele 4 bis 10). In Einheiten, in denen der Exponent zur Spezifizierung einer eindeutigen Struktur nicht ausreicht, werden die Lokanten der koordinierenden Atome vor η angeordnet. Lokanten und η werden in runde Klammern gesetzt, z.B. $(1,2,3\text{-}\eta)$- (Beispiele 10, 11 und 13). Der Exponent am η fällt weg, da er überflüssig ist. In mehrkernigen Einheiten wird der numerische Lokant des Zentralatoms vor η angegeben. Das η-Symbol wird stets in runde Klammern eingeschlossen, wie in $1(\eta^5)$- und $2(1,2,3\text{-}\eta)$-. Diese Grundsätze werden in den Beispielen 13 bis 17 weiter verdeutlicht.

Beispiele:

4. $[Fe(CO)_3(C_4H_6SO)]$
   Tricarbonyl(η^2-2,5-dihydrothiophen-1-oxid-κO)eisen
5. $[Cr(C_3H_5)_3]$ Tris(η^3-allyl)chrom
6. $[Cr(CO)_4(C_4H_6)]$ Tetracarbonyl(η^4-2-methylen-propan-1,3-diyl)chrom
7. $[PtCl_2(C_2H_4)(NH_3)]$ Ammindichloro(η^2-ethen)platin

8. $[Fe(CO)_3(C_7H_8)]$ (η^4-Bicyclo[2.2.1]hepta-2,5-dien)tricarbonyleisen

9. $[U(C_8H_8)_2]$ Bis(η^8-cycloocta-1,3,5,7-tetraen)uran

10.

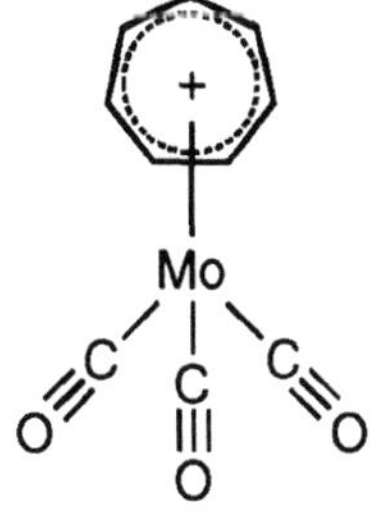

Dicarbonyl(η^5-cyclopentadienyl)=
[(1,2,3-η)cyclohepta-
2,4,6-trienyl]molybdän

11.

Dicarbonyl(η^5-cyclopentadienyl)=
[(4,5-η,κC^1)-cyclohepta-
2,4,6-trienyl]molybdän[35]

12.

Tricarbonyl(η^7-cyclohepta=
trienylium)molybdän(1+)

In Beispiel 13 wird der Doppelpunkt wie in anderen verbrückten Strukturen verwendet (siehe Abschnitt 4.3.3.4).

---

[35] Manche Autoren verwenden in Beispielen wie diesen η^1, während es hier κC^1 heißt. Für Kohlenstoff-Metall-Einfachbindungen ist die Verwendung von κC besser geeignet.

13.

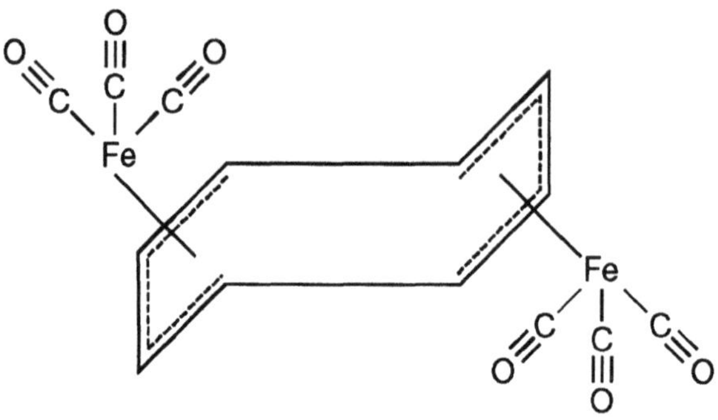

[*μ*-(1,2,3,4-*η*:5,6,7,8-*η*)Cycloocta-1,3,5,7-tetraen]bis(tricarbonyleisen)

14.

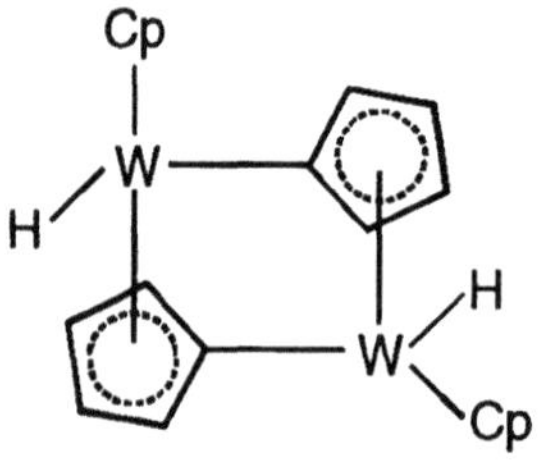

[*μ*-1*κC*:2(*η*^{5})-Cyclopentadienyliden]=
[*μ*-2*κC*:1(*η*^{5})-cyclopentadienyliden]=
bis[(*η*^{5}-cyclopentadienyl)=
hydridowolfram][36]

15.

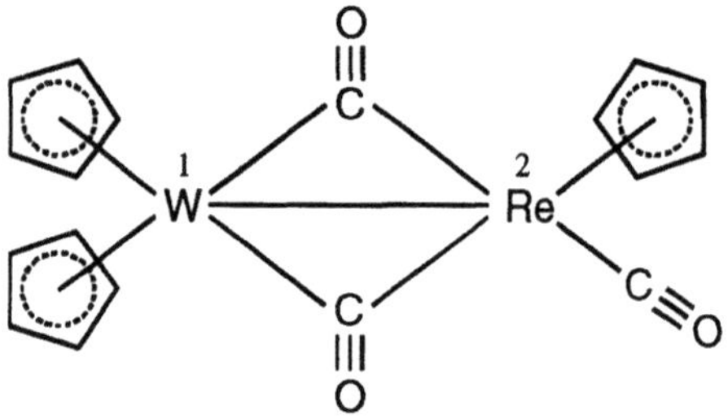

Di-*μ*-carbonyl-carbonyl-2*κC*-[1,1,2- tris(*η*^{5})-
cyclopentadienyl]rheniumwolfram(*Re—W*)

---

[36] Diese unübliche Anordnung des Symbols *κ* ermöglicht es, die vereinfachte Bezeichnung der
Brücke beizubehalten.

16.

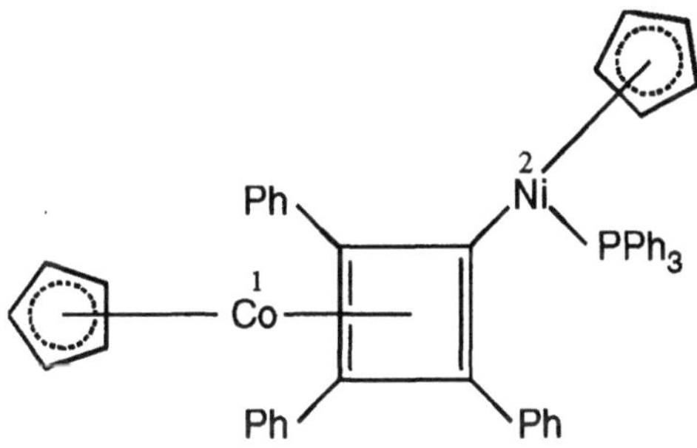

$[\mu$-(1,2,3,3a,8a-η,2κ:4,5,6-η,1κ)-Azulen]pentacarbonyl-1κ^3C,2κ^2C-dieisen(Fe—Fe)

17.

Bis-1,2(η^5)-cyclopentadienyl-[μ-2,3,4-triphenylcyclobutadienyl-2κC1:1(η^4)]triphenylphosphan-2κP-cobaltnickel

4.4.3　Metallocene (Bis(η^5-cyclopentadienyl)-Komplexe)

G$_3$) Metallocene
Metallocen **[QL$_i$L'$_{i'}$...]** ; **[L$_i$L'$_{i'}$...]** = Bis(η^5-cyclopentadienyl)-Einheiten

a) – Das **Metallocen** ist unsubstituiert:
– Namensstamm für **Q** (Anhang) + **ocen**
Beispiel: [Mn(η^5-C$_5$H$_5$)$_2$]　　　　Manganocen
b$_1$) – Das **Metallocen** ist substituiert:
– Lokant(en) + Präfix(e) für die Substituenten nach IUPAC-CNOC[a]
　　　+ Name nach **a)** [Namensstamm für **Q** (Anhang) + **ocen**]
Beispiel: [Ni(Cl-η^5-C$_5$H$_4$)$_2$]　　　　1,1'-Dichlor-nickelocen

b₂) – Ein Substituent ist die Hauptgruppe
   – Lokant(en) + Präfix(e) für die Substituenten nach IUPAC-CNOC[a]
       + Namensstamm für **Q** (Anhang) + **ocen** + Lokant(en)
          + Suffix für die Hauptgruppe nach IUPAC-CNOC[a]
Beispiel: [Fe(H₃C–η^5-C₅H₃–COOH)₂]
      3,3'-Dimethyl-ferrocen-1,1'-dicarbonsäure
c) – Restname:
Beispiel: 1' -Chlor-ferrocenyl-

---

[a] Lit. [49] *Nomenclature of Organic Chemistry.*

Die traditionellen Namen Ferrocen, Manganocen, Ruthenocen, Nickelocen usw. wurden den entsprechenden Bis(η^5-cyclopentadienyl)metall-Komplexen gegeben. Solche Namen sollten auf Bis(η^5-cyclopentadienyl)-Verbindungen beschränkt bleiben und nicht auf η^6-Benzen- oder η^8-Cyclooctatetraen-Derivate oder analoge Verbindungen ausgedehnt werden.

Metallocen-Derivate werden nach den Regeln der organisch-chemischen Nomenklatur [49n] entweder mittels Suffixen oder mittels Präfixen benannt und numeriert.

Der erste Ring der gleichwertigen Cyclopentadienylringe der Metallocen-Einheiten wird von 1 bis 5 und der zweite von 1' bis 5' numeriert. In Einheiten, die mehrere Cyclopentadienyl-Gruppen enthalten, werden die Ringe entsprechend mit 1" bis 5", 1'" bis 5'" usw. numeriert.

Metallocene als Substituenten bekommen Namen, die auf -ocenyl, -ocendiyl, -ocentriyl usw. enden. Metallocene als Ionen werden nach Abschnitt 3.3 benannt.
Beispiele:
  1. [Fe(η^5-C₅H₅)₂]   Ferrocen
  2. [Os(η^5-C₅H₅)₂]   Osmocen
  3. Os(η^5-C₅H₅)(HO–CH₂–CH₂–η^5-C₅H₄)]
        2-Osmocenylethanol oder (2-Hydroxyethyl)osmocen
  4. [Os(η^5-C₅H₅)(CH₃–CO-η^5-C₅H₄)]
        Methyl-osmocenyl-keton oder Acetylosmocen
  5. [Fe(η^5-C₅H₄–CH₂–CH₂–CH₂–η^5-C₅H₄)]
        1,3-(Ferrocen-1,1'-diyl)propan oder 1,1'-Trimethylenferrocen
  6. [Fe₂(μ-η^5-C₅H₄–CH₂–CH₂–η^5-C₅H₄)(η^5-C₅H₅)₂]
        1,1"-(Ethan-1,2-diyl)diferrocen[37]

---

[37] Aus diesem Namen läßt sich die Formel nicht ableiten.

7. $[Fe(\eta^5\text{-}C_5H_5)\{\eta^5\text{-}C_5H_4\text{-}As(C_6H_5)_2\}]$
   Ferrocenyldiphenylarsan oder (Diphenylarsanyl)ferrocen
8. $[Fe(\eta^5\text{-}C_5H_5)_2][BF_4]$ Ferrocenium-tetrafluoroborat(1–)[38]
9.

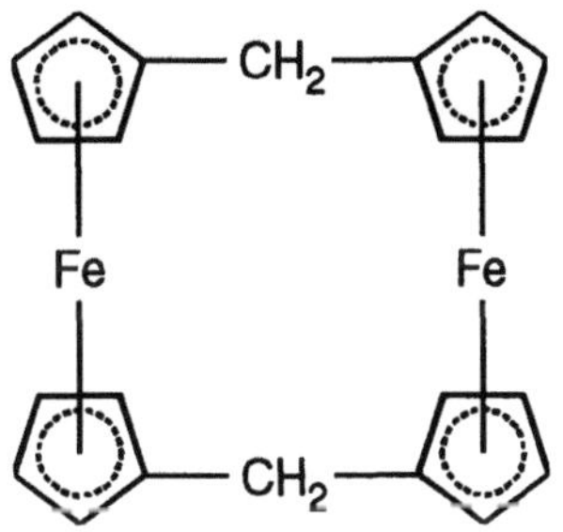

[1.1]Ferrocenophan[39]

10.

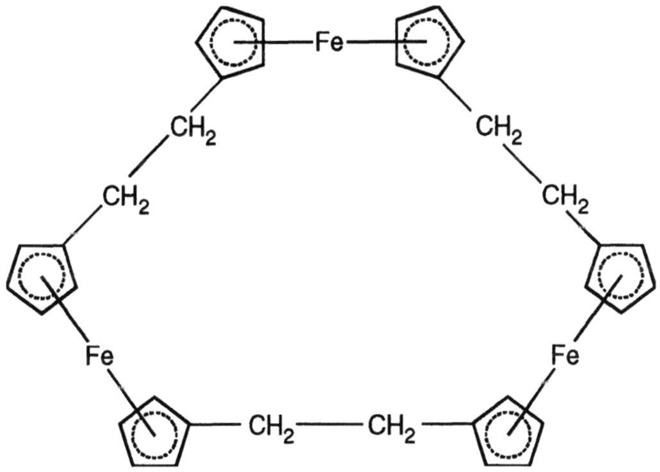

[2.2.2]Ferrocenophan[39]

Vorschläge: μ-Ethan-1,2-diyl-1-κC^1,2κC^1-diferrocen oder
Bis(cyclopentadienyl-1$\kappa^5 C$,2$\kappa^5 C$)[ethan-1,2-diylbis(cyclopentadienyl-
1$\kappa^5 C$,2$\kappa^5 C$)]dieisen.

[38] Ferrocenium ist der traditionelle Name für Kationen, die sich durch Abspaltung von einem oder zwei Elektronen von Ferrocen ableiten. Die Endung -ium hat hier nicht die übliche Bedeutung, die sie in der Substitutionsnomenklatur hat, d.h., die Addition eines Hydrons an eine neutrale Stammverbindung. Die Namen Bis(η^5-cyclopentadienyl)eisen(1+) und Bis(η^5-cyclopentadienyl)eisen(2+) vermeiden diese anomale Nomenklatur.

[39] Die Phan-Namen gründen sich auf einen Vorschlag von F. Vögtle und P. Neumann [88].

5   Auf der Stöchiometrie beruhende Namen

5   Auf der Stöchiometrie beruhende Namen

H_1) Namen für binäre oder pseudobinäre Verbindungen
   $(M_m M'_{m'} ... M''_{m''})(A_n A'_{n'} ... A''_{n''})$

a) Bezeichnung der Mengenverhältnisse der Bestandteile:
   Vervielfachendes Präfix für **m** + Name für **M** nach B_1)-B_5) + -
   + vervielfachendes Präfix für **m'** + Name für **M'** nach B_1)-B_5) + - + ...
   + vervielfachendes Präfix für **m''** + Name für **M''** nach B_1)-B_5) + -
   + vervielfachendes Präfix für **n** + Name für **A** nach C_1)-C_4) + -
   + vervielfachendes Präfix für **n'** + Name für **A'** nach C_1)-C_4) + - + ...
   + vervielfachendes Präfix für **n''** + Name für **A''** nach C_1)-C_4) [a]
b) Verwendung von Oxidations- oder Ladungszahlen:
   Name für **M** nach B_1)-B_5) + (EB) bzw. (ST) + -
   + Name für **M'** nach B_1)-B_5) + (EB) bzw. (ST) + - + ...
   + Name für **M''** nach B_1)-B_5) + (EB) bzw. (ST) + -
   + Name für **A** nach C_1)-C_4) + (EB) bzw. (ST) + -
   + Name für **A'** nach C_1)-C_4) + (EB) bzw. (ST) + - + ...
   + Name für **A''** nach C_1)-C_4) + (EB) bzw. (ST) [a]

Beispiele:
$(UO_2)_2 SO_4$ a) Diuranyl-sulfat
                              oder Bis(dioxouran)-tetraoxosulfat
                           b) Uranyl(V)-sulfat oder Uranyl(1+)-sulfat
$NaTl(NO_3)_2$ b) Natrium-thallium(I)-nitrat
                              oder Natrium-thallium(1+)-nitrat
$[Co(NH_3)_6]Cl(SO_4)$ b) Hexaammincobalt(III)-chlorid-sulfat
                              oder Hexaammincobalt(3+)-chlorid-sulfat
$Na_2[Fe(CO)_4]$ a) Dinatrium-tetracarbonylferrat
                           b) Natrium-tetracarbonylferrat(−II)
                              oder Natrium-tetracarbonylferrat(2−)

---

[a] Nennung von **M, M', M''** (Ausnahme: **M** = H wird zuletzt genannt) bzw. **A, A', A''** in alphabetischer Reihenfolge.

5.1   Einleitung

Die frühe anorganische Chemie und ihre Nomenklatur befaßte sich mit relativ einfachen ionischen Verbindungen. Diese Verbindungen wurden eingeteilt in
– Salze,
– Säuren und
– Basen.

Die Namen basierten auf dem Prinzip, das ursprünglich für binäre, d.h. aus zwei Elementen aufgebaute Verbindungen entwickelt worden ist. Dieses Prinzip wurde auf Verbindungen aus mehr als zwei Elementen ausgedehnt, indem Atomgruppen als Einheiten betrachtet werden, und lieferte die pseudobinären Namen. Obwohl solche Namen in strengem Sinne nicht systematisch sind, sind sie so fest verwurzelt und Basis für die Benennung aller dieser Klassen, daß sie in den Regeln von 1990 [45] aufgeführt sind.

Wie für Ionen, Substituenten, Liganden und Radikale gibt es für Salze, Säuren und – in eingeschränktem Maße – für Basen systematische Namen, doch benötigen einige Spezies eine Nomenklatur, wie sie in Abschnitt 4.3 für Koordinationsverbindungen beschrieben ist. Insbesondere für Oxoanionen von Stickstoff, Schwe= fel und Phosphor sind zahlreiche veraltete und traditionelle Namen in Gebrauch. Somit enthalten diese Empfehlungen eine Mischung aus systematischer und traditioneller Nomenklatur. Außerdem gibt es eine Vielfalt von systematischen Methoden, die einander ergänzen oder die auch alternative Formulierungen ermöglichen. So kann z.B. die Oxidationsstufe durch die Oxidationszahl (Abschnitt 2.3.4.1) oder die Ionenladung durch die Ladungszahl angegeben werden (Abschnitt 2.3.4.2), aus der sich die Ladung ableiten läßt. Letztere Form wird zwar nicht empfohlen, doch werden alternative Formulierungen im Text überall dort verwendet, wo sie geeignet sind.

Stöchiometrische Namen beschreiben Verbindungen, über die nur geringe oder keine Informationen zur Struktur vorliegen oder wenn Informationen über die Struktur nicht angegeben werden sollen. In solchen Fällen könnte man den Namen auf eine nichtstrukturelle empirische Formel beziehen (Abschnitt 2.3.2.1). Meistens gibt es jedoch einige zusätzliche chemische Informationen oder Annahmen.

5.2   Klassen der Bestandteile und deren Rangfolge

Im einfachsten Fall, wenn die Verbindung aus einem elektropositiven und einem elektronegativen Bestandteil besteht, wird der Name durch Kombinieren der Namen für den elektropositiven und für den elektronegativen Bestandteil gebildet (siehe Abschnitt 5.3) und gegebenenfalls durch vervielfachende Präfixe genauer bezeichnet. Der elektropositive Bestandteil wird zuerst genannt[1]. Die beiden Namensteile werden im Deutschen direkt (oder durch einen Bindestrich) miteinander verbunden[2].

Die Reihenfolge innerhalb der Klasse der elektropositiven und der der elektronegativen Bestandteile (vgl. Abschnitt 2.3.6) basiert auf der Stellung der Namen im Alphabet (siehe Abschnitt 5.2.1.1 für elektropositive und Abschnitt 5.2.1.2 für elektronegative Bestandteile). Daraus folgt, daß die Reihenfolge im Namen nicht mit der Reihenfolge der Symbole in der zugehörigen Formel

---

[1]   In den germanischen Sprachen gilt die Reihenfolge elektropositiv vor elektronegativ, in den romanischen Sprachen umgekehrt elektronegativ vor elektropositiv.

[2]   Einzelheiten der Anordnung sowie Gepflogenheiten der Worttrennung können sich von Sprache zu Sprache unterscheiden. Im Deutschen wird ein Bindestrich immer dann verwendet, wenn es die Übersichtlichkeit erfordert; vgl. Abschnitt 2.5.2.3.5, Fußnote 58.

übereinstimmen muß, und daß die Reihenfolge im Namen sich von Sprache zu Sprache ändern kann.

Solange es keine Probleme wegen unterschiedlicher Oxidationsstufen gibt, werden vervielfachende Präfixe nicht unbedingt benötigt, selbst wenn eine exaktere Formulierung des Namens diese notwendig erscheinen läßt.

Beispiele:

1. $NaCl$ Natrium-chlorid
2. Ca_3P_2 Calcium-phosphid
3. Fe_3O_4 Trieisen-tetraoxid
4. SiC Silicium-carbid

5.2.1   Namen der Bestandteile

Der Name für einen einatomigen elektropositiven Bestandteil ist der unveränderte Elementname (siehe Anhang). Für einen mehratomigen Bestandteil wird der übliche Name des Kations verwendet (siehe Abschnitte 3.3.1.3 und 4.3). In bestimmten Fällen sind jedoch für spezielle Gruppen (insbesondere für **sauerstoffhaltige** Spezies wie **Nitrosyl-** und **Phosphoryl-**, siehe Abschnitt 3.3.3.2.1) eingeführte Namen weiterhin erlaubt.

Für elektronegative Bestandteile werden gewöhnlich die Namen der Anionen verwendet (Abschnitt 3.3.2).

Beispiele:

1. NH_4Cl Ammonium-chlorid
2. $UOCl_2$ Uranyl-dichlorid
3. $NOHSO_4$ Nitrosyl-hydrogensulfat[3]
4. $[Co(NH_3)_6]Br_3$ Hexaammincobalt-tribromid
5. $O_2[PtF_6]$ Disauerstoff-hexafluoroplatinat
                          oder Dioxygen-hexafluoroplatinat

5.2.1.1 Reihenfolge der elektropositiven Bestandteile

Enthält die Verbindung verschiedenartige elektropositive Bestandteile, so werden die Namen in alphabetischer Reihenfolge ihrer Anfangsbuchstaben aufgeführt, oder, wenn diese gleich sind, des zweiten Buchstabens usw. So steht **Magnesium** vor **Mangan** und **Kalium** vor **Kupfer**. **Hydrogen** wird stets als letzter der elektropositiven Bestandteile genannt und kann von den folgenden Anionnamen durch einen Bindestrich getrennt werden. Soll gezeigt werden, daß das **Wasserstoffatom** Teil des Anions ist, wird **Hydrogen** zusammen mit dem Anion genannt (siehe Abschnitt 5.4.2). So kann **Hydrogenphosphat** vom strukturell anders aufgebauten **Hydrogen-phosphat** unterschieden werden[4].

Vervielfachende Präfixe, die nicht Bestandteil des Kationnamens sind, werden bei der Bestimmung der alphabetischen Reihenfolge nicht berücksichtigt (siehe Abschnitt 5.3).

---

[3] Siehe auch Abschnitt 2.5.3.4, Fußnote 66.

[4] Im englischsprachigen Original [45] werden „hydrogen phosphate" und „hydrogen= phosphate" unterschieden.

Beispiele:
1. $KMgCl_3$ — Kalium-magnesium-chlorid
2. $NaNH_4HPO_4$ — Ammonium-natrium-hydrogen-phosphat
3. $Na(UO_2)_3[Zn(H_2O)_6](OCOCH_3)_9$
   Hexaaquazink-natrium-triuranyl-nonaacetat
4. $Cs_3Fe(C_2O_4)_3$ — Tricaesium-eisen-tris(oxalat)[5]
5. $AlK(SO_4)_2 \cdot 12H_2O$ — Aluminium-kalium-bis(sulfat)—Wasser (1/12) oder
   Aluminiumsulfat—Kaliumsulfat—Wasser (1/1/24)[6]

5.2.1.2 Reihenfolge der elektronegativen Bestandteile

Wenn die Verbindung mehrere elektronegative Bestandteile enthält, werden diese nach den Anfangsbuchstaben von deren Namen (oder nachfolgender Buchstaben, wenn die ersten sich nicht unterscheiden) ohne Berücksichtigung etwaiger vervielfachender Präfixe alphabetisch geordnet. Verwendet werden die vervielfachenden Präfixe Bis-, Tris- usw., da Di-, Tri-, Tetra- usw. der Bezeichnung kondensierter Anionen vorbehalten sind (siehe Abschnitt 5.3.1). Auch hier können die Namensteile durch Bindestriche getrennt werden.

Beispiele:
1. $Na_6ClF(SO_4)_2$ — Hexanatrium-chlorid-fluorid-bis(sulfat)
   (zu bis siehe Abschnitt 5.3.1)
2. PCl_3O — Phosphor-trichlorid-oxid
3. $Na_4ClF(HSO_4)_2$ — Tetranatrium-chlorid-fluorid-bis(hydrogensulfat)

5.3 Bezeichnung der Mengenverhältnisse der Bestandteile

5.3.1 Verwendung vervielfachender Präfixe

Die Mengenverhältnisse der Bestandteile, seien sie ein- oder mehratomig, können durch vervielfachende Präfixe (Mono-, Di-, Tri-, Tetra-, Penta- usw., siehe Tabelle 2.5) angegeben werden. Sie werden dem betreffenden Namen ohne Bindestrich direkt vorangestellt. Die abschließenden Vokale der vervielfachenden Präfixe werden nicht weggelassen, es sei denn, es liegen sprachliche Gründe vor. Mon= oxid ist eine derartige Ausnahme. Wenn die Verbindung Elemente enthält, bei denen es nicht notwendig ist, die Mengenverhältnisse zu betonen, z.B., wenn die Oxidationsstufen im Normalfall unveränderlich sind, müssen diese nicht angegeben werden.

---

[5] Der Name Caesium-tris(oxalato)ferrat(III) sagt mehr über die Struktur der Verbindung aus als der hier angeführte einfache stöchiometrische Name.

[6] Bei Verwendung des zweiten Namens muß die Formel verdoppelt werden. Die Verwendung des langen Strichs im Namen von Additionsverbindungen wird in Abschnitt 5.7 erläutert.
   In den Abschnitten 0.33 und 6.323 der Ausgabe von 1970 [37] finden sich noch die Namen Aluminium-kalium-sulfat—12-Wasser oder Aluminium-kalium-bis(sulfat)—12-Wasser.

Beispiele:
1. Na_2SO_4 Natrium-sulfat, bevorzugt vor Dinatrium-sulfat
2. $CaCl_2$ Calcium-chlorid, bevorzugt vor Calcium-dichlorid

Das Präfix Mono- wird weggelassen, es sei denn, daß es zur Vermeidung von Mißverständnissen notwendig ist.
Beispiele:
3. NO_2 Stickstoff-dioxid oder Nitrogen-dioxid
4. N_2O_4 Distickstoff-tetraoxid oder Dinitrogen-tetraoxid
5. S_2Cl_2 Dischwefel-dichlorid oder Disulfur-dichlorid
6. U_3O_8 Triuran-octaoxid
7. CO Kohlenstoff-monoxid oder Carbon-monoxid[7]
8. Na_2CO_3 Natrium-carbonat oder Dinatrium-trioxocarbonat
9. $POCl_3$ Phosphoryl-trichlorid
10. TlI_3 Thallium-triiodid
11. $Cr_{23}C_6$ Tricosachrom-hexacarbid
12. $K_4[Fe(CN)_6]$ Tetrakalium-hexacyanoferrat
13. $BrCl_3$ Brom-trichlorid

Die Verwendung dieser vervielfachenden Präfixe beeinflußt nicht die Reihenfolge der Nennung, die von den Anfangsbuchstaben der Namen der Bestandteile bestimmt wird.

Wenn jedoch der Name des Bestandteils selbst mit einem vervielfachenden Präfix beginnt (wie in Disulfat, Dichromat, Triphosphat und Tetraborat), sind zwei aufeinanderfolgende vervielfachende Präfixe notwendig. In diesem Fall, und wenn es zur Vermeidung von Irrtümern notwendig ist, werden die alternativen vervielfachenden Präfixe Bis-, Tris-, Tetrakis-, Pentakis- usw. verwendet, und der auf dieses Präfix folgende Name der Gruppe wird in runde Klammern gesetzt.
Beispiele:
14. $(UO_2)_2SO_4$ Diuranyl-sulfat oder Bis(dioxouran)-tetraoxosulfat
15. $Ba[BrF_4]_2$ Barium-bis(tetrafluorobromat)
16. $Tl(I_3)_3$ Thallium-tris(triiodid)
17. $Ca_3(PO_4)_2$ Tricalcium-bis(phosphat)[8]
18. $Ca(HCO_3)_2$ Calcium-bis(hydrogencarbonat)

Es gilt jedoch die allgemeine Regel, daß im Normalfall die einfachen vervielfachenden Präfixe (Mono-, Di-, Tri-, Tetra- . . . , Poly-) zu verwenden sind, es sei denn, es besteht die Gefahr einer Verwechslung oder eines Mißverständnisses.
Beispiele:
19. PCl_5 Phosphor-pentachlorid
20. $Al_2(CO_3)_3$ Dialuminium-tricarbonat

---

[7] Die umgangssprachlich gebräuchlichen Bezeichnungen Kohlenmonoxyd oder Kohlenoxyd sind nicht erlaubt.

[8] Vergleiche $Ca_3(PO_4)_2$ mit $Ca_2P_2O_7$, Calciumdiphosphat.

21. $Na_4P_2O_6$ Tetranatrium-hexaoxodiphosphat($P-P$)
22. Na_2MnO_4 Dinatrium-manganat
23. $Zn(MnO_4)_2$ Zink-dipermanganat
24. $Fe_2(Cr_2O_7)_3$ Dieisen-tris(dichromat)

5.3.2   Verwendung von Oxidations- und Ladungszahlen

5.3.2.1 Einleitung

In einigen Verbindungen, insbesondere solchen, in denen ein oder mehr beteiligte Atome in mehreren Oxidationsstufen existieren können, sind genauere Angaben nötig, um die richtigen Mengenverhältnisse ableiten zu können. Für diese Angaben gibt es zwei Möglichkeiten:
 – die Oxidationszahl, die die Oxidationsstufe bezeichnet, und
 – die Ladungszahl, die die Ionenladung angibt.

5.3.2.2 Oxidationszahl

Die Oxidationsstufe eines Elements in einer chemischen Einheit wird durch die Oxidationszahl (STOCK-Zahl, siehe auch Abschnitt 2.3.4.1) des Elements mit römischen Ziffern (Kapitälchen) in Klammern direkt nach dem Namen des Elements (der gegebenenfalls durch eine Endung modifiziert ist) angegeben, auf das sie sich bezieht. Sie gibt die Anzahl der Ladungen an, die sich ergibt, wenn die Elektronenpaare jeder Bindung dem jeweils elektronegativeren Element zugeordnet werden. Neutrale Liganden mit abgeschlossenen Elektronenschalen werden formal nicht berücksichtigt. Die Oxidationszahl kann positiv, negativ oder Null sein. Null, wofür es keine römische Ziffer gibt, wird durch die arabische Ziffer 0 dargestellt. Das Pluszeichen für positive Oxidationszahlen wird weggelassen, d.h. eine Oxidationszahl ist stets positiv, solange nicht ausdrücklich das Minuszeichen vor der Oxidationszahl verwendet wird. Gebrochene Zahlen werden nicht verwendet. Sie mögen zweckmäßig sein, wenn die Ladung über mehrere Atome verteilt ist. Eine derartige Verwendung wird jedoch nicht empfohlen. In unklaren Fällen kann die Ladungszahl (siehe Abschnitt 5.3.2.3) angegeben werden.
Beispiele:
 1. UO_2^{2+} Uranyl(VI)-Ion
 2. PCl_5 Phosphor(V)-chlorid
 3. PO_4^{3-} Phosphat(V)-Ion
 4. Na^- Natrid(–I)-Ion
 5. $[Fe(CO)_5]$ Pentacarbonyleisen(0)

Für die Ableitung von Oxidationszahlen gibt es mehrere Festlegungen, die besonders häufig in Namen von Übergangselementverbindungen gebraucht werden. Wasserstoff gilt in Kombination mit nichtmetallischen Elementen als positiv (Oxidationszahl I), und in Kombination mit metallischen Elementen als negativ (Oxidationszahl –I). Organische Gruppen, die an Metallatome gebunden sind, werden als Anionen behandelt (z.B. wird ein Methyl-Ligand als ein Methanid-Ion, CH_3^-, angesehen), während die Nitrosylgruppe (NO) immer als neutral betrachtet wird. CO ist eine neutrale Gruppe. Bindungen zwischen gleichen Atomen liefern keinen Beitrag zur Oxidationszahl.

Beispiele:

6.	N_2O	Stickstoff(I)-oxid oder Nitrogen(I)-oxid
7.	NO_2	Stickstoff(IV)-oxid oder Nitrogen(IV)-oxid
8.	Fe_3O_4	Eisen(II)-dieisen(III)-oxid
9.	CO	Kohlenstoff(II)-oxid oder Carbon(II)-oxid
10.	$FeSO_4$	Eisen(II)-sulfat
11.	$Fe_2(SO_4)_3$	Eisen(III)-sulfat
12.	Hg_2Cl_2	Diquecksilber(I)-chlorid
13.	$NaTl(NO_3)_2$	Natrium-thallium(I)-nitrat
14.	$(UO_2)_2SO_4$	Uranyl(V)-sulfat oder Dioxouran(V)-tetraoxosulfat
15.	UO_2SO_4	Uranyl(VI)-sulfat oder Dioxouran(VI)-tetraoxosulfat
16.	$K_4[Ni(CN)_4]$	Kalium-tetracyanonickelat(0)
17.	$Na_2[Fe(CO)_4]$	Natrium-tetracarbonylferrat(–II)
18.	$[Co(NH_3)_6]Cl(SO_4)$	Hexaammincobalt(III)-chlorid-sulfat

5.3.2.3 Ladungszahl

Die Ladungszahl ist eine in Klammern eingeschlossene Zahl (EWENS-BASSETT-Zahl, siehe auch Abschnitt 2.3.4.2), die ohne Bindestrich direkt dem Namen eines Ions folgt und deren Größe die Ionenladung angibt. Somit kann sich diese Zahl auf Kationen oder Anionen beziehen, aber niemals auf neutrale Einheiten. Die Ladung wird mit arabischen Ziffern geschrieben, denen das Zeichen der Ladung folgt. Dieses System sollte nur zur Bezeichnung von Ionenladungen verwendet werden. Die Angabe der Ionenladung ermöglicht zwar oft eine eindeutige Aussage über die Stöchiometrie, doch können, falls es notwendig oder wünschenswert ist, auch vervielfachende Präfixe verwendet werden. Dieses System wird zumeist auf Verbindungen solcher Elemente angewendet, die in mehreren Oxidationsstufen auftreten können. Anders als bei hochgestellten Ladungszeichen in einer Formel wird hier die Zahl Eins (1) stets angegeben.

Beispiele:

19.	$FeSO_4$	Eisen(2+)-sulfat	(vgl. Beispiel 10)
20.	$Fe_2(SO_4)_3$	Eisen(3+)-sulfat	(vgl. Beispiel 11)
21.	$NaTl(NO_3)_2$	Natrium-thallium(1+)-nitrat	(vgl. Beispiel 13)
22.	$(UO_2)_2SO_4$	Uranyl(1+)-sulfat oder Dioxouran(1+)-tetraoxosulfat	
			(vgl. Beispiel 14)
23.	UO_2SO_4	Uranyl(2+)-sulfat oder Dioxouran(2+)-tetraoxosulfat	
			(vgl. Beispiel 15)
24.	$K_4[Ni(CN)_4]$	Kalium-tetracyanonickelat(4–)	(vgl. Beispiel 16)
25.	$Na_2[Fe(CO)_4]$	Natrium-tetracarbonylferrat(2–)	(vgl. Beispiel 17)
26.	$[Co(NH_3)_6]Cl(SO_4)$	Hexaammincobalt(3+)-chlorid-sulfat	
			(vgl. Beispiel 18)

5.4   Salze

5.4.1   Einleitung

Ein Salz ist eine chemische Verbindung, die aus einer Kombination von Kationen und Anionen besteht. Wenn jedoch H_3O^+ das einzige Kation ist, wird die Verbindung üblicherweise als Säure (siehe Abschnitt 5.5) bezeichnet. Wenn es nur eine Kationart und eine Anionart gibt, ist die Verbindung als binäre Verbindung zu benennen; die Ionen werden entsprechend den Abschnitten 3.3.1 und 3.3.2 benannt. Wenn die Verbindung mehr als eine Kation- und/oder Anionart enthält, wird sie ebenfalls als Salz betrachtet; es handelt sich um Doppelsalze, Tripelsalze usw.[9] (siehe Abschnitt 5.4.3). Wenn eines der Kationen ein ersetzbares Hydron ist, handelt es sich um ein saures Salz (siehe Abschnitt 5.4.2).

Werden die Namen von Kationen und Anionen miteinander verbunden, um den Namen des Salzes zu bilden, sollten Ladungsangaben sowie die Wörter Ion, Anion und Kation wegfallen. Der Name für Kochsalz z.B. wird Natrium-chlorid geschrieben und nicht Natrium-Kation-Chlorid-Anion. Wenn mehratomige Kationen und/oder Anionen vorliegen, sollten zur Vermeidung von Mehrdeutigkeiten Klammern verwendet werden. So heißen $Tl^{I}I_3$ Thallium(triiodid) und $Tl^{III}I_3$ Thallium-triiodid. Es würden auch die Namen Tl(I)-triiodid bzw. Thallium(III)-triiodid genügen.

5.4.2   Saure Salze

Salze, die sowohl ein ersetzbares Hydron als auch ein oder mehrere Metall-Kationen enthalten, werden saure Salze genannt. Namen werden durch Nennen von Hydrogen mit gegebenenfalls notwendigem vervielfachendem Präfix nach den Namen der Kationen gebildet, um den austauschbaren Wasserstoff im Salz anzugeben. Nach Hydrogen wird ohne Bindestrich der Name des Anions genannt. In einzelnen Fällen können anorganische Anionen Wasserstoff enthalten, der nicht einfach austauschbar ist. Wenn dieser an Sauerstoff gebunden ist und sich im Oxidationszustand I befindet, kann er ebenfalls mit Hydrogen bezeichnet werden; Salze mit einem solchen Anion sind aber keine sauren Salze. Siehe auch Abschnitt 2.5.3.4, Fußnote 66.

Beispiele:
1. $NaHCO_3$ Natrium-hydrogen-carbonat
2. LiH_2PO_4 Lithium-dihydrogen-phosphat
3. K_2HPO_4 Dikalium-hydrogen-phosphat
4. $CsHSO_4$ Caesium-hydrogen-sulfat
        oder Caesium-hydrogen-tetraoxosulfat(VI)
        oder Caesium-hydrogen-tetraoxosulfat(1–)

---

[9]   Obwohl die Formeln von Doppel-, Tripel- usw. Salzen oft wie die für Additionsverbindungen geschrieben werden, basiert der Namen auf den aufbauenden Ionen, weil solche Salze für Nomenklaturzwecke als gemischte Salze angesehen werden.

5.4.3 Doppelsalze, Tripelsalze usw.

Das Salz besteht aus mehr als einer Kation- und/oder Anionart. Die Ionen werden entsprechend den Abschnitten 3.3.1 und 3.3.2 benannt. In den germanischen Sprachen werden die Namen von Kationen denen der Anionen vorangestellt.

5.4.4 Oxid- und Hydroxidsalze

Dieser Abschnitt behandelt sogenannte basische Salze, die bislang Oxy- (oder Oxo-) bzw. Hydroxysalze genannt wurden. Für Nomenklaturzwecke werden sie als Doppelsalze mit O^{2-}- und OH^--Anionen betrachtet. Deshalb können die Regeln des vorstehenden Abschnitts (5.4.3) uneingeschränkt angewendet werden.

In einigen Sprachen bereitet die Aufzählung der Namen sämtlicher Anionen keine Probleme (z.B. Kupfer-chlorid-oxid), so daß dringend empfohlen wird, die Oxo-Form, wo immer möglich, nicht zu verwenden. In anderen Sprachen weichen allerdings Namen wie „chlorure et oxyde double de cuivre" von der üblichen Praxis so weit ab, daß das ältere System mit „oxy" und „hydroxy" (wie in „oxychlorure de cuivre") beibehalten werden kann.

Beispiele:

1. MgCl(OH)   Magnesium-chlorid-hydroxid
2. VO(SO_4)   Vanadium(IV)-oxid-sulfat
3. ZnI(OH)   Zink-hydroxid-iodid

5.4.5 Doppeloxide und -hydroxide

Es gibt zwar viele Doppel-, Tripel- usw. -oxide und -hydroxide, doch sollten diese Verbindungen nicht als gemischte Oxide und gemischte Hydroxide bezeichnet werden.

Viele Doppeloxide und -hydroxide können einem bestimmten Strukturtyp zugeordnet werden, der oft nach einem gut bekannten Mineral derselben Gruppe benannt wird (wie Ilmenit, Perowskit, Spinell und Granat). Wenn Verbindungen analoger Struktur miteinander verglichen werden, sind Abweichungen von der alphabetischen Reihenfolge erlaubt, wie in $CaTiO_3$, $UAlO_3$ und $LaGaO_3$. Namen wie Uranaluminat können eine bestimmte Struktur implizieren; es ist besser, solche Verbindungen als Doppeloxide und Doppelhydroxide zu benennen, es sei denn, es ist klar bewiesen, daß einzelne Kationen und Oxo- oder Hydroxo-Anionen in der Struktur vorliegen.

Wenn ein systematischer Name verwendet wird, kann der Name des Struktur-typs in Klammern nach dem Verbindungsnamen angefügt werden. Wird der Name des Strukturtyps hinzugefügt, sollten Formel und Name in Einklang mit der Struk-tur sein (siehe Kapitel 10).

Beispiele:

1. $Ca_3[Al(OH)_6]_2$ Tricalcium-bis(hexahydroxoaluminat)
2. $AlLiMn^{IV}_2O_4(OH)_4$ Aluminium-lithium-dimangan(IV)-tetrahydroxid-tetraoxid
3. $MgTiO_3$ Magnesium-titan-trioxid (*Ilmenit*-Typ)

4. $NaNbO_3$ Natrium-niob-trioxid (*Perowskit*-Typ)[10]
5. $LaAlO_3$ Lanthan-aluminium-trioxid (*Perowskit*-Typ)[10]
6. Fe_2NiO_4 Dieisen(III)-nickel(II)-tetraoxid (*Spinell*-Typ)

5.5 Säuren

5.5.1 Einleitung

Viele Verbindungen mit traditionellen Namen, die das Wort „-säure" enthalten, sind keine Säuren im klassischen Sinne. Chemische Eigenschaften wie Acidität hängen vom Reaktionsmedium ab, und eine Verbindung, die als Säure benannt wird, kann unter anderen Bedingungen als Base wirken.

Die Nomenklatur von Säuren hat jedoch eine lange Tradition, und es wäre unrealistisch, die Säurenamen vollständig systematisieren zu wollen und damit allgemein akzeptierte Namen von wichtigen und gut bekannten Substanzen drastisch zu ändern. Es gibt andererseits keinen Grund, weitere Trivialnamen einzuführen, die für neu hergestellte anorganische Verbindungen möglicherweise nur einen sehr begrenzten Anwendungsbereich haben.

Im Folgenden werden Säuren systematisch nach der Koordinationsnomenklatur benannt (siehe Abschnitt 4.3). Das kann manchmal zu Namen führen, die länger sind als die weiter erlaubten traditionellen Namen wie z.B. Schwefelsäure und Salpeter= säure.

5.5.2 Säuren und deren Derivate

5.5.2.1 Geschichte

Die traditionellen Namen (Auswahl siehe Tabelle 5.1) werden nach der Methode gebildet, die 1782 von GUYTON DE MORVEAU [23a] entwickelt und die 1789 von LAVOISIER [70a] eingeführt worden war. In seinem System erhielten Oxosäuren zweiteilige Namen, die auf „-säure" (franz. acide) enden. Aus dem ersten Namensteil sollte durch Endungen der Gehalt an Sauerstoff erkennbar sein, der nach heutigem Wissen von der Oxidationsstufe des Zentralatoms abhängt. Leider beschreiben diese Endungen in den verschiedenen Familien von Säuren nicht dieselben Oxidationsstufen. Die Namen Schwefligsäure[18] und Schwefelsäure geben die Oxidationsstufen IV und VI an, während auf Chlorigsäure und Chlorsäure die Oxidationsstufen III und V zutreffen.

Eine Erweiterung dieses Systems wurde notwendig, als weitere miteinander verwandte Säuren bekannt wurden. Die Präfixe Hypo-[11] und Per-[12] wurden zur

---

[10]   Abweichungen von der alphabetischen Reihenfolge sind erlaubt, wenn Verbindungen analoger Strukturen miteinander verglichen werden.

[11]   Das früher im Deutschen übliche Präfix „unter" wird seit den Regeln von 1957 [36c] nicht mehr verwendet.

[12]   Das Präfix Per- darf nicht mit der Silbe im Ligandennamen Peroxo- oder Substituentennamen Peroxy- verwechselt werden.

Bezeichnung niedrigerer bzw. höherer Oxidationsstufen eingeführt. Schließlich wurden zur Unterscheidung der Säuren nach ihrem „Wassergehalt" weitere Präfixe – Ortho-, Pyro- und Meta- – notwendig.

Das Präfix Per-, früher ausgiebig benutzt, um eine höhere Oxidationsstufe zu bezeichnen, sollte nur noch für einige Säuren von Elementen der Gruppen 7 und 17 verwendet werden: $HMnO_4$, $HTcO_4$, $HReO_4$, $HClO_4$, $HBrO_4$, H_5IO_6 oder HIO_4.

Das Präfix Hypo- wird zur Kennzeichnung einer niedrigeren Oxidationsstufe benutzt; sie kann in den folgenden Fällen beibehalten werden:

HClO	Hypochlorigsäure	$H_2N_2O_2$	Hyposalpetrigsäure
HBrO	Hypobromigsäure	$H_4P_2O_6$	Hypophosphorsäure
HIO	Hypoiodigsäure		

Hypophosphorigsäure ist der traditionelle Name für H_3PO_2[13].

Hypo- ist in dieser Bedeutung nicht auf Elemente anderer Familien angewendet worden, so heißt $S(OH)_2$ Sulfoxylsäure und nicht Hyposchwefligsäure.

Die Präfixe Ortho-[14] und Meta- unterscheiden zwischen zwei einkernigen Oxosäuren eines Zentralelements der gleichen Oxidationsstufe, die formal eine unterschiedliche Anzahl von Wassermolekülen zur Überführung der Oxide in die entsprechenden Säure benötigen.

Beispiele:

$B(OH)_3$	$[B(O)(OH)]_n$	Orthoborsäure[15], Metaborsäure
$C(OH)_4$	$C(O)(OH)_2$	Orthokohlensäure, Metakohlensäure
$Si(OH)_4$	$[Si(O)(OH)_2]_n$	Orthokieselsäure[15], Metakieselsäure
$P(O)(OH)_3$	$P(O)_2(OH)$	Orthophosphorsäure[15], Metaphosphorsäure
$Te(OH)_6$	$Te(O)_2(OH)_2$	Orthotellursäure, Metatellursäure[16]
$I(O)(OH)_5$	$I(O)_3(OH)$	Orthoperiodsäure, Metaperiodsäure[16]

Das Präfix Pyro- ist benutzt worden, um eine Säure zu bezeichen, die durch Abspaltung eines Wassermoleküls aus zwei Molekülen Orthosäure entsteht. Solche Säuren werden jetzt allgemein als die einfachsten Fälle von Homopolysäuren (siehe Abschnitt 5.5.4.3) betrachtet. Für $H_4P_2O_7$ kann der Trivialname Pyro=phosphorsäure beibehalten werden, doch ist der Name Diphosphorsäure vorzuziehen.

---

[13] Namen der tautomeren Formen sind: Phosphonig- $[HP(OH)_2]$ bzw. Phosphinsäure $[H_2PO(OH)]$.

[14] Das Präfix wird mit unterschiedlicher Bedeutung verwendet: einmal für die „vollständig hydratisierte" Säure, zum anderen für eine Säure, die zwei Hydroxy-Gruppen mehr hat als die Meta-Säure.

[15] In der Praxis wird Ortho- meist weggelassen.

[16] Die Formeln für die Ortho- und Metaoxosäuren von Tellur(VI) und Iod(VII) unterscheiden sich durch zwei Moleküle Wasser, während die anderen Paare sich um ein Molekül unterscheiden. Das Präfix Meta- wird üblicherweise weggelassen.

Alle diese traditionellen Namen informieren nicht über die konkrete Anzahl der Sauerstoff- oder der Wasserstoffatome, auch nicht, ob letztere „sauer" sind oder nicht. Die Verwendung der oben genannten Präfixe ist auch nicht immer einheitlich; so wird z.B. Hypo- mit der Endung –igsäure[18] gekoppelt (Hyposalpetrig= säure), aber auch mit der Endung einer Stammsäure (Hypophosphorsäure).

Bei den Säuren des Schwefels gibt es zwei Klassen: eine mit dem Stamm „Schwefel" und eine mit dem Stamm „Thio". Außerdem wurden in der Substitutionsnomenklatur andere Namen wie Sulfonsäure für RSO_3H [(H)S(O)$_2$(OH)] und Sulfinsäure für RSO_2H [(H)S(O)(OH)] entwickelt; auf die endungslose Form für die höhere Oxidationsstufe kann deshalb nicht mehr zurückgegriffen werden.

Als Suffix heißt -S(O)$_2$(OH) -sulfonsäure und -S(O)(OH) -sulfinsäure oder -sulfonigsäure.

In Hinblick auf die derzeitige Praxis wird die in Abschnitt 5.5.3.3 beschriebene Säurenomenklatur als Alternative beibehalten. Sie ist nur teilweise systematisch.

Die Namen von Säuren, die sich von mehratomigen Anionen ableiten, können nach dem gleichen Prinzip gebildet werden. Häufiger wurden die Namen aber so gebildet, daß man bei auf -at endenden Anionen das Wort -säure an den Namen des charakteristischen Elements[17] anhängt. Bei einer niedrigeren Oxidationsstufe – entsprechend einem auf -it endenden Anionnamen – wird der Ausdruck -igsäure[18] benutzt.

Die meisten der klassischen Säuren sind Oxosäuren, d.h. an das charakteristische Atom sind nur Sauerstoffatome gebunden. Es ist von jeher üblich, die Sauerstoffatome nicht besonders anzugeben, an denen sich die sauren Wasser= stoffatome befinden. Anionen der Oxosäuren können als Komplexe betrachtet werden, von denen sich Säurenamen ableiten lassen; z.B. bezeichnet man H_4XeO_6 als Hexaoxoxenon(VIII)-säure oder als Hydrogen-hexaoxoxenonat(VIII).

Die einkernigen Oxosäuren des Phosphors und des Arsens sind so zahlreich und haben so vielfältige semisystematische, teilweise noch immer verwendete Namen, daß es nach Meinung der CNIC angebracht ist, sie getrennt zu besprechen (s. Abschnitt 5.5.5).

5.5.2.2 Erlaubte traditionelle Namen für Säuren und davon abgeleitete Anionen

Es wird empfohlen, die lange bewährten traditionellen Namen auf die bekanntesten Verbindungen zu beschränken. In allen anderen Fällen sollen systematische Namen verwendet werden. Traditionelle Namen, die derzeit beibehalten werden können, sind in Tabelle 5.1 zusammengestellt. Die Verwendung von -ig, Per-, Hypo-, Ortho- und Meta- sollte auf diese Verbindungen und deren Derivate beschränkt bleiben; ihre Anionen werden durch Umwandlung von -igsäure in -it

---

[17] Ausnahmen sind Salpetersäure bzw. Salpetrigsäure.

Im Englischen erhalten Säuren, deren Anionname auf -ate endet, die Endung -ic, solche, deren Anionname auf -ite endet, die Endung -ous.

[18] Zur Zusammenschreibung siehe Abschnitt 2.5.2.1, Fußnote 51.

sowie durch Verwendung der Endung -at für die Stammsäure gebildet. Einzelheiten der Namensbildung für Anionen sind in Abschnitt 3.3.2 beschrieben.

5.5.2.3 Binäre und pseudobinäre Säuren

Säuren, deren Anionen auf -id endende Namen haben (Abschnitte 3.3.2.2 und 3.3.2.3.2), werden als binäre und pseudobinäre Wasserstoffverbindungen benannt, z.B. Hydrogen-bromid, Hydrogen-sulfid, Hydrogen-cyanid. Für die Verbindung HN_3 wird der Name Hydrogenazid empfohlen[19].

Die binären Hydride der Halogene wurden wegen des sauren Charakters der wässerigen Lösungen lange als Flußsäure, Salzsäure, Bromwasserstoffsäure, Jodwasserstoffsäure (jetzt Iodwasserstoffsäure) bezeichnet. Diese Namen sollen heute nur für die wäßrigen Lösungen, nicht für die Hydride selbst benutzt werden.

Beispiele:

H_2S Hydrogen-sulfid (Schwefelwasserstoff)
HCl Hydrogen-chlorid (Chlorwasserstoff)

5.5.3   Oxosäuren und davon abgeleitete Anionen

5.5.3.1 Traditionelle Namen

Oxosäuren sind viel verwendet und oft untersucht worden; daher haben sich die Namen für viele durch ständigen Gebrauch eingeprägt. Die ältesten Namen, z.B. Vitriolöl, sind triviale Bezeichnungen. Später kamen diese Namen außer Gebrauch, weil sich herausstellte, daß sie unpraktisch sind, und weil Namen geprägt wurden, die über chemische Eigenschaften informieren, in diesem Fall die Säureeigenschaft (wie z.B. durch Schwefelsäure). Namen für Derivate wurden von diesen Namen als Stämme abgeleitet. Diese semisystematische Methode hat ihre Grenzen und hat auch zu Doppeldeutigkeiten und Uneinheitlichkeiten geführt.

5.5.3.2 Hydrogennomenklatur

Die Namen für Oxosäuren werden gebildet, als handelte es sich um Salze (siehe Abschnitt 5.4). Die ersetzbaren Wasserstoffatome werden als Kationen dieses Salzes betrachtet. Es wird die Koordinationsnomenklatur angewendet. Der Name besteht aus zwei Teilen. Der erste Teil nennt die austauschbaren Wasserstoffatome, d.h. er besteht aus einem gegebenenfalls notwendigen vervielfachenden Präfix und Hydrogen. Der zweite Teil ist der Namen des Anions, der sich entsprechend der Koordinationsnomenklatur aus vier Teilen zusammensetzt (siehe Abschnitt 3.3.2.3.4.3):

- Der erste Teil davon besteht aus den Namen aller Liganden, das sind die nichtsauren Wasserstoffatome und die an das Zentralatom gebundenen Liganden; diese werden in alphabetischer Reihenfolge aufgeführt[20]. Liegen gleiche Atome oder Atomgruppen mehrfach vor, werden vervielfachende Präfixe wie Di-, Tri-, Tetra-, Penta-, Hexa- usw. verwendet (siehe Tabelle 2.5).

---

[19] Auch im Englischen sollte man für HN_3 hydrogen azide sagen und nicht hydrazoic acid.

[20] Im Gegensatz zur Formel werden im Namen die Sauerstoffliganden nicht zuerst genannt.

– Der zweite Teil ist der Namensstamm des Zentralatoms (die Stämme sind im Anhang aufgeführt).

– Der dritte Teil ist stets die Endung -at, die diesem Namensstamm angefügt wird (Anhang, Spalte 4).

– Der vierte Teil, immer in runden Klammern, ist entweder die Ladungszahl oder die Oxidationszahl. Diese Zahlen sind dann redundant, wenn durch ein vervielfachendes Präfix die Anzahl der Wasserstoff-Kationen angegeben ist, und können in einfachen Fällen weggelassen werden. Diese „Hydrogennamen" dürfen nicht auf Oxosäuren von Übergangsmetallen angewendet werden (siehe Tabelle 5.1)[21].

Nach der Hydrogennomenklatur können somit für Oxosäuren mehrere akzeptable Namen gebildet werden (siehe nachstehendes Beispiel 1). In den dann folgenden Beispielen ist nur jeweils eine Form ausgewählt worden.

Beispiele:

1. H_2SO_4 Hydrogen-tetraoxosulfat(2–)
          oder Hydrogen-tetraoxosulfat(VI)
          oder Dihydrogen-tetraoxosulfat

2. H_2SO_3 Dihydrogen-trioxosulfat
3. $HClO_4$ Hydrogen-tetraoxochlorat(1–)
4. $HClO_3$ Hydrogen-trioxochlorat(V)
5. $HClO_2$ Hydrogen-dioxochlorat(1–)
6. $HClO$ Hydrogen-monooxochlorat[22]
7. H_5IO_6 Pentahydrogen-hexaoxoiodat(5–)[23]
8. H_2SO_2 Dihydrogen-dioxosulfat

5.5.3.2.1 Derivate, die formal durch Austausch von Sauerstoffatomen erhalten werden

Der Austausch von Oxo- oder Hydroxygruppen in einkernigen Oxosäuren kann durch Präfixe oder Infixe angezeigt werden.

Die Regeln 1957 und 1970 bevorzugen die Präfix-Methode [36][37g], erwähnen jedoch die Infix-Methode [37h]. In der *Section* C der Organischen Regeln [49w] werden beide Methoden verwendet, jedoch nicht als Alternativen. In der *Provisional Section* D (von CNIC und CNOC gemeinsam bearbeitet) wird die Infix-Methode für einkernige Oxosäuren von Phosphor und Arsen [49gg] (siehe Abschnitt 5.5.5.3) behandelt, in vielen Beispielen finden sich Präfixnamen.

---

[21] Diese Einschränkung ist nicht plausibel, zumal eine Reihe von Beispielen ihr nicht zu entsprechen scheinen.

[22] Das Präfix Mono- ist normalerweise überflüssig; es wird nur dann verwendet, wenn es zur Vermeidung von Unklarheiten notwendig ist.

[23] Auf die Redundanz bei gleichzeitiger Verwendung von vervielfachendem Präfix und Ladungszahl wurde bereits oben hingewiesen.

Tabelle 5.1 Namen für gängige Oxosäuren und deren Anionen[a]

Formel	Traditioneller Name	Traditioneller Anionname	Hydrogen-Nomenklatur	Säure-Nomenklatur
H_3BO_3	Borsäure	Borat	Trihydrogen-trioxoborat	Trioxoborsäure
$(HBO_2)_n$	Metaborsäure	Metaborat	Poly[hydrogen-dioxoborat(1–)]	Polydioxoborsäure
$H_2B_2(O_2)_2(OH)_4$	Perborsäure	Perborat	Dihydrogen-tetrahydoxo-di-μ-peroxo-diborat(2–)	Tetrahydroxodi(μ-per=oxo)dibor(2–)-säure
H_4SiO_4	Orthokieselsäure[b]	Orthosilicat	Tetrahydrogentetraoxosilicat	Tetraoxokieselsäure
$(H_2SiO_3)_n$	Metakieselsäure	Metasilicat	Poly(dihydrogen-trioxosilicat)	Polytrioxokieselsäure
H_2CO_3	Kohlensäure	Carbonat	Dihydrogen-trioxocarbonat	Trioxokohlensäure
HOCN	Cyansäure[c]	Cyanat	Hydrogen-nitridooxocarbonat	Nitridooxokohlensäure
HONC	Knallsäure	Fulminat	Hydrogen-carbidooxonitrat	Carbidooxosalpetersäure
HNO_3	Salpetersäure	Nitrat	Hydrogen-trioxonitrat	Trioxosalpetersäure
HNO_2	Salpetrigsäure[d]	Nitrit	Hydrogen-dioxonitrat	Dioxosalpetersäure
HPH_2O_2	Phosphinsäure	Phosphinat	Hydrogen-dihydrido=dioxophosphat(1–)	Dihydridodioxophosphorsäure
H_3PO_3	Phosphorigsäure[d]	Phosphit	Trihydrogen-trioxophosphat(3–)	Trioxophosphor(3–)-säure

Fortsetzung Tab. 5.1

Formel	Traditioneller Name	Traditioneller Anionname	Hydrogen-Nomenklatur	Säure-Nomenklatur
H_2PHO_3	Phosphonsäure	Phosphonat	Dihydrogen-hydrido= trioxophosphat	Hydridotrioxophosphor(2–)-säure
H_3PO_4	Phosphorsäure	Phosphat	Trihydrogen-tetraoxophosphat	Tetraoxophosphorsäure
$H_4P_2O_7$	Diphosphorsäure	Diphosphat	Tetrahydrogen-μ-oxo-hexaoxodiphosphat	μ-Oxo-hexaoxodiphosphorsäure
$(HPO_3)_n$	Metaphosphor= säure	Metaphosphat	Poly[hydrogen-trioxo= phosphat(1–)]	Polytrioxophosphorsäure
$(HO)_2OPPO(OH)_2$	Hypophosphor= säure	Hypophosphat	Tetrahydrogen-hexaoxo= diphosphat($P{-}P$)(4–)	Hexaoxodiphosphorsäure
H_3AsO_4	Arsensäure	Arsenat	Trihydrogen-tetraoxoarsenat	Tetraoxoarsensäure
H_3AsO_3	Arsenigsäure[d]	Arsenit	Trihydrogen-trioxoarsenat	Trioxoarsensäure
H_2SO_4	Schwefelsäure	Sulfat	Dihydrogen-tetraoxosulfat	Tetraoxoschwefelsäure
$H_2S_2O_7$	Dischwefelsäure	Disulfat	Dihydrogen-μ-oxo-hexaoxodisulfat	μ-Oxo-hexaoxo= dischwefelsäure
H_2SO_3S	Thioschwefelsäure	Thiosulfat	Dihydrogen-trioxothiosulfat	Trioxothioschwefelsäure
$H_2S_2O_6$	Dithionsäure	Dithionat	Dihydrogen-hexaoxodisulfat($S{-}S$)	Hexaoxodischwefelsäure
$H_2S_2O_4$	Dithionigsäure[d]	Dithionit	Dihydrogen-tetraoxodisulfat($S{-}S$)	Tetraoxodischwefelsäure
H_2SO_3	Schwefligsäure[d]	Sulfit	Dihydrogen-trioxosulfat	Trioxoschwefelsäure

Fortsetzung Tab. 5.1

Formel	Traditioneller Name	Traditioneller Anionname	Hydrogen-Nomenklatur	Säure-Nomenklatur
H_2CrO_4	Chromsäure	Chromat		Tetraoxochromsäure
$H_2Cr_2O_7$	Dichromsäure	Dichromat		μ-Oxo-hexaoxodichromsäure
$HClO_4$	Perchlorsäure	Perchlorat	Hydrogen-tetraoxochlorat	Tetraoxochlorsäure
$HClO_3$	Chlorsäure	Chlorat	Hydrogen-trioxochlorat	Trioxochlorsäure
$HClO_2$	Chlorigsäure[d]	Chlorit	Hydrogen-dioxochlorat	Dioxochlorsäure
$HClO$	Hypochlorigsäure[d]	Hypochlorit	Hydrogen-monooxochlorat	Monooxochlorsäure
HIO_4	Periodsäure	Periodat	Hydrogen-tetraoxoiodat	Tetraoxoiodsäure
HIO_3	Iodsäure	Iodat	Hydrogen-trioxoiodat	Trioxoiodsäure
H_5IO_6	Orthoperiodsäure	Orthoperiodat	Pentahydrogen-hexaoxoiodat	Hexaoxoiod(5–)-säure
$HMnO_4$	Permangansäure	Permanganat	Tetraoxomangan(1–)-säure	
H_2MnO_4	Mangansäure	Manganat	Tetraoxomangan(2–)-säure	

[a] Das Vorkommen eines Namens in dieser Liste bedeutet nicht unbedingt, daß diese Spezies natürlich vorkommen. Zum Beispiel muß Perborsäure wahrscheinlich noch isoliert werden, während Perborate gut bekannt sind. Sowohl Perborsäure als auch Perborat sind hier aufgenommen worden, um die Methode zu demonstrieren, und der Vollständigkeit halber.

[b] Zur Diskussion der Verwendung von ortho- usw. siehe Abschnitt 5.5.2.1.

[c] Isocyansäure hat die Formel HNCO; diese Säure ist keine Oxosäure, da Wasserstoff nicht an ein Sauerstoffatom gebunden ist.

[d] Wegen der Einwortnamen siehe Abschnitt 2.5.2.1, Fußnote 51.

Tabelle 5.2   Affixe (Präfixe bzw. Infixe) der Austauschnomenklatur von charakteristischen Gruppen

Affix[a]	Ersetzende/s Atom/Gruppe	Ersetzte/s Atom/Gruppe
Amid(o)-	$-NH_2$	$-OH$
Azid(o)-	$-N_3$	$-OH$
Bromid(o)-	$-Br$	$-OH$
Chlorid(o)-	$-Cl$	$-OH$
Cyanatido (Infix) Cyanato (Präfix)	$-OCN$	$-OH$
Cyanid(o)- (Infix) Cyano- (Präfix)	$-CN$	$-OH$
Dithioperoxo- (Infix)[b] Dithioperoxy- (Präfix)	$-SS-$	$-O-$
Fluorid(o)- (Infix) Fluoro- (Präfix)	$-F$	$-OH$
Hydrazido-	$-NH-NH_2$	$-OH$
Hydrazono-	$=N-NH_2$	$=O$
Imid(o)-	$=NH$	$=O$
Iodid(o)- (Infix) Iodo- (Präfix)	$-I$	$-OH$
Isocyanatido (Infix) Isocyanato (Präfix)	$-NCO$	$-OH$
Isothiocyanatido (Infix)[b,c] Isothiocyanato (Präfix)[b,c]	$-NCS$	$-OH$
Nitrid(o)-	$\equiv N$	$=O$ und $-OH$
Peroxo-	$-OO-$	$-O-$
Seleno-	$=Se, -Se-$	$=O, -O-$
Telluro-	$=Te, -Te-$	$=O, -O-$
Thio-	$=S, -S-$	$=O, -O-$
Thiocyanatido (Infix)[b,c] Thiocyanato (Präfix)[b,c]	$-SCN$	$-OH$
Thioperoxo[c,d]	$-OS-, -SO-$	$-O-$

[a] Wenn das Affix als Infix verwendet wird, entfällt aus sprachlichen Gründen das endständige o vor einem folgenden a, i oder o.

[b] Durch Verwendung von Klammern wird die Struktur verdeutlicht.

[c] Die Se- und Te-Analoga werden ähnlich durch Austausch von thio gegen seleno bzw. telluro gebildet.

[d] Das Affix beschreibt nicht die Reihenfolge der Chalkogenatome. Für gemischte Chalko= genanaloga können Namen wie Selenothioperoxo gebildet werden.

Seit 1957 verwendet die CA-Indexnomenklatur [3a] die Infix-Methode bei einkernigen Phosphoroxosäuren[24], seit 1972 [3b] auch bei einkernigen Arsenoxo= säuren und Kohlensäure.

Die in Tabelle 5.2 aufgelisteten Prä- oder Infixe werden gemeinsam mit den Trivialnamen der Oxosäuren verwendet.

Das entsprechende Präfix wird vor den Trivialnamen der Stammsäure, das Infix wird vor dem Terminus -säure des ggf. modifizierten Stammsäurenamens oder vor -at, -oat oder -it des Namens vom Stamm-Anion eingefügt. Sind mehrere Affixe notwendig, so werden sie alphabetisch genannt, wobei notwendige vervielfachende Präfixe bei der Einordnung unberücksichtigt bleiben.

Austauschnamen – ausgenommen sind Stickstoffderivate, in deren Namen -säure durch -amid, -imid o.a. ersetzt ist, – werden nicht verwendet, wenn das Produkt nach erfolgtem Austausch keine Säure mehr ist.

Beispiele:

$S(O)(S)(OH)_2$	Thioschwefelsäure
$P(F)(O)(OH)_2$	Fluorophosphorsäure oder Phosphorofluoridsäure
$S(O)_2(NH_2)(OH)$	Amidoschwefelsäure oder Schwefelamidsäure
$C(N_3)(S)(SH)$	Azidodithiokohlensäure oder Kohlenazidothiosäure

Systematisch wird der Austausch von Oxo- und Hydroxygruppen nach der Hydrogennomenklatur (Abschnitt 5.5.3.2) angegeben.

Peroxosäuren. In diesen Verbindungen ist ein Sauerstoffatom durch die –OO–-Gruppe ersetzt. Sie kann sowohl als Brücke als auch endständig vorliegen; ihr Ligandenname ist Peroxo.

Beispiele:

1. HNO_4 Hydrogen-dioxoperoxonitrat(1–)
2. H_2SO_5 Hydrogen-trioxoperoxosulfat(2–)
3. H_3PO_5 Hydrogen-trioxoperoxophosphat(3–)

Thiosäuren. Säuren, die sich formal durch Ersatz von Sauerstoffatomen durch Schwefelatome ableiten, werden Thiosäuren genannt. Im Namen derartiger Verbindungen wird Schwefel mit Thio bezeichnet.

Beispiele:

1. H_2SO_3S Hydrogen-trioxothiophosphat(2–)
                (normalerweise $H_2S_2O_3$ geschrieben)
2. H_3AsS_3 Hydrogen-trithioarsenat(3–)
3. H_3AsS_4 Hydrogen-tetrathioarsenat(3–)
4. H_2CS_3 Dihydrogen-trithiocarbonat[25]

Ersatz von Sauerstoff durch andere Gruppen als die Peroxogruppe und Schwefel. Säuren, die formal durch vollständigen Ersatz aller Sauerstoffatome entstehen, werden nach den Prinzipien der Hydrogennomenklatur (Abschnitt 5.6.2.2) benannt.

---

[24] 1952 durch das ACS *Nomenclature Committee* [5] eingeführt.

[25] Namen wie Trithiokohlensäure werden nicht empfohlen.

Beispiele:
1. $H[PF_6]$ Hydrogen-hexafluorophosphat(1–)
2. $H[AuCl_4]$ Hydrogen-tetrachloroaurat(1–)
3. $H_2[PtCl_4]$ Dihydrogen-tetrachloroplatinat(2–)
4. $H_4[Fe(CN)_6]$ Tetrahydrogen-hexacyanoferrat(4–)
5. $H[B(C_6H_5)_4]$ Hydrogen-tetraphenylborat(1–)

5.5.3.2.2 Funktionelle Derivate von Säuren

Prinzipien der anzuwendenden Nomenklatur. Diese Derivate werden formal durch Ersetzen einer Hydroxygruppe durch eine andere Gruppe erhalten. Die Namen werden nach der Koordinationsnomenklatur gebildet.

Säurehalogenide. Enthalten diese Verbindungen noch austauschbare Wasserstoffatome, dann werden Halogen- und restliche Sauerstoffatome als Liganden benannt. Es wird die normale Form der Säurenamen verwendet.
Beispiel:
1. HSO_3Cl Hydrogen-chlorotrioxosulfat

Gibt es keine austauschbare Wasserstoffatome, dann ist die Verbindung nicht länger eine Säure, und der Name kann nach der Koordinationsnomenklatur oder durch Verwendung eines traditionellen Namens, falls es ihn gibt, aus dem Rest der Stammsäure, z.B. Phosphoryl- (PO), Sulfuryl- (SO_2) und Thionyl- (SO), gebildet werden. Zur Diskussion der Namen dieser Gruppen siehe Abschnitt 3.3.3.2.1. Von den beiden Verfahren wird das erste bevorzugt.
Beispiele:
2. SO_2Cl_2 Dichlorodioxoschwefel oder Sulfuryldichlorid
3. $POCl_3$ Trichlorooxophosphor oder Phosphoryltrichlorid

Wenn die zu benennende Verbindung ein Übergangsmetall als Zentralatom und keine austauschbaren Wasserstoffatome enthält, dann sollte sie als Halogenid-oxid (siehe Abschnitt 5.4.4) benannt werden, wobei der Koordinationsname wieder zu bevorzugen ist.
Beispiel:
4. $MoCl_2O_2$ Dichlorodioxomolybdän oder Molybdän-dichlorid-dioxid

Säureanhydride. Anhydride vollständig dehydratisierter anorganischer Säuren werden als Oxide benannt; Anhydridnamen sollten nicht länger verwendet werden.
Beispiel:
1. N_2O_5 Distickstoffpentaoxid (nicht Salpetersäureanhydrid)

Ester. Die Benennung von Estern stimmt nicht völlig mit den oben genannten Prinzipien überein, weil sie als organische Verbindungen angesehen werden und damit die Regeln der Nomenklatur der organischen Chemie [49][53a] anzuwenden sind. Die Reihenfolge der Bestandteile (organische Substituenten werden zuerst genannt), Verwendung des Bindestrichs sowie Zusammenschreibung von Hydro= gen[26] und Anionnamen müssen besonders beachtet werden. Für jedes Beispiel gibt es einen Koordinationsnamen, der in den Beispielen als erster genannt wird. Die organischen Namen sind als letzte aufgeführt.

Beispiele:

1. $SO_2(OCH_3)_2$ Dimethoxodioxoschwefel oder Dimethylsulfat
2. $P(OCH_3)_3$ Trimethoxophosphor oder Trimethyltrioxophosphat
                oder Trimethylphosphit
3. $HOSO_2OCH_3$ Hydrogen-methoxotrioxosulfat
                oder Methyl-hydrogen-tetraoxosulfat[27]
                oder Methylhydrogensulfat

Amide. Diese Namen werden nach den Koordinationsprinzipien gebildet. Der Ligandenname für das Anion NH_2^- lautet Amido[28].

Beispiel:

1. $HOSO_2NH_2$ Hydrogen-amidotrioxosulfat

Dieser Name wird gegenüber Namen wie Sulfamidsäure bevorzugt; Kurznamen wie Sulfamid werden abgelehnt, auch wenn sie in der Medizin verwendet werden. Enthält die Verbindung keine ersetzbaren Wasserstoffatome, so wird an die Endung -säure im traditionellen Namen -amid angehängt. Es gibt auch radikofunktionelle Namen, wie sie für Halogenide verwendet werden (Abschnitt 5.5.3.2.2 - Säurehalogenide). Wieder wird der Koordinationsname bevorzugt. Der radikofunktionelle Name ist in Beispiel 2 zuletzt genannt.

Beispiel:

2. $SO_2(NH_2)_2$ Diamidodioxoschwefel oder Diamidodioxosulfur
                oder Schwefelsäurediamid oder Sulfuryldiamid

5.5.3.3 Säurenomenklatur

Dieses System darf nur auf solche Oxosäuren angewendet werden, die in der Spalte „Säurenomenklatur" in Tabelle 5.1 aufgeführt sind. In diesem Nomenklatursystem bestehen die Namen aus zwei Teilen, deren zweiter -säure ist. Der erste wiederum enthält im Deutschen drei Bestandteile:

- Der erste Teil beschreibt die an das Zentralatom gebundenen Liganden unter der Annahme, daß die ersetzbaren Wasserstoffatome vollständig ionisiert sind.
- Der zweite ist der Elementname des Zentralatoms (Anhang, Spalte 2).

---

[26] Vgl. Abschnitt 2.5.3.4, Fußnote 66.

[27] An dieser Stelle wird die Inkonsequenz bei der Benennung des sauren Wasserstoffs deutlich. Der Koordinationsname Hydroxomethoxodioxoschwefel beschreibt die Struktur genau.

[28] Nach *Nomenclature of Hydrides of Nitrogen and Derived Cations, Anions, and Ligands* [42] ist Azanido ebenfalls erlaubt.

– Der dritte – nicht immer notwendig und nicht immer leicht zu bestimmen – ist die Oxidationszahl.

Beispiele:

1. H_2SO_4 Tetraoxoschwefelsäure
2. $HClO_3$ Trioxochlor(V)-säure
3. $HClO_4$ Tetraoxochlor(VII)-säure
4. $HMnO_4$ Tetraoxomangan(VII)-säure
5. H_2MnO_4 Tetraoxomangan(VI)-säure

Dieses System gibt die Zahl der austauschbaren Wasserstoffatome nicht explizit an und sollte auf die in Tabelle 5.1 aufgeführten Beispiele beschränkt bleiben. Abgesehen von diesen Beispielen, die wegen ihres allgemeinen Gebrauchs als Alternativen erlaubt sind, sollten Oxosäuren, die sich von Übergangsmetallen ableiten, als Hydroxooxometall-Verbindungen benannt werden.

Beispiel:

6. $[HReO_4]$ Hydroxotrioxorhenium(VII)

Anionen werden nach der Koordinationsnomenklatur benannt.

Beispiel:

7. $[ReO_4]^-$ Tetraoxorhenat(VII)-Ion

5.5.4   Mehrkernige Oxosäuren

Homomehrkernige Oxosäuren entstehen formal durch Kondensation von Molekülen der gleichen einkernigen Oxosäuren unter Austritt von Wasser. Die Anzahl der Ausgangsmoleküle wird durch ein vervielfachendes Präfix[29] angegeben. Kettenförmige und cyclische Strukturen werden durch kursiv geschriebene Präfixe *catena-* und *cyclo-* unterschieden.

Beispiele:

1. $(HO)_2P(O)-O-P(O)(OH)-O-P(O)(OH)_2$ *catena*-Triphosphorsäure (Triphosphorsäure)

2.

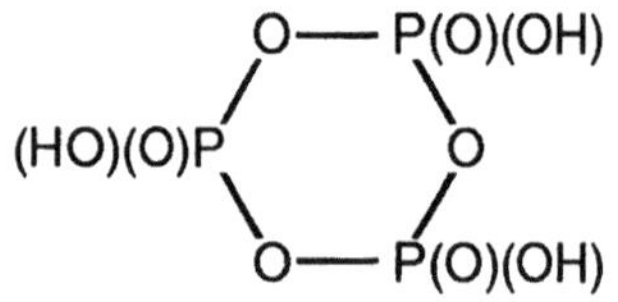

$$(HO)(O)P \overset{O - P(O)(OH)}{\underset{O - P(O)(OH)}{\diagup \diagdown O}}$$

    cyclo-Triphosphorsäure

---

[29] Das früher statt Di- verwendete Präfix Pyro- findet sich gelegentlich in der Literatur. Der traditionell verwendete Name Pyroschwefeligsäure für $H_2S_2O_5$ wurde mit dem generellen Ersatz von Pyro- durch Di- in Dischwefeligsäure geändert.

Der Austausch von O-Atomen oder Hydroxygruppen wird durch Präfixe angegeben (Tabelle 5.2), nicht durch Infixe.

Die Lokalisierung des Austauschs erfolgt durch kursiv geschriebene Elementsymbole oder arabische Ziffern.

Das Brückensymbol μ mit notwendigen Lokanten wird verwendet, um den Austausch von Brücken-O anzugeben.

Beispiel:

$H_2[(O_2)_2OCr–OO–CrO(O_2)_2]$ Dihydrogen-μ-peroxo-
        bis(oxodiperoxochromat)(2–)

Kommen gleiche Zentralatome in unterschiedlichen Oxidationsstufen vor, so werden die Oxidationszahlen in der Reihenfolge des Auftretens der entsprechenden Zentralatome, eingeschlossen in Klammern, vor der Endung -säure genannt. Das Atom mit der niedrigeren Oxidationszahl hat Vorrang bei Zitierung und Numerierung. Die Benennung als „gemischtes Anhydrid" ist ebenfalls möglich.

Beispiel:

$(HO)_2P–O–P(O)(OH)–O–P(OH)–O–P(OH)_2$
        Tetraphosphor(III,III,V,III)säure

Das Präfix Hypo- am Namen einer einkernigen Oxosäure bezeichnet eine symmetrische zweikernige Oxosäure, in der die Zentralatome direkt verknüpft sind. Zur Vermeidung von Mißverständnissen mit Bezug auf die Namen Hypochlorig= säure (HClO) oder Hypophosphorigsäure (H_3PO_2) sollte besser das Präfix Hypodi- verwendet werden.

Beispiel:

$(HO)_2P–P(OH)_2$ Hypodiphosphorsäure (nicht Hypophosphorsäure)

Einige mehrkernige Oxosäuren des Schwefels bestehen aus Ketten zweiwertigen Schwefels, die durch zwei Sulfonsäure- oder zwei Sulfinsäuregruppen begrenzt sind. Der Name besteht aus
– einem vervielfachenden Präfix, das die Gesamtzahl der Schwefelatome angibt, und
– dem Namen -thionsäure oder -thionigsäure, je nachdem ob die Endgruppen Sulfon- bzw. Sulfinsäure-Gruppen sind.

Alternativ können solche Verbindungen mit drei und mehr Schwefelatomen substitutiv auf Basis des entsprechenden Stammhydrids bezeichnet werden.

Beispiel:

$(HO)(O)S–S–S(O)(OH)$ Trithionigsäure, Sulfandisulfinsäure

Komplexere homomehrkernige Oxosäuren können nach der Nomenklatur für Ketten und Ringe (siehe Kapitel 9) und Polyanionen (siehe [43]) benannt werden.

5.5.4.1 Mehrkernige Oxosäuren ohne direkte Bindungen zwischen den Zentralatomen

Mehrkernige Säuren sollten nach der Koordinationsnomenklatur benannt werden. Die im folgenden spezifizierten Ausnahmen sind nur erlaubt, um Übereinstimmung mit eingeführten traditionellen Praktiken zu erreichen.

Die Anzahl der Zentralatome wird durch Verwendung von Di-, Tri- usw. (Tabelle 2.5) vor dem im Anhang angegebenen Namensstamm angezeigt. Enthält das Molekül mehr als eine zusammengesetzte Einheit gleicher Art, kann die Verwendung von Bis-, Tris- usw. (Tabelle 2.5) die Bildung eines einfacheren Namens ermöglichen. Wegen der Kompliziertheit dieser Säuren sollte die Anzahl der austauschbaren Wasserstoffatome angegeben werden. Die anionischen Liganden werden alphabetisch geordnet. Alle Brücken (Atome oder Atomgruppen) zwischen zwei Zentralatomen werden als Liganden in alphabetischer Reihenfolge vor den anionischen Nicht-Brückenliganden aufgeführt, versehen mit dem Deskriptor μ und mit dem Rest des Namens durch einen Bindestrich verbunden. Zwei oder mehrere gleiche Brückenliganden werden mit Di-μ-, Tri-μ- usw. angegeben. Unterschiedliche Brückenliganden werden alphabetisch aufgeführt. Haben eine Brücke und ein normaler Ligand denselben Namen, wird die Brücke zuerst genannt.

Beispiele:

1. $H_4P_2O_7$ Tetrahydrogen-μ-oxo-hexaoxodiphosphat(4–)
   oder Tetrahydrogen-μ-oxo-bis(trioxophosphat)(4–)
2. $H_2S_2O_8$ Dihydrogen-μ-peroxo-hexaoxodisulfat(2–)
   oder Dihydrogen-μ-peroxo-bis(trioxosulfat)(2–)
3. $H_2S_4O_6$ Dihydrogen-μ-disulfido-bis(trioxosulfat)(2–)
4. $H_2[(O_2)_2OCr{-}OO{-}CrO(O_2)_2]$
   Dihydrogen-μ-peroxo-bis(oxodiperoxochromat)(2–)

5.5.4.2 Mehrkernige Oxosäuren mit direkten Bindungen zwischen den Zentralatomen

Sind zwei Zentralatome direkt miteinander verbunden, wird diese Bindung am Ende des Namens vor der Angabe der formalen Ionenladung durch die kursiv geschriebenen Symbole beider Zentralatome, verbunden durch einen langen Bindestrich, in runden Klammern angegeben (vgl. Koordinationsverbindungen mit Metall–Metall-Bindung).

Beispiele:

1. $H_2S_2O_6$ Dihydrogen-hexaoxodisulfat(*S–S*)(2–)
2. $(HO)_2OP{-}PO(OH)_2$ Tetrahydrogen-hexaoxodiphosphat(*P–P*)(4–)
   oder $H_4[O_3P{-}PO_3]$

5.5.4.3 Homopolysäuren

Diese Substanzen werden in der Literatur im allgemeinen als Isopolysäuren bezeichnet. Der Name Homopolysäuren ist jedoch vorzuziehen, da der griechische Stamm *homo* „der/die/dasselbe" bedeutet (im Gegensatz zu *hetero* „verschieden /entgegengesetzt"), während der Stamm *iso* „gleich/ähnlich beschaffen" heißt. Eine ausführliche Nomenklatur [43] wird z.Z. von der CNIC überarbeitet. Die folgende

kurze Diskussion behandelt nur einfache Fälle. Stöchiometrische Namen können einfach nach der Hydrogennomenklatur gebildet werden (Abschnitt 5.5.3.2).
Beispiel:

1. $H_2Mo_6O_{19}$ Dihydrogen-nonadecaoxohexamolybdat(2–)

Annehmbare Kurznamen können für solche Polyoxosäuren vergeben werden, die sich formal aus gleichartigen einkernigen Oxosäuren durch Kondensation ableiten, sofern das Zentralatom die höchste Oxidationsstufe für die Gruppe im Periodensystem der Elemente, d.h. zum Beispiel für Schwefel VI usw. hat. Die Namen werden unter Nennung des vervielfachenden Präfixes für die Anzahl der Atome des Zentralelements gebildet. Die Anzahl der Sauerstoffatome muß nicht angegeben werden.
Beispiele:

2. $H_2S_2O_7$ Dischwefelsäure oder Dihydrogen-disulfat
3. $H_2Mo_6O_{19}$ Dihydrogen-hexamolybdat
4. $H_6Mo_7O_{24}$ Hexahydrogen-heptamolybdat

Cyclische und kettenförmige Strukturen können durch die kursiv geschriebenen Präfixe *cyclo-* und *catena-* unterschieden werden, wobei letzteres (wie in Beispiel 5) gewöhnlich weggelassen wird.
Beispiele:

5. $H_5P_3O_{10}$ Pentahydrogen-triphosphat
6. $H_3P_3O_9$ Trihydrogen-cyclo-triphosphat
7. $H_3B_3O_6$ Trihydrogen-cyclo-tri-μ-oxo-tris(oxoborat)

Zur Benennung einfacher linearer Homopolysäuren, bei denen ein Sauerstoffatom durch einen anderen Liganden ersetzt ist, wird ein Verfahren zur Numerierung benötigt. Die Zentralatome werden von einem Ende der Kette zum anderen durchnumeriert, und zwar so, daß die Sauerstoff ersetzenden Atome möglichst niedrige Lokanten erhalten. Dieses Numerierungsprinzip ist in der organisch-chemischen Nomenklatur gut eingeführt.
Beispiele:

8. $H_5P_3O_9S$ Pentahydrogen-di-μ-oxo-heptaoxo-1-thiotriphosphat(5–)
9. $H_5P_3O_8S_2$ Pentahydrogen-di-μ-oxo-hexaoxo-1,2-dithiotriphosphat(5–)
10. $H_4P_3O_9NH_2$ Tetrahydrogen-1-amido-di-μ-oxo-heptaoxotriphosphat(4–)
11. $H_6P_4O_{12}(NH)$ Hexahydrogen-1,2-μ-imido-di-μ-oxo-decaoxotetraphosphat(6–)

Kompliziertere Strukturen werden nach der Nomenklatur für Ketten und Ringe (siehe Kapitel 9) benannt.

5.5.4.4 Heteropolysäuren

Die Nomenklatur der heteromehrkernigen Oxosäuren und deren Anionen wird z.Z. in der CNIC bearbeitet. Dabei wird die in den Empfehlungen von 1970 [37] in Abschnitt 4.2 behandelte Prozedur fast vollständig ersetzt. Nach dieser werden die Oxosäuregruppen als Oxoanionen behandelt, bei ketten- oder ringförmigen Verbindungen wird die Gruppe, deren charakteristisches Element im Alphabet an erster Stelle steht, als Ausgangspunkt des Namens gewählt; bei verzweigten und kondensierten Strukturen wird die Zentralgruppe als letzte genannt, die anderen als anionische Gruppen bzw. durch spezielle Vorsilben. Die Verwendung von *catena-* und *cyclo-* sind dabei zweckmäßig. Die Säuren werden als Hydrogensalze der entsprechenden Anionen genannt. Zum Vergleich werden die nach den 1970er Regeln gebildeten Namen in Schrägstrichen „ / / " angegeben.

Eine ausführliche Nomenklatur für Polyanionen [43], 1987 vorgeschlagen, wird z.Z. von der CNIC überarbeitet. Hier werden nur einfache Fälle behandelt. Die Namen werden nach der Koordinationsnomenklatur gebildet (Abschnitt 4.3), d.h., die Namen der Zentralatome werden am Ende des Namens der Säure in alphabetischer Reihenfolge genannt und in Klammern gesetzt; danach folgt die Endung -at.

Die Bildung systematischer Namen ist nach der Nomenklatur für Ketten und Ringe (Kapitel 9) möglich.

Beispiele:

1. $H_3[O_3P–O–SO_3]$
   Trihydrogen-μ-oxo-hexaoxo(phosphorschwefel)at(3–)
   Trihydrogen-2,2,4,4-tetraoxo-1,3,5-trioxy-4-phosphy-2-sulfy[5]-catenat(3–)
   　　　　　　　　　　　　　/Trihydrogen-phosphatosulfat(3–)/

2. $H_4[O_3As–O–PO_3]$
   Tetrahydrogen-μ-oxo-hexaoxo(arsenphosphor)at(4–)
   Tetrahydrogen-2,2,4,4-tetraoxo-1,3,5-trioxy-4-arsy-2-phosphy[5]-catenat(4–)
   　　　　　　　　　　　　　/Hydrogen-arsenatophosphat(4–)/

Ist ein Zentralatom ein Übergangsmetallatom, und die anderen sind es nicht, dann werden letztere als Liganden des Übergangsmetalls behandelt.

Beispiel:

3. $H_2[O_3S–O–CrO_3]$　　Dihydrogen-trioxo(tetraoxosulfato)chromat(2–)
   　　　　　　　　　　　　　　/Dihydrogen-chromatosulfat(2–)/

In komplizierteren Heteropolysäuren mit vielen Zentralatomen sind die Heteroatome entweder tetraedrisch oder oktaedrisch von Sauerstoffatomen umgeben. Wenn die Struktur nicht bekannt ist und es sich beim Heteroatom um ein Hauptgruppenelement handelt, wird das Heteroatom mit seiner Schale aus Sauerstoffatomen als Ligand benannt, so wie bei der zweikernigen Verbindung in Beispiel 3.

Beispiele:

4. $H_4SiW_{12}O_{40}$　　　Tetrahydrogen-hexatriacontaoxo=
   　　　　　　　　　　　　　(tetraoxosilicato)dodecawolframat(4–)
   　　　　　　　　　　　　　/Tetrahydrogen-dodecawolframosilicat/

5. $H_6P_2W_{18}O_{62}$　　　Hexahydrogen-tetrapentacontaoxo=
   　　　　　　　　　　　　　bis(tetraoxophosphato)octadecawolframat(6–)
   　　　　　　　　　　　　　/Hexahydrogen-octadecawolframodiphosphat(V)
   　　　　　　　　　　　　　oder Hexahydrogen-18 wolframodiphosphat(V)/

Einige abgekürzte semisystematische Namen sind aus Tradition für den derzeitigen Gebrauch noch erlaubt. Sie werden verwendet, wenn alle Zentralatome gleich sind, das Polyanion als Ligand nur Sauerstoff sowie nur eine Sorte von Heteroatomen enthält, und wenn die Zentralatome die höchstmögliche Oxidationsstufe für die Gruppe im Periodensystem haben. In diesem Fall erhalten die Hauptgruppenatome für den Einbau in den Namen der Heteropolysäure spezifische abgekürzte Namen. Sie sind nachstehend genannt.

B	boro	Si	silico	Ge	germano
P	phospho	As	arseno		

Beispiele:

6. $H_4SiW_{12}O_{40}$ Tetrahydrogen-silicododecawolframat
  /Dodecawolframokieselsäure/

7. $H_6P_2W_{18}O_{62}$ Hexahydrogen-diphosphooctadecawolframat
  /Octadecawolframodiphosphorsäure/

5.5.5 Der Spezialfall einkerniger Phosphor- und Arsenoxosäuren

5.5.5.1 Einleitung

Viele Derivate von Phosphoroxosäuren werden oft als organische Verbindungen angesehen. Im Laufe der Jahre wurden mehrere Nomenklatursysteme entwickelt, die noch mehr oder weniger häufig verwendet werden. Die derzeit angewendeten Systeme sind die Substitutionsnomenklatur, die Infix- und Präfix-Austauschnomenklatur und die Koordinationsnomenklatur. Diese werden nachstehend kurz beschrieben.

5.5.5.2 Substitutionsnomenklatur

Derivate anorganischer und organischer Wasserstoffverbindungen können nach der Substitutionsnomenklatur benannt werden (siehe Abschnitt 2.2.2.3). Die Stammverbindungen für die Benennung dieser Substitutionsprodukte sind die einkernigen Stammsäuren

Phosphonsäure, $HPO(OH)_2$
Phosphinsäure, $H_2PO(OH)$
Arsonsäure, $HAsO(OH)_2$, und
Arsinsäure, $H_2PO(OH)$

und die entsprechenden Arsen(III)- und Phosphor(III)-säure (Abschnitt 5.5.5.5.2) mit substituierbarem Wasserstoff. Entsprechend können die Prinzipien der Substitutionsnomenklatur angewendet werden (Abschnitt 2.2.2.3). Es sei betont, daß negative Gruppen wie Cl als Ersatz für OH und nicht für H betrachtet werden, so daß $HPO(Cl)(OH)$ ein Derivat der Phosphon- und nicht der Phos=phinsäure ist. Details werden in der organisch-chemischen Nomenklatur [49] [53a] behandelt.

Beispiele:
1. $(C_6H_5)_2PO(OH)$ Diphenylphosphinsäure
2. $(H_2NC_6H_4)AsO(OH)_2$ (Aminophenyl)arsonsäure

5.5.5.3 Infix- und Präfix-Austauschnomenklatur

Dieses Nomenklatursystem (siehe Abschnitt 5.5.3.2.1) kann auf einkernige Phosphor- und Arsenoxosäuren und auf ihre Anionen angewendet werden, in denen Sauerstoffatome oder Hydroxygruppen ersetzt sind. Einige der verwendeten Infixe und Präfixe sind in Tabelle 5.2 aufgeführt.

Das entsprechende Infix wird vor dem Terminus -säure oder vor -at, -oat oder -it im Namen des Stamm-Anions eingefügt; der Name der Stammsäure wird − wie nachstehend beschrieben − modifiziert.

Phosphinsäure	$H_2PO(OH)$	Phosphin(o)
Phosphonsäure	$HPO(OH)_2$	Phosphon(o)
Phosphorsäure	H_3PO_4	Phosphor(o)

Ähnlich werden auch die Namen der Arsensäuren modifiziert.

Beispiel:
1. $(C_2H_5)_2PS(SH)$ Diethylphosphinodithiosäure

Ein Ersatz von Sauerstoff oder einer Hydroxygruppe in einer Oxosäure von Phosphor(V) und Arsen(V) kann auch durch Präfixe angezeigt werden.

Bei mehreren Präfixen werden diese, wie die Infixe, in alphabetischer Reihenfolge aufgeführt.

Beispiele:
2. H_3PO_3S Thiophosphorsäure
3. $(C_6H_5)_2P(NH)(OH)$ (Imido)diphenylphosphinsäure[30]

Eine Alternative zur Benennung dieser Verbindungen bietet die Lambda-Konvention (siehe dazu Abschnitt 4.2.1.3).

5.5.5.4 Koordinationsnomenklatur

Alle diese Verbindungen können nach der Koordinationsnomenklatur mit Phos= phor und Arsen (und auch Antimon und Bismut) als Zentralatom benannt werden.

Beispiele:
1. $H[P(C_2H_5)_2S_2]$ Hydrogen-diethyldithiophosphat(V)
2. $[PO(OCH_3)_3]$ Trimethoxooxophosphor

---

[30] In den Regeln von 1990 [45] sind die Präfixe in diesem Beispiel nicht alphabetisch geordnet. Der Übersichtlichkeit halber wurde hier Imido in runde Klammern eingeschlossen.

5.5.5.5 Namen von phosphor- und arsenhaltigen Oxosäuren und ihren Derivaten

5.5.5.5.1 Verbindungen der Koordinationszahl 3, die als Oxosäuren oder deren Derivate angesehen werden können

Verbindungen der Koordinationszahl 3 können nach drei Methoden benannt werden.

a) Es kann die Koordinationsnomenklatur mit Phosphor, Arsen, Antimon oder Bismut als Zentralatom verwendet werden.

b) Alternativ kann man die Verbindungen als Derivate nachstehend genannter Stammsäuren betrachten.

$H_2P(OH)$	Phosphinigsäure
$HP(OH)_2$	Phosphonigsäure
$P(OH)_3$	Phosphorigsäure
$H_2As(OH)$	Arsinigsäure
$HAs(OH)_2$	Arsonigsäure
$As(OH)_3$	Arsenigsäure

c) Schließlich kann man sie als Substitutionsprodukte von MH_3 (M = P, As, Sb oder Bi) behandeln.

Die folgenden Beispiele 1 bis 3 zeigen jeweils die drei Arten so gebildeter Namen.

Beispiele:

1. $(C_6H_5)_2P(OCH_3)$
    a) Methoxodiphenylphosphor(III)
    b) Methyl-diphenylphosphinit
    c) Methoxydiphenylphosphan[31]

2. $(C_6H_5)P(OH)_2$
    a) Dihydroxophenylphosphor(III)
    b) Phenylphosphonigsäure
    c) Dihydroxy(phenyl)phosphan[31]

3. $P(OCH_3)_3$
    a) Trimethoxophosphor(III)
    b) Trimethylphosphit
    c) Trimethoxyphosphan[31]

Wenn es mehr als eine saure Gruppe gibt, von denen jede ein dreiwertiges P- oder As-Atom enthält und als Hauptgruppe einer organischen Verbindung anzusehen ist, kann die Verbindung als Derivat einer Stammsäure benannt werden, die durch eine mehrwertige Gruppe substituiert ist (b). Die Varianten (a) und (c) in Beispiel 4 verwenden die oben beschriebene Koordinations- bzw. die Substitutionsnomenklatur. Derivate dieser Säuren werden nach denselben Prinzipien benannt.

---

[31] Phosphan ist der empfohlene Name für PH_3; Phosphin ist nur noch für das unsubstituierte einkernige Hydrid und für davon abgeleiteten Liganden und Substituenten erlaubt (siehe Abschnitt 4.2.1.1).

Beispiel:
  4.

$P(OH)_2$

a) μ-1,5-Naphthylen-
   bis[dihydroxophosphor(III)]
b) 1,5-Naphthylen-bis(phosphonigsäure)
c) *P,P,P',P'*-Tetrahydroxy-1,5-naphthylen-
   bis(phosphan)[31]

$P(OH)_2$

5.5.5.5.2 Oxosäuren des fünfwertigen Phosphors (oder Arsens)
mit direkt an Phosphor (bzw. Arsen) gebundenem Kohlenstoff

Diese Verbindungen werden als Substitutionsprodukte der folgenden Stammsäuren benannt.

$HP(O)(OH)_2$	Phosphonsäure
$H_2P(O)(OH)$	Phosphinsäure
$HAs(O)(OH)_2$	Arsonsäure
$H_2As(O)(OH)$	Arsinsäure

Beispiele:
  1. $(C_6H_5)_2PO(OH)$ Diphenylphosphinsäure
  2.

$PO(OH)_2$

1,5-Naphthylen-bis(phosphonsäure)

$PO(OH)_2$

   Die organisch-chemische Nomenklatur enthält Prioritätsregeln [49hh], nach denen die Oxosäure gegebenenfalls als Substituent in einem organischen Molekül behandelt werden muß. Sie wird dann durch eines der folgenden Präfixe bezeichnet. Die Namen für die Arsen-Analoga werden entsprechend gebildet.

$-PO(OH)_2$	Phosphono
$=PO(OH)$	Phosphinico
$-PO_3^{2-}$	Phosphonato
$=PO_2^{-}$	Phosphinato

Beispiele:

3. $(HO)_2OP-CH_2-COOH$ Phosphonoessigsäure
4.

$$HOOC-\langle\text{C}_6\text{H}_4\rangle - As(O)(OH) - \langle\text{C}_6\text{H}_4\rangle\,COOH$$

4,4'-Arsinico-bis(benzoesäure)

5. $[O_3P(C_6H_4COO)]^{3-}$ 2-Phosphonatobenzoat(3–)[32]

Derivate der oben aufgeführten Säuren, in denen Sauerstoffatome und/oder Hydroxygruppen durch andere Gruppen ersetzt sind, können nach einer der folgenden Methoden benannt werden:

(a) Durch Verwendung der Koordinationsnomenklatur oder durch Benennung der Säure als Hydrogensalz nach der Hydrogennomenklatur (Tabelle 5.1).
(b) Durch Behandlung als Austausch-Derivat der Säure, die in Anlehnung an die Hydrogennomenklatur benannt wird (Abschnitt 5.5.3.2).
(c) Durch Verwendung der Infix- oder Präfix-Austauschnomenklatur (siehe Abschnitt 5.5.5.3).

Bei jeder dieser Methoden werden Gruppen von gleichwertigem Status in alphabetischer Reihenfolge der Anfangsbuchstaben ohne Berücksichtigung etwaiger vervielfachender Präfixe aufgeführt. An den Beispielen 6 und 7 werden die vorstehend beschriebenen Methoden a, b und c erläutert.

Beispiele:

6. $(C_2H_5)_2P(S)(SH)$ a) Diethyl(hydrogensulfido)thiophosphor(V)
                                 b) Hydrogen-diethyldithiophosphat(V)
                                 c) Diethyldithiophosphinsäure
                                    oder Diethylphosphinodithiosäure

7. $C_6H_5P(O)Cl(OH)$ a) Chlorohydroxooxo(phenyl)phosphor(V)
                                 b) Hydrogen-chlorodioxo(phenyl)phosphat(V)
                                 c) Chloro(phenyl)phosphonsäure
                                    oder Phenylphosphonochloridsäure

Die Position des austauschbaren Wasserstoffatoms ist in den benannten Säuren normalerweise nicht angegeben, da in Lösung oft ein Gemisch tautomerer Formen vorliegt. Im festen Zustand ist das Wasserstoffatom meist an mehr als ein Anion gebunden. Es ist aber möglich, ein bestimmtes Tautomer zu benennen, indem man die Atome, an die die Wasserstoffatome gebunden sind, lokalisiert (siehe Beispiele 8b,c und 9b,c). Wenn die Koordinationsnomenklatur verwendet wird, ist das Wasserstoffatom Teil des Liganden, z.B. OH und SH, und die Verbindung wird entsprechend benannt (siehe Beispiele 8a und 9a).

---

[32] Der Name sagt mehr aus als die Formel.

Beispiele:

8. $C_2H_5P(Se)(OH)_2$ a) Ethyldihydroxoselenidophosphor(V)
                              b) Ethylselenophosphon-*O,O'*-säure
                              c) Ethylphosphonoseleno-*O,O'*-säure

9. $C_2H_5P(O)(OH)(SeH)$ a) Ethyl(hydrogenselenido)hydroxooxo=
                                    phosphor(V)
                                b) Ethylselenophosphon-*O,Se*-säure
                              c) Ethylphosphonoseleno-*O,Se*-säure

Anionen werden durch Ersatz von -säure im Säurenamen durch -at benannt. Gegebenenfalls wird die formale Ionenladung angegeben.

5.5.5.5.3 Derivate von Oxosäuren mit fünfwertigem Phosphor oder Arsen

Nachstehend ist für jeden Fall das Benennungsverfahren angegeben. Die Buchstaben a, b und c bezeichnen jeweils die in Abschnitt 5.5.5.5.2 genannte Nomenklatur-Methode. Bei Methode b) und c) wird die Endung -säure modifiziert.

Ester. Die Endung -säure des Säurenamens wird in -at geändert und der Name durch den Namen der eingefügten organischen Gruppe ergänzt. Phosphorsäure ist eine Ausnahme, da die Änderung zu Phosphat und nicht zu Phosphorat erfolgt.

Beispiele:

1. $PO(OCH_3)_3$ a) Trimethoxooxophosphor(V)
                             b) Trimethylphosphat

2. $C_6H_5PH(S)(OCH_3)$ a) Hydridomethoxo(phenyl)thio=
                                   phosphor(V)
                              b) O-Methyl-phenylthiophosphinat
                              c) O-Methyl-phenylphosphinothioat

3. $C_2H_5P(O)(OC_2H_5)OH$ a) Ethoxoethylhydroxooxophosphor(V)
                            b,c) Ethyl-hydrogen-(ethyl)phosphonat[33]

Amide. Das Wort -säure im Säurenamen wird in -amid geändert.

Beispiel:

4. $(CH_3)_2P(O)[NH(CH_3)]$ a) Dimethyl(methylamido)oxophosphor
                            c) *N,P,P*-Trimethylphosphinamid

Gibt es mehr als eine Amidogruppe, dann wird der Name durch entsprechende vervielfachende Präfixe erweitert.

---

[33] Der Übersichtlichkeit halber wurde „ethyl" in runde Klammern eingeschlossen.

Säurehalogenide. Die Endung -säure wird durch den entsprechenden Halogenid-namen ersetzt.

Beispiel:

5. $(C_2H_5)_2PCl(NC_6H_5)$ a) Chloro(diethyl)(phenylimido)phosphor

c) *P,P*-Diethyl-*N*-phenylphosphinimidchlorid oder Diethyl(phenylimido)phosphinchlorid

Gemischte Anhydride. Die *Nomenclature of Organic Chemistry*, Ausgabe von 1979 [49], Regel C-491.3 schlägt vor, die Säurenamen alphabetisch zu ordnen und die Endung -anhydrid anzuschließen. Beispiel 6 zeigt diese Form sowie einen Koordinationsnamen.

Beispiel:

6. $CH_3CO-O-PO(OH)_2$ Acetatodihydroxooxophosphor (Koordinationsname)

oder Essigsäure-phosphorsäure-monoanhydrid („organischer" Name)

In der Substitutionsnomenklatur verlangen die Prioritätsregeln, daß die Säure gegebenenfalls auch als Substituent an einem organischen Stamm behandelt werden kann. Die für dieses Verfahren erforderlichen Gruppennamen werden nächstehend angegeben. Analoge Namen werden auch für **Arsen**-Derivate verwendet. Ist **Sauerstoff** durch **Stickstoff** oder **Schwefel** ersetzt, dann werden die Gruppen am besten nach der Präfix- oder Infix-Austauschnomenklatur benannt.

$H_2P(O)-$	Phosphinoyl-
$H(O)P<$	Phosphonoyl-
$(O)P\equiv$	Phosphoryl-
$H_2P(S)-$	Thiophosphinoyl- oder Phosphinothioyl-
$HP(N)-$	Nitridophosphonoyl- oder Phosphononitridoyl-

Die Anwendung der Substitutionsnomenklatur wird unten im Namen 7a) gezeigt. Als Alternative wird in 7b) die Verwendung eines Restnamens für Elemente angegeben (siehe Abschnitt 3.3.3.2.4 und Anhang).

Beispiel:

7. $(C_2H_5O)_2P(O)C_6H_4COOH$ a) 4-(Diethyoxyphosphoryl)benzoesäure

b) 4-Diethoxyoxophosphorio-benzoesäure[34]

---

[34] Aus der Formel geht die Position der Carboxygruppe nicht hervor. Außerdem wird der Name durch Einfügen von Klammern übersichtlicher:

4-[Diethoxy(oxo)phosphorio]benzoesäure.

5.6   Basen

Für Basen gibt es keine gemeinsame Endung und daher keine allgemeine Methode
für ihre Benennung. Als binäre und pseudobinäre Verbindungen werden sie als
Hydroxide und Oxide von elektropositiven Elementen benannt.
Beispiele:
  KOH   Kalium-hydroxid
  CaO   Calcium-oxid

5.7   Additionsverbindungen

H_2) Namen von Additionsverbindungen $zZ \cdot z'Z' \ldots \cdot z''Z''$

Name für Z nach H_1) + —Name für Z' [a] nach H_1) + ...
        + —Name für Z'' nach H_1) U [b] + $(z/z' \ldots z'')$ [c] [d]

Beispiele: $Al_2(SO_4)_3 \cdot K_2SO_4 \cdot 24H_2O$
        Aluminiumsulfat—Kaliumsulfat—Wasser (1/1/24)
$Na_2CO_3 \cdot 10H_2O$ Natrium-carbonat—Wasser (1/10)
        oder Natrium-carbonat-decahydrat

---

[a]   Der lange Strich „–" ist Bestandteil des Namens.

[b]   U bezeichnet einen zum Namen gehörenden Leerraum.

[c]   Nennung der Bestandteile nach steigender Zahl der Einzelkomponenten; wenn die Zahl
      gleich ist, in alphabetischer Folge. Ausnahmen: Borverbindungen (siehe Kapitel 6) und
      Wasser werden immer zuletzt, in dieser Reihenfolge, genannt.

[d]   Für Verbindungen mit Kristallwasser ist der Name Hydrat noch erlaubt. Der Ausdruck
      -hydrat, einschließlich eines erforderlichen vervielfachenden Präfixes, beginnt mit einem
      kleinen Buchstaben und ist mit dem restlichen Namen durch einen einfachen Bindestrich
      verbunden.

Der Begriff Additionsverbindungen umfaßt Donor-Akzeptor-Komplexe und eine
Vielzahl von Festkörpern. Die hier beschriebenen Methoden sind vorwiegend für
Verbindungen mit unsicherer Struktur gedacht, die nicht nach den Methoden in
Abschnitt 4.3 benannt werden können. In den Namen derartiger Addukte, speziell
Solvaten, wurde häufig die Endung -at verwendet. Da diese Endung jedoch den
Namen von Anionen vorbehalten ist, wird von deren Verwendung bei der Benen-
nung von Additionsverbindungen abgeraten. Alkoholate sind die Salze von Alko-
holen; dieser Name soll daher nicht zur Bezeichnung von Verbindungen mit Kri-
stallalkohol verwendet werden. Entsprechend sollen Additionsverbindungen, die
Ammoniak, Ether usw. enthalten, nicht als Ammoniakate, Etherate usw. bezeichnet werden.

Der Name für eine Additionsverbindung wird durch Aneinanderreihen der Namen der Einzelverbindungen unter Verwendung von langen Strichen gebildet. Die Mengenverhältnisse der Bestandteile werden durch arabische Ziffern, jeweils durch einen Schrägstrich voneinander getrennt, angegeben und nach einem Leerraum in runden Klammern dem Gesamtnamen nachgestellt. Die Reihenfolge der Namen der einzelnen Bestandteile entspricht der Reihenfolge in der Formel (siehe Abschnitt 2.3.6.9 und nachstehende Beispiele).

Der Name für H_2O in Additionsverbindungen ist **Wasser**. Der Begriff Hydrat[35] hat eine spezifische Bedeutung. Er kennzeichnet unbestimmt gebundenes Kristallwasser in einer Verbindung.

Beispiele:

1. $3CdSO_4 \cdot 8H_2O$ — Cadmiumsulfat–Wasser (3/8)
2. $Na_2CO_3 \cdot 10H_2O$ — Natriumcarbonat–Wasser (1/10) oder Natriumcarbonat-decahydrat
3. $Al_2(SO_4)_3 \cdot K_2SO_4 \cdot 24H_2O$ — Aluminiumsulfat–Kaliumsulfat–Wasser (1/1/24)
4. $CaCl_2 \cdot 8NH_3$ — Calciumchlorid–Ammoniak (1/8)
5. $AlCl_3 \cdot 4C_2H_5OH$ — Aluminiumchlorid–Ethanol (1/4)
6. $2CH_3OH \cdot BF_3$ — Methanol–Bortrifluorid (2/1)
7. $BiCl_3 \cdot 3PCl_5$ — Bismut(III)-chlorid–Phosphor(V)-chlorid (1/3)
8. $BF_3 \cdot 2H_2O$ — Bortrifluorid–Wasser (1/2)
9. $8H_2S \cdot 46H_2O$ — Hydrogensulfid–Wasser (8/46)
10. $8Kr \cdot 46H_2O$ — Krypton–Wasser (8/46)
11. $6Br_2 \cdot 46H_2O$ — Dibrom–Wasser (6/46)
12. $CHCl_3 \cdot 2H_2S \cdot 17H_2O$ — Chloroform–Hydrogensulfid–Wasser (1/2/17)
13. $Co_2O_3 \cdot nH_2O$ — Cobalt(III)-oxid–Wasser (1/n)

5.8 Borhydride

Die Bornomenklatur verwendet gesonderte Regeln (siehe Kapitel 6). Borhydride werden nach Abschnitt 6.3.2.1 benannt. Die Anzahl der Boratome in einem Bor= hydrid-Molekül geht aus einem vervielfachenden Präfix hervor, während die Anzahl der **Wasserstoffatome** mit arabischen Ziffern in runden Klammern direkt nach dem Namen angegeben wird. Insoweit können diese Namen zur stöchiometrischen Nomenklatur gerechnet werden.

Beispiele:

1. B_2H_6 — Diboran(6)
2. $B_{20}H_{16}$ — Icosaboran(16)

---

[35] Hydrat wäre ein Name für ein Salz des **Wassers**, d.h. für das, was jetzt als **Hydroxid** bezeichnet wird. In der Tat wurde die Bezeichnung **Hydrat** früher in diesem Sinne verwendet.

5.9   Wahl des geeigneten Namens

Einfache Verbindungen können prinzipiell nach jeder der in diesem Kapitel behandelten Methoden benannt werden. $NaTl(NO_3)_2$ kann z.B. als Natrium-thallium-dinitrat, als Natrium-thallium(I)-nitrat oder als Natrium-thallium(1+)-nitrat bezeichnet werden. Immer sollte der für den jeweiligen Zweck am besten geeignete Name gewählt werden. Pb_3O_4 kann als Tribleitetraoxid bezeichnet werden, der Name Diblei(II)-blei(IV)-oxid ($Pb^{II}_2Pb^{IV}O_4$) ist jedoch informativer. Antimon=dioxid beschreibt die Verbindung mit der empirischen Formel SbO_2 zwar eindeutig, aber die vermutete Übereinstimmung mit Antimon(IV)-oxid ist falsch, da in SbO_2 sowohl Sb^{III} als auch Sb^{V} vorliegen. Manche Doppelsalze werden am besten unter Verwendung vervielfachender Präfixe benannt (Abschnitt 5.3.1). So gestattet z.B. der Name Calcium(II)-natrium(I)-sulfat keine Unterscheidung zwischen Calcium-dinatrium-bis(sulfat) ($CaSO_4 \cdot Na_2SO_4$) und Calcium-tetra=natrium-tris(sulfat) ($CaSO_4 \cdot 2Na_2SO_4$). Namen für Komplex-Anionen können präziser sein, sollten aber beim Fehlen sicherer Angaben mit Vorsicht verwendet werden. So ist z.B. Kalium-hexafluoroantimonat für $K[SbF_6]$ genauer als Antimon(V)-kalium-fluorid oder Antimon-kalium-hexafluorid, aber er ist irreführend, solange die Anwesenheit von $[SbF_6]^-$ nicht gesichert ist. Analoges gilt für $TiZnO_3$; Titan-zink-trioxid ist der Bezeichnung Titanzincat vorzuziehen.

Im Zweifelsfall sind einfachere Namen ohne weitergehende strukturelle Informationen zu bevorzugen, z.B. Doppelsalz- oder Doppeloxid-Namen (siehe Abschnitt 5.4.3 und 5.4.5).

6 Borhydride und verwandte Verbindungen und Clusterverbindungen des Bors

6   Borhydride und verwandte Verbindungen und Clusterverbindungen des Bors

6.1   Einleitung

Borverbindungen, die manchmal als „Elektronenmangelverbindungen" bezeichnet werden, lassen sich nicht ohne weiteres durch eines der klassischen Konzepte und durch Methoden der organisch- und anorganisch-chemischen Nomenklatur beschreiben, die auf der Annahme von lokalisierten Bindungselektronen basieren. Der Begriff „Elektronenmangel" bedeutet, daß es andere, „elektronengesättigte" Borverbindungen gibt, deren Bindungssituation mit dem geläufigen Wertigkeitsbegriff besser übereinstimmt. Da jedoch beide Verbindungsklassen bindende Molekülorbitale haben, die in allen Fällen korrekt gefüllt sind, wird empfohlen, diesen Begriff durch „Clusterverbindungen des Bors" oder gegebenenfalls „Poly= borhydride" zu ersetzen.

Die Nomenklatur für polyedrische Borhydride (Borane) und verwandte Verbindungen bereitet wegen der Vielfalt der Bindungssituation, der Substitution und der Bindigkeit Probleme. Bis jetzt ist noch keine allgemeingültige Nomenklatur akzeptiert, die alle diese Gebiete umfaßt. Die hier vorgestellte Nomenklatur beschränkt sich auf einfache Systeme mit relativ hoher Symmetrie.

Boride mit Bor auf Zwischengitterplätzen und Additionsverbindungen unter Beteiligung von Boranen, Metallboride usw. werden in Abschnitt 5.7, einige ringförmige Borverbindungen in den Abschnitten 4.2.2.8 und 4.2.2.9 (siehe auch [38][49ll]), Oxosäuren des Bors und Bor-Oxoanionen sowie Koordinationsverbindungen des Bors in den Abschnitten 3.3.2.2, 4.3 bzw. 5.5.3 behandelt.

6.2   Borhydrid-Nomenklatur

6.2.1   Borhydridstrukturen

Folgende Merkmale von Polyborhydrid-Strukturen sind für die Kompliziertheit des Nomenklaturproblems verantwortlich:

(i) Bindigkeit: In Polyborhydrid-Clustern kann jedes Boratom maximal 3 Elektronen mit seinen nächsten Nachbarn teilen, von denen es bis zu 5, 6 oder gelegentlich 7 gibt.

(ii) Zu Dreiecken verknüpfte Boratome: Bei vielen Polyborhydrid-Strukturen verläuft die Clusterbildung über Dreiecke zu Polyedern, die durch miteinander verbundene Dreiecksflächen charakterisiert sind[1].

(iii) Wasserstoffbrücken: Fragmente größerer Polyeder enthalten oft Paare von

---

[1]   Fast alle Strukturen haben Bor-Skelette, die als Fragmente eines Ikosaeders oder eines anderen vollständig aus Dreiecksflächen aufgebauten (geschlossenen) Polyeders angesehen werden können.

Boratomen, die durch einzelne **Wasserstoffatome** über Dreizentren-Zweielektronen-Bindungen verbrückt sind, benannt durch -a-µ*H*-y'-, -a,b,di-µ*H*-x',y'- usw.[2]
(iv) Dreizentrenbindungen mit **Boratomen**: Die Bindung in polyedrischen Strukturen mit gleichseitigen Dreiecksflächen kann oft durch eine Darstellung von Dreizentren-Zweielektronen-Bindungen zwischen einigen der **Boratome** veranschaulicht werden.

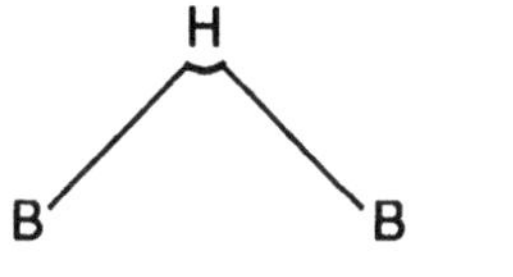

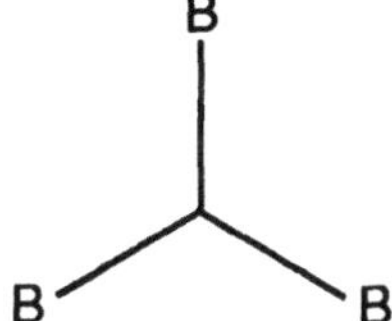

gibt eine **Wasserstoff**brücke wieder   gibt eine Dreizentrenbindung
                                                zwischen **Boratomen** wieder

Für alle **Polyborhydride**, ausgenommen die einfachsten, können mehrere kanonische Formeln gezeichnet werden, die eine Bindungsdelokalisierung anzeigen. So kann die Bindung für die geometrische Struktur von Beispiel 1

1.

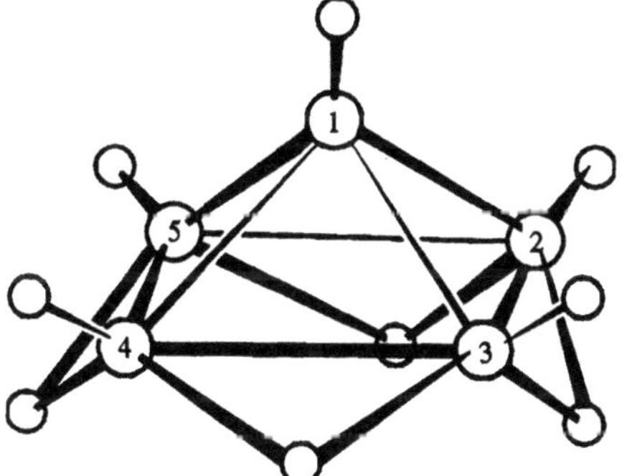

nido-Pentaboran(9), B_5H_9

in der ebenen Projektion durch die vier nachstehend aufgeführten kanonischen Formeln wiedergegeben werden.

---

[2] a,b,c. . . und x',y',z' . . . stehen für die Lokanten der verbundenen Atome.

(v) Verknüpfung von polyedrischen Einheiten: sie kann durch eine Bindung zwischen Boratomen oder über eine gemeinsame Polyederecke, -kante, -fläche oder ein Flächensystem zustandekommen[3].

Die Verknüpfung zwischen polyedrischen Borhydrid-Clustern wird mit dem allgemeinen Begriff *conjuncto*-Borane beschrieben. Die Typen der hier betrachteten Verknüpfungen werden in mehrere allgemeine Klassen unterteilt.

(a) Verknüpfung durch eine direkte Zweizentren-Bor-Bor-Bindung, benannt durch -a:y'-[2], zwischen verschiedenen Clustern (vom *closo*-Typ oder anderen) bei entsprechender Eliminierung von jeweils einem Wasserstoffatom.

Durch Verknüpfung von zwei $(B_{10}H_{10})^{2-}$-Ionen zu $(B_{20}H_{18})^{4-}$ können durch 1,1'-, 1,2'- bzw. 2,2'-Verknüpfung drei Isomere entstehen.

Als Beispiel ist die durch 1,2'-Verknüpfung entstandene Struktur angegeben.

---

[3]   Polyborhydrid-Cluster mit solchen Merkmalen sind als *conjuncto*-Borane [10a] beschrieben worden.

Beispiel:
2.

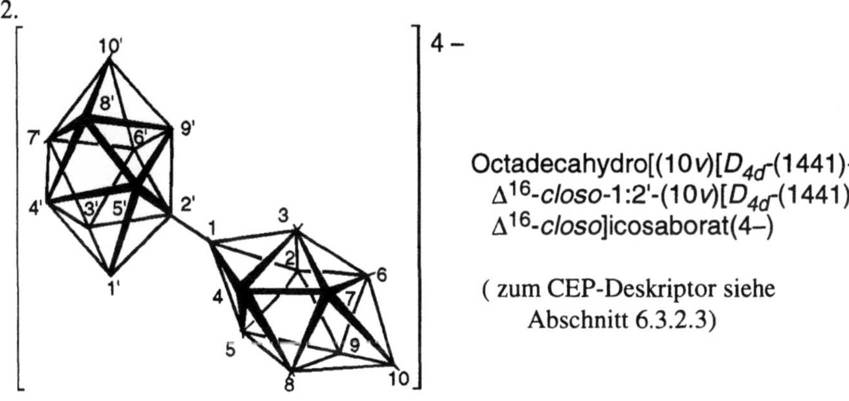

$$\text{Octadecahydro}[(10v)[D_{4d}\text{-}(1441)\text{-}\Delta^{16}\text{-}closo\text{-}1\text{:}2'\text{-}(10v)[D_{4d}\text{-}(1441)\text{-}\Delta^{16}\text{-}closo]\text{icosaborat}(4-)$$

(zum CEP-Deskriptor siehe
Abschnitt 6.3.2.3)

(b) Verknüpfung über eine gemeinsame Ecke (*commo*-Ecke), benannt durch -a-*commo*-y'-[2)]. Im folgenden Beispiel teilen sich ein B_7- und ein B_9-Cluster ein Boratom (schattiert).

Beispiel:
3.

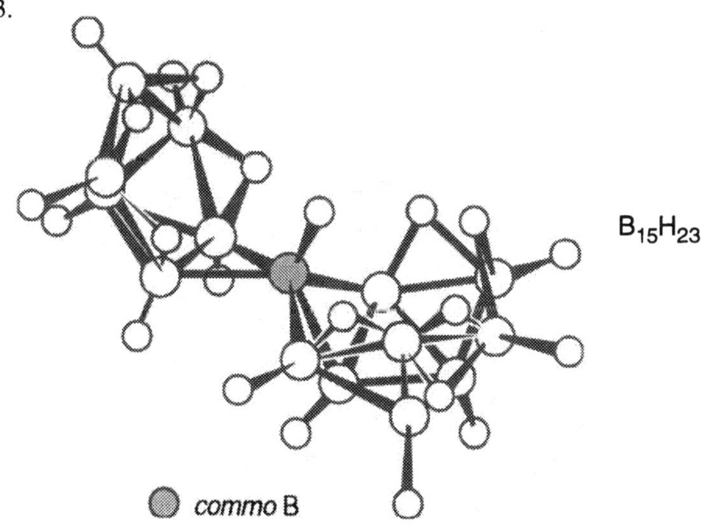

(c) Verknüpfung über eine gemeinsame Polyederkante, benannt durch -a,b-*dicommo*-x',y'-[2)]. Im folgenden Beispiel sind zwei B_{10}-Cluster über eine gemeinsame Kante verbunden, gekennzeichnet durch schattierte Atome, unter Bildung des neutralen zentrosymmetrischen Hydrids *anti*-$B_{18}H_{22}$ [19].

Beispiel:
4.

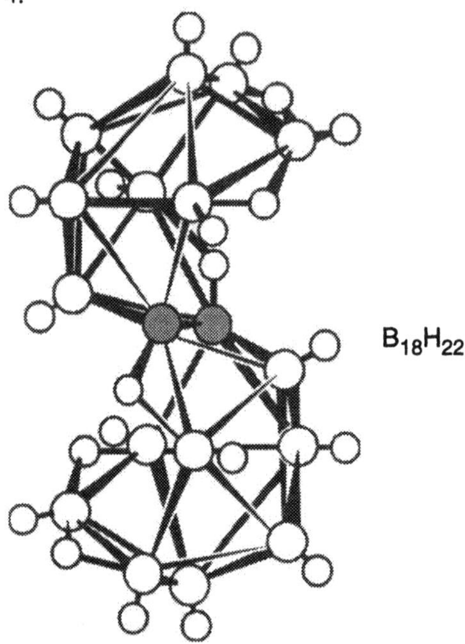

$B_{18}H_{22}$

(d) Verknüpfung über eine gemeinsame Dreiecksfläche, benannt durch -a,b,c-*tri-commo*-x',y',z'-[2]. Das folgende Beispiel zeigt einen B_{11}- und einen B_{12}-Cluster, die durch Teilhabe an den drei schattierten Boratomen einen $B_{20}H_{18}$-Cluster bilden. Alle Wasserstoffatome wurden weggelassen.

Beispiel:
5.

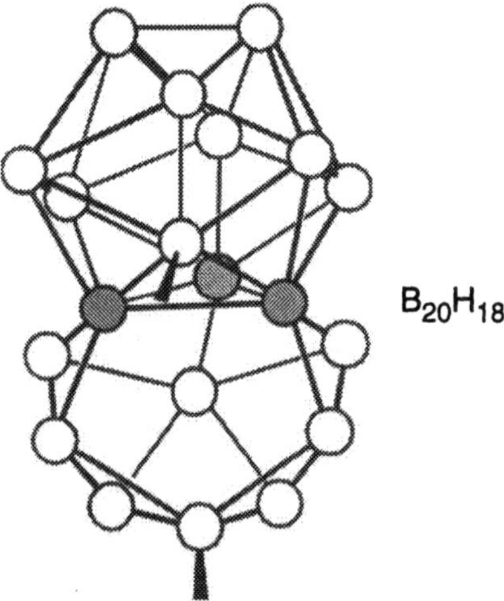

$B_{20}H_{18}$

In den bekannten Derivaten bindet jede der angegebenen freien Valenzen einen neutralen organischen Liganden.

(e) Verknüpfung durch noch weitergehende gemeinsame Besetzung von Positionen in Clustern. Das Boran im folgenden Beispiel kann durchaus als vollständige Dreiecks-Polyederstruktur benannt werden, es läßt sich aber auch als Produkt der Verknüpfung von zwei B_{12}-Clustern über vier gemeinsame Boratome (schattiert) ansehen. Die Wasserstoffatome an den nicht schattierten Boratomen sind der Übersichtlichkeit halber weggelassen worden.

Beispiel:

6.

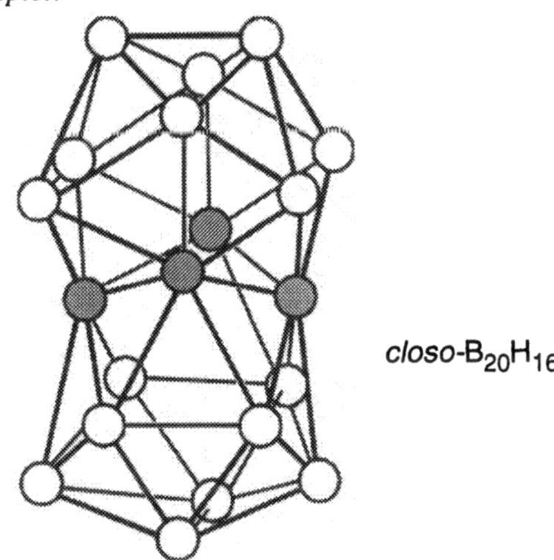

closo-$B_{20}H_{16}$

Darüber hinaus kann jede der Dreiecksflächen eines polyedrischen Polybor= hydrid-Clusters überdacht werden. Dies bedeutet, daß ein zusätzliches Skelettatom direkt mit allen drei Atomen dieser Außenfläche verbunden ist und damit eine ei= gene Ecke bildet.

Beispiel:

7.

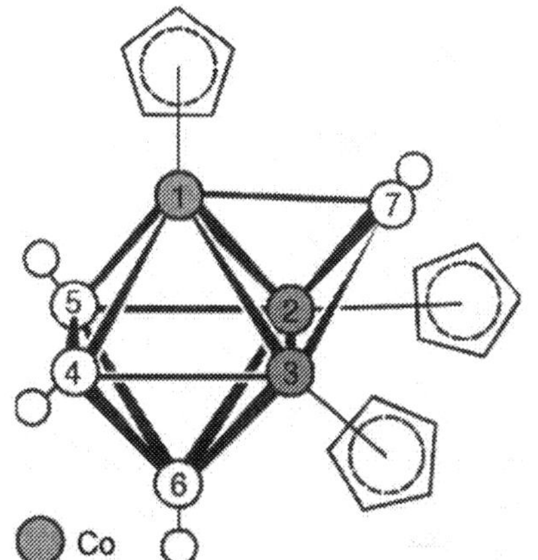

1,2,3-Tris(η^5-cyclopentadienyl)-1,2,3-tricobalta[O_h-(141)-Δ^8-*closo*-(+1v)1,2,3]hepta= boran(4)

(zum CEP-Deskriptor
siehe Abschnitt 6.3.2.3)

(vi) Skelett-Austausch (Subrogation): Boratome von polyedrischen Gerüsten (einschließlich der an sie gebundenen Wasserstoffatome) können durch viele andere Elemente ausgetauscht werden, auch durch Metallatome, mit oder ohne Liganden.

6.2.2   Grundlagen der Borhydrid-Nomenklatur

Die Benennung der Borhydride kann nach mehreren Nomenklatursystemen erfolgen.

(i) Eine stöchiometrische Nomenklatur: Im Unterschied zur Kohlenwasserstoff-Nomenklatur und Koordinationsnomenklatur muß die Anzahl der Wasserstoffatome definiert werden.

(ii) Eine auf Strukturdeskriptoren basierende Nomenklatur: Diese kann unterteilt werden in:

(a) eine semisystematische Methode, die charakteristische strukturelle Präfixe (*closo-*, *arachno-* usw.) verwendet, und

(b) eine subtraktive Methode, die auf dem formalen Entfernen von Skelettatomen aus einem völlig aus Dreiecken aufgebauten polyedrischen Cluster von Boratomen basiert, und deren Namen, falls es sich um Neutralverbindungen handelt, als Stämme verwendet werden, die denen der organischen Nomenklatur analog sind; für ionische Formen greift man auf die Koordinationsnomenklatur zurück.

Die Borchemie erstreckt sich jedoch auf Strukturen noch größerer Komplexität [2] [18a] [18b] [18c] [18d] [18e], die hier nicht behandelt werden können.

6.3   Polyedrische Polyborhydrid-Cluster

6.3.1   Klassifizierung und Namen der Verbindungsklassen

6.3.1.1 Strukturbeziehungen zwischen einfacheren Polyborhydrid-Clustern

Die Nomenklatur einfacher polyedrischer Polyborhydrid-Cluster kann auf der Betrachtung geschlossener Polyeder aus Dreiecksflächen (Deltaeder) aufbauen, in denen Boratome alle Ecken besetzen. An jedes Boratom ist ein Wasserstoffatom gebunden; derartige geschlossene $(B_nH_n)^{2-}$-Polyeder sind als *closo*-Strukturen bekannt[4].

Die Reihe neutraler Polyborhydride der allgemeinen Formel B_nH_{n+4} (*nido*-Borane)[5] entsteht formal aus den Dianionen durch Entfernen einer BH-Ecke höchster Bindigkeit (siehe Abschnitt 6.2.1), vorausgesetzt, es entsteht nur eine

---

[4] *closo-* ist eine Entstellung von „clovo", abgeleitet von „clovis" (lat. clovis Käfig; griech. κλωβος).

Das Präfix *isocloso-* ist in zwei Fällen zur Unterscheidung zwischen zwei isomeren geschlossenen Polyederstrukturen benutzt worden [11b][30h]. Metallaborane mit geschlossener Polyederstruktur werden besser mit *isocloso-* als mit *closo-* bezeichnet [25c][30k].

[5] Abgeleitet von lat. nidus, Nest (siehe Abschnitt 6.3.2.2, Beispiel 9. *nido-* wurde bisher zur Beschreibung auch anderer offen strukturierter Polyborhydride verwendet; das ist nicht mehr erlaubt. Das Präfix *isonido-* wird benutzt, um den vom geschlossenen Undecapolyeder abgeleiteten Polyeder zu bezeichnen [22b]

Struktur, und durch Hinzufügen von zwei Hydronen sowie zwei Wasserstoffatomen. Die neutralen *nido*-Borane können unter Abspaltung eines Hydrons die Monoanionen $(B_nH_{n+3})^-$ bilden. Der Ersatz eines Skelett-Boratoms durch Kohlenstoff unter Ausgleich der Zahl der Wasserstoffatome ergibt eine Reihe von Carbaboranen (siehe Abschnitt 6.4.3.2).

Eine weitere Reihe neutraler Borhydride der allgemeinen Formel B_nH_{n+6} (*arachno*-Borane)[6] entsteht formal aus den *closo*-Anionen durch Entfernen der BH-Ecke höchster Bindigkeit (das würde zu *nido*-Strukturen führen) sowie einer der benachbarten BH-Ecken und Hinzufügen von zwei Hydronen und vier Wasserstoffatomen.

Die Erweiterung dieser subtraktiven Methode ergibt die *hypho*-Borane[7] der allgemeinen Formel B_nH_{n+8}, in denen die Boratome die n Ecken eines $n+3$-eckigen *closo*-Polyeders besetzen, und die *klado*-Borane[8] der allgemeinen Formel B_nH_{n+10}, in denen n Ecken eines $n+4$-eckigen *closo*-Polyeders besetzt sind [74a].

Die meisten dieser Strukturen wurden nachgewiesen. Einige sind jedoch noch nicht erhalten worden, andere wurden idealisiert. Zum Beispiel folgt die isolierte Struktur B_8H_{12} nicht den *closo-nido-arachno*-Transformationsprinzipien, die auf der Arbeit von R. E. WILLIAMS [91a] und der Tabelle von R. W. RUDOLPH und W. R. PRETZER [80] beruhen[9] [10] [11] [12], sondern sie ist offener (arachnoid). B_9H_{15} tritt in zwei isomeren Formen auf, von denen nur eine diesem Prinzip entspricht. Man kennt noch andere Abweichungen, z.B. bei Metallaboranen, deren Struktur durch Entfernen von BH-Ecken erhalten wurden, die nicht die höchste Bindigkeit hatten.

Die Strukturbeziehungen aller oben vorgestellten Klassen sind in Tabelle 6.1 zusammengefaßt. Die allgemeinen Formeln aller dieser Klassen unterliegen der folgenden einschränkenden Bedingung:

Anzahl der Wasserstoffatome/Anzahl der Boratome ≤ 3

---

[6] Abgeleitet von griech. αράχνιον, Spinnwebe (Tabelle 6.1, siehe Abschnitt 6.3.2.2, Beispiel 10). Das Präfix *isoarachno*- beschreibt das Nonaboran(15)-Isomer, das durch Abspaltung einer Ecke niedrigster Bindigkeit aus der offenen Fläche des *nido*-Decaboran(14) entsteht.

[7] Abgeleitet von griech. ὑφαίνειν, vernetzen.

[8] Abgeleitet von griech. κλάδος, Verzweigung.

[9] Diese Tabelle gibt eine Übersicht über Polyederstruktur-Typen von Polyborhydriden (*closo*-, *nido*- und *arachno*-Strukturen mit 4-12, 5-11 bzw. 4-10 Boratomen) und ihre Beziehungen zu Stöchiometrie und Elektronenverteilung. Pfeile geben die Rotationssymmetrieachsen an. Diagonale Striche zwischen den Spalten verbinden Serien von verwandten *closo*-, *nido*- und *arachno*-Strukturen.

[10] Die in dieser Tabelle für *nido*-Heptaboran(11) bzw. *arachno*-Hexaboran(12) angegebene Numerierung ist traditionell, d.h. nicht systematisch.

[11] Die in dieser Tabelle gezeigte Struktur für *nido*-B_8H_{12} weicht von der offeneren Struktur ab, die tatsächlich vorliegt (Abschnitt 6.3.2.2 und Fußnote 14), und wird traditionell nach dem *arachno*-System numeriert.

[12] Die übliche, in der Tabelle wiedergegebene Numerierung von $B_{10}H_{14}$ basiert auf einem *arachno*-System (Abschnitt 6.3.2.3 und Fußnote 17).

Tabelle 6.1 Übersicht über Polyederstruktur-Typen von Polyborhydriden unter Berücksichtigung von Stöchiometrie und Elektronenverteilung [a]

closo-	Geschlossene Polyederstruktur, nur mit Dreiecksflächen; bekannt nur als Anion mit der Molekülformel $(B_nH_n)^{2-}$; $(n+1)$ Skelett-Elektronenpaare für ein n-atomiges Polyeder.
nido-	Nestähnliche, nichtgeschlossene Polyederstruktur; Molekülformel B_nH_{n+4}; $(n+2)$ Skelett-Elektronenpaare; n Ecken des $(n+2)$-atomigen *closo*-Stammpolyeders sind besetzt.
arachno-	Spinnwebähnliche, nichtgeschlossene Polyederstruktur; Molekülformel B_nH_{n+6}; $(n+3)$ Skelett-Elektronenpaare; n Ecken des $(n+2)$-atomigen *closo*-Stammpolyeders sind besetzt.
hypho-	Netzähnliche, nichtgeschlossene Polyederstruktur; Molekülformel B_nH_{n+8}; $(n+4)$ Skelett-Elektronenpaare; n Ecken des $(n+3)$-atomigen *closo*-Stammpolyeders sind besetzt.
klado-	Offene verzweigte Polyederstruktur; Molekülformel B_nH_{n+10}; $(n+5)$ Skelett-Elektronenpaare; n Ecken des $(n+4)$-atomigen *closo*-Stammpolyeders sind besetzt.

[a] Einige geschlossene Polyederstrukturen lassen sich durch Überdachung der offenen Fläche einer *nido-* oder *arachno*-Struktur ableiten. Diese Polyeder genügen nicht den allgemein akzeptierten Prinzipien der Elektronenverteilung und der Struktur ([72a] [89a] [89b] [91a] [91b]) und spiegeln die Zahl der Orbitale und Elektronen wider, die das überdachende Atom einbringt. Für diese Fälle wurden die Bezeichnungen *isocloso-*, *precloso-* [30i] und *hypercloso-* [66d], *pileo-* [25d] vorgeschlagen. Außerdem zeigen einige Cluster Strukturen, die nicht mit den Prinzipien des schrittweisen Entfernens von BH-Ecken höchster Bindigkeit konsistent sind. Auf solche Fälle wurden die Bezeichnungen *isonido-*, *isoarachno-* usw. angewendet [7] [22b] [65] [67] [72b].

Für offene Strukturen einiger Carbaborane wurden die Präfixe *canasto-* und *anello-* verwendet [86a] [86b].

6.3.2   Benennung von individuellen Borhydriden

6.3.2.1 Stöchiometrische Namen

Neutrale Polyborhydride werden Borane genannt; die einfachste Stammstruktur, BH_3, erhält den Namen Boran[13].

Bei höheren Boranen wird die Anzahl der Boratome dadurch angegeben, daß das entsprechende vervielfachende Präfix Di-, Tri-, Tetra-, Penta- usw. dem Stamm Boran direkt vorangestellt wird. Das lateinische Nona- und Undeca- wird dem griechischen Ennea- bzw. Hendeca- vorgezogen.

---

[13] Die ältere, „Borin" verwendende Nomenklatur wurde aufgegeben.

Die Anzahl der **Wasserstoffatome** im Molekül wird durch arabischen Ziffern in runden Klammern direkt nach dem Namen angegeben. So wird B_2H_6 Dibo= ran(6), B_6H_{10} Hexaboran(10) und $B_{10}H_{14}$ Decaboran(14) genannt.

Solche Namen drücken aus, daß das Molekül aus x Boratomen und y **Wasser**-stoffatomen aufgebaut ist; sie geben aber keine weiteren Informationen über die Struktur.

Beispiele:

1.

H_2B, H_2B > B – BH_2   2-Boryl-triboran(5)

2.

F_2B, F_2B > B – BF_2   2-(Difluorboryl)-1,1,3,3-
tetrafluor-triboran(5)

3.

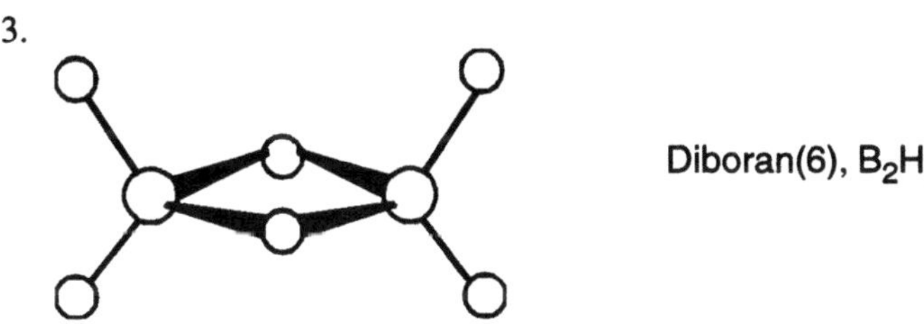

Diboran(6), B_2H_6

6.3.2.2 Namen mit Strukturdeskriptoren (Allgemeines)

Nachstehend werden die gebräuchlichen Namen für die einfachsten neutralen Borhydride mit ihren Strukturformeln aufgeführt.

Beispiel:

1. $H_2B–BH–BH–BH_2$ Tetraboran(6) oder *catena*-Tetraboran(6)

Die Nomenklatur organischer **Kohlenwasserstoffe** kann auf einfache **Bor**-Stammhydride, sowohl verzweigte Ketten als auch Ringe, übertragen werden.

Namen für verzweigte Ketten bauen auf dem Namen des als Hauptkette in Frage kommenden, unverzweigten **Borans** auf, mit der anschließenden, in Klammern gesetzten Zahl für die **Wasserstoffatome** in der unsubstituierten Hauptkette. Eine Doppelbindung kann durch die Endung -en gekennzeichnet werden. Die Restnamen werden vorangestellt.

Für Ringverbindungen kann das Präfix *cyclo-* oder die erweiterte HANTZSCH-WIDMAN-Nomenklatur verwendet werden.

Beispiele:

2. $H_2B–BH–BH_2$ Triboran(5) oder *catena*-Triboran(5)
3. $HB=B–BH_2$ Triboren(3) oder *catena*-Triboren(3)

4.

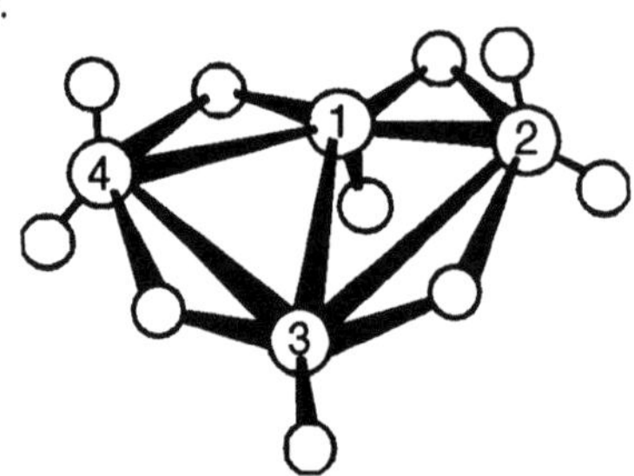

cyclo-Tetraboran(4)
oder Tetraboretan
(Hantzsch-Widman-Name)

5.

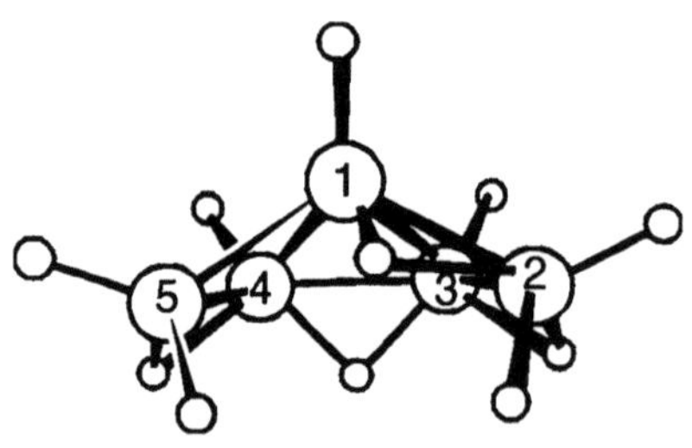

arachno-Tetraboran(10),
B_4H_{10}

6.

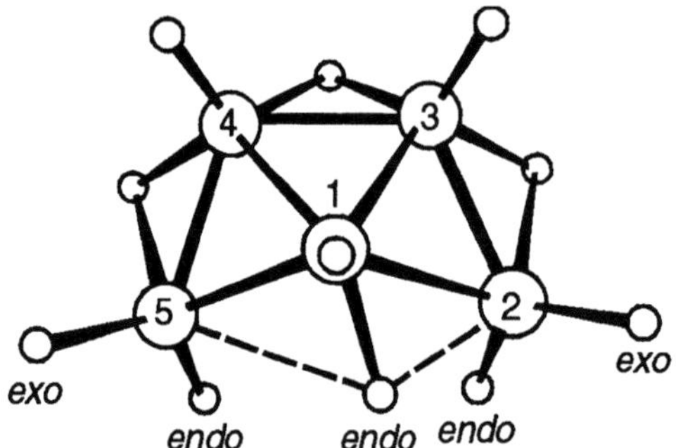

arachno-Pentaboran(11),
B_5H_{11}

arachno-Pentaboran(11),
B_5H_{11},
in anderer Projektion

7.

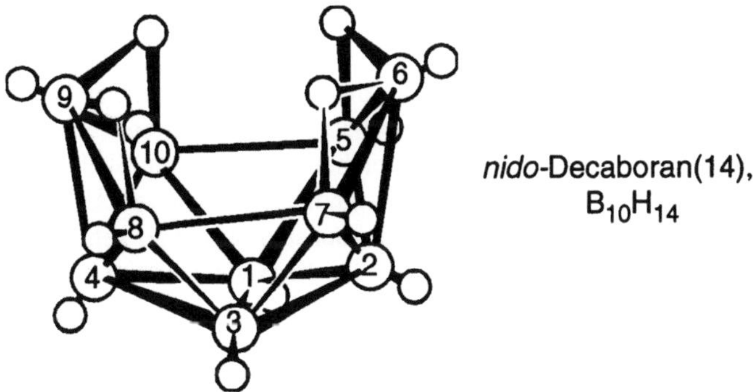

nido-Hexaboran(10),
B_6H_{10}

Die hier gezeigte traditionelle Numerierung ordnet den verbrückenden Wasserstoffatomen nicht den niedrigsten Satz von Lokanten zu.

Beispiel:

8.

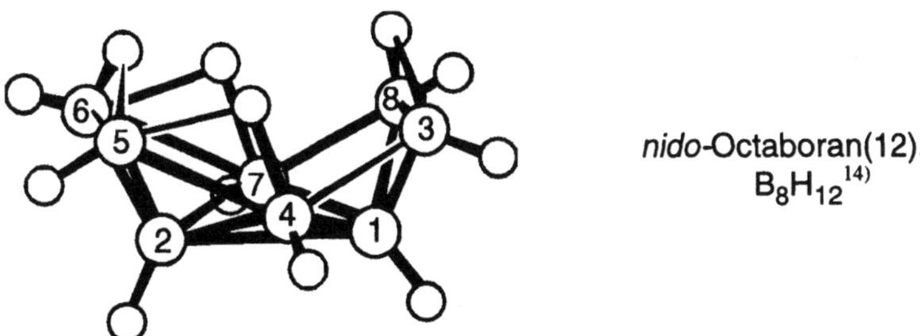

nido-Decaboran(14),
$B_{10}H_{14}$

Wegen der unsystematischen Numerierung der Boratome in diesem Molekül (Beispiel 8) vgl. Fußnote 17, Abschnitt 6.3.2.3.

Beispiele:

9.

nido-Octaboran(12),
B_8H_{12}[14]

---

[14] Dieser Cluster mit *nido*-Stöchiometrie basiert auf einer alternativen offenen *nido*-Struktur, die man aber auch als *arachno*-Struktur ansehen kann.

10.

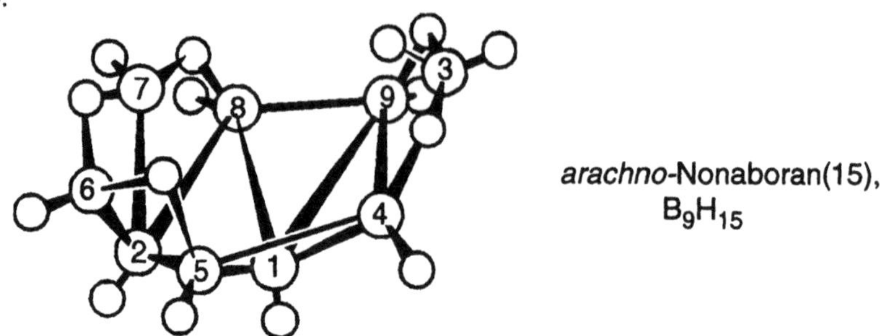

$arachno$-Nonaboran(15),
B_9H_{15}

6.3.2.3 Systematische Numerierung von polyedrischen Clustern

Das Borskelett für jeden Cluster muß systematisch numeriert werden, damit sich Substitutionsprodukte eindeutig benennen lassen. Dazu werden die Boratome von $closo$-Strukturen so betrachtet, als besetzten sie aufeinanderfolgende Ebenen senkrecht zur Achse der höchsten Symmetrie (wenn es zwei gibt, ist die „längere" Achse zu wählen, d.h. die mit der größeren Anzahl senkrecht kreuzender Ebenen). Die Numerierung beginnt mit dem Boratom, das dem Betrachter am nächsten liegt, wenn man entlang dieser Achse des Clusters schaut. Sie verläuft entweder im oder entgegen dem Uhrzeigersinn[15]. Sie wird im gleichen Sinn mit dem Skelettatom der nächstfolgenden Ebene fortgeführt, das dem niedrigstnumerierten Boratom der vorangegangenen Ebene „in Fahrtrichtung" am nächsten liegt, und geht weiter, bis das gegenüberliegende Boratom oder die gegenüberliegende Kante erreicht ist.

Als Beispiel diene folgende $closo$-$[B_{12}H_{12}]^{2-}$-Struktur mit eingetragenen Lokanten[16]. Der Name mit vollständigem CEP-Deskriptor (siehe Abschnitt 4.3.4.3 – CEP-Deskriptor) lautet:

Dodecahydro-$(12v)[I_h$-$(1v^55v^55v^51v^5)$-Δ^{20}-$closo]$dodecaborat(2–)

Der Deskriptor kann vereinfacht werden, da der Teil 1 der Summe der m in Term 3 entspricht; v^n kann entfallen, wenn $n = 5$ bzw. wenn $n = 3$ oder 4 ist und keine Ecke mit $n > 5$ vorkommt: $[I_h$-(1551)-Δ^{20}-$closo]$.

Aus Gründen der Symmetrie ist es manchmal nicht möglich, eine und nur eine Ecke festzulegen, an der die Numerierung beginnt. So ist im B_6-(Oktaeder) und dem vorstehenden B_{12}-Cluster jede Position für die Wahl als Nummer 1 gleichwertig. Ähnlich kann im B_7-$closo$-Polyeder (pentagonale Bipyramide) sowohl die oberste als auch die unterste Position als Nummer 1 gewählt werden. Anschließend wird – wie oben beschrieben – weiter numeriert.

Die Numerierung eines $nido$-Clusters wird von der entsprechenden $closo$-Struktur abgeleitet. Es ist zu beachten, daß das Boratom, das zur Erzeugung der

---

[15] Wenn diese beiden Richtungen eine unterschiedliche Lokantenfolge für ausgetauschte Atome und für Substituenten ergeben, dann wird die niedrigere Lokantenfolge am ersten Punkt einer Abweichung gewählt. Es gilt die Lokantenfolge der ausgetauschten Boratome; erst wenn hier keine Entscheidung über die Richtung möglich ist, gilt die Lokantenfolge der Substituenten.

[16] Zur Basis der Numerierung vgl. Abschnitt 4.3.4.3.

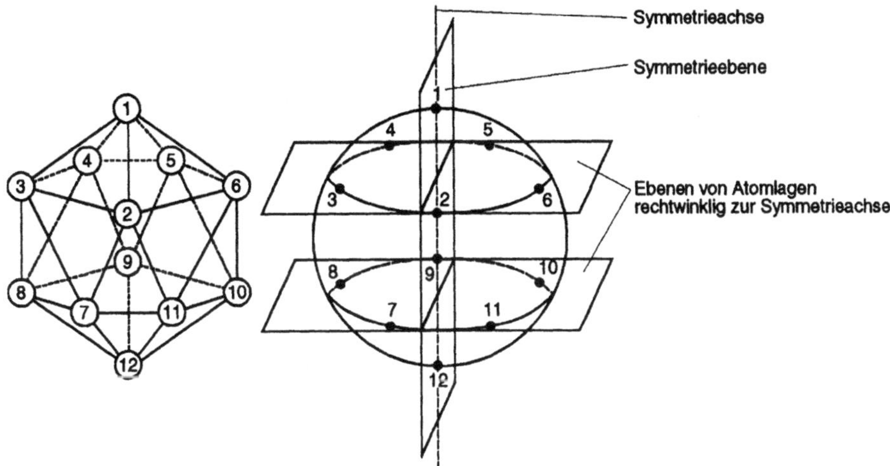

Abb. 6.1 Numerierung von Bor-Clustern

nido-Struktur formal aus der *closo*-Struktur entfernt wurde, die höchstmögliche Bindigkeit und den höchstmöglichen Lokanten hatte. Es muß aber nicht in jedem Fall der höchste Lokant in der *closo*-Struktur sein, z.B. B_7H_{11} und B_9H_{13}[17].

Im Falle der *arachno-* und der weiter geöffneten Cluster zeigt die offene Seite zum Betrachter, und die Boratome sind so zu betrachten, als seien sie auf die Ebene an der Rückseite projiziert. Sie werden dann nacheinander in Zonen numeriert, beginnend beim zentralen Boratom höchster Bindigkeit. Von dort geht man zur 12-Uhr-Position und schreitet im oder entgegen dem Uhrzeigersinn fort, bis die innerste Zone numeriert ist. Ausgehend von der 12-Uhr-Position in der nächsten Zone wird die Numerierung im gleichen Sinne bis zur äußersten Zone fortgesetzt[18]. Wenn eine Wahl möglich ist, wird das Molekül so orientiert, daß die 12-Uhr Position an einer Stelle liegt, die sich durch die aufeinanderfolgende Anwendung nachstehender Kriterien ergibt:

(a) Die 12-Uhr-Position liegt in einer Symmetrieebene, die so wenig Boratome wie möglich enthält.

(b) Die 12-Uhr-Position liegt in dem Abschnitt der Symmetrieebene, die die größte Anzahl von Skelettatomen enthält (B_5H_{11}, Abschnitt 6.3.2.2, Beispiel 9).

(c) Die 12-Uhr-Position liegt gegenüber der größeren Anzahl von Brückenatomen (B_9H_{15}, Abschnitt 6.3.2.2, Beispiel 13).

Die Kriterien (a) bis (c) können unter Umständen für eine Entscheidung nicht genügen, und sind, wenn eine Spiegelebene fehlt, nicht anwendbar. In solchen Fäl-

---

[17] Eine Ausnahme ist *nido*-$B_{10}H_{14}$, dessen festgelegte Numerierung auf der Zählung des *arachno*-Systems basiert.

[18] Diese Regelung bedeutet, daß die Numerierung einer *closo*-Stammverbindung unmöglich in die der entsprechenden *arachno*-Stammverbindung überführt werden kann.

len wird die traditionelle Numerierung verwendet (siehe nachfolgendes Beispiel 1).

Beispiel:

1.

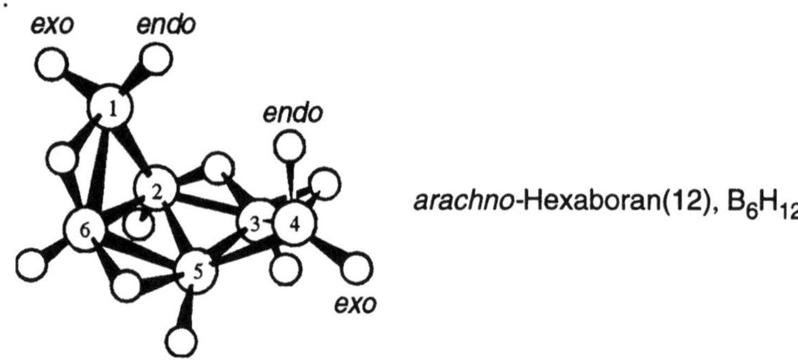

arachno-Hexaboran(12), B_6H_{12}

Wenn zwei Cluster miteinander verknüpft sind, folgt die Numerierung für die einzelnen Bestandteile denselben Prinzipien mit der Ausnahme, daß die Lokanten des kleineren Clusters apostrophiert werden; die Verknüpfungspunkte erhalten die niedrigsten numerischen Lokanten, die mit der feststehenden Numerierung der Polyeder vereinbar sind.

Daraus folgt, daß bei *commo*-Verbindungen die *commo*-Atome zwei Lokanten erhalten, jeweils einen für den großen und den kleinen Cluster.

Wenn zwei gleiche Cluster verknüpft sind, hängt die Zuordnung des Haupt- und Nebenstatus vom Muster des Austausches (Subrogation) ab, und dann, wenn hierbei keine Entscheidung möglich ist, von dem der Substitution. Wenn in den Beispielen 2, 3 und 4 in Abschnitt 6.2.1 in den oberen Clustern jeweils die oberste Ecke durch ein Kohlenstoffatom ersetzt wäre, erhielten diese Cluster die Priorität. Eine substituierte Hälfte erhält, wenn alles andere übereinstimmt, den Vorzug gegenüber der unsubstituierten.

6.3.2.4 Systematische Namen, die die Verteilung der Wasserstoffatome angeben

Sobald die Skelett-Numerierung feststeht, ist es möglich, Namen zu bilden, die die Verteilung der Wasserstoffatome genau angeben. Bei den offenen Boranen kann man annehmen, daß an jedem Boratom – wie in den *closo*-Stammverbindungen – mindestens ein Wasserstoffatom gebunden ist. Es ist aber auch notwendig, die Position der Brückenwasserstoffatome anzugeben. Dieses kann dadurch erfolgen, daß man das Prinzip des indizierten Wasserstoffs (siehe *Nomenclature of Organic Chemistry*, Ausgabe von 1979, Regel A-21.6 [49]) übernimmt und das Symbol μ verwendet (siehe Abschnitt 4.3), und zwar zusammen mit den Lokanten der so verbrückten Skelettpositionen in aufsteigender numerischer Ordnung. Man beachte, daß für ein Wasserstoffatom der Designator *H* verwendet wird und nicht der Name Hydro, denn dies würde bedeuten, daß mehr Wasserstoffatome vorliegen, als mit der normalen Methode angegeben werden. Die Interpunktion sollte der in Abschnitt 4.3 gleichen.

Beispiel:

2. B_9H_{15} 3,4:3,9:5,6:6,7:7,8-Penta-*μH*-*arachno*-nonaboran(15)

Dieser Name gibt die Position des zusätzlichen Wasserstoffatoms am Boratom 3 von B_9H_{15} nicht an (Struktur siehe Beispiel 13, Abschnitt 6.3.2.2). Wenn die Verteilung der Brückenwasserstoffatome unzweideutig ist (für manche *nido*- und *arachno*-Borane ist theoretisch nur eine Struktur vorhersagbar), können die Brückendeskriptoren und Lokanten weggelassen werden.

Der alternative Koordinationsname, der die vollständige Wasserstoffverteilung angibt, lautet[19]:

3,4:3,9:5,6:6,7:7,8-Penta-*μ*-hydro-
1,2,3,3,4,5,6,7,8,9-decahydro-*arachno*-nonabor

6.3.2.5 Die Stereodeskriptoren *endo*- und *exo*-

Boratome in offenen Clustern (*arachno*- usw.) können zwei terminale Wasserstoffatome tragen, eines mit nach außen gerichteter B-H-Bindung, wie im *closo*-Polyeder, und ein weiteres, tangential zur offenen konkaven Seite des Clusters gerichtet. Wenn es notwendig ist, kann das erstgenannte H-Atom durch die Angabe *exo*-, das letztgenannte durch die Angabe *endo*- gekennzeichnet werden.

Die *endo*-Wasserstoffatome in Beispiel 1, Abschnitt 6.4.2, sind gesondert gekennzeichnet, während die anderen Wasserstoffatome an den Boratomen 3 und 4 deutlich als *exo*-Wasserstoffatome zu erkennen sind; siehe auch Abschnitte 6.3.2.2, Beispiel 9, und 6.3.2.3, Beispiel 1. Man kennt Verbindungen, die anstelle von Wasserstoff andere Gruppen in der *endo*-Position enthalten.

6.3.2.6 Strukturisomere

Es gibt keine einfache allgemeingültige Methode zur Unterscheidung von strukturisomeren Borhydriden, aber die vorstehend erläuterten Prinzipien sollten es ermöglichen, jedem Isomer einen eigenen Namen zu geben. Die Präfixe *iso*- und *neo*- wurden zur Unterscheidung von Strukturisomeren verwendet, doch sollte ihre Verwendung auf solche Fälle beschränkt werden, deren Struktur nicht bestimmt wurde. Sie haben keine spezifische strukturelle Bedeutung. Es wurde jedoch eine Methode vorgeschlagen, mit der es möglich ist, alle bisher bekannten isomeren Polyedersysteme zu beschreiben (siehe Zitate in Abschnitt 6.2.2).

6.3.2.7 Die „Desbor"-Methode
für die Benennung offener Polyborhydrid-Cluster

Eine andere Methode zur Benennung derartiger Strukturen besteht in der Systematisierung der Bezeichnungen *nido*- und *arachno*-; dabei wird durch numerische Lokanten angegeben, welche Positionen aus den *closo*-Stammverbindungen entfernt wurden. Dieses subtraktive Verfahren wurde in der sogenannten „Desbor"-Methode verallgemeinert. In diesen Namen wird jede BH-Ecke, die aus der *closo*-Struktur entfernt wurde, unter Verwendung des Präfix Desbor-, zusammen mit

---

[19] In der Nomenklatur der Borverbindungen ist „Hydro" für den Wasserstoffliganden gegenüber dem allgemein üblichen „Hydrido" ausnahmsweise bevorzugt.

dem numerischen Lokanten (siehe unten) für die abgespaltene Ecke gekennzeichnet. Desbor- ist ein Analogon von Nor- in der subtraktiven organisch-chemischen Nomenklatur, das das Entfernen einer CH_2-Gruppe aus einer benannten Struktur bezeichnet [49p] und [49nn]. Die Abspaltung von mehr als einer Ecke wird im Namen durch Didesbor-, Tridesbor- usw. ausgedrückt (vgl. entsprechend Dinor-, Trinor-). Es folgt dann der Name der *closo*-Stammverbindung.

Der Lokant für Desbor- sollte der höchstmögliche Lokant sein, der mit der feststehenden Numerierung des geschlossenen Stammpolyeders vereinbar ist. Die Anzahl der Wasserstoffatome im offenen Hydrid wird mit arabischen Ziffern in runden Klammern am Ende des Namens angezeigt.

Beispiel:

1. B_6H_{10} *nido*-Hexaboran(10), kann 7-Desbor-*closo*-heptaboran(10)
      genannt werden (Struktur siehe Beispiel 7, Abschnitt 6.3.2.2).

Die Anordnung der Brückenatome wird durch derartige Namen nicht automatisch wiedergegeben. In Zweifelsfällen kann sie – wie in Abschnitt 6.3.2.3 – durch Verwendung von „μH" mit entsprechenden Lokanten angezeigt werden:

2,3:2,6:3,4:5,6-Tetra-*μH*-7-desbor-*closo*-heptaboran(10)

Unabhängig von der verwendeten Methode gibt die in runde Klammern gesetzte Zahl am Ende des Namens die Anzahl der Wasserstoffatome im benannten Hydrid und nicht in der *closo*-Stammstruktur wieder.

Jede der vorstehend dargelegten Methoden hat je nach den Gegebenheiten ihre Vorzüge; die Verwendung dieser oder jener Methode sollte durch die Bedürfnisse des Nutzers bestimmt werden.

6.4   Substitution und Austausch in Bor-Clustern

6.4.1   Wasserstoff-Substitution

Verbindungen, die ein einziges Boratom enthalten, werden als Derivate des Borans, BH_3, benannt. Die Benennung von Substitutionsprodukten neutraler Borverbindungen erfolgt nach Methoden der organisch-chemischen Substitutionsnomenklatur (siehe Abschnitt 4.2.2). Die Anzahl der Wasserstoffatome des Stammhydrids geht aus dem auf -an endenden Hydridnamen zusammen mit entsprechenden Wasserstoff-Designatoren hervor. Die Substitution wird dann durch Nennung der Namen der Substituenten in alphabetischer Reihenfolge, gegebenenfalls mit vervielfachenden Präfixen (Di-, Tri- usw.) näher bestimmt, und jedem Substituenten wird sein Lokant zugeordnet. Zahlen in runden Klammern am Ende eines Namens geben die Anzahl der Wasserstoffatome vor der Substitution an.

Beispiele:

1. $HBCl_2$ Dichlorboran
2. BBr_2F Dibromfluorboran
3. $B(OH)_3$ Trihydroxyboran
      (auch Borsäure genannt; siehe Tabelle 5.3)

4. $BCl(O-CH_3)_2$ — Chlordimethoxyboran
5. $B(O-C_2H_5)_3$ — Triethoxyboran (auch Triethylborat genannt; siehe Abschnitt 5.5.3)
6. $B(CH_3)(S-CH_2-CH_3)_2$ — Bis(ethylthio)(methyl)boran[20]
7. $BCl(O-CHCl_2)_2$ — Chlorbis(dichlormethoxy)boran[20]
8. $B[NH-N(CH_3)_2]_3$ — Tris(2,2-dimethylhydrazino)boran
9. $B(O-CH_3)(CH_3)_2$ — Methoxydimethylboran[20]
10. $BCH_3(OH)_2$ — Dihydroxy(methyl)boran[20]
11. Br_2B-BBr_2 — Tetrabromdiboran(4)
12.

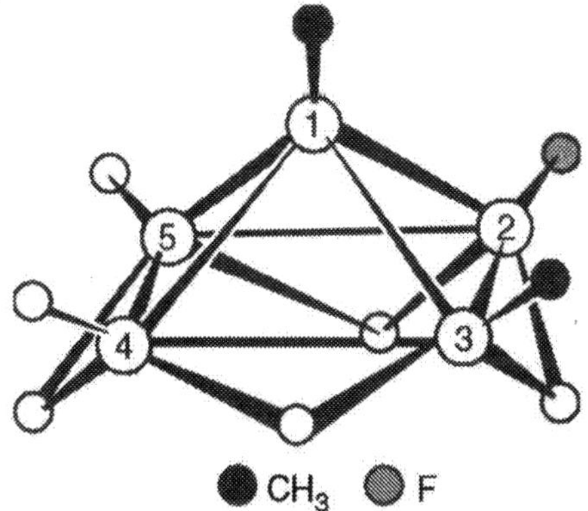

2-Fluor-1,3-dimethyl-pentaboran(9)

13.

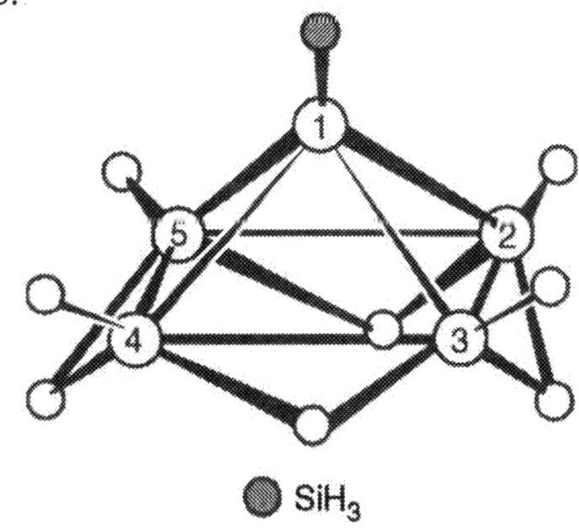

1-Silyl-2,3:2,5:3,4:4,5-tetra-μH-pentaboran(9)

Substituenten für verbrückende Gruppen werden im Namen durch das Präfix μ gekennzeichnet, das vor den Namen des Substituenten gesetzt wird. Gibt es für den Lokanten die Möglichkeit der Wahl, wird der niedrigste gewählt.

---

[20] Diese Verbindungen wurden auch als Derivate von Borinsäure R_2BOH und Boronsäure $RB(OH)_2$ benannt; die IUPAC läßt derartige Namen nicht mehr zu.

Beispiele:

14.

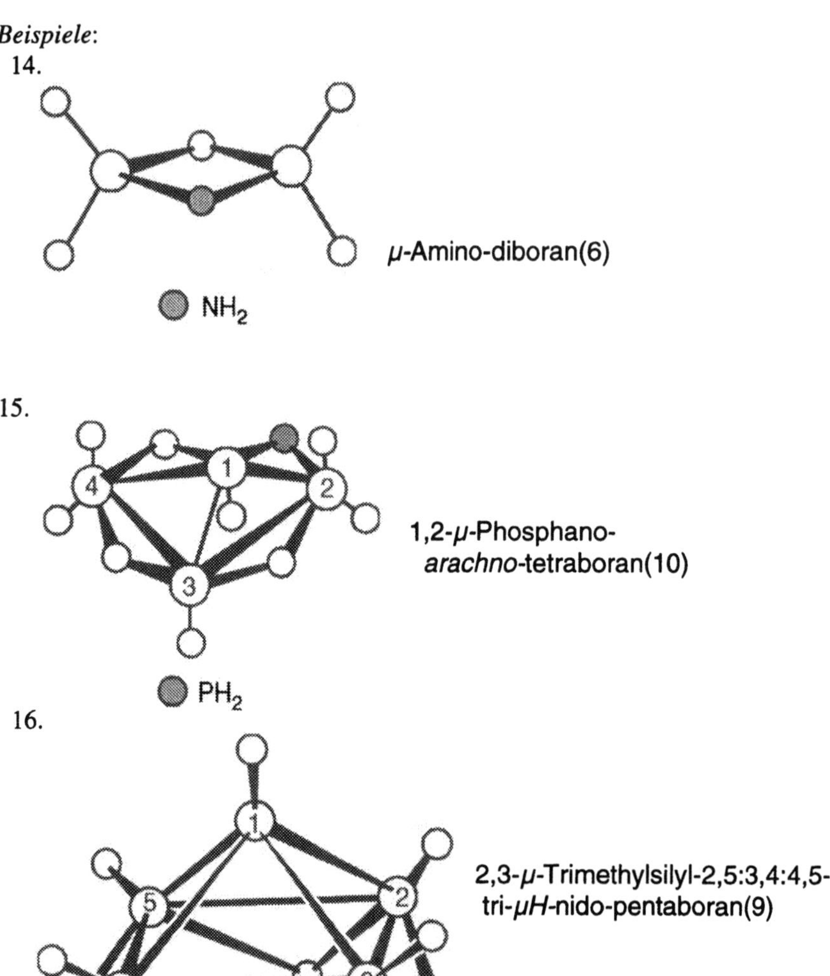

6.4.2   Adduktbildung

Durch *nido-arachno*-Transformation (siehe Abschnitt 6.3.1.1) erfolgt der Über-
gang zu einer offeneren Struktur, verbunden mit der Addition von zwei zusätzlichen Wasserstoffatomen und folglich zwei zusätzlichen Elektronen. Die Adduktbildung mit einem neutralen Liganden wie Triphenylphosphan hat generell den
analogen Effekt der Einführung von Elektronen in den Cluster und bewirkt somit
eine Umorientierung zu einem offeneren Derivat mit derselben Anzahl von

Wasserstoffatomen. So entsteht bei der Adduktbildung von *nido*-Pentaboran(9) mit Triphenylphosphan der nachstehende *hypho*-Cluster. Diese Verbindung wird gemeinhin als eine *quasi*-Additionsverbindung bezeichnet.
Beispiel:
1.

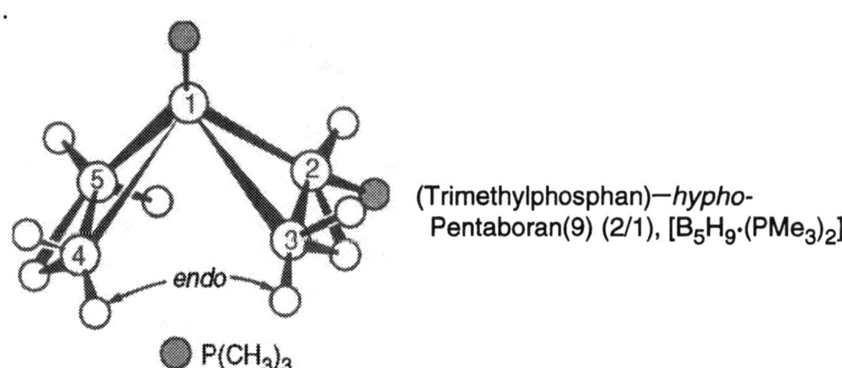

In diesem Beispiel liegen die *endo*-Wasserstoffatome an der Vorderseite der Struktur und zeigen nach unten und in Richtung des Betrachters.

6.4.3 Austausch von Skelettatomen (Subrogation)

6.4.3.1 Allgemeines

Bei den vorstehend beschriebenen Bor-Clustern ist es möglich, die wesentlichen Skelettstrukturen auch in Derivaten beizubehalten, in denen ein oder mehrere Bor-atome durch andere Atome ersetzt sind (BH_2, BH^- und CH z.B. sind isoelektro-nisch). Die Namen derartiger Spezies werden durch Adaption der organisch-che-mischen Austauschnomenklatur gebildet. Dies führt zu Carbaboranen, Azabo=ranen, Phosphaboranen, Thiaboranen usw.

Bei den Heteroboranen variiert die Anzahl der nächsten Nachbarn zum Hete-roatom und kann 5, 6, 7, usw. betragen. Daher wird bei der Adaption der orga-nisch-chemischen Austauschnomenklatur an Polyborane zusammen mit der An-gabe der gegen Bor ausgetauschten anderen Atome auch die Anzahl der Wasser=stoffatome in der entstandenen Polyederstruktur kenntlich gemacht. Die Präfixe *closo-*, *nido-*, *arachno-* usw. werden, wie oben beschrieben, verwendet. Die Positionen der ersetzenden Heteroatome im Polyeder-Netzwerk werden durch Lokanten angegeben, und zwar erhalten die Heteroatome als Satz die niedrigst möglichen Lokanten, die mit der Numerierung der Stamm-Polyborane über-einstimmen. Wenn für die Lokanten-Zuordnung innerhalb eines gegebenen Satzes eine Wahlmöglichkeit besteht, hat dasjenige Element Priorität für niedrige Lokanten, das in Tabelle 2.7 in Pfeilrichtung als erstes steht.

6.4.3.2 Carbaborane[21]

Die allgemeine Formel dieser wichtigen Verbindungsklasse ist $[(CH)_a(BH)_mH_b]^c$, wobei die Ladung c positiv, null oder negativ sein kann. Die CH-Gruppen besetzen Polyederecken, die anderen Wasserstoffatome (H_b) entweder Brücken-(μH) oder terminale *endo*-Positionen. Carbaborannamen basieren auf dem entsprechenden Polyborskelett des Stammhydrids; die Präfixe *closo-*, *nido-arach=no-* usw. behalten ihre Bedeutung. Die Kohlenstoffatome erhalten die niedrigsten Lokanten, die mit der feststehenden Polyedernumerierung übereinstimmen.

Die Anzahl der Wasserstoffatome im Carbaboran (und nicht in der Stammstruktur mit reinem Borskelett) wird mit arabischen Ziffern in runden Klammern am Ende des Namens angefügt. Diese Zahl gilt auch für Derivate, die durch Ersatz von Wasserstoffatomen gebildet werden. In allen folgenden Zeichnungen sind Kohlenstoffatome durch schwarze und Boratome durch weiße Kreise dargestellt.

Beispiel:

1. $C_2B_{10}H_{12}$, $(CH)_2(BH)_{10}$ Dicarba-*closo*-dodecaboran(12)

Diese Verbindung ist isoelektronisch mit Dodecahydro-*closo*-dodeca=borat(2−). Es existieren drei Isomere: 1,2-, 1,7- bzw. 1,12- (die Verwendung von *ortho-*, *meta-* bzw. *para-* für diese Isomere ist nicht erlaubt). Ebenso ist 1,6-Dicarba-*closo*-hexaboran(6) mit Hexahydro-*closo*-hexaborat(2−) isoelektronisch.

Beispiele:

2.

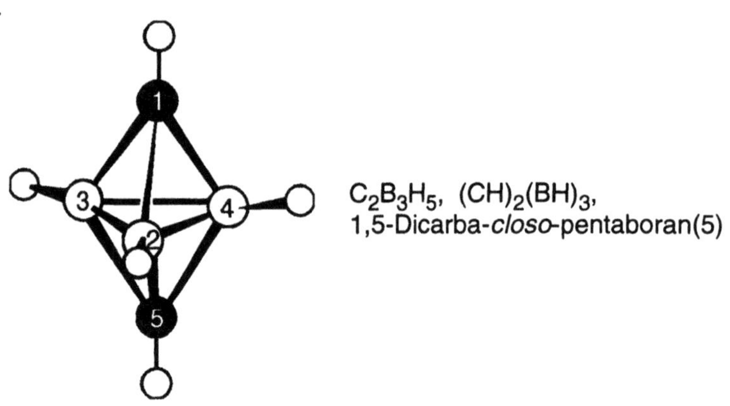

$C_2B_3H_5$, $(CH)_2(BH)_3$,
1,5-Dicarba-*closo*-pentaboran(5)

---

[21] Als Klassenname wird auch „Carborane" verwendet.

3.

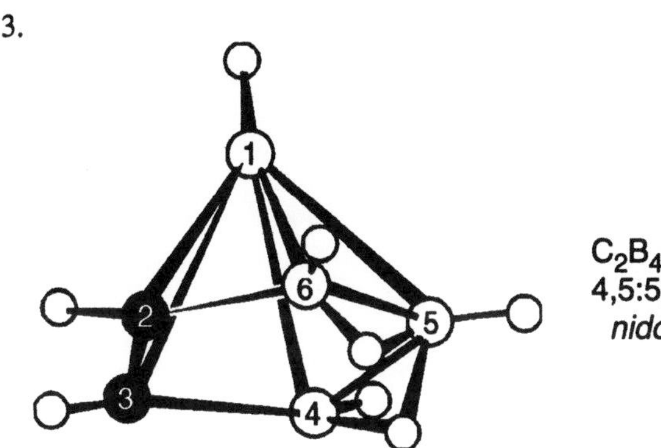

$C_2B_4H_8$, $(CH)_2(BH)_4H_2$,
4,5:5,6-Di-*μH*-2,3-dicarba-
nido-hexaboran(8)

Lokanten für einen Skelett-Ersatz sind gegenüber denen für Wasserstoff-brücken bevorzugt. Die Anzahl der Brückenwasserstoffatome unterscheidet sich bei **Heteroboranen** gewöhnlich von der der Stamm-**Polyborane**; für Numerierungszwecke gilt nur die Symmetrie des ursprünglichen **Bor**-Skeletts.
Beispiele:

4.

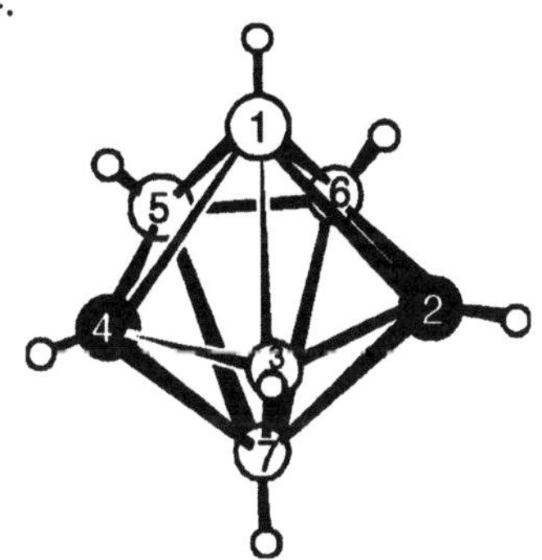

$C_2B_5H_7$, $(CH)_2(BH)_5$,
2,4-Dicarba-*closo*-heptaboran(7)

5.

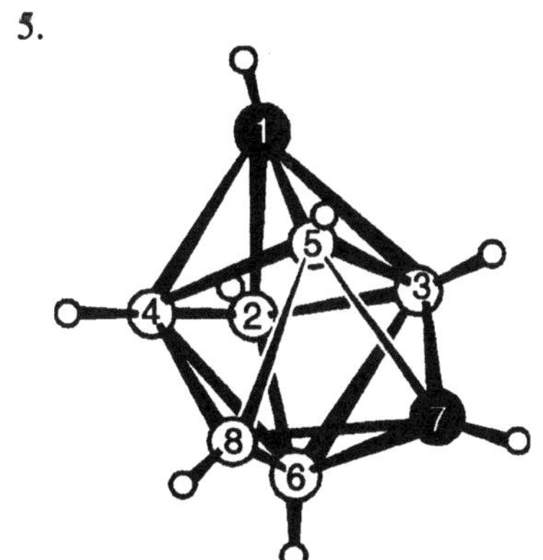

$C_2B_6H_8$, $(CH)_2(BH)_6$,
1,7-Dicarba-*closo*-octaboran(8)[22]

---

[22] Die Numerierung entspricht der in der Tabelle von RUDOLPH und PRETZER [80] für *closo*-$(B_8H_8)^{2-}$ angegebenen Formel.

6.

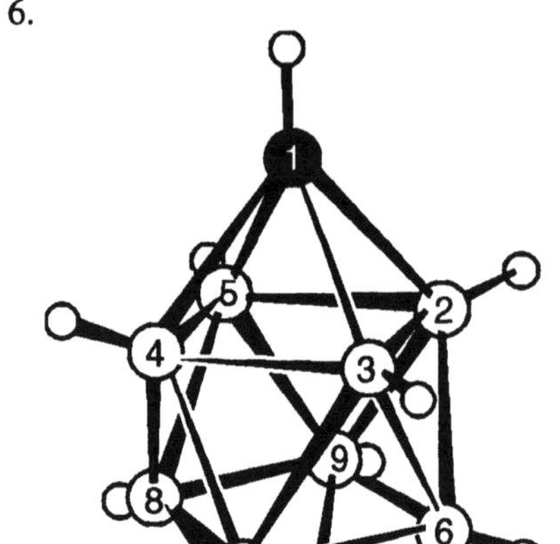

$C_2B_8H_{10}$, $(CH)_2(BH)_8$,
1,10-Dicarba-*closo*-decaboran(10)

7.

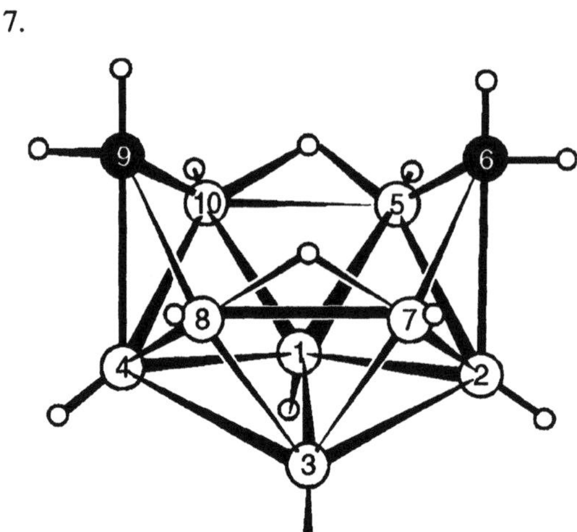

$C_2B_8H_{14}$, $(CH)_2(BH)_8H_4$
6,9-Dicarba-*arachno*-
decaboran(14)

8.

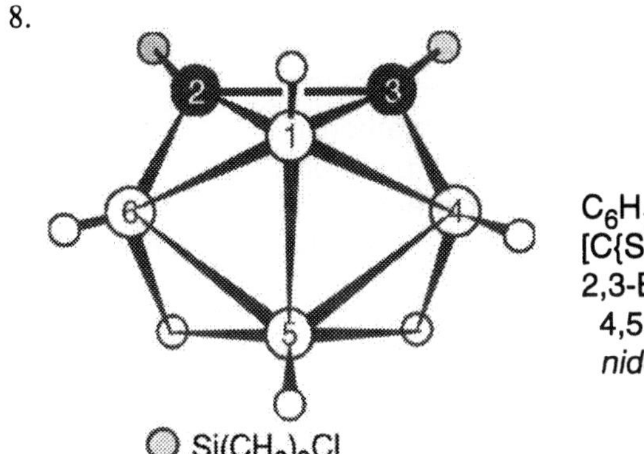

$C_6H_{18}B_4Cl_2Si_2$,
[C{Si(CH₃)₂Cl}]₂(BH)₄H₂

$[C\{Si(CH_3)_2Cl\}]_2(BH)_4H_2$
2,3-Bis(chlordimethylsilyl)-
4,5:5,6-di-μH-2,3-dicarba-
nido-hexaboran(8)

6.4.3.3 Metallaborane und Metallacarbaborane

Einige Beispiele sollen hier zeigen, wie die Morphologie der wichtigsten polyedrischen Polyborhydrid-Cluster beibehalten werden kann, wenn ein oder mehrere Boratome durch ein Metall ersetzt sind. Metallaboran-Cluster können neutral oder ionisch sein.

Die Austauschnomenklatur wird auf die Benennung derartiger Spezies unter Verwendung der entsprechenden Präfixe übertragen. Die Heteroatome erhalten die niedrigsten Lokanten, die mit der feststehenden Polyedernumerierung übereinstimmen. Wenn es möglich ist zu wählen, werden die niedrigsten Lokanten für die Elemente in der Reihenfolge vergeben, in der sie in Tabelle 2.7 in Pfeilrichtung auftreten (siehe auch Abschnitt 6.4.3.1).

Beispiele:

1.

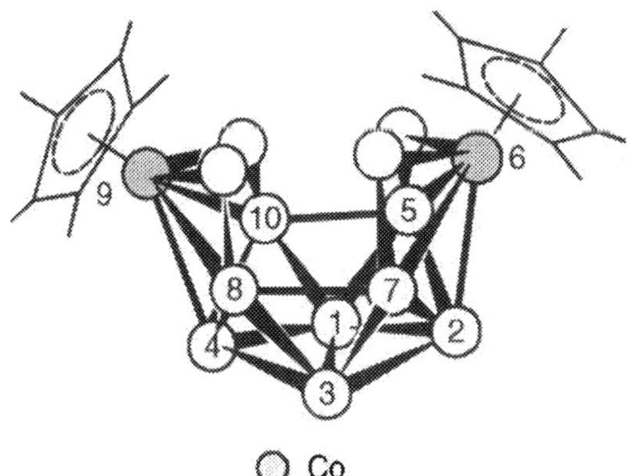

$[B_8H_{12}\{Co[C_5(CH_3)_5]\}_2]$
6,9-Bis(η^5-pentamethyl=
cyclopentadienyl)-
5,6:6,7:8,9:9,10-tetra-
μH-6,9-dicobalta-
nido-decaboran(12)[23]

---

[23] Der Übersichtlichkeit halber wurde ein gebundenes Wasserstoffatom pro Boratom weggelassen. Eine Diskussion über die Benennung von Liganden, die an ein Metallatom gebunden sind, findet sich in Abschnitt 4.3. Für die Bestimmung der in Klammern zu setzenden Zahl der Wasserstoffatome wird angenommen, daß die Metallatome in derartigen Verbindungen normalerweise keine Wasserstoffatome im unsubstituierten Stamm enthalten. Deshalb müssen derartige Wasserstoffatome extra angegeben werden.

2.

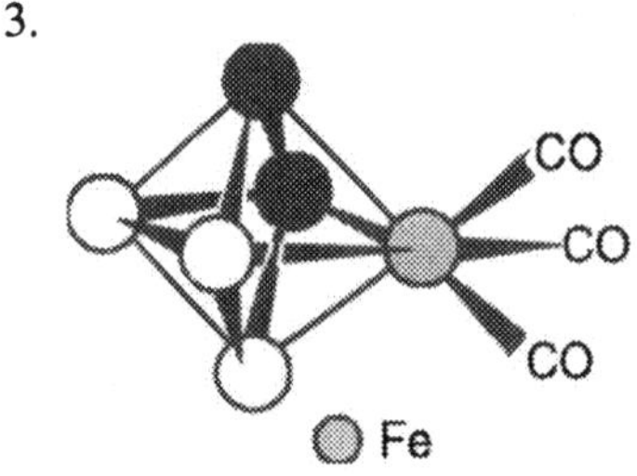

[(CH)$_2$(BH)$_3$Fe(CO)$_3$]
2,2,2-Tricarbonyl-
1,6-dicarba-2-ferra-*closo*-
hexaboran(5)
(nicht -2,4-dicarba-1-ferra-)

3.

[(CH)$_2$(BH)$_3$Fe(CO)$_3$]
3,3,3-Tricarbonyl-
1,2-dicarba-3-ferra-*closo*-
hexaboran(5)
(nicht -1,3-dicarba-2-ferra-)

○ Fe

6.4.3.4 Organoborverbindungen

Im allgemeinen werden die Namen für kovalent gebundene Zweizentren-Verbin-
dungen, die neben Bor und Wasserstoff weitere Nichtmetalle enthalten, auf der
Basis der Bor-Einheit gebildet (Ion-, Hydrid- oder Cluster-Name). Organoborver-
bindungen können aber auch nach den Regeln der organisch-chemischen Nomenklatur benannt werden.
Beispiele:

1. B(OCOMe)$_3$ Triacetoxyboran (Substitutionsnomenklatur,
ausgehend vom BH$_3$)
oder Tris(acetato)bor (Koordinationsnomenklatur)

2.

Cl$_2$B—⟨benzene⟩—COOH   (4-Carboxyphenyl)dichlorboran
oder 4-(Dichlorboryl)benzoesäure

6.5   Namen für ionische Borverbindungen

6.5.1   Anionen

In allen oben beschriebenen Strukturklassen treten Anionen auf. Ihre Namen werden unter Verwendung derselben vervielfachenden und strukturellen Präfixe gebildet, die für neutrale Hydride gelten, doch enden die Namen auf borat und nicht
auf boran. Die Zahl der Wasserstoffatome wird durch ein vervielfachendes Präfix angegeben, verbunden mit der Bezeichnung Hydro. Die Ionenladung wird am
Ende in Klammern angezeigt. So werden die geschlossenen Polyborhydrid-Cluster (siehe Abschnitt 6.3.1.1) mit all ihren Wasserstoffatomen als Pentahydro-
closo-pentaborat(2–), Hexahydro-*closo*-hexaborat(2–), Heptahydro-*closo*-

heptaborat(2–) usw. bezeichnet, und das Beispiel 2 in Abschnitt 6.2.1 heißt Octadecahydro-1,2'-bi-*closo*-decaborat(4–). Für offene Strukturen können bei dieser Nomenklatur ausführlichere Angaben nötig sein, wie in den Abschnitten 6.3.2.3 und 6.3.2.4 beschrieben ist, d.h., den Wasserstoffatomen sind Lokanten zuzuordnen.

Beispiele:

1. $[BH_4]^-$ Tetrahydroborat(1–)
2. $[H_3BHBH_3]^-$ Heptahydrodiborat(1–)
              oder μ-Hydro-hexahydrodiborat(1–)

3. 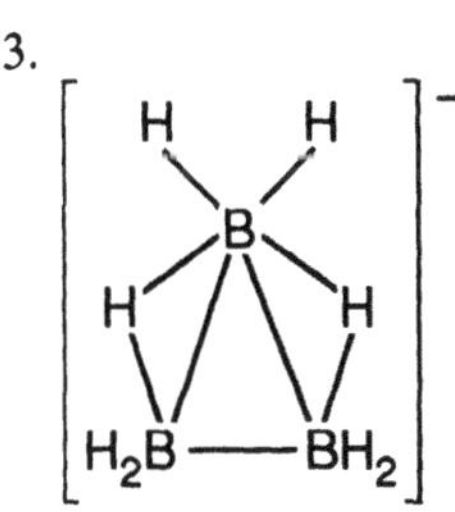

$[B_3H_8]^-$
Octhydro-*cyclo*-triborat(1–)
    oder 1,2:1,3-Di-μ-hydro-hexa=
hydro-*cyclo*-triborat(1–)

4. 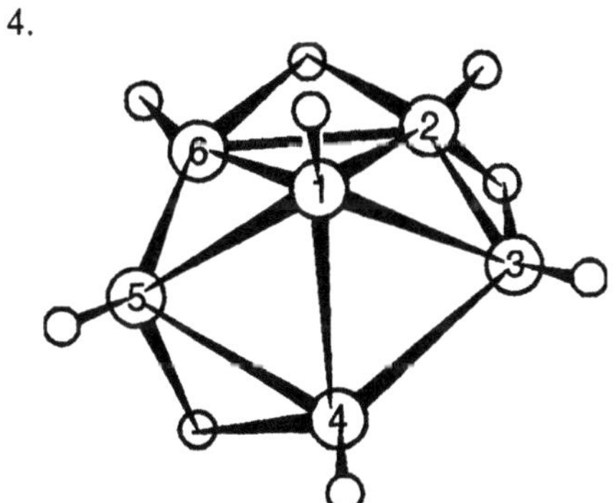

$[B_6H_9]^-$
Nonahydrohexaborat(1–)
    oder 2,3:2,6:4,5-Tri-μ-
hydro-hexahydro-*nido*-
hexaborat(1–)

Bei Salzen von Metallen mit eindeutigem Oxidationszustand kann die Ladungsangabe im Namen entfallen.

Beispiele:

5. $Na[BF_4]$ Natrium-tetrafluoroborat
6. $NH_4[B(C_6H_5)_4]$ Ammonium-tetraphenylborat
7. $Na_2[H_3BC(O)O]$ Natrium-carboxylatotrihydroborat(2–)
              oder Dinatrium-carboxylatotrihydroborat

6.5.2   Kationen

Die Namen von Kationen enden auf -bor ohne weiteres Unterscheidungsmerkmal.
Alle gebundenen Atome und Gruppen werden mit Ligandennamen bezeichnet.
Beispiele:

1. $[BH_2(NH_3)_2]Cl$ — Diammindihydrobor(1+)-chlorid
2. $[BH_2(py)_2]^+$ — Dihydrobis(pyridin)bor(1+)-Ion
3. $[B_{10}H_7(NH_3)_3]^+$ — Triamminheptahydro-*closo*-decabor(1+)-Ion
4. $[BH_2(NH_3)_2][B_3H_8]$ — Diammindihydrobor-octahydro-*cyclo*-triborat

6.5.3   Strukturen mit sowohl kationischen als auch anionischen Zentren (Zwitterionen)

Diese Verbindungen werden als Anionen benannt, und unter den alphabetisch geordneten Präfixen wird auch das entsprechende substitutive Kation-Präfix aufgeführt.
Beispiele:

1. $Me_3P^+{-}CH_2B^-H_3$ — Trihydro(trimethylphosphoniomethyl)borat
2. $Cl_3P^+{-}\langle\text{C}_6\text{H}_4\rangle{-}B^-Cl_3$ — Trichlor[4-(trichlorphosphonio)=phenyl]borat

Wenn die Ladungszentren aneinander grenzen, können die Strukturen auch als
Additionsverbindungen benannt werden (siehe Abschnitt 5.7).

6.6   Namen für Substituenten

Die Gruppe $H_2B{-}$ heißt Boryl[24]; ihre Derivate werden substitutiv benannt.
Beispiele:

1. $Cl_2B{-}$ — Dichlorboryl-
2. $(HO)_2B{-}$ — Dihydroxyboryl-
3. $O{=}B{-}$ — Oxoboryl-
4. $S{=}B{-}$ — Thioxoboryl-

Mehrwertige Formen sind HB<, Borandiyl, und –B<, Borantriyl. Mit Diboryl-
bezeichnet man zwei $H_2B{-}{-}$Reste.

---

[24] Boryl, Boryliden (HB=), Borylidin (B≡) sind Kontraktionsformen von Boranyl usw. und
machen die Verwendung der vervielfachenden Präfixe Bis-, Tris- usw. überflüssig. –BH–
heißt Borandiyl, >B– Borantriyl, –B= Boranyliden. Die Präfixe Borylen für –BH– oder
HB= sind nicht empfohlen.

Beispiel:
  5. BrB<   Bromborandiyl-

Wird die Bindungszahl für den Substituenten nicht spezifiziert, kann Borio- verwendet werden.

Beispiele:
  6. Cl_2B- Dichloroborio-
  7. HB<   Hydroborio-
  8. HOB<   Hydroxoborio-
  9. −B<   Borio-

Namen für Substituenten, die sich von **Polyboranen** ableiten, werden vom Stammhydridnamen mitsamt der in Klammern gesetzten Anzahl der **Wasserstoff**atome abgeleitet. Die Lokanten für die freien Valenzen, bei mehr als einer durch Kommas getrennt und in Bindestriche eingeschlossen, werden den Suffixen -yl, -diyl, -triyl usw. vorangestellt. Wenn es für die Numerierung Wahlmöglichkeiten gibt, erhalten die freien Valenzen die niedrigsten Lokanten, die mit der feststehenden Numerierung übereinstimmen, aber erst, nachdem die Positionen für den Austausch (Subrogation) zugeordnet worden sind (siehe Abschnitt 6.4.3).

Beispiele:
  10. H_2BH_2BH- Diboran(6)-1-yl-
  11. $-HBH_2BH-$ *cis*-Diboran(6)-1,2-diyl-
  12. $H_2BH_2B<$ Diboran(6)-1,1-diyl-
  13. −HBBH−   Diboran(4)-1,2-diyl-
  14.

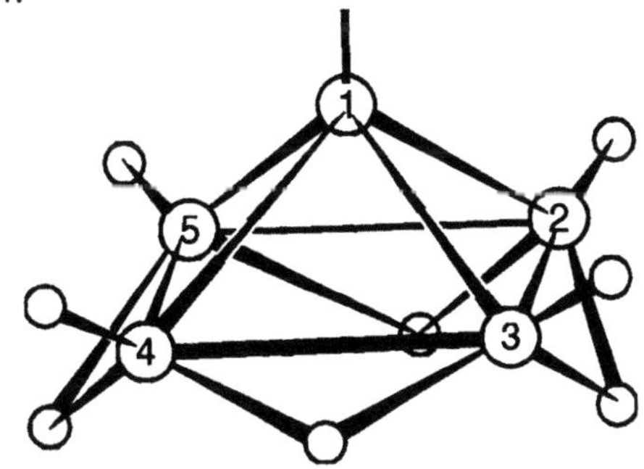

nido-Pentaboran(9)-1-yl-

  15.

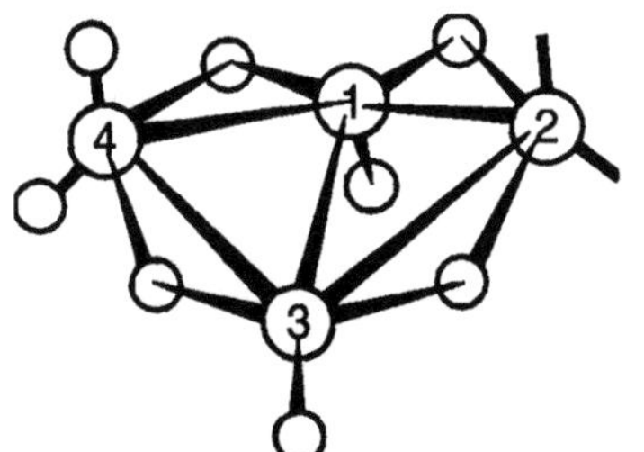

arachno-Tetraboran(10)-2,2-diyl-

16.

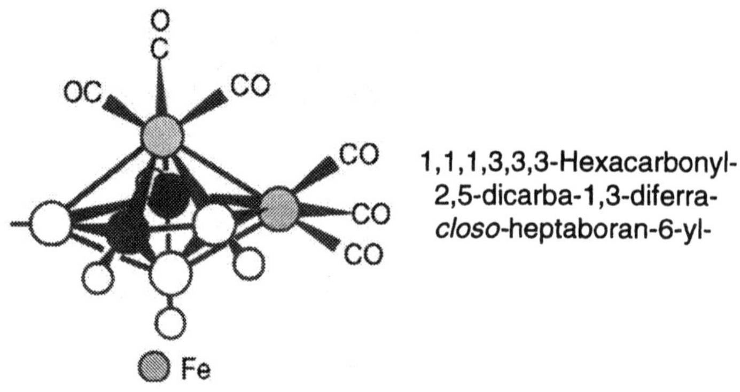

1,1,1,3,3,3-Hexacarbonyl-
2,5-dicarba-1,3-diferra-
closo-heptaboran-6-yl-

Substituenten, die durch Entfernen von Brücken**wasserstoff**atomen entstehen, werden durch Nennen der Lokanten der Atome angegeben, an welche die Brücke gebunden war, getrennt durch ein Komma und eingeschlossen in Bindestriche.
Beispiel:

17.

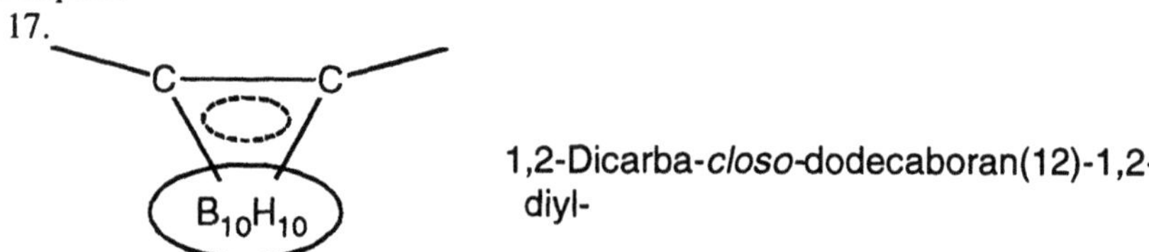

1,2-Dicarba-*closo*-dodecaboran(12)-1,2-diyl-

Die charakteristische Abkürzung in Beispiel 17 für das reguläre dodekaedrische Skelett $B_{10}C_2$ wird häufig verwendet.
Beispiele:

18.

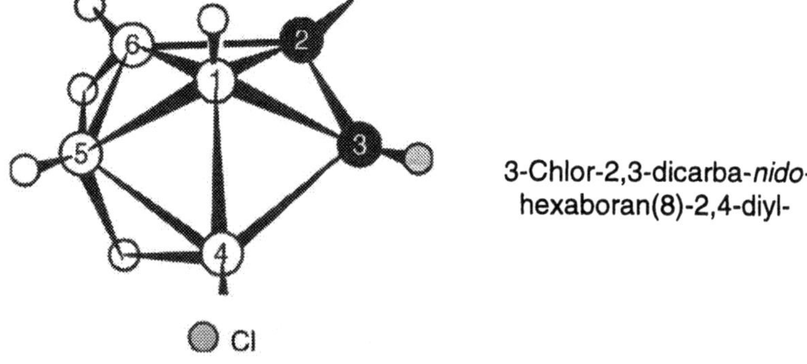

3-Chlor-2,3-dicarba-*nido*-hexaboran(8)-2,4-diyl-

19.

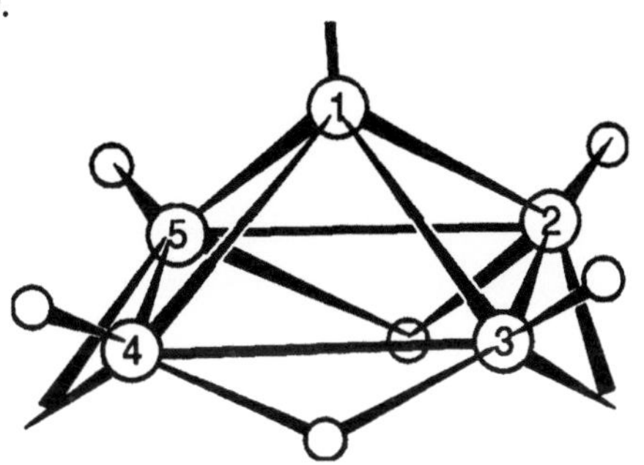

nido-Pentaboran(9)-
1,(2,3-*μ*)(4,5-*μ*)-triyl-

20.

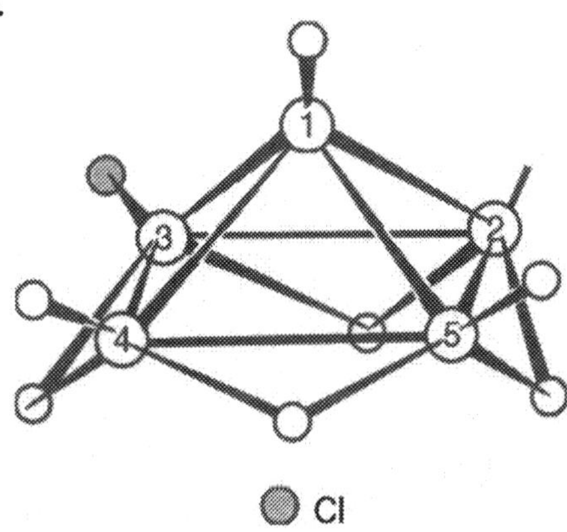

3-Chlor-*nido*-
pentaboran(9)-2-yl-[25]

---

[25] In der englischen Ausgabe [45] sind die Lokanten 3 und 5 irrtümlich vertauscht.

7 Isotop-modifizierte Verbindungen

7 Isotop-modifizierte Verbindungen

7.1 Einleitung

Von jedem chemischen Element in einer Substanz wird angenommen, daß es im natürlichen Isotopenverhältnis[1] vorliegt, wenn nicht eine unterschiedliche, d.h. isotop-modifizierte (das Verhältnis der Isotope weicht deutlich ab oder es liegt nur ein Isotop vor) spezifiziert ist.

Zur eindeutigen Benennung isotop-modifizierter anorganischer Verbindungen ist die Angabe von Art sowie ggf. Position und Anzahl der markierenden Nuklide[2] notwendig.

1977 hat die IUPAC *Commission on Nomenclature of Inorganic Chemistry* (CNIC) ein allgemeines Nomenklatursystem für anorganische Verbindungen vorgeschlagen [41], deren Nuklidzusammensetzung von der natürlichen abweicht [34] [35a]. Dieses wird gegenüber einem anderen, welches auf den Prinzipien des BOUGHTON-Systems[3] [6a] [11a] basiert und welches hauptsächlich in der CA-Index-Nomenklatur [3f] verwendet wird, bevorzugt[4]. Ein isotop-modifizierter Rest in einer anorganischen Verbindung, z.B. ein organischer Ligand in einer Koordinationsverbindung – siehe Abschnitt 3.3.3.3 – wird nach den Regeln für die *Nomenclature of Organic Chemistry* [49oo] benannt.

---

[1] Das „natürliche Verhältnis" entspricht der in der Liste der Atomgewichte [35a][35b] angegebenen.

[2] Der Begriff „Nuklid" wurde 1950 international eingeführt, um den inkorrekten Gebrauch des Wortes „Isotop" auf seine ursprüngliche Bedeutung zu beschränken. Mit „Isotop" sollen nur Nuklide gleicher Kernladungszahl (Ordnungszahl) aber unterschiedlicher Masse(nzahl) bezeichnet werden, z.B. ^{32}P und ^{33}P. Zur Nomenklatur vgl. [6a] [75] [32a].[32b].

[3] Danach werden die Angaben für die markierten Atome als kursiv geschriebene Elementsymbole – ausgenommen sind die Symbole für ^{2}H: *d* und ^{3}H: *t* – mit den erforderlichen, ebenfalls kursiv geschriebenen Lokanten dem betreffenden Namensteil nachgestellt.

[4] Es findet auch in der Literatur und in Katalogen Anwendung. Weitere Vorschläge stammen von S. L. THOMAS und H. S. TURNER [87], K.-H. SEGEL [82], und G. KERSAINT [68].

Tabelle 7.1 Gegenüberstellung von Formeln und Namen
isotop-modifizierter Verbindungen

| Verbindungstyp | Anorganische Verbindungen | | Erläuterung |
	Formel	Name	
Unmodifiziert	SiH_4	Silan	–
Isotop-substituiert	$SiH_3{}^2H$	$(^2H_1)$Silan	Alle Moleküle enthalten nur ein ^2H-Atom.
Spezifisch-markiert	$SiH_3[^2H]$	$[^2H_1]$Silan	Der Gesamtgehalt an ^2H > natürlicher Gehalt; überschüssiges ^2H ist in einer einzigen substituierten Verbindung.
Selektiv-markiert	a) $[1\text{-}^2H]H_3Si\text{–}SiH_3$	$[1\text{-}^2H]$Disilan	Der Gesamtgehalt an ^2H > natürlicher Gehalt; überschüssiges ^2H kommt in zwei oder mehr substituierten Molekülen in beliebiger Anzahl an der spezifizierten Position vor.
	b) $[^2H_{1;3}]SiH_4$	$[^2H_{1;3}]$Silan	Der Gesamtgehalt an ^2H > natürlicher Gehalt; überschüssiges ^2H kommt in zwei substituierten Molekülen vor, eines mit einem, das andere mit drei ^2H-Atomen.
Nichtselektiv markiert	$[^2H]H_3Si\text{–}SiH_2\text{–}SiH_3$	$[^2H]$Trisilan	Der Gesamtgehalt an ^2H > natürlicher Gehalt; überschüssiges ^2H kann in beliebiger Anzahl an jeder Position in einem oder mehr Molekülen vorkommen.
Isotop-abgereichert	$[\mathit{def}\,^{29}Si]HSiF_3$	$[\mathit{def}\,^{29}Si]=$ Trifluorsilan	Der Gesamtgehalt an ^{29}Si < natürlicher Gehalt.

7.2 Klassifizierung, Definitionen, Symbole

7.2.1 Klassifizierung

Eine isotop-markierte Verbindung kann formal als Gemisch einer isotop nicht modifizierten Verbindung und einer oder mehr analogen isotop-substituierten Verbindungen betrachtet werden. Die Unterteilung chemischer Verbindungen zeigt Tabelle 7.2.

Tabelle 7.2   Klassifizierung chemischer Verbindungen

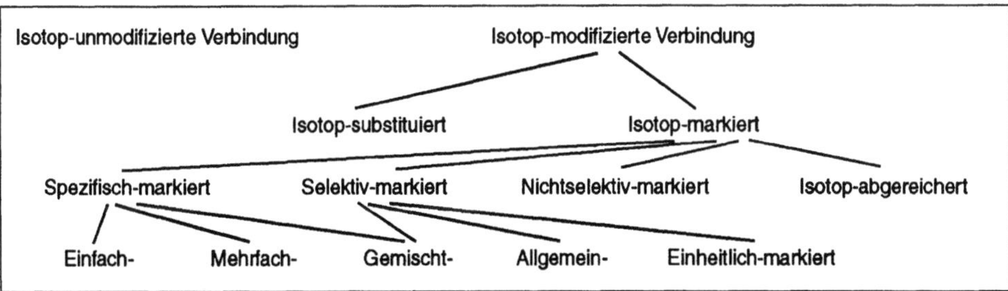

Die Anzahl der möglichen Markierungen einer gegebenen Position kann durch Indizes, getrennt durch Semikolons, angegeben werden, die den Nuklidsymbolen im Nukliddeskriptor folgen.

Beispiel:

4. $[1\text{-}^2H_{1;2}]SiH_3OSiH_2OSiH_3$

7.2.2 Definitionen

7.2.2.1 Keine Isotopmodifizierung

Eine Verbindung heißt isotop-unmodifiziert, wenn ihre makroskopische Nuklidzusammensetzung der in der Natur vorkommenden entspricht.

7.2.2.2 Isotopmodifizierung

Eine Verbindung heißt isotop-modifiziert, wenn ihre makroskopische Nuklidzusammensetzung bei mindestens einem Nuklid meßbar von der in der Natur vorkommenden abweicht.

Es handelt sich entweder um eine

– isotop-substituierte (Abschnitt 7.2.2.2.1) oder eine
– isotop-markierte Verbindung (Abschnitt 7.2.2.2.2).

7.2.2.2.1 Isotopsubstitution

Eine Verbindung heißt isotop-substituiert, wenn ihre Moleküle nur das/die angegebene(n) Nuklid(e) an jeder bezeichneten Position enthalten. Für alle anderen Positionen ohne Nuklidangabe gilt die natürliche Nuklidzusammensetzung.

7.2.2.2.2 Isotopmarkierung

Eine Verbindung heißt isotop-markiert, wenn sie formal als ein Gemisch einer isotop-unmodifizierten Verbindung mit einer oder mehreren analogen isotop-substituierten Verbindung(en) angesehen werden kann.

> Anmerkung: Obwohl eine isotop-markierte Verbindung (wie auch eine unmodifizierte Verbindung) hinsichtlich der Zusammensetzung ein Gemisch ist, werden solche Gemische nomenklatorisch als „isotop-markierte Verbindungen" bezeichnet.

Es handelt sich dabei um
- spezifisch-markierte Verbindungen (siehe Abschnitt 7.3.3.2.1),
- selektiv-markierte Verbindungen (siehe Abschnitt 7.3.3.2.2.),
- nichtselektiv-markierte Verbindungen (siehe Abschnitt 7.3.3.2.3) oder um
- isotop-abgereicherte Verbindungen (siehe Abschnitt 7.3.3.2.4).

7.2.2.2.2.1 Spezifische Markierung

Eine Verbindung heißt spezifisch-markiert, wenn formal eine einheitlich isotop-substituierte Verbindung der analogen isotop-unmodifizierten Verbindung zugesetzt ist. Sowohl Position als auch Anzahl jedes markierenden Nuklids müssen definiert werden.

Beispiele:

Isotop-substituierte Verbindung	Isotop-unmodifizierte Verbindung	Spezifisch-markierte Verbindung (Formel)	Spezifisch-markierte Verbindung (Name)
$H^{99m}TcO_4$	$HTcO_4$	$H[^{99m}Tc]O_4$	$[^{99m}Tc]$Pertechnetiumsäure oder Hydrogen-tetraoxo$[^{99m}Tc]$=technetat(1–)
$Ge^2H_2F_2$	GeH_2F_2	$Ge[^2H_2]F_2$	Difluor$[^2H_2]$german

> Anmerkung: Wenn freier Austausch unter den Atomen des gleichen Elements einer Verbindung vorkommt, z.B. H in NH_3 oder in $H_2N–NH_2$ in wäßrigem Medium, ist eine spezifische Markierung nicht möglich. Solche isotop-markierte Verbindungen müssen als selektiv- oder nichtselektiv-markiert betrachtet werden.

Man bezeichnet eine spezifisch-markierte Verbindung als
- **Einfach-markiert**, wenn die isotop-substituierte Verbindung nur ein markierendes Nuklid enthält (siehe Abschnitt 7.3.3.2.1.2 – Einfach-markierte Verbindung),

- **Mehrfach-markiert**, wenn die isotop-substituierte Verbindung mehr als ein markierendes Nuklid des gleichen Elements an derselben oder an unterschiedlichen Positionen enthält (siehe Abschnitt 7.3.3.2.1.2 – Mehrfach-markierte Verbindung),
- **Gemischt-markiert**, wenn die isotop-substituierte Verbindung mehr als eine Art markierender Nuklide enthält (siehe Abschnitt 7.3.3.2.1.2 – Gemischt-markierte Verbindung).

7.2.2.2.2.2 Selektive Markierung

Eine Verbindung heißt selektiv-markiert, wenn formal ein Gemisch von isotop-substituierten Verbindungen einer analogen isotop-unmodifizierten Verbindung so zugesetzt wird, daß Positionen, jedoch nicht zwangsweise Anzahl jedes markierenden Nuklids definiert sind. Eine selektiv-markierte Verbindung kann als Gemisch von spezifisch-markierten Verbindungen angesehen werden.

Man bezeichnet eine selektiv-markierte Verbindung als

- **Mehrfach-markiert**, wenn die Isotopmodifikation an mehr als einem Atom vorkommt, entweder in einem Satz gleichwertiger Atome an einer Position, z.B. H in SiH_4, oder an verschiedenen Positionen des Moleküls, z.B. B in $[B_6H_6]^{2-}$,
- **Gemischt-markiert**, wenn es verschiedene markierende Nuklide in der Verbindung gibt, z.B. B und C in $B_8C_2H_{10}$,
- **Allgemein-markiert**, wenn alle Atome eines besonderen Elements isotop-modifiziert sind, aber nicht unbedingt einheitlich,
- **Einheitlich-markiert**, wenn alle Atome eines besonderen Elements im gleichen Isotopenverhältnis markiert sind.

Anmerkung: Wenn es nur ein Atom eines Elements in einer Verbindung gibt, das modifiziert sein kann, kann nur spezifische Markierung resultieren.

7.2.2.2.2.3 Nichtselektive Markierung

Eine Verbindung heißt nichtselektiv-markiert, wenn Position(en) und Anzahl des/der markierenden Nuklids/e einer isotop-markierten Verbindung nicht definiert sind.

7.2.2.2.2.4 Isotopabreicherung

Eine Verbindung heißt isotop-abgereichert, wenn der Gehalt eines oder mehrerer Nuklide verringert, d.h. von einem oder mehr Nukliden weniger vorhanden ist, als der natürlichen Zusammensetzung entspricht.

7.3   Symbole, Formeln und Namen

7.3.1   Symbole

7.3.1.1 Nuklidsymbole

Das Symbol für ein Nuklid in Formel oder Namen einer isotop-modifizierten Verbindung besteht aus dem Elementsymbol und einer arabischen Zahl als linker Exponent zur Angabe der Massenzahl des Nuklids [37c]. Ein metastabiles Nuklid wird durch den Buchstaben m direkt hinter der Massenzahl angezeigt, z.B. ^{133m}Xe.

Die in Nuklidsymbolen verwendeten Elementsymbole sind die im Anhang angegebenen. Sie werden in steilen lateinischen Buchstaben geschrieben[5].

Anmerkung: Für die **Wasserstoff**-Isotope **Protium, Deuterium** und **Tritium** werden die Symbole ^1H, ^2H bzw. ^3H verwendet. Die Symbole D oder T für ^2H bzw. ^3H können nur verwendet werden, wenn keine anderen markierenden Nuklide vorhanden sind, da sonst Probleme bei der alphabetischen Anordnung der Nuklidsymbole im Nukliddeskriptor entstehen können. Die Symbole d und t anstelle von ^2H bzw. ^3H werden noch in nach dem BOUGHTON-System [6a] [11a] gebildeten Namen verwendet. Kleinbuchstaben als Elementsymbole werden sonst nicht gebraucht.

7.3.1.2 Reihenfolge der Nuklidsymbole

Wenn verschiedene Nuklide an der gleichen Stelle in Formel oder Namen einer isotop-modifizierten Verbindung zitiert werden müssen, werden die Nuklidsymbole in der alphabetischen Reihenfolge der Elementsymbole geschrieben. Falls die Elementsymbole identisch sind, werden sie nach steigender Massenzahl geordnet. Die Elementsymbole mit ihren evtl. vorhandenen Lokanten werden voneinander durch ein Komma getrennt.

7.3.2   Isotop-unmodifizierte Verbindungen

Die FORMEL wird in der üblichen Weise geschrieben (siehe Abschnitt 2.3).
Der NAME wird nicht verändert, es sei denn, die natürliche Verbindung soll von der isotop-modifizierten unterschieden werden oder der natürliche bzw. normale Charakter soll betont werden.
Beispiele:

HNO_3	Salpetersäure
PH_3	unmodifiziertes Phosphan

---

[5]   Kursiv geschriebene Elementsymbole werden als Lokanten verwendet.

7.3.3 Isotop-modifizierte Verbindungen

7.3.3.1 Isotop-substituierte Verbindungen[6]

I$_1$) Isotop-substituierte Verbindungen

− (Lokant-[a] + Nuklidsymbol + Index[b])
        + Name des modifizierten Verbindungsteils[c] bzw. Name der Verbindung

Beispiele:

$H_2{}^2HSi\text{–}SiH^{36}Cl\text{–}SiH_3$ 2-[(^{36}Cl)Chlor](1-$^2H_1$)trisilan

$$\begin{array}{c} OC \\ OC \end{array}\!\!Rh\!\!\begin{array}{c} {}^{35}Cl \\ {}^{37}Cl \end{array}\!\!Rh\!\!\begin{array}{c} CO \\ CO \end{array}$$

Tetracarbonyl[(^{35}Cl,^{37}Cl)di-
μ-chloro]dirhodium

---

[a]   Der Strich „-" ist Teil des Nukliddeskriptors. Dieser steht in runden Klammern ( ).

[b]   Monosubstitution wird durch 1 als rechter Index am Nuklidsymbol angegeben. Müssen verschiedene Nuklide am gleichen Platz zitiert werden, gilt die Reihenfolge nach Abschnitt 7.3.1.2.

[c]   Nukliddeskriptor und Namensteil stehen in eckigen Klammern [ ]. Wenn möglich, steht der Nukliddeskriptor vor einem vervielfachenden Präfix.

7.3.3.1.1 Formel

Die FORMEL einer isotop-substituierten Verbindung wird wie üblich geschrieben, ausgenommen, daß die entsprechenden Nuklidsymbole (siehe Abschnitt 7.3.1.1) verwendet werden. Sind unterschiedliche Nuklide desselben Elements an der gleichen Position vorhanden, werden die Symbole nach steigender Massenzahl (Abschnitt 7.3.1.2) angegeben.

Beispiele:

  1. $H^{36}Cl$ 2. $^{42}KNa^{14}CO_3$ 3. $^{235}UF_6$ 4. $K[^{32}PF_6]$

7.3.3.1.2 Name

Der NAME einer isotop-substituierten Verbindung wird gebildet aus
− dem Nukliddeskriptor, d.h. dem Nuklidsymbol in runden Klammern mit den evtl. notwendigen vorangestellten Lokanten (Buchstaben und/oder Ziffern) und
− dem Namen der Verbindung oder vorzugsweise dem Namen des Teils, der isotop-substituiert ist.

    Der Nukliddeskriptor steht unmittelbar vor dem Namen oder Namensteil, es sei denn, dieser beginnt mit Lokanten. Diese stehen zwischen Bindestrichen.

    Wenn Isotoppolysubstitution möglich ist, wird die Anzahl der substituierenden Atome immer als Index am Nuklidsymbol angegeben. Monosubstitution muß durch 1 spezifiziert werden.

---

[6]   Mit dem Terminus Verbindungen sind auch Ionen, Radikale und andere Spezies gemeint.

Wenn verschiedene Nuklide am gleichen Platz im Namen einer isotop-substituierten Verbindung zitiert werden müssen, werden die Nuklidsymbole entsprechend Abschnitt 7.3.1.2 angeordnet.

Beispiele:

1. H^3HO $(^3H_1)$Wasser
2. $^{78}Br^{81}Br$ $(^{78}Br,^{81}Br)$Dibrom
3. $[^{50}Cr(^2H_2O)_6]Cl_3$ Hexa[$(^2H_2)$aqua](^{50}Cr)chrom-trichlorid

Um Unterschiede zwischen den Namen einer isotop-substituierten Verbindung und der entsprechenden unmodifizierten möglichst gering zu halten, wird – falls dies möglich ist – der Nukliddeskriptor vor ein vervielfachendes Präfix gesetzt.

Beispiel:

4. $K_3{}^{42}K[Fe(CN)_6]$ $(^{42}K_1)$Tetrakalium-hexacyanoferrat

7.3.3.2 Isotop-markierte Verbindungen

7.3.3.2.1 Spezifisch-markierte Verbindungen

I_2) Spezifisch-markierte Verbindungen

a) Formel:

$H^{36}Cl + HCl \rightarrow H[^{36}Cl]$

b) Name:

– [Lokant-[a] + Nuklidsymbol + Index[b]]

       + Name des modifizierten Verbindungsteils[c] bzw. Name der Verbindung

Beispiele:

H[^{36}Cl]   Hydrogen-[^{36}Cl]chlorid

b₁) Einfach-markiert: Verbindung ist durch nur ein Nuklid markiert

Beispiel:

HO[^{18}O]H   Hydrogen[$^{18}O_1$]peroxid

b₂) Mehrfach-markiert: Verbindung ist durch >1 Nuklid

                                  des gleichen Elements markiert

Beispiel:

SiH[$^2H_2$]–SiH₃   [1,1-$^2H_2$]Disilan

b₃) Gemischt-markiert: Verbindung ist durch Nuklide

                               verschiedener Elemente markiert

Beispiel:

[^{32}P]O[$^{18}F_3$]   [^{32}P]Phosphoryl-[$^{18}F_3$]fluorid

---

[a]   Der Strich „-" ist Teil des Nukliddeskriptors. Dieser steht in eckigen Klammern [ ].

[b]   Monosubstitution wird durch 1 als rechter Index am Nuklidsymbol angegeben. Müssen verschiedene Nuklide am gleichen Platz zitiert werden; Reihenfolge nach Abschnitt 7.3.1.2.

[c]   Nukliddeskriptor und Namensteil stehen in runden Klammern ( ). Wenn möglich, steht der Nukliddeskriptor vor einem vervielfachenden Präfix.

7.3.3.2.1.1 Formel

Die FORMEL einer spezifisch-markierten Verbindung wird wie üblich geschrieben. Der Nukliddeskriptor und ein evtl. notwendiger vervielfachender Index wird in eckige Klammern eingeschlossen. Kommen verschiedene Nuklide des gleichen Elements am selben Platz vor, werden die Nuklidsymbole entsprechend Abschnitt 7.3.1.2 angeordnet.

Anmerkung: Obwohl die Formel einer spezifisch-markierten Verbindung die Zusammensetzung des Gesamtmaterials, das üblicherweise zum überwiegenden Teil aus der isotop-unmodifizierten Verbindung besteht, nicht korrekt wiedergibt, bezeichnet sie die interessierende isotop-substituierte Verbindung.

Beispiele:
  1. $[^{32}P]Cl_3$ 2. $Ge[^2H_2]F_2$ 3. $[^{15}N]H_2[^2H]$

Anmerkung: Wenn freier Austausch unter den Atomen des gleichen Elements einer Verbindung vorkommt, z.B. H in NH_3 oder in H_2N-NH_2 in wäßrigem Medium, ist eine spezifische Markierung nicht möglich. Solche isotop-markierte Verbindungen müssen als selektiv- oder nichtselektiv-markiert betrachtet werden.

7.3.3.2.1.2 Name

Der NAME einer spezifisch-markierten Verbindung wird gebildet aus
 – dem Nuklidsymbol in eckigen Klammern mit den evtl. notwendigen vorangestellten Lokanten (Buchstaben und/oder Ziffern) und
 – dem Namen der Verbindung oder vorzugsweise dem Namen des Teils der Verbindung, der isotop-modifiziert ist.

Der Nukliddeskriptor steht unmittelbar vor dem Namen oder Namensteil, es sei denn, dieser beginnt mit Lokanten. Diese stehen zwischen Bindestrichen.

Wenn verschiedene Nuklide am gleichen Platz im Namen einer spezifisch-markierten Verbindung zitiert werden müssen, werden die Nuklidsymbole entsprechend Abschnitt 7.3.1.2 angeordnet.

Wenn es möglich ist, mehr als ein Atom des gleichen Elements zu markieren, wird die Anzahl der markierenden Atome immer durch einen Index am Nuklidsymbol angegeben. Monosubstitution muß durch 1 spezifiziert werden. Dies ist notwendig, um zwischen einer spezifisch- und einer selektiv- oder nichtselektiv-markierten Verbindung zu unterscheiden.

Der Name einer spezifisch-markierten Verbindung unterscheidet sich von dem der entsprechenden isotop-substituierten Verbindung nur durch die Verwendung eckiger anstelle von runden Klammern um den Nukliddeskriptor.

Diese Regeln erlauben die Unterscheidung zwischen einfach-, mehrfach- und gemischt-markierten Verbindungen.

Beispiele:
- **Einfach-markiert**
  1. $H_2[^{15}N]-NH_2$ $[^{15}N_1]$Hydrazin
  2. $[[^{55}Cr](NH_3)_6]Cl_3$ Hexaammin$[^{55}Cr]$chrom-trichlorid

- **Mehrfach-markiert**
  1. $Al([^{13}C]H_3-CO-[^{13}C]H-CO-[^{13}C]H_3)_3$
                        Tris($[1,3,5\text{-}^{13}C_3]$pentan-2,4-dionato)aluminium
  2. $Fe(CO)_2([^{13}C]O)_2Br_2$ Dibromo($[^{13}C_2]$tetracarbonyl)eisen

- **Gemischt-markiert**
  1. $[^{13}C]O[^{17}O]$ $[^{13}C]$Kohlenstoff$[^{17}O_1]$dioxid
                       oder $[^{13}C]$Carbon$[^{17}O_1]$dioxid
  2. $[^{28}Si]F_3-[^{11}B]F_2$ Difluor(trifluor$[^{28}Si]$silyl)$[^{11}B]$boran
  3. $SiH[^2H]([^{18}O]CH_3)-SiH_3$ 1-($[^{18}O]$Methoxy)$[1\text{-}^2H_1]$disilan
  4. $H_2[^{10}B][^2H_2][^{10}B]H_2$ $[^{10}B_2,\mu,\mu\text{-}^2H_2]$Diboran(6)[7]

7.3.3.2.2 Selektiv-markierte Verbindungen

I_3) Selektiv-markierte Verbindungen

a) Formel:

a_1) Mehrfach-markiert: Verbindung ist durch >1 Nuklid
      des gleichen Elements markiert

Beispiele:
   Regel 1: $SOCl^{32}Cl + SO^{36}Cl_2 + SOCl_2 \rightarrow [^{36}Cl]SOCl_2$
   Regel 2: $SiH_2{}^2H\text{-}O\text{-}SiH_2\text{-}O\text{-}SiH_3 + SiH^2H_2\text{-}O\text{-}SiH_2\text{-}O\text{-}SiH_3 +$
            $SiH_3\text{-}O\text{-}SiH_2\text{-}O\text{-}SiH_3 \rightarrow [1\text{-}^2H_{1;2}]SiH_3\text{-}O\text{-}SiH_2\text{-}O\text{-}SiH_3$

a_2) Gemischt-markiert: Verbindung ist durch Nuklide
      verschiedener Elemente markiert

Beispiele:
   Regel 1: $H_3{}^{36}P^{18}O_4 + H_3P^{18}O_3O + H_3{}^{32}P^{18}O_2O_2 + ... + H_3PO_4 \rightarrow$
            $[^{18}O^{32}P] H_3PO_4$
   Regel 2: $SiH^2H_2\text{-}O\text{-}SiH_2\text{-}O\text{-}SiH_3 + SiH^2H_2\text{-}^{18}O\text{-}SiH_2\text{-}O\text{-}SiH_3 +$
            $SiH_3\text{-}O\text{-}SiH_2\text{-}O\text{-}SiH_3 \rightarrow [1,1\text{-}^2H_{2;2},2\text{-}^{18}O_{0;1}]SiH_3\text{-}O\text{-}SiH_2\text{-}O\text{-}SiH_3$

b) Name:

- [Lokant-[a] + Nuklidsymbol + Index[b]] + Name des modifizierten
  Verbindungsteils bzw. Name der Verbindung

b_1) Mehrfach-markiert: Verbindung ist durch >1 Nuklid
      des gleichen Elements markiert

---

[7]   Eine vollständigere Beschreibung wäre $[^{10}B_2,(1,2\text{-}\mu),(1,2\text{-}\mu)\text{-}^2H_2]$Diboran(6), doch reicht
die Kurzform für einfache Moleküle aus.

Beispiel:
  Regel 1: $[^{36}Cl]SOCl_2$ $[^{36}Cl]$Sulfinylchlorid nicht
                    $[^{36}Cl_2]$Sulfinylchlorid
  Regel 2: $[1-^2H_{1;2}]SiH_3$-O-SiH_2-O-SiH_3 $[1-^2H_{1;2}]$Trisiloxan
  b$_2$) Gemischt-markiert: Verbindung ist durch Nuklide
        verschiedener Elemente markiert
Beispiele:
  Regel 1: $[^{18}O,^{32}P]$ H_3PO_4 $[^{18}O,^{32}P]$Phosphorsäure
  Regel 2: $[1,1-^2H_{2;2},2-^{18}O_{0;1}]SiH_3$-O-$SiH_2$-O-$SiH_3$ $[1,1-^2H_{2;2},2-^{18}O_{0;1}]$
        Trisiloxan
  b$_3$) Allgemein-markiert: Alle Atome eines besonderen Elements
        sind isotop-modifiziert, aber nicht unbedingt einheitlich
Beispiel:
  $[gen\ ^{13}C]K_3[Fe(CN)_6]$ $[gen\ ^{13}C]$Trikalium-hexacyanoferrat
  b$_4$) Einheitlich-markiert: Alle Atome eines besonderen Elements
        sind im gleichen Isotopenverhältnis markiert
Beispiel:
  $[unf\ ^{13}C]K_3[Fe(CN)_6]$ $[unf\ ^{13}C]$Trikalium-hexacyanoferrat

---

a) Der Strich „-" ist Teil des Nukliddeskriptors. Dieser steht in [ ].
b) Gilt nur für Verbindungen nach Abschnitt 7.3.3.2.2.2, Regel 2.

Formeln und Namen mehrfach- bzw. gemischt-markierter Verbindungen werden nach den im folgenden beschriebenen Prinzipien konstruiert. Allgemein- bzw. einheitlich-markierte Verbindungen werden durch die Präfixe *gen* bzw. *unf* unterschieden (siehe Abschnitte 7.3.3.3 und 7.3.3.4).

7.3.3.2.2.1 Formel

Eine selektiv-markierte Verbindung kann nicht durch eine einzige Strukturformel beschrieben werden.
Der Nukliddeskriptor
  – aus dem Nuklidsymbol mit allen nötigen Lokanten (identische Lokanten werden nicht wiederholt),
  – aber ohne vervielfachende Indizes in eckigen Klammern,
  – wird der FORMEL oder, falls nötig, den Teilen der Formel, die eine unabhängige Numerierung haben, vorangestellt.
Beispiele:
  1. $[1,2-^2H]B_2H_6$
  2. $[^{10}B,1.10-^{12}C]B_8C_2H_{10}$

Ausnahme (vgl. Regel 2): Die Anzahl der möglichen Markierungen einer gegebenen Position ist bekannt. Sie kann durch Indizes, getrennt durch Semikolons, angegeben werden, die den Nuklidsymbolen im Nukliddeskriptor folgen.

Beispiel:
  3. $[1-^2H_{1;2}]SiH_3$–O–SiH_2–O–SiH_3

7.3.3.2.2.2 Name

Regel 1

Der NAME einer selektiv-markierten Verbindung wird entsprechend dem für eine spezifisch-markierte Verbindung gebildet (siehe Abschnitt 7.3.3.2.1) mit der Ausnahme, daß allgemein das mehrfache Vorkommen nicht durch vervielfachende Indizes am Nuklidsymbol angegeben wird (siehe aber Regel 2). Identische Lokanten für dasselbe Element werden nicht wiederholt.

Der Name einer selektiv-markierten Verbindung unterscheidet sich von dem für eine entsprechende isotop-substituierte Verbindung dadurch,
– daß der Nukliddeskriptor in eckige Klammern und nicht in runde gesetzt wird,
– daß identische Lokanten nur einmal genannt werden, und
– daß vervielfachende Indizes entfallen (siehe aber Regel 2).

Beispiele:

Gemisch isotop-substituierter Verbindungen	Isotop-unmodifizierte Verbindung	Selektiv-markierte Verbindung	
		(Formel)	(Name)
$H_3{}^{32}PO_3{}^{18}O$ $H_3{}^{32}PO_4$ $H_3PO_3{}^{18}O$ $H_3PO_2{}^{18}O_2$ $H_3PO{}^{18}O_3$ usw. oder je zwei davon	H_3PO_4	$[{}^{18}O,{}^{32}P]H_3PO_4$	$[{}^{18}O,{}^{32}P]$Phosphorsäure nicht $[{}^{18}O_4,{}^{32}P]$Phosphorsäure
$H_2{}^{10}BH_2{}^{10}BHCl$ $H_2{}^{10}BH_2BHCl$ $H_2BH_2{}^{10}BHCl$ oder je zwei davon	$H_2B{-}H_2{-}BHCl$	$[{}^{10}B]B_2H_5Cl$	Chlor$[{}^{10}B]$diboran(6) nicht Chlor$[{}^{10}B_2]$diboran(6)

Regel 2

Für eine selektiv-markierte Verbindung, die formal durch Mischen einiger definierter isotop-substituierter Verbindungen mit einer analogen isotop-unmodifizierten Verbindungen erhalten wird, wird sowohl in der Formel als auch im Namen die Anzahl oder mögliche Anzahl der markierenden Nuklide für jede Position durch einen Index am Nuklidsymbol angezeigt. Zwei oder mehr Indizes, die sich auf das gleiche Nuklidsymbol beziehen, werden durch ein Semikolon getrennt. Für eine mehrfach-markierte oder gemischt-markierte Verbindung werden die Indizes nacheinander in der gleichen Reihenfolge geschrieben, wie die verschieden isotop-substituierten Verbindungen betrachtet werden. Der Index Null (0) wird verwendet, um anzuzeigen, daß eine der isotop-substituierten Verbindungen an der angezeigten Position nicht modifiziert ist.

Beispiele:

Ein bekanntes Gemisch isotop-substituierter Verbindungen	Isotop-unmodifizierte Verbindung (Formel)	Selektiv-markierte Verbindung (Name)
$SiH_2{}^2H$–O–SiH_2–O–SiH_3 SiH^2H_2–O–SiH_2–O–SiH_3	SiH_3–O–SiH_2–O–SiH_3	$[1\text{-}^2H_{1;2}]=$ SiH_3–O–SiH_2–O–SiH_3 $[1\text{-}^2H_{1;2}]$Trisiloxan
SiH^2H_2–O–SiH_2–O–SiH_3 SiH^2H_2–^{18}O–SiH_2–O–SiH_3	SiH_3–O–SiH_2–O–SiH_3	$[1,1\text{-}^2H_{2;2},2\text{-}^{18}O_{0;1}]=$ SiH_3–O–SiH_2–O–SiH_3 $[1,1\text{-}^2H_{2;2},2\text{-}^{18}O_{0;1}]=$ Trisiloxan
SiH_3–^{18}O–SiH_2–O–SiH_3 SiH^2H_2–O–SiH_2–O–SiH_3	SiH_3–O–SiH_2–O–SiH_3	$[1\text{-}^2H_{0;2},2\text{-}^{18}O_{1;0}]=$ SiH_3–O–SiH_2–O–SiH_3 $[1\text{-}^2H_{0;2},2\text{-}^{18}O_{1;0}]=$ Trisiloxan

7.3.3.2.3 Nichtselektiv-markierte Verbindungen

Allgemeines. Nichtselektiv-Markierung wird in FORMEL und NAMEN durch Einfügen des in eckige Klammern eingeschlossenen Nuklidsymbols unmittelbar vor der üblichen Formel oder dem Namen bzw. Namen für den Teil der Verbindung, die markiert ist, angegeben. Lokanten oder Indizes werden nicht verwendet.
Beispiele:
1. $[^{32}P](HO)_2P(O)$–O–$P(O)(OH)$–O–$P(O)(OH)_2$ $[^{32}P]$Triphosphorsäure
2. $[^{18}O]K_4H_4Si_4O_{12}$ Tetrakalium-tetrahydrogen$[^{18}O]$cyclo-tetrasilicat

Nichtmolekulare Materialien. Isotop-markierte nichtmolekulare Materialien, wie ionische Festkörper und polymere Substanzen, in denen die markierenden Nuklide über eine kristalline Matrix oder ein polymeres Netzwerk verteilt sind, werden als nichtselektiv-markiert angesehen und entsprechend den vorstehenden, allgemeinen Regeln durch Formel und Namen bezeichnet.
Beispiele:
1. $[^{35}Cl]NaCl$ $[^{35}Cl]$Natrium-chlorid
2. $[^{235}U]UO_2$ $[^{235}U]$Uran-dioxid

7.3.3.2.4 Isotop-abgereicherte Verbindungen

Eine isotop-markierte Verbindung heißt isotop-abgereichert, wenn der Gehalt an Isotopen eines oder mehrerer Elemente vermindert ist, d.h. von einem Nuklid ist weniger vorhanden, als der natürlichen Zusammensetzung entspricht. Eine isotop-

abgereicherte Verbindung wird durch Einfügen der kursiv geschriebenen Silbe *def*
(engl. *deficient*) unmittelbar vor das entsprechende Nuklidsymbol bezeichnet.
Beispiele:
  1. [*def*^{10}B]H$_3$BO$_3$ [*def*^{10}B]Borsäure
  2. [*def*^{235}U]UF$_6$ [*def*^{235}U]Uran-hexafluorid

Anmerkung: Es gibt käuflich zugängliche Produkte, in denen ein oder mehrere
Isotope eines Elements, speziell die Elemente Lithium, Bor, Kohlenstoff, Stick=
stoff, Uran und Edelgase abgereichert sind. Diese Materialien enthalten nicht
das „natürliche Verhältnis" der Isotope; wenn in der wissenschaftlichen Forschung verwendet, sollte dies daher angegeben werden. Darüber hinaus enthalten
andere „natürlich vorkommende" Materialien wie Meteorite Elemente, bei denen
bestimmte Nuklide im Vergleich mit dem sogenannten „natürlichen" Isotopenverhältnis abgereichert sind.

7.3.3.3 Allgemeine Markierung
Eine selektiv-markierte Verbindung heißt allgemein-markiert, wenn alle Atome
eines besonderen Elements isotop-modifiziert sind, aber nicht unbedingt einheitlich. Dies wird im Namen oder in der Formel durch die kursiv geschriebene Silbe
gen unmittelbar vor dem Nuklidsymbol im Nukliddeskriptor angegeben[8].
Beispiele:
  1. [^{13}C]Fe(CO)$_5$, wo jeder Carbonyl-Ligand mit ^{13}C markiert ist, jedoch nicht
     unbedingt einheitlich, kann bezeichnet werden als:
     [*gen*^{13}C]Fe(CO)$_5$ [*gen*^{13}C]Pentacarbonyleisen
  2. [^{190}Os]Os$_6$(CO)$_{18}$, wo jedes Osmiumatom mit ^{190}Os markiert ist, jedoch
     nicht unbedingt einheitlich, kann bezeichnet werden als:
     [*gen*^{190}Os]Os$_6$(CO)$_{18}$ [*gen*^{190}Os]Octadecacarbonylhexaosmium

7.3.3.4 Einheitliche Markierung
Eine selektiv-markierte Verbindung heißt einheitlich-markiert, wenn alle Atome
eines besonderen Elements im gleichen Isotopenverhältnis markiert sind. Dies
wird im Namen oder in der Formel durch die kursiv geschriebene Silbe *unf* unmittelbar vor dem Nuklidsymbol im Nukliddeskriptor angegeben[8].
Beispiele:
  1. [^{13}C]Fe(CO)$_5$, wo das ^{13}C gleichmäßig auf jeden Carbonyl-Liganden verteilt
     ist, kann bezeichnet werden als:
     [*unf*^{13}C]Fe(CO)$_5$ [*unf*^{13}C]Pentacarbonyleisen
  2. [^{190}Os]Os$_6$(CO)$_{18}$, wo das ^{190}Os gleichmäßig auf die sechs Osmium-Atome
     verteilt ist, kann bezeichnet werden als:
     [*unf*^{190}Os]Os$_6$(CO)$_{18}$ [*unf*^{190}Os]Octadecacarbonylhexaosmium

---

[8] Die Regeln für die Nomenklatur isotop-modifizierter organischer Verbindungen [49oo] ver-
     wenden die Symbole G und U für allgemeine bzw. einheitliche Markierung anstelle der hier
     empfohlenen *gen* und *unf*. Die *Commission on Nomenclature of Inorganic Chemistry*
     (CNIC) sprach sich 1977 gegen die Verwendung der Abkürzung U aus.

Der kursiv geschriebenen Silbe *unf* können Lokanten zur Angabe der einheitlichen Markierung an spezifischen Positionen folgen.

3. $[^{32}Si]SiH_2Cl-O-SiH_2-O-SiH_3$, wo das ^{32}Si gleichmäßig nur auf die endständigen Silicium-Atome verteilt ist, kann bezeichnet werden als:

$[unf\text{-}1,5\text{-}^{32}Si]SiH_2Cl-O-SiH_2-O-SiH_3$ 1-Chlor[*unf*-1,5-^{32}Si]Trisiloxan

7.4 Numerierung von isotop-modifizierten Verbindungen

7.4.1   Allgemeine Numerierung

Positionen der Nuklide in einer isotop-modifizierten Verbindung werden, soweit möglich, durch die in der entsprechenden unmodifizierten Verbindung übliche Numerierung von Atomen [49ee] [49ii] [37a] lokalisiert. Die Anordnung der Lokanten in einer isotop-modifizierten Verbindung soll sich nicht von der in der entsprechenden isotop-unmodifizierten Verbindung unterscheiden.

Beispiele:

1.

1,1,1,3,3,3-Hexafluor-2-[($^2H_3$)silyl](2-$^2H_1$)trisilan
nicht
3,3,3-Trifluor-2-[trifluorsilyl](1,1,1,2-$^2H_4$)trisilan

2.

1-Chlor[2,2-$^2H_2$]diboran(6)
nicht 2-Chlor[1,1-$^2H_2$]diboran(6)

3.

2-Chlor[6-^{11}B]boroxin
nicht 6-Chlor[2-^{11}B]boroxin

Anmerkung: Wenn die Benennung nach dem System erfolgt, das auf den Prinzipien des erweiterten BOUGHTON-Systems (siehe Abschnitt 7.1) basiert, werden die niedrigsten Lokanten in einer Stammstruktur, die Angaben über Sättigungsgrad und Hauptgruppen einschließt, vor allen anderen Merkmalen an die Isotop-Position vergeben. Als Präfix genannte Substituenten haben daher manchmal höhere Lokanten, als sie sich nach obiger Regel ergeben.

Beispiel:

$SiH^2H_2–SiH_2–OCH_3$ 2-Methoxydisilan-*1,1-d*$_2$
  1   2

Anmerkung: In diesem Beispiel bedingt das Vorkommen von Deuterium (*d*) am Silicium-Atom, daß dieses den Lokanten 1 erhält [3f].

7.4.2 Priorität zwischen isotop-modifizierten und -unmodifizierten Verbindungen

Bei der Wahl der längsten Kette oder des vorrangigen Ringsystems in einer isotop-modifizierten Verbindung wird diejenige vorgezogen, die die meisten modifizierten Atome oder Gruppen enthält. Falls es weiter verschiedene Möglichkeiten gibt, entscheidet zuerst ein Nuklid höherer Ordnungszahl und dann das Nuklid mit der höheren Massenzahl.

Beispiele:

1. $SiHF_2$
         |
   $SiF_3–SiH–Si[^2H]F_2$ 2-(Difluorsilyl)-1,1,1,3,3-
     1   2   3   pentafluor[3-$^2H_1$]trisilan
                                        nicht 1-(Difluor[$^2H_1$]silyl)1,1,1,3,3-
                                        pentafluortrisilan

2. $O–SiH_2[^2H_1]$
                 |
   $SiH_2Cl–[^{18}O]–SiH–[^{18}O]–SiH_3$ 1-Chlor-3-([$^2H_1$]siloxy)=
     1   2   3   4   5   [2,4-$^{18}O_2$]trisiloxan
                                         nicht 1-Chlor-3-(([$^{18}O_2$]$^2H_1$]=
                                         siloxy)[5-$^2H_1$,2-$^{18}O_2$]trisiloxan

3. $[^{29}Si]H_3$
           |
   $[^2H_3]Si–N–[^{30}Si]H_3$ 2-([^{29}Si]Silyl)[1,1,1-$^2H_3$,3-^{30}Si]disiloxan
     1   2   3   nicht 2-([^{30}Si]Silyl)[1,1,1-$^2H_3$,3-^{29}Si]disiloxan

Wenn in einer isotop-unmodifizierten Verbindung zwischen gleichwertigen Numerierungen gewählt werden kann, werden Ausgangspunkt und Richtung der Numerierung der analogen isotop-modifizierten Verbindung so gewählt, daß die niedrigsten Lokanten die modifizierten Atome oder Gruppen erhalten, geordnet in steigender numerischer Reihenfolge [49m], ohne Rücksicht auf Nuklidtyp und Massenzahl. Wenn es weiter verschiedene Möglichkeiten gibt, entscheidet ein Nuklid mit höherer Ordnungszahl. Im Falle verschiedener Nuklide des gleichen Elements hat das Nuklid mit der höheren Massenzahl den Vorrang.

Beispiele:

1. $N[^2H_2]–[^{15}N]H_2$ [1,1-$^2H_2$,2-^{15}N]Hydrazin
     1   2   nicht [2,2-$^2H_2$,1-^{15}N]Hydrazin

2. $H_3Si-[^{29}Si]H_2-SiH[^2H]-SiH_3$ $[3-^2H_1,2-^{29}Si]$Tetrasilan
$\quad\ \ \underset{1}{}\quad\underset{2}{}\quad\underset{3}{}\quad\underset{4}{}$ nicht $[2-^2H_1,3-^{29}Si]$Tetrasilan

3.

$$H[^{10}B]\underset{O-[^{11}B]H}{\overset{O-O}{\diagdown}}$$

$[5-^{10}B,3-^{11}B]-1,2,4,3,5-$
Trioxadiborolan
nicht $[3-^{10}B,5-^{11}B]-1,2,4,3,5-$
Trioxadiborolan

7.4.3 Lokalisierung der Nuklide an Positionen, die normalerweise nicht durch einen Lokanten bezeichnet sind

Wenn Isotopmodifizierung in einer Struktur an einer Position erfolgt, die normalerweise nicht durch einen Lokanten bezeichnet ist, werden Gruppensymbole oder kursiv gedruckte Präfixe verwendet, um die Position zu bezeichnen.

Beispiel:

1. $HOSO_2[^{35}S]H$ $[^{35}SH]$Thioschwefelsäure
oder [*mercapto*-^{35}S]Thioschwefelsäure[9]

2. $HO_3S[^{18}O-^{18}O]SO_3H$ $[^{18}O-^{18}O]$Peroxodischwefelsäure
oder [*peroxo*-^{18}O]Peroxodischwefelsäure

– Kursiv gesetzte Nuklid- und/oder Elementsymbole können als Lokanten verwendet werden, um zwischen verschiedenen Nukliden des gleichen Elements zu unterscheiden.

Beispiele:

1.
$$\begin{array}{c} ^{18}O \\ \| \\ CH_3-O-P-O-CH_3 \\ | \\ O-CH_3 \end{array}$$

O,O,O-Trimethyl($^{18}O_1$)phosphat

2. $CH_3-[^{18}O]-S(O_2)-S-CH_3$ $^{18}O,S$-Dimethyl[^{18}O]thiosulfat

---

[9]   In *A Guide to IUPAC Nomenclature of Organic Compounds* [53a] wird das Präfix **Sulfanyl** anstelle von **Mercapto** empfohlen.

8 Stereoisomerie

8 Stereoisomerie

8.1 Allgemeines

Im Gegensatz zu organischen Verbindungen, deren Grundlage die Vierbindigkeit des Kohlenstoffatoms ist, sind anorganische Verbindungen komplexer gebaut. Ihre Atome können weniger als vier, aber auch mehr Bindungen ausbilden. Methoden zur Beschreibung dreidimensionaler anorganischer Strukturen haben sich daher langsamer entwickelt.

Bei Koordinationsverbindungen kann Isomerie auf verschiedene Weise auftreten:

a) Gleiche Liganden sind durch verschiedene Atome an das Zentralatom gebunden:
   Donoratomsymbol (siehe Abschnitt 3.3.3.3.8), Kappa-Konvention (siehe Abschnitt 3.3.3.3.9).

b) Die Liganden sind Strukturisomere[1].
   Beispiele:
   $H_2N–CH(CH_3)–CH_2–NH_2$ Propan-1,2-diamin
   $H_3C–NH–CH_2–CH_2–NH_2$ *N*-Methyl-ethylendiamin

c) Zwischen der Koordinationssphäre und der Ionensphäre werden Ionen ausgetauscht.
   Beispiele:
   $[CoSO_4(NH_3)_5]Br$ bzw. $[CoBr(NH_3)_5]SO_4$
   Pentaamminsulfatocobalt(III)-bromid   Pentaamminbromocobalt(III)-sulfat

d) Die geometrische Anordnung von zwei oder mehr Arten von Liganden in der Koordinationssphäre ist verschieden.
   Für Koordinationszahlen (KZ) größer als Eins sind unterschiedliche geometrische Anordnungen der an das Zentralatom gebundenen Atome möglich. Spezies
   – mit der KZ 2 können lineare oder gewinkelte,
   – mit der KZ 3 trigonal-ebene, trigonal-pyramidale,
   – mit der KZ 4 quadratische, quadratisch-pyramidale bzw. tetraedrische Struktur
   haben.
   Einfache geometrische Bezeichnungen sind
   – Präfixe wie *cis*, *trans*, *fac*[2], *mer*[2] (siehe Tabelle 2.6),

---

[1] Strukturisomerie wird durch die unterschiedliche Reihenfolge der Atome in der Kette bedingt.

[2] Die Isomeriebezeichnungen *fac* und *mer* können zwar für allgemeine Diskussionen verwendet werden, sie sind aber für Nomenklaturzwecke nicht mehr erlaubt.

Beispiele:

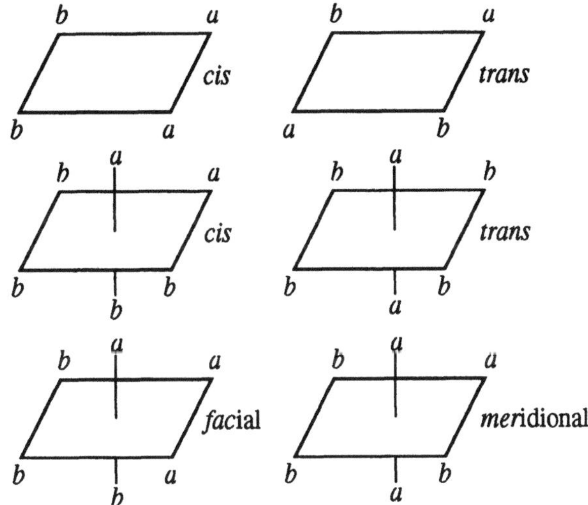

e) Die Anordnung der Liganden in der Koordinationssphäre ist chiral (asymmetrisch).

Beispiel:

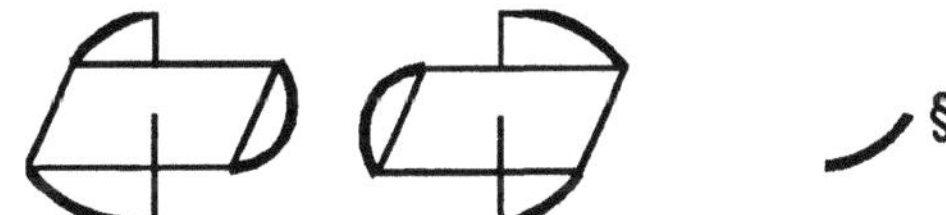

§ bedeutet einen zweizähnigen Liganden, z.B. $H_2N-CH_2-CH_2-NH_2$ (Abkürzung en)

- Symbole Delta (Δ bzw. δ) für eine Rechtshelix, Lambda (Λ bzw. λ) für eine Linkshelix (Abschnitt 8.6.2).
- Chiralitätssymbole *C* und *A* (Abschnitt 8.7).
- Chiralitätssymbole *R* und *S* (Abschnitt 8.6.1).

f) Durch die Koordination wird ein Atom des Liganden asymmetrisch (im Beispiel das mit einem Stern markierte Atom des zweizähnig koordinierten Liganden).

Beispiel:

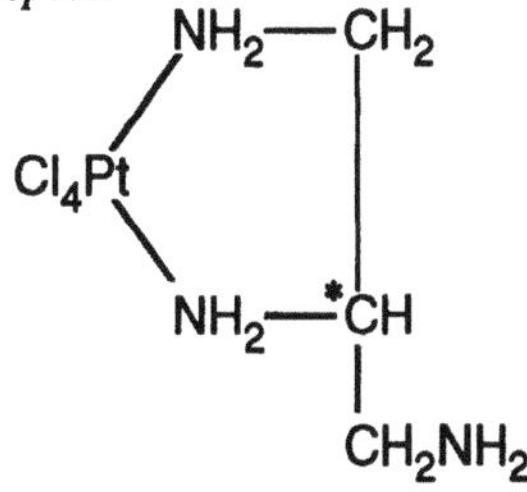

Unkomplizierte Konventionen zur Beschreibung der geometrischen Isomerie anorganischer Verbindungen basieren auf Zahl und räumlicher Anordnung der vom Zentralatom ausgehenden Bindungen, nicht auf deren Art.

Angaben der Beziehung der Seitengruppen zueinander reichten bald nicht mehr aus. Umfassendere Methoden basierten auf der Numerierung der Ecken des Polyeders. Um Verwechslungen mit der Numerierung von Atomen in einem Molekül oder Ion zu vermeiden, wurden kursiv geschriebene lateinische Kleinbuchstaben (bei der Aneinanderreihung sind keine Kommas erforderlich) anstelle früher verwendeter numerischer Lokanten eingeführt. Weil es wegen der vorgeschriebenen Numerierung im Uhrzeigersinn nicht möglich ist, Enantiomere mit gleichen Lokanten aber unterschiedlichen Deskriptoren zu benennen, führte sich diese Methode nicht ein.

Die Unterscheidung der Konfigurationen der Verbindungen mit den Koordinationszahlen 5 und 8 durch Klassensymbole nach MᴄDᴏɴɴᴇʟʟ-Pᴀsᴛᴇʀɴᴀᴋ [71] setzte sich nicht durch. Diese Methoden wurden in den Regeln 1970, Regel 7.5, zusammengefaßt [37], jedoch jetzt – modifiziert – durch die Verwendung der in den CA gebräuchlichen Stereodeskriptoren [3e] (siehe Abschnitt 8.5.3) ersetzt. Das ebene Koordinationspolygon oder der Koordinationspolyeder kann im Namen durch ein Polyedersymbol (siehe Abschnitt 8.2.2) definiert werden.

Enantiomere Strukturen werden durch Verwendung von Chiralitätssymbolen (siehe Abschnitt 8.6) unterschieden.

Für reale Moleküle – sie sind meist Verzerrungen der idealisierten Geometrien – sollten Stereodeskriptoren auf der ähnlichsten idealisierten Geometrie basieren. Es werden keine spezifischen Kriterien für Entscheidungen empfohlen, in einigen Ausnahmefällen sind eindeutige Zuordnungen unmöglich.

8.2   Stereodeskriptoren

8.2.1   Allgemeines

Das von Bʀᴏᴡɴ, Cᴏᴏᴋ und Sʟᴏᴀɴ [15] entwickelte und in der CA-Index-Nomenklatur verwendete Stereonotations-System (siehe Abschnitt 8.7) kann zur Bezeichnung der Stereoisomerie von Seitengruppen um Zentralatome mit den Bindungszahlen 2 bis 9 dienen. Dieses definiert
– die geometrische Anordnung der Seitengruppen um das Zentralatom,
– die relative geometrische Verteilung der Seitengruppen in der Struktur,
– die mit dem Zentralatom sowie
– die mit den Seitengruppen assoziierte Chiralität
durch einen vierteiligen Deskriptor.

Davon verwenden die 1990er Empfehlungen [45]
– das Polyedersymbol für die Gesamtgeometrie,
– den Konfigurationsindex für die Anordnung der Seitengruppen an jeder Achse und Ebene des Polyeders und
– das Chiralitätssymbol für die mit dem Zentralatom assoziierte Chiralität.

Diese drei Teile stehen, durch Bindestriche voneinander getrennt, in runden
Klammern, verbunden durch einen Bindestrich, vor dem Namen der Verbindung.

8.2.2   Polyedersymbol

Tabelle 8.1   Polyedersymbole[a) b)] für die Koordinationszahlen 2 bis 9

Koordinationspolyeder	Koordinationszahl	Polyedersymbol
Linie	2	*L-2*
Winkel	2	*A-2*
trigonale Ebene	3	*TP-3*
trigonale Pyramide	3	*TPY-3*
Tetraeder	4	*T-4*
quadratische Ebene	4	*SP-4*
quadratische Pyramide	4	*SPY-4*
trigonale Bipyramide	5	*TBPY-5*
quadratische Pyramide	5	*SPY-5*
Oktaeder	6	*OC-6*
trigonales Prisma	6	*TPR-6*
pentagonale Bipyramide	7	*PBPY-7*
Oktaeder, eine Fläche überdacht	7	*OCF-7*
trigonales Prisma, eine rechteckige Fläche überdacht	7	*TPRS-7*
Würfel	8	*CU-8*
quadratisches Antiprisma	8	*SAPR-8*
Dodekaeder	8	*DD-8*
hexagonale Bipyramide	8	*HBPY-8*
Oktaeder, zwei *trans*-angeordnete Flächen überdacht	8	*OCT-8*
trigonales Prisma, beide Dreiecksflächen überdacht	8	*TPRT-8*
trigonales Prisma, zwei rechteckige Flächen überdacht	8	*TPRS-8*
trigonales Prisma, alle rechteckigen Flächen überdacht	9	*TPRS-9*
heptagonale Bipyramide	9	*HBPY-9*

[a)]   Nicht alle Geometrien können durch Polyeder wiedergegeben werden.

[b)]   Im Deutschen haben sich die Begriffe „zweifach überdacht", „dreifach überdacht" usw. für
engl. „bicapped", „tricapped" usw. noch nicht eingebürgert.

Das Polyedersymbol bezeichnet die geometrische Anordnung der koordinierenden
Atome um das Zentralatom und muß vor jeder anderen möglichen stereoisomeren
Angabe zugewiesen werden. Es besteht aus
- einem oder mehreren kursiv geschriebenen Großbuchstaben, die sich von den
  üblichen geometrischen Bezeichnungen ableiten und die die idealisierte Geometrie der Liganden um das Koordinationszentrum angeben, sowie,

– nach einem Bindestrich, der Koordinationszahl des Zentralatoms in arabischen Ziffern.

Es steht in runden Klammern, und vom Namen durch einen Bindestrich getrennt. Die Polyedersymbole der häufigsten Koordinationspolygone bzw. -polyeder für die Koordinationszahlen 2 bis 9 werden in Tabelle 8.1 angegeben.

8.3 Konfigurationsindex

8.3.1 Definition des Indexes und Zuordnung von Prioritätszahlen zu koordinierenden Atomen

Für die eindeutige Vergabe eines Stereodeskriptors an Verbindungen mit identischen Seitengruppen der gleichen Prioritätszahl ist als zusätzliche Konvention die „*trans*-Maximaldifferenz" für die Bindungszahlen 4 bis 6 eingeführt worden. Priorität hat danach das zum rangniedrigsten Atom *trans*-ständige bindende Atom, z.B. im oktaedrischen $Ma_2b_2c_2$ mit der Rangfolge a >[3] b > c sind die Prioritätszahlenfolge 1, 1, 2, 2, 3 und 3. Die ranghöchste Seitengruppe an der Achse ist a gegenüber von c, nicht a gegenüber von b und der Deskriptor ist (*OC*-6-32)- und nicht (*OC*-6-23)-.

Nach Bildung des Deskriptors für die allgemeine Geometrie der Koordinationsverbindung müssen die einzelnen Positionen der Koordination definiert werden. Der Konfigurationsindex ist eine Zahlenfolge (Prioritätszahlen) für die Lokalisierung der koordinierenden Atome der Seitenketten an den Ecken des Koordinationspolyeders. Die Ziffern werden durch die CIP-Sequenzregel [17] [77] für die koordinierenden Atome festgelegt.

Der Konfigurationsindex steht hinter dem Polyedersymbol, von diesem durch einen Bindestrich getrennt, beide zusammen in runden[3a] Klammern (Beispiele siehe Abschnitt 8.4).

Die Prioritätszahlen werden den koordinierenden Atomen einer einkernigen Koordinationseinheit
– ausgehend vom Chiralitätszentrum
– an den Verzweigungsstellen der Liganden
– entlang den aufeinanderfolgenden Bindungen eines jeden Liganden zugeordnet.

Beim Vergleich werden jedesmal nach dem Zurücklegen von je einer Bindung die folgenden CIP-Unterregeln angewendet, und zwar jede weitere nur dann, wenn die erschöpfende Anwendung der vorhergehenden keine Entscheidung ermöglicht hat. Vorrang hat:

(0) Das nähere Ende einer Achse bzw. die nähere Seite einer Ebene vor dem ferneren Ende bzw. der ferneren Seite.

(1) Die höhere Ordnungszahl von Atomen vor der niedrigeren.

(2) Die höhere Massenzahl von Atomen vor der niedrigeren.

---

[3]   > bedeutet „ranghöher als".

[3a]   In den englischen Recommendations wird an dieser Stelle auf die Verwendung eckiger Klammern hingewiesen. Dies widerspricht den Regeln über die Verwendung von Klammern [s.d. I-2.2.3.2(e)].

Die nach (2) folgenden CIP-Unterregeln werden für die vorliegenden Belange nicht benötigt.

Die Unterregel (0) für einkernige Koordinationseinheiten wird im folgenden Beispiel demonstriert.

Das koordinierende Atom mit der höchsten Priorität wird durch die Prioritätszahl 1 angegeben, das koordinierende Atom mit nächstfolgender Priorität durch 2 usw.

Beispiel:

1.

CIP-Unterregel (1):
Höhere Ordnungszahl vor niedrigerer.
Prioritätsfolge:
$Br >^{3)} Cl > PPh_3, PPh_3 > NMe_3 > CO$
Prioritätszahlenfolge:
$1 > 2 > 3, 3 > 4 > 5$

8.3.2 Unterscheidung von koordinierenden Atomen mit gleichen Prioritätszahlen

Bei der Zuordnung des Stereodeskriptors an Strukturen mit identischen Seitengruppen in einer einkernigen Koordinationseinheit können bei Anwendung der CIP-Sequenzregel (siehe Abschnitt 8.3.1) mehrere koordinierende Atome dieselbe Prioritätszahl bekommen. Um ein derartiges Koordinationssystem mit diesen Prioritätszahlen exakt zu beschreiben, kann eine zusätzliche Konvention angewendet werden, „*trans*-Maximaldifferenz der Prioritätszahlen" genannt (Abschnitt 8.3.2.1).

8.3.2.1 *trans*-Maximaldifferenz der Prioritätszahlen (Koordinationszahlen 4, 5 und 6)

Nach der Konvention der „*trans*-Maximaldifferenz" ist dasjenige koordinierende Atom bevorzugt, das sich auf einer strukturellen Achse *trans* zum koordinierenden Atom höchster Priorität befindet. Diese sowie die Strichkonvention für Chelatliganden (Abschnitt 8.5.3.2) führt zu eineindeutigen Konfigurationsindizes, die für die Koordinationszahlen 4, 5 und 6 aus nicht mehr als drei Ziffern bestehen. Die Konventionen sind in den folgenden Beispielen diskutiert.

8.4. Konfigurationsindizes für ausgewählte Geometrien

8.4.1 Quadratisch-ebenes Koordinationssystem (*SP*-4)

Der Konfigurationsindex ist eine einzelne Ziffer, die die Prioritätszahl für dasjenige koordinierende Atom angibt, das *trans* zum koordinierenden Atom der Prioritätszahl **1** angeordnet ist[4].

Beispiele:

1.

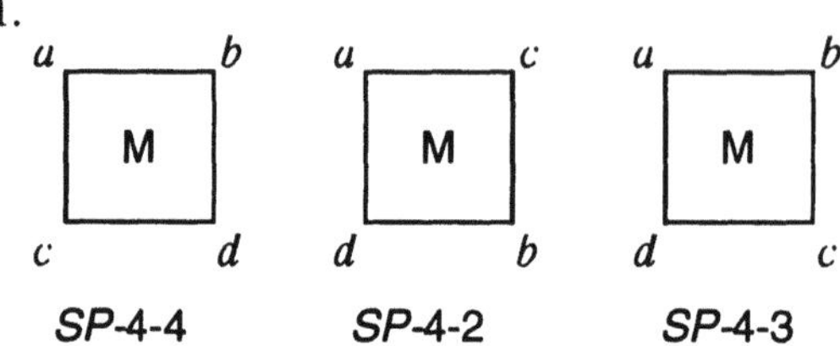

SP-4-4　　　　SP-4-2　　　　SP-4-3

Prioritätsfolge: a > b > c > d
Prioritätszahlen-Folge: 1 < 2 < 3 < 4

2.

(*SP*-4-3)-(Acetonitril)=
dichloro(pyridin)platin(II)[5]

8.4.2 Oktaedrisches Koordinationssystem (*OC*-6)

Der Konfigurationsindex besteht aus zwei Ziffern:

– 1. Die Prioritätszahl des koordinierenden Atoms, das sich *trans* zum koordinierenden Atom der Prioritätszahl **1** befindet. Die beiden Atome definieren die Bezugsachse des Oktaeders.

– 2. Die Prioritätszahl des koordinierenden Atoms in der Ebene senkrecht zur Bezugsachse, das *trans* zum koordinierenden Atom mit der niedrigsten Prioritätszahl angeordnet ist.

---

[4] Die *cis-trans*-Terminologie alleine ist nicht zur Unterscheidung der drei Isomere einer quadratisch-ebenen Koordinationseinheit [Mabcd] geeignet.

[5] Für dieses Beispiel genügt die *cis-trans*-Terminologie.

Beispiele:

1.

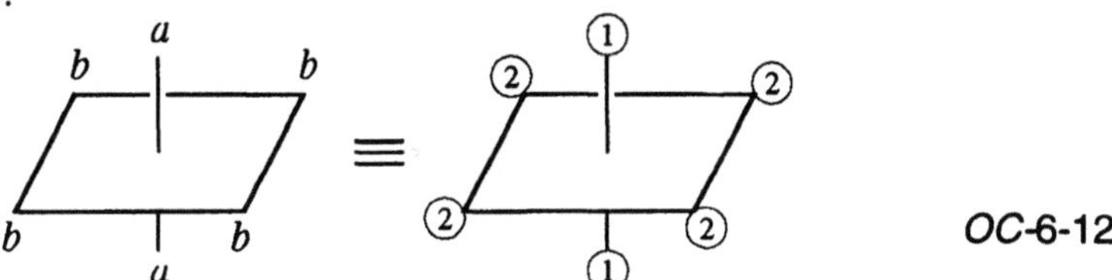

OC-6-12

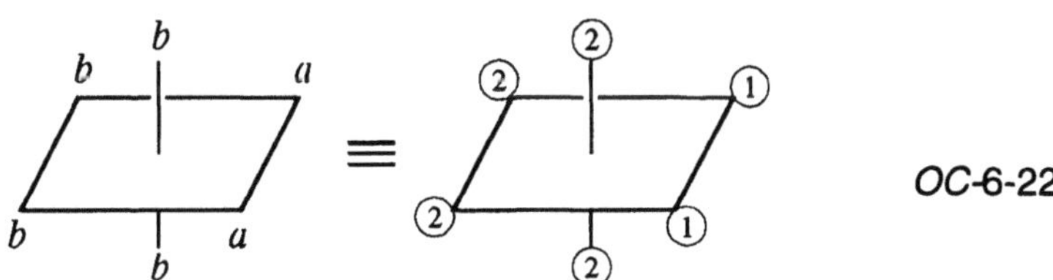

OC-6-22

2a.   2b.

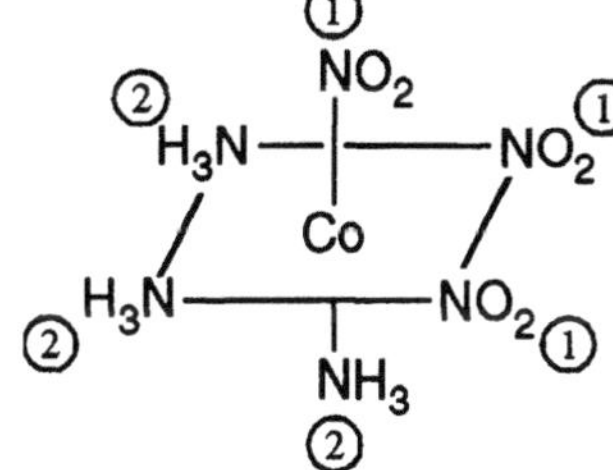

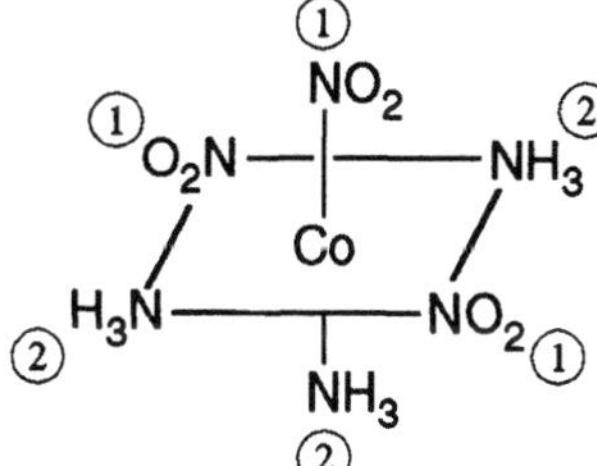

(*OC*-6-22)-Triammin=
  trinitrocobalt(III)
  (früher *fac*-Isomer)[2)]

(*OC*-6-21)-Triammin=
  trinitrocobalt(III)
  (früher *mer*-Isomer)[2)]

8.4.3   Quadratisch-pyramidales Koordinationssystem (*SPY*-5)

Der Konfigurationsindex besteht aus zwei Ziffern:

1. der Prioritätszahl des koordinierenden Atoms der C_4-Symmetrieachse der idealisierten Pyramide.

2. der Prioritätszahl des koordinierenden Atoms *trans* zum koordinierenden Atom mit der niedrigsten Prioritätszahl in der Ebene senkrecht zur C_4-Symmetrieachse.

Beispiele:

1.

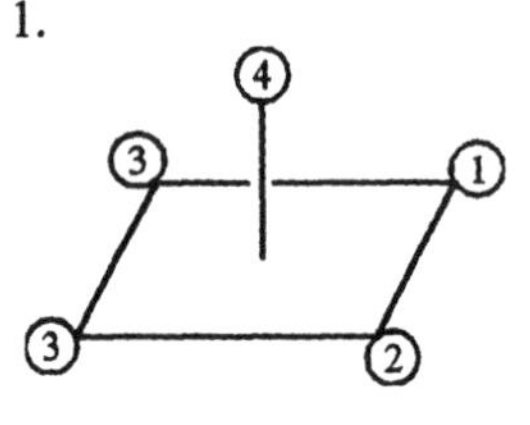

2.

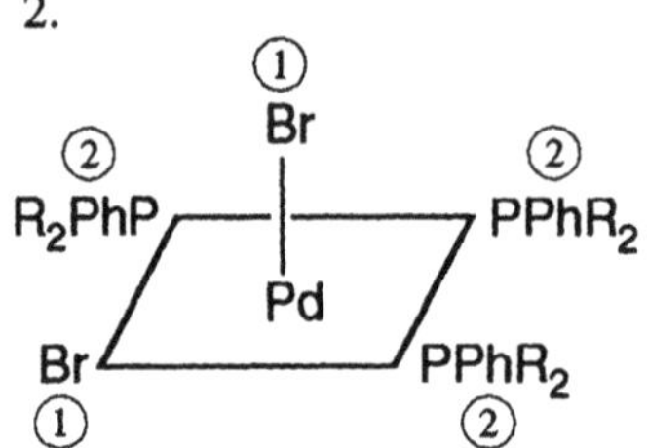

(*SPY*-5-43)

(*SPY*-5-12)-Dibromotris[di(*tert*-butyl)=
phenylphosphan]palladium

8.4.4 Bipyramidale Koordinationssysteme (*TBPY*-5, *PBPY*-7, *HBPY*-8 und *HBPY*-9)

Der Konfigurationsindex besteht aus zwei durch einen Bindestrich getrennten Teilen.

– Der erste Teil hat zwei Ziffern, und zwar die Prioritätszahlen der koordinierenden Atome der höchstmöglichen Rotationsymmetrieachse (der Bezugsachse). Die niedrigere Zahl wird zuerst genannt.

– Der zweite Teil besteht aus den Prioritätszahlen der koordinierenden Atome in der Ebene senkrecht zur Bezugsachse. (Für die trigonale Bipyramide ist dieser Teil des Konfigurationsindexes nicht notwendig und wird deshalb weggelassen.)

– Die erste Ziffer ist die Prioritätszahl für das bevorzugte koordinierende Atom, d.h. das mit der niedrigsten Prioritätszahl in der Ebene.

– Die restlichen Prioritätszahlen der Atome in dieser Ebene werden nacheinander (im Uhrzeigersinn oder umgekehrt) angegeben, so daß die niedrigste Ziffernfolge (siehe Abschnitt 8.3.1) resultiert.

Beispiele:

1. Trigonale Bipyramide (*TBPY*-5)[5a]

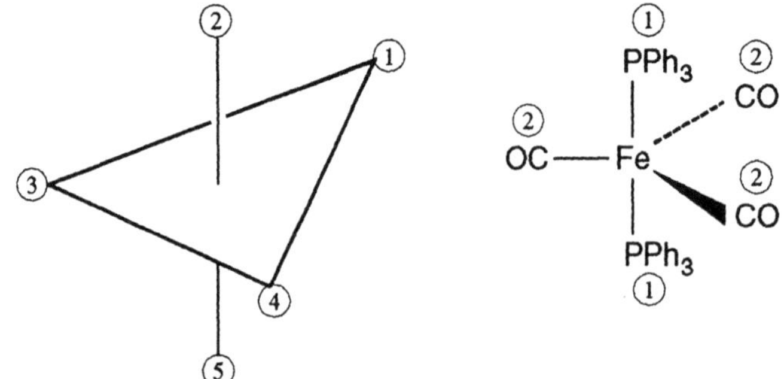

TBPY-5-25

(*TBPY*-5-11)-Tricarbonyl=
bis(triphenylphosphan)eisen

[5a] Für trigonale Bipyramiden ist der 2. Teil des Konfigurationsindex überflüssig.

2. Pentagonale Bipyramide (*PBPY-7*)

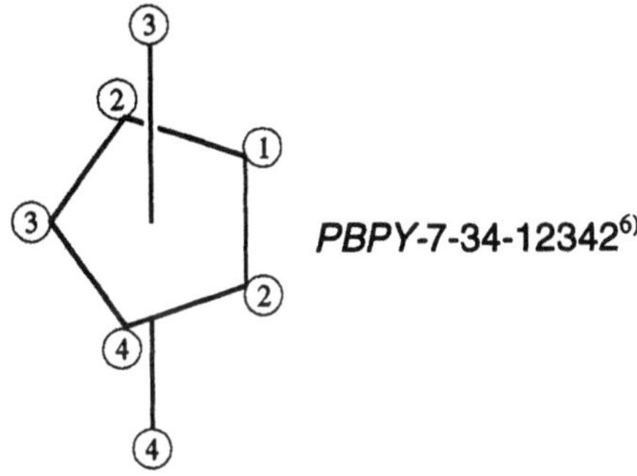

PBPY-7-34-12342[6)]

8.5 Bezeichnung der koordinierenden Atome eines mehrzähnigen Liganden

8.5.1 Die Kappa-Konvention (siehe Abschnitt 3.3.3.3.9)

Da die Liganden und deren Namen immer komplizierter werden, wurde ein allgemein anwendbares System nötig. Danach wird den kursiv geschriebenen Atomsymbolen der koordinierenden Atome der griechische Buchstabe κ vorangestellt.

8.5.2 Donoratomsymbol als Kennzeichnung (siehe Abschnitt 3.3.3.3.8)

Die Bestimmung der Prioritätszahlen entspricht Abschnitt 8.3.1. Bei äquivalenten mehrzähnigen Seitengruppen werden diese durch Apostrophe unterschieden.

Ein mehrzähniger Ligand hat mehr als eine Donorstelle, von denen einige oder alle an der Koordination beteiligt sein können. Daraus ergeben sich zusätzliche Probleme bei der Beschreibung der Stereoisomerie. In der bisherigen Praxis wurden die Donoren des Liganden durch Anfügen der kursivgeschriebenen Elementsymbole für die am Zentralatom koordinierten Atome gekennzeichnet.

8.5.3 Stereodeskriptoren für Chelatkomplexe

8.5.3.1 Allgemeines

Für die Bezeichnung der Chiralität einer Struktur wurden drei unterschiedliche Sätze von Symbolen vorgeschlagen. Obwohl alle diese Symbole die gleiche Information enthaltem (*R, C,* Δ = *right-handed* oder „im Uhrzeigersinn", *S, A,* Λ = *left-handed* oder „gegen den Uhrzeigersinn"), sind die Prinzipien für die Definition von *right-handed* oder *left-handed* für jeden Symbolsatz verschieden, d.h es gibt keine exakte Übersetzung von *R* zu *C* und von *C* zu Δ.

Die Symbole *R* und *S* werden für Elemente mit tetraedrischem Bindungsmuster verwendet wie für organische Kohlenstoffzentren [17]. Für die Zuordnung der Symbole wird das Molekül von der Seite aus betrachtet, die dem Liganden mit dem niedrigsten Rang gegenüber steht (Ligand d). Es wird der Weg von a zu b zu

---

[6)] Die Serie **12342** ist lexikographisch niedriger als **12432**.

c verfolgt. Verläuft dieser im Uhrzeigersinn (Abb. 8.1), dann wird dies durch *R* (lat. **rectus** = rechts), im entgegengesetzten Fall (Abb. 8.2) durch *S* (lat. sinister = links) angegeben.

Abb. 8.1 Zuordnung des Symbols *R*   **Abb. 8.2** Zuordnung des Symbols *S*

Die gleichen Deskriptoren werden für chirale Zentren mit einer Bindungszahl 3 mit sog. pyramidaler Struktur verwendet. Die Pyramide ist so orientiert, daß die Basisfläche zum Betrachter mit dem Zentralatom dahinter zeigt.

Die Chiralität von oktaedrischen Spezies mit zwei zweizähnigen Seitengruppen in *cis*-Beziehung wird durch Δ oder Λ bezeichnet, Deskriptoren, die zu rechts- oder linksdrehenden Helizes in Beziehung stehen.

Die Chiralitätssymbole für die absolute Stereoisomerie aller anderen anorganischen Strukturen sind *C* (engl. *clockwise*) für „im Uhrzeigersinn" bzw. *A* (engl. *anticlockwise*) für „entgegen dem Uhrzeigersinn".

Die Ableitung von Stereodeskriptoren für Verbindungen mit Chelatliganden erfordert Überlegungen, die über die oben (Abschnitt 8.2.1) für Komplexe mit einzähnigen Liganden beschriebenen hinausgehen.

Das Polyedersymbol wird wie im Fall von Derivaten einzähniger Liganden (Abschnitt 8.2.2) bestimmt.

Die Prioritätszahlen werden den koordinierenden Atomen ebenfalls wie bei einzähnigen Liganden zugeordnet (Abschnitt 8.3.1).

Müssen zwei oder mehr gleichwertige mehrzähnige Liganden unterschieden werden, werden ihre Prioritätszahlen apostrophiert. Im Falle symmetrischer vier-, fünf- und sechszähniger Liganden, kann der mehrzähnige Ligand auf Gruppierungen gleichwertiger zwei- oder dreizähniger Liganden reduziert werden, indem die Prioritätszahlen gleichwertiger koordinierender Atome in einer Ligandenhälfte apostrophiert werden. Dabei gilt die Rangfolge 1 > 1' > 1" > 2 . . .

Im folgenden Beispiel werden die koordinierenden O-Atome des zweizähnigen Liganden apostrophiert. Das trigonale Prisma wird von einem Punkt auf der dreizähligen Achse in Richtung einer der identischen dreiwinkligen Flächen betrachtet. Ein koordinierendes O-Atom jedes Liganden verdeckt das andere koordinierende O-Atom desselben Liganden. Die Projektionsrichtung ist vom ranghöheren koordinierenden O-Atom zum O'-Atom. Das verdeckte Atom hat keinen Einfluß auf die Richtungswahl, es ergibt sich keine Chiralität.

In der Projektion sind nur Zentralatom und koordinierende Atome gezeigt. Die koordinierenden Atome der drei zweizähnigen Liganden werden durch Apostrophe unterschieden.

Beispiel:

$(TPR\text{-}6\text{-}11'1'')$-
Tris[(2,2'-
oxydiacetato)(2–)-
$O^1,O^{1'}$]holmat(3–)

Im folgenden quadratischen Antiprisma ist die Rangfolge O > O*. Es wird von einem Punkt der vierzähligen Achse in Richtung auf die Ebene aus den vier O-Atomen betrachtet, die von ihren entsprechenden O*-Atomen durch Apostrophe unterschieden werden. Die Reihenfolge der Prioritätszahlen verläuft im Uhrzeigersinn vom ranghöchsten O-Atom in der oberen Ebene zum O*-Atom, das ranghöher als O*'''' ist. Die Chiralität wird durch das Symbol *C* bezeichnet (siehe Abschnitt 8.7.2)

In der Projektion sind nur Zentralatom und koordinierende Atome gezeigt. O ist das O-Atom am C neben C_6H_5; O* ist das O-Atom am C neben CH_3.

Beispiel:

$(SAPR\text{-}8\text{-}121'2'1''2''1'''2'''\text{-}C)$-
Tetrakis(1-phenylbutan-1,3-
dionato-O,O')europat(1–)

Eine allgemeine Behandlung der Zuordnung des Konfigurationsindexes erfordert jedoch die Anwendung von Strichkonventionen, wenn das Vorgehen völlig systematisch sein soll.

8.5.3.2 Strichkonvention

Bis(dreizähnige) Komplexe kommen in drei diastereomeren Formen vor, an denen die Zweckmäßigkeit einer Strichkonvention erläutert werden soll. Diese Isomere sind nachstehend mit ihren Polyedersymbolen angegeben. In den Beispielen 1, 2 und 3 sind die beiden Liganden gleich und es werden die Prioritätszahlen ihrer koordinierenden Atome angegeben.

Beispiele:

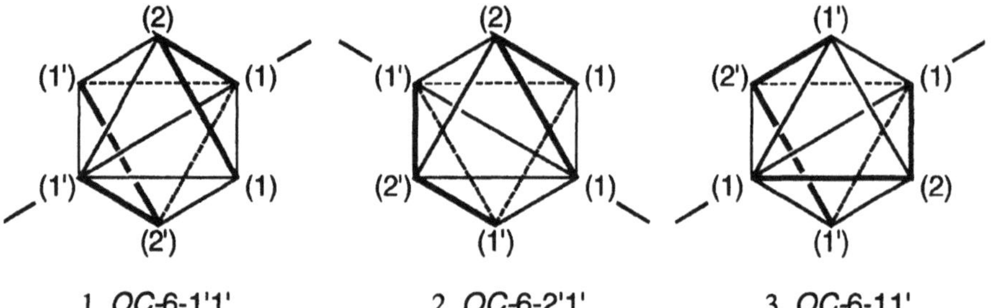

Die Prioritätszahlen der koordinierenden Atome eines der Liganden werden willkürlich apostrophiert. Im hier beschriebenen Verfahren ist die gestrichelte Zahl der entsprechenden ungestrichelten Zahl untergeordnet, hat aber eine höhere Priorität als die nächsthöhere ungestrichelte Zahl. So hat 1' eine niedrigere Priorität als 1, aber eine höhere als 2. Man beachte den Unterschied zwischen den Isomeren *OC*-6-1'1' und *OC*-6-11'. Dieses Verfahren unterscheidet auch zwischen Diastereomeren von Komplexen mit Liganden, die noch mehr koordinierende Atome haben. Beispiele für solche Liganden sind N,N'-Bis(2-amino-ethyl)ethan-1,2-diamin, meist Triethylentetramin genannt, und 2,2'-[Ethan-1,2-diylbis(nitrilo=methylidin)]diphenol.

8.6   Chiralitätssymbole

Es gibt zwei eingeführte und oft verwendete, aber grundlegend unterschiedliche Systeme für Chiralitätssymbole:
– die Konvention für chirale Kohlenstoffatome und tetraedrische Heteroatom-Zentren (*R* und *S*) und
– die Konvention der „windschiefen Geraden" (engl. *skew line convention*).

8.6.1   Symbole *R* und *S*

Die Konvention für chirale Kohlenstoffatome und tetraedrische Heteroatom-Zentren ist von der chemischen Konstitution der Verbindung abhängig [49mm] und verwendet die in Abschnitt 8.3.1 zitierte Prioritätsfolge. Die Chiralität *R* wird zugeordnet, wenn die Werte der Prioritätszahlen im Uhrzeigersinn abnehmen; dabei blickt der Betrachter in Richtung des Vektors vom zentralen Kohlenstoffatom zum Liganden niedrigster Priorität, wie in Beispiel 1 angegeben. Die Gegenrichtung führt zu *S* (Beispiel 2).

Beispiele:

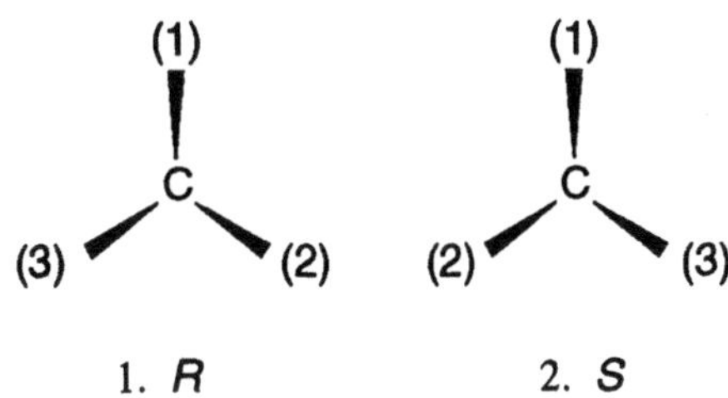

1. *R*   2. *S*

Dieses System ist auch auf Koordinationsverbindungen anwendbar und wird zumeist für Verbindungen mit chiralen Liganden verwendet. Aber es kann auch auf Metallzentren angewendet werden und hat sich bei pseudotetraedrischen Organometallkomplexen bewährt, wenn z.B. Cyclopentadienyl-Liganden so behandelt werden, als wären sie einzähnige Liganden hoher Priorität.

Beispiel:

3.

T-4-S

8.6.2   Konvention der „windschiefen Geraden" für oktaedrische Komplexe

8.6.2.1 Allgemeines

Die Konvention der windschiefen Geraden wird auf oktaedrische Komplexe angewendet. Tris(zweizähnige) Komplexe bilden eine allgemeine Familie von Strukturen, für die eine brauchbare unzweideutige Konvention entwickelt wurde, welche auf der Orientierung von windschiefen Geraden basiert, die eine Helix bilden. Die Beispiele 1 und 2 geben die *delta*- und die *lambda*-Form eines derartigen Komplexes wieder, z.B. $[Co(H_2NCH_2CH_2NH_2)_3]^{3+}$. Die Regeln definieren die Chiralität von zwei weiteren Strukturfamilien. Dies sind die *cis*-bis(zweizähnigen) oktaedrischen Strukturen und die Konformationen mancher

Chelatringe. Bei Anwendung dieses Systems auf Komplexe mit Liganden, die sehr viel mehr koordinierende Atome aufweisen, sind zusätzliche Regeln erforderlich. *Beispiele*:

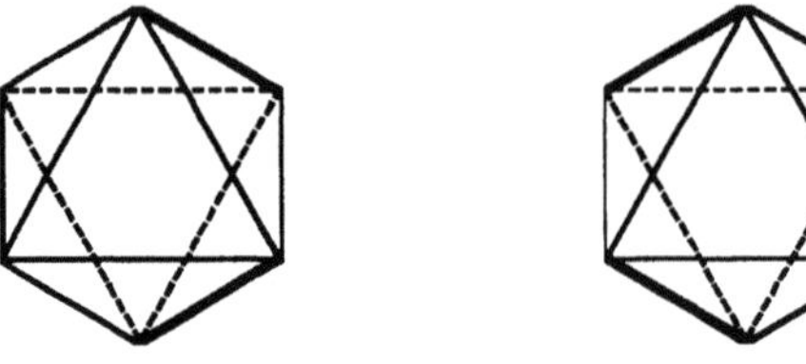

1. *delta*   2. *lambda*

8.6.2.2 Grundprinzip der Konvention

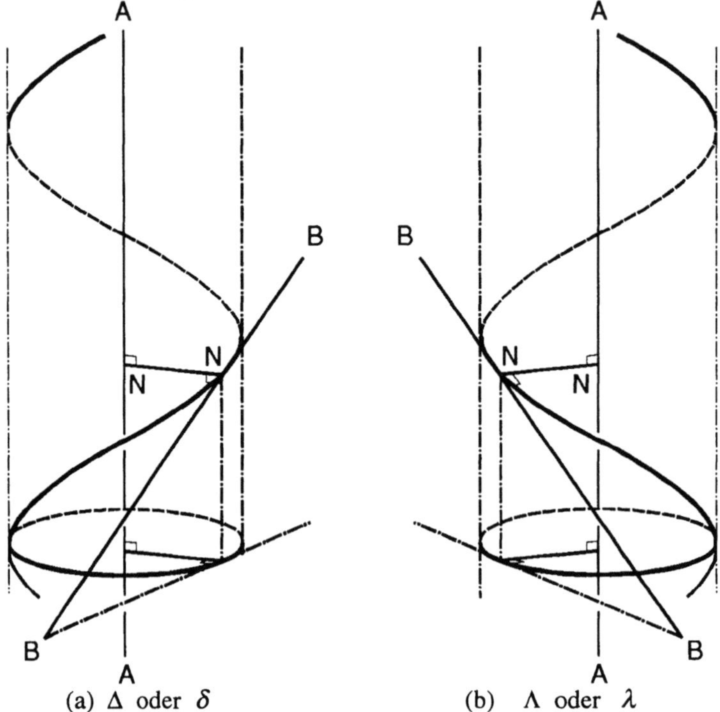

Abb. 8.3 Zwei windschiefe Geraden AA und BB, die nicht orthogonal zueinander angeordnet sind, definieren eine Helix. In der Abbildung ist AA die Achse eines Zylinders, dessen Radius durch die den beiden windschiefen Geraden gemeinsame Normale NN bestimmt ist. Die Gerade BB ist eine Tangente am Zylinder im Schnittpunkt mit NN. Sie definiert eine Helix auf dem Zylinder. (a) stellt eine Rechtshelix dar, der der griechische Buchstabe Delta zugeordnet wird; dabei bezieht sich Δ auf die Konfiguration und δ auf die Konformation, (b) eine Linkshelix, der der griech. Buchstabe Lambda (Λ für die Konfiguration, λ für die Konformation) zugeordnet wird.

Zwei windschiefe Geraden, die nicht orthogonal zueinander angeordnet sind, haben die Eigenschaft, daß sie nur eine gemeinsame Senkrechte besitzen. Sie definieren ein helikales System, wie es in den Abbildungen 8.3 und 8.4 dargestellt ist.

(a) Δ oder δ   (b) Λ oder λ

Abb. 8.4 Die Abbildung zeigt Paare von nicht orthogonalen windschiefen Geraden in der Projektion auf eine Ebene parallel zu beiden Geraden. Die ausgezogene Linie BB liegt über der Zeichenebene, die gestrichelte Linie AA darunter. Teil (a) entspricht (a) von Abbildung 8.3 und definiert eine Rechtshelix, der der griechische Buchstabe Delta zugeordnet wird; dabei bezieht sich Δ auf die Konfiguration und δ auf die Konformation. Teil (b) entspricht (b) von Abbildung 8.3 und definiert eine Linkshelix, der der griechische Buchstabe Lambda (Λ für die Konfiguration, λ für die Konformation) zugeordnet wird.

Im Hinblick auf die Symmetrie in der Darstellung der beiden windschiefen Geraden ist die Chiralität der Helix unabhängig davon, ob AA oder BB als Achse des Zylinders gewählt wird. Wenn eine der Linien bezüglich der anderen um NN rotiert wird, erfolgt Inversion, sobald die Linien parallel oder senkrecht zueinander angeordnet sind (Abb. 8.3).

8.7 Auf der Rangfolge basierende Chiralitätssymbole

8.7.1 Allgemeines

Die in Abschnitt 8.6.1 beschriebenen Prinzipien können auf andere als oktaedrische Geometrien übertragen werden [15b]. Selbstverständlich müssen die Regeln nicht geändert werden, wenn tetraedrische Metallkomplexe behandelt werden sollen. Bei anderen Koordinationspolyedern werden aber zur Vermeidung von Verwechslungen und zur Betonung der speziellen Aspekte des Prioritätsfolgensystems die Symbole *R* und *S* durch die Symbole *C* und *A* ersetzt.

8.7.2 Chiralitätsymbole für trigonal-bipyramidale Strukturen

Die Struktur wird so orientiert, daß der Betrachter auf die Hauptachse blickt, wobei der Ligand höherer Priorität zum Betrachter zeigt; folglich liegt der axiale Ligand niedrigerer Priorität hinter dem Zentralatom. Wenn die Sequenz der drei in der trigonalen Ebene liegenden koordinierenden Atome von der höheren zur niedrigeren Priorität im Uhrzeigersinn verläuft, dann wird das Chiralitätssymbol *C* zugeordnet, anderenfalls das Symbol *A*.

Beispiele:

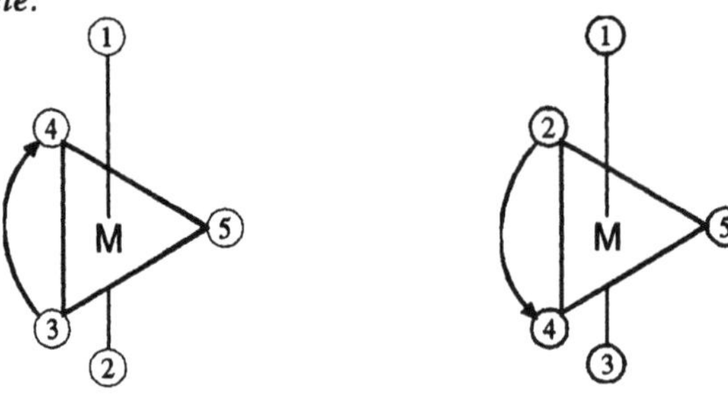

1. Chiralitätssymbol = *C*   2. Chiralitätssymbol = *A*

8.7.3   Chiralitätssymbole für andere bipyramidale Strukturen

Die Prozedur, die für trigonale Bipyramiden verwendet wird, ist auch für andere
bipyramidale Strukturen anwendbar. Eine zusätzliche Komplikation ist die notwendige Feststellung der lexikographisch niedrigsten Sequenz in der senkrecht zur
Hauptachse angeordneten Ebene. Diese Sequenz ist diejenige mit der niedrigeren
Ziffer am Punkt der ersten Unterscheidung beim Vergleich Ziffer für Ziffer von
einem Ende zum anderen (siehe Abschnitt 8.4.4). Die Verbindung in Beispiel 1
erhält den Stereodeskriptor *PBPY-7-12-11'1'33-A*.

Beispiel:

1.

9 Ketten und Ringe

K) Namen für Ketten und Ringe: $E_qH_pE'_{q'}H_{p'}...E''_{q''}H_{p''}$ bzw.

$$\overline{E_qH_pE'_{q'}H_{p'}...E''_{q''}H_{p''}}$$

---

a) Homogene Ketten: $E_qH_p = E'_{q'}H_{p'} = ...E''_{q''}H_{p''}$
  Lokanten[a] für Wasserstoffatome + vervielfachendes Präfix
   für die Anzahl der Wasserstoffatome + **hydrido-** + vervielfachendes Präfix
    für die Anzahl der **E** + y-Term für **E** + - + **[*n*]catena**[b]
Beispiel: HS–S–S–SH   1,4-Dihydridotetrasulfy-[4]catena

b) Inhomogene Ketten: $E_qH_p \neq E'_{q'}H_{p'} \neq ...E''_{q''}H_{p''}$ [c]
b₁) E = E' = ...E'', davon einige Elemente mit Nichtstandard-Bindungszahl
 Name nach **a**)
Beispiel: $HS–SH_2–SH_4–SH_4–SH$
 1,2,2,2,2,3,3,3,3,5,5,6-Dodecahydridopentasulfy-[5]catena

b₂) $E_q \neq E'_{q'} \neq ...E''_{q''}$ [c]:
Lokanten[a] für Wasserstoffatome + vervielfachendes Präfix
  für die Anzahl der Wasserstoffatome + **hydrido-** + Lokant(en)[a] für **E**
   + vervielfachendes Präfix für **q** + y-Term für **E-** + Lokant(en)[a] für **E'**
    + vervielfachendes Präfix für **q'** + y-Term für **E'-** + Lokant für **E***
     + y-Term für **E***[c] + (ST)- + ... + Lokant(en)[a] für **E''**
      + vervielfachendes Präfix für **q''** + y-Term für **E''** + ... + **[*n*]catena**[b]
Beispiel: $HO–S–O–Se–O–SH_4–OH$
 1,2,2,2,2,7-Hexahydrido-1,3,5,7-tetraoxy-4-seleny-2,6-disulfy-[7]catena

c) Verzweigte Ketten
 Benennung der Seitenketten einschließlich der Wasserstoffatome als Liganden
 (**L**)[d] nach Tafel **F**):
c₁)
  Lokanten[a] für **L** + - + vervielfachende Präfixe für die Anzahl der **L**
    + Name für **L** nach **F**) + - + Name nach **a**) bzw. **b**)
Beispiel: $HO–As(OH)O–CH_2–CH_2–NH–NH–CO–NH–NH_2$
 1,3,3,4,4,5,6,8,9,9-Decahydrido-2-hydroxo-2,7-dioxo-
     5,6,8,9-tetraazy-2-arsy-3,4,7,-tricarby-1-oxy-[9]catena

c₂) einige metallische Elemente (**E***) der Hauptkette mit höherer Oxidationszahl:
Lokanten[a] für **L** + - + vervielfachende Präfixe für die Anzahl der **L**
 + Name für **L** nach **F**) + - + Lokanten[a] für **E*** + y-Term für **E*** + (ST),
 + ... + Name nach **a**) bzw. **b**)

Beispiel:

$$H_3C-NH_2-Pt-Cl$$

with Br above Pt and NH_3 below Pt.

2-Ammin-2-bromo-3,3,4,4,4-hydrido-4-
carby-3-azy-1-chlory-2-platiny(II)-[4]catena

d) Monocyclische Verbindungen

Lokanten[a] für **Wasserstoffatome**

+ vervielfachendes Präfix für die Anzahl der **Wasserstoffatome**

+ **hydrido-** + Lokanten für **L** + - + vervielfachende Präfixe für **L**

+ Name für **L** nach **F**) + - + Lokanten für Skelettatome + -

+ vervielfachende Präfixe für Skelettatome + -

+ y-Terme für Skelettatome + - + **[0*n*]**[b] + **cyclus**

Beispiel:

3-Hydrido-2,4,4,6,6-pentamethyl-5-trifluoracetyl-2-trifluormethyl-
3,5-diazy-2-carby-1-oxy-4,6-disily-[06]cyclus

e) Kationen

Name entsprechend **a**) bis **d**) + **catenium(EB)** bzw. **cyclium(EB)**

anstelle von catena bzw. cyclus

Beispiel:

$$HO-S-O-Se-O-S-S^+F_2$$

2-Fluoro-8-hydrido-1-fluory-4,6,8-trioxy-5-seleny-2,3,7-trisulfy-[8]catenium(1+)

oder

2-Fluoro-8-hydrido-1-fluory-4,6,8-trioxy-5-seleny-2,3,7-trisulfy-[8]caten-2-ium(1+)

f) Anionen

Name entsprechend **a**) bis **d**) + **catenat(EB)** bzw. **cyclat(EB)**

anstelle von catena bzw. cyclus

Beispiel:

$$H_3C-S-P^--N(CH_3)-Si(CH_3)_3$$

1,1,1,6,6,6-Hexahydrido-4,5,5-trimethyl-4-azy-1,6-
dicarby-3-phosphy-5-sily-2-sulfy-[6]caten-3-at(1−)

f₁) Anionisch Liganden:
Name entsprechend **a)** bis **e)** + **catenato** bzw. **cyclato**

anstelle von catena bzw. cyclus

Beispiel:

$H_3Si–SiH_2–S^-$ 2,2,3,3,3-Pentahydrido-2,3-disily-1-sulfy-[3]catenato

g) Radikale

Name entsprechend **a)** bis **e)** + **catenyl** bzw. **cyclyl**

anstelle von catena bzw. cyclus

Beispiel:

$H_3Si–NH–NH^·$ 1,2,3,3,3-Pentahydrido-1,2-diazy-3-sily-[3]caten-1-yl

---

[a] Numerierung:

Die niedrigsten Lokanten erhalten

- die ranghöchsten Elemente (Tabelle 2.7)
    - vor dem benachbarten rangghöchsten Element
    - mit der höheren Koordinationszahl
    - mit dem über das ranghöchste Element gebundenen Liganden;
- die Elemente mit der höheren Oxidationszahl;
- im Zweifelsfall die in alphabetischer Reihenfolge genannten Elemente.

[b] Der Deskriptor [*n*] gibt die Anzahl der Atome in der Hauptkette an.

Bei cyclischen Strukturen beginnt die erste Zahlenangabe im Deskriptor mit einer **0**.

[c] Die **E** werden in alphabetischer Rangfolge genannt.

Atome unterschiedlicher Oxidationsstufe werden nach abnehmender Oxidationszahl geordnet.

[d] Die **L** werden in alphabetischer Rangfolge genannt.

9.1   Allgemeines

Ketten- und ringförmige Verbindungen, die Nichtkohlenstoffatome (Heteroatome) enthalten, können nach der Austauschnomenklatur (siehe Abschnitte 4.2.1, 4.2.2) benannt werden. Für Ringe mit bis zu 10 Ringgliedern kann die HANTZSCH-WID-MAN-Nomenklatur (siehe Abschnitt 4.2.2.8.2) angewendet werden. Die Namen werden jedoch unhandlich, wenn die Mehrzahl oder gar alle Gerüstatome Hetero-atome sind. Die *Commission on the Nomenclature of Inorganic Chemistry* (CNIC) der IUPAC hat deshalb eine systematische Nomenklatur für Ketten und Ringe [30e][44] entwickelt, die prinzipiell für alle Verbindungen mit Ketten- oder Ring-struktur verwendet werden kann, wenngleich sie in erster Linie für anorganische Verbindungen gedacht ist. Für die Benennung komplizierter verzweigter Struktu-ren, polycyclischer Verbindungen und von Verbindungen aus Ketten und Ringen ist das in diesem Kapitel beschriebene Nomenklatursystem unter Verwendung der Nodalnomenklatur [70b] erweitert worden.

Eine neutrale kettenförmige Verbindung wird als Catena, eine neutrale cyclische Verbindung als Cyclus bezeichnet. Die entsprechenden Kationen heißen Catenium und Cyclium, die Anionen Catenat und Cyclat. Die Anzahl der Atome in der Kette oder im Ring wird durch einen Deskriptor [n] wiedergegeben, der direkt vor dem Terminus Catena oder Cyclus steht und dem ein Bindestrich vorangeht, z.B. -[6]catena bzw. -[6]cyclus.

Die Wahl der Hauptkette oder des Hauptrings im Molekül und die Numerierung der Ketten- und Ringglieder verlangt besondere Regeln. Die Elemente, die die Kette oder den Ring bilden, werden in alphabetischer Reihenfolge zusammen mit ihren Lokanten angegeben, wobei die Elemente mit ihrem y-Term (siehe Anhang) genannt werden. Alle Atome einschließlich der Wasserstoffatome oder Atomgruppen, die nicht Teil der Kette oder des Rings sind, werden als Liganden bezeichnet. Sie werden in alphabetischer Reihenfolge dem Namen der Kette oder des Rings vorangestellt.

9.2 Kettenförmige Verbindungen

9.2.1 Wahl der Hauptkette

Nach dem vorher Gesagten hat eine sechsgliedrige Kette die Bezeichnung -[6]catena. Die Kettenlänge ist durch die längste Atomkette im Molekül bestimmt, wobei endständige Wasserstoffatome außer acht gelassen werden. Wasserstoffatome werden als Liganden betrachtet und bezeichnet.

Beispiel:

    HS–S–S–SH   1,4-Dihydrido-tetrasulfy-[4]catena

Wenn das vorletzte Kettenatom mit mehr als einem anderen Nichtwasserstoffatom verbunden ist, ist das Kettenende das Atom, das als Erstes in der Elementsequenz der Tabelle 2.7 auftritt (der Fettdruck der Elementsymbole in den folgenden Formeln dient nur der Hervorhebung der bestimmenden Atome).

Beispiel:

$$NH_2$$
$$|$$
$$HO–Si–...$$
$$|$$
$$SH$$

Sauerstoff erscheint in Tabelle 2.7 vor Schwefel und Stickstoff und ist deshalb Glied der Hauptkette.

Sind die endständigen Atome von verzweigten Ketten identisch, wird die Hauptkette durch Vergleich der vorletzten Atome bestimmt. Sind auch diese identisch, entscheiden die ersten unterschiedlichen Atome, wenn vom Ende her fortgeschritten wird.

Beispiel:

$$
\begin{array}{c}
\text{S–SiH}_3 \\
|\\
\text{H}_3\text{Si–O–Si– ...}\\
|\\
\text{Se–SiH}_3
\end{array}
$$

Sauerstoff steht in Tabelle 2.7 vor **Schwefel** und **Selen** und ist daher Glied der Hauptkette.

Ist das vorletzte Atom der Kette mit zwei identischen Atomem verbunden oder bestehen die Seitenketten aus identischen Atomfolgen, unterscheiden sich aber in den Koordinationszahlen, so enthält die Hauptkette das Element mit der größeren Koordinationszahl.

Beispiele:

$$
\begin{array}{c}
\text{O}\\
\|\\
\text{HO–P– ...}\\
|\\
\text{H}
\end{array}
$$

Sauerstoff mit der Koordinationszahl 2 hat den Vorrang vor **Sauerstoff** mit der Koordinationszahl 1.

$$
\begin{array}{c}
\text{H\ Cl\ \ O}\\
|\ \ |\ \ \ \|\\
\text{H}_3\text{Si–Si–Si–P–Cl}\\
|\ \ |\ \ \ |\\
\text{H\ \ P\ \ Cl}\\
/\ \backslash\\
\text{Cl\ \ Cl}
\end{array}
$$

Phosphor mit der Koordinationszahl 4 hat den Vorzug vor **Phosphor** mit der Koordinationszahl 3.

9.2.2   Numerierung der Hauptkette

Die Numerierung der Kette erfolgt von dem Ende her, bei dem den Elementen in der Reihenfolge der Tabelle 2.7 eine niedrigere Nummer zugeordnet werden kann. Bei gleichen Elementen an den Kettenenden entscheiden die nach innen folgenden Atome über die Richtung der Numerierung.

Beispiele:

$$
\begin{array}{ccccccc}
7 & 6 & 5 & 4 & 3 & 2 & 1\\
\end{array}
$$
$$
\text{C–C–O–S–N–S–C}
$$

Die Richtung der Numerierung wird durch das Atom in Position 2 bestimmt. **S** steht in Tabelle 2.7 vor **C**.

$$\overset{\scriptstyle 7\ \ \ 6\ \ \ 5\ \ \ 4\ \ \ \ 3\ \ \ 2\ \ \ 1}{N-N-Ge-Sn-Si-N-N}$$

Die Richtung der Numerierung wird durch Si bestimmt, das in Tabelle 2.7 vor Ge steht.

In Ketten, die bezüglich des Kettenatome symmetrisch sind, wird dem Element mit der höchsten Koordinationszahl der niedrigere Lokant zugeordnet.
Beispiel:

$$\begin{array}{c}\hspace{4.2cm}O\\[-2pt]\overset{\scriptstyle 7\ \ \ \ 6\ \ \ \ \ 5\ \ \ 4\ \ \parallel 3\ \ \ 2\ \ \ \ \ 1}{HO-NH-P-O-P-NH-OH}\\[2pt]\hspace{1.0cm}|\hspace{1.3cm}|\\[-2pt]\hspace{1.0cm}Cl\hspace{1.1cm}Cl\end{array}$$

Bei Atomen mit verschiedenen Oxidationszahlen wird das Atom mit der höheren Oxidationszahl bevorzugt.
Beispiel:

$$\overset{\scriptstyle 7\ \ \ 6\ \ \ \ \ 5\ \ \ 4\ \ \ 3\ \ \ 2\ \ \ \ \ \ 1}{C-Pb^{II}-C-O-C-Pb^{IV}-C}$$

Pb^{IV} ist gegenüber Pb^{II} bevorzugt.

9.2.3 Name der Kette

Der Name der Hauptkette wird durch Nennen der y-Terme (siehe Anhang) für die Kettenglieder in alphabetischer Reihenfolge und Voranstellen der Lokanten und vervielfachenden Präfixe Di-, Tri-, Tetra-, usw. gebildet. Alle Atome oder Atomgruppen einschließlich der Wasserstoffatome, die nicht Bestandteil der Hauptkette sind, werden nach den Regeln der Koordinationsnomenklatur (siehe Abschnitt 4.3) als Liganden bezeichnet und mit ihren Lokanten in alphabetischer Reihenfolge vor den Namen der Kette gestellt. Seitenketten aus üblichen Kohlen= wasserstoffsubstituenten haben die gängigen Substituentennamen, z.B. Methyl-, Ethyl-, Phenyl-.
Beispiele:

$$\overset{\scriptstyle 1\ \ \ 2\ \ \ 3\ \ \ \ 4\ \ \ 5\ \ 6\ \ 7\ \ 8}{HO-S-O-Se-O-S-S-OH}$$

1,8-Dihydro-1,3,5,8-tetraoxy-4-seleny-2,6,7-trisulfy-[8]catena

$$Cl-SiH_2-SnH=SnH-SiH_2Cl$$

2,2,3,4,5,5-Hexahydrido-1,6-dichlory-2,5-disily-3,4-distanny-[6]catena

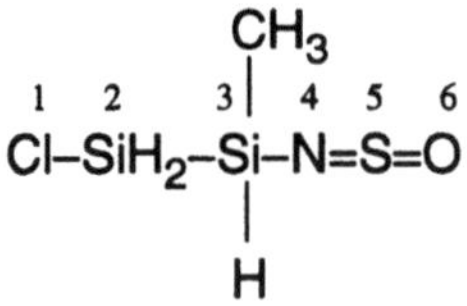

$$CH_3$$

Cl–SiH₂–Si–N=S=O (positions 1 2 3 4 5 6), with CH₃ on position 3 and H below Si.

2,2,3-Trihydrido-3-methyl-4-azy-1-chlory-6-oxy-2,3-disily-5-sulfy-[6]catena

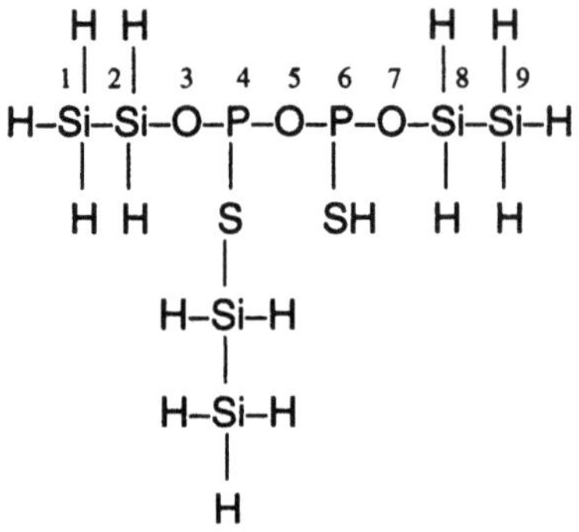

H–Si–Si–O–P–O–P–O–Si–Si–H (positions 1 2 3 4 5 6 7 8 9), with H substituents on Si-1,2,8,9; S on position 4 bearing H–Si–H / H–Si–H / H branch; SH on position 6.

1,1,1,2,2,8,8,9,9,9-Decahydrido-
4-{2,2,3,3,3-pentahydrido-2,3-disily-1-sulfy-[3]caten-1-ato}-
6-sulfanido-3,5,7-trioxy-4,6-diphosphy-1,2,8,9-tetrasily-[9]catena

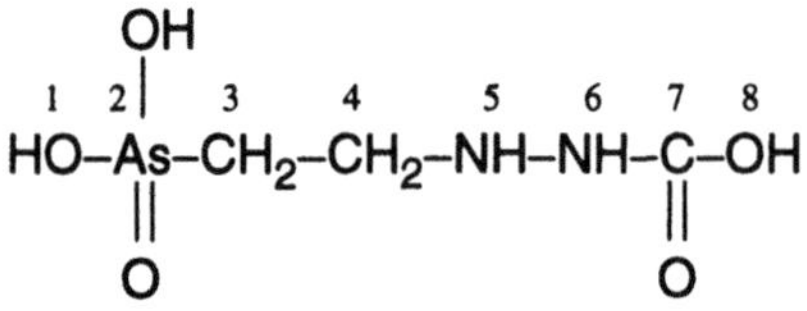

OH

HO–As–CH₂–CH₂–NH–NH–C–OH (positions 1 2 3 4 5 6 7 8), with OH on position 2, =O on positions 2 and 7.

1,3,3,4,4,5,6,8-Octahydrido-2-hydroxo-2,7-dioxo-
2-arsy-5,6-diazy-3,4,7-tricarby-1,8-dioxy-[8]catena

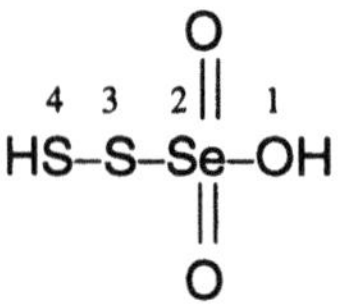

O

HS–S–Se–OH (positions 4 3 2 1), with =O above and below Se (position 2).

1,4-Dihydrido-2,2-dioxo-1-oxy-2-seleny-3,4-disulfy-[4]catena

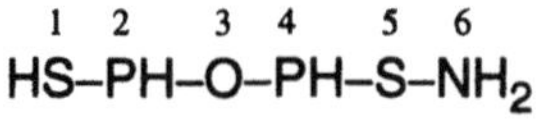

HS–PH–O–PH–S–NH₂ (positions 1 2 3 4 5 6)

1,2,4,6,6-Pentahydrido-6-azy-3-oxy-2,4-diphoshy-1,5-disulfy-[6]catena

$$\overset{1\ \ 2\qquad 3\ \ 4\ \ 5\ \ 6}{\text{HS–PH}_3\text{–O–PH–S–NH}_2}$$

1,2,2,2,4,6,6-Heptahydrido-6-azy-3-oxy-
2,4-diphosphy-1,5-disulfy-[6]catena

$$\begin{array}{c}\text{OH}\\|\\\text{HO–As–CH}_2\text{–CH}_2\text{–NH–NH–C–NH–NH}_2\\\|\qquad\qquad\qquad\ \ \|\\\text{O}\qquad\qquad\qquad\ \ \text{O}\end{array}$$

1,3,3,4,4,5,6,8,9,9-Decahydrido-2-hydroxo-2,7-dioxo-
2-arsy-5,6,8,9-tetraazy-3,4,7-tricarby-1-oxy-[9]catena

Enthält die Kette Metallatome, sollte ihre Oxidationsstufe durch die STOCK-Zahl angegeben werden, z.B. Chromy(II), Chromy(VI) oder Chromy(0).

9.2.4 Kettenförmige Kationen

Kettenförmige Kationen werden als Catenium-Ionen bezeichnet. Die Ladung des Kations wird durch eine arabische Ziffer mit nachfolgendem Pluszeichen angegeben, die in Klammern der Endung „ium" angehängt wird (EWENS-BASSETT-System). Der Schwerpunkt der Ladung im Kettengerüst kann durch einen Lokanten vor der Endung -ium angegeben werden.

Beispiele:

$$\begin{array}{c}\overset{8\ \ \ 7\ \ \ 6\ \ \ 5\qquad 4\ \ \ 3\ \ 2\ \ \ 1}{\text{HO–S–O–Se–O–S–S}^+\text{–F}}\\|\\\text{F}\end{array}$$

2-Fluoro-8-hydrido-1-fluory-4,6,8-trioxy-
5-seleny-2,3,7-trisulfy-[8]catenium(1+)
oder
2-Fluoro-8-hydrido-1-fluory-4,6,8-trioxy-
5-seleny-2,3,7-trisulfy-[8]caten-2-ium(1+)

$$[\text{H}_2\text{N – PPh}_2 = \text{N}^+ = \text{PPh}_2\text{ – NH}_2]$$

1,1,5,5-Tetrahydrido-1,3,5-triazy-2,2,4,4-tetraphenyl-
2,4-diphosphy-[5]catenium(1+)

9.2.5 Kettenförmige Anionen

Kettenförmige Anionen werden als Catenat-Ionen bezeichnet. Die Ladung des Anions wird durch eine arabische Ziffer mit nachfolgendem Minuszeichen in Klammern der Endung -at nachgestellt (Ewens-Bassett-System). Der Schwerpunkt der Ladung im Kettengerüst kann durch einen Lokanten vor der Endung -at angegeben werden.

Beispiele:

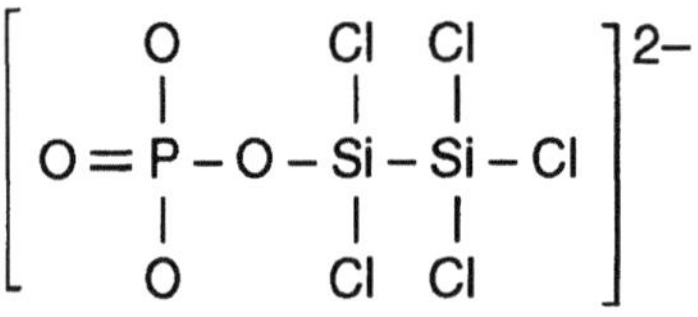

$$
\begin{bmatrix}
& & O & & Cl & Cl & \\
& & \| & & | & | & \\
O & = & P - O - & Si - & Si - & Cl \\
& & | & & | & | & \\
& & O & & Cl & Cl &
\end{bmatrix}^{2-}
$$

2,2,3,3-Tetrachloro-5,5-dioxo-1-chlory-4,6-dioxy-
5-phosphy-2,3-disily-[6]catenat(2–)

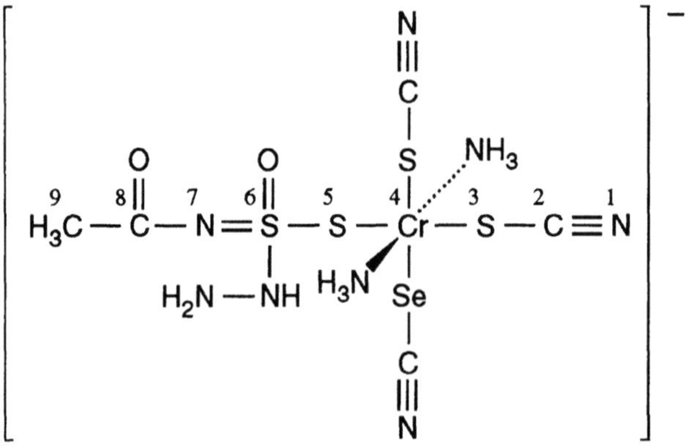

$$
\begin{bmatrix}

\end{bmatrix}^{-}
$$

4,4-Diammin-6-hydrazido-9,9,9-trihydrido-6,8-dioxo-4-selenocyanato-
4-thiocyanato-1,7-diazy-2,8,9-tricarby-4-chromy(III)-3,5,6-trisulfy-[9]catenat(1–)

oder 4,4-Diammin-4-(3-azy-2-carby-1-seleny-[3]caten-1-ato)-4-(3-azy-2-carby-
1-sulfy-[3]caten-1-ato)-6-hydrazido-9,9,9-trihydrido-6,8-dioxo-1,7-diazy-2,8,9-
tricarby-4-chromy(III)-3,5,6-trisulfy[9]caten-4-at(1–)

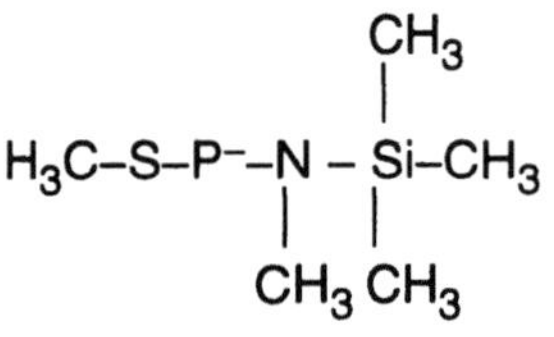

$$
\begin{array}{ccc}
& CH_3 & \\
& | & \\
H_3C-S-P^--N - & Si-CH_3 \\
& | \quad | & \\
& CH_3 \; CH_3 &
\end{array}
$$

1,1,1,6,6,6-Hexahydrido-4,5,5-trimethyl-4-azy-
1,6-dicarby-3-phosphy-5-sily-2-sulfy-[6]caten-3-at(1–)

Anionische Liganden, die sich durch Abgabe eines Wasserstoffatoms von einer kettenförmigen Verbindung ableiten, erhalten die Endung -ato.
Beispiele:

H$_3$Si–SiH$_2$–S–
2,2,3,3,3-Pentahydrido-2,3-disily-1-sulfy-[3]caten-1-ato

|
HS–S–N–SeH
1,4-Dihydrido-3-azy-4-seleny-1,2-disulfy-[4]caten-3-ato

9.2.6   Kettenförmige Radikale

Radikale, die durch Abspaltung von Wasserstoff oder anderen einwertigen Atomen aus einer Kette oder durch Abspaltung von Elektronen aus einem Catenat gebildet werden, erhalten die Endung -yl, -diyl, usw. Sie wird an den Namen der Catena oder des Catenats angehängt. Der Endbuchstabe a von Catena entfällt, wenn die Endung -yl folgt. Den Endungen -yl, -diyl usw. werden die Lokanten der ungepaarten Elektronen vorangestellt.
Beispiele:

H$_3$Si–NH–NH·
1,2,3,3,3-Pentahydrido-1,2-diazy-3-sily-3-caten-1-yl

$$\left[\begin{array}{ccccc} & \overset{\displaystyle O}{\underset{\displaystyle O}{|\;|}} & & \overset{\displaystyle O}{\underset{\displaystyle O}{|\;|}} & \\ \cdot O{-}P{-}O{-}P{-}O\cdot \end{array}\right]^{2-}$$

2,2,4,4-Tetraoxo-1,3,5-trioxy-2,4-diphosphy-[5]catenat(2–)-1,5-diyl

9.3   Monocyclische Verbindungen

9.3.1   Name des Rings

Eine neutrale monocyclische Verbindung wird als Cyclus bezeichnet, ein monocyclisches Kation als Cyclium-Ion und ein monocyclisches Anion als Cyclat-Ion. Die Anzahl der Ringatome wird durch einen Deskriptor [*n*] angegeben, der direkt vor diesen Bezeichnungen steht und dem ein Bindestrich vorangestellt wird. Ein sechsgliedriger Ring ist somit ein -[6]cyclus.

Die Namen der Derivate von cyclischen Verbindungen leiten sich unter Verwendung der Koordinationsnomenklatur (siehe Abschnitt 4.3) vom Namen des Rings ab. Alle Liganden einschließlich Wasserstoff werden nach der Koordinationsnomenklatur benannt und in alphabetischer Reihenfolge aufgelistet.

Die Elemente, die den Ring bilden, werden in alphabetischer Reihenfolge durch ihren y-Term (siehe Anhang) benannt.

9.3.2   Numerierung der Ringglieder

Die Numerierung der Ringglieder beginnt bei dem Atom, das in Tabelle 2.7 zuerst auftritt. Enthält der Ring dieses Atom mehrfach, bildet dasjenige mit einem Nachbaratom, das als nächstes in der Sequenz der Tabelle 2.7 folgt, das Ringglied mit dem Lokanten 1. Wenn auch diese Operation kein eindeutiges Atom für den Lokanten 1 ergibt, wird in analoger Weise verfahren, bis das Ringglied mit dem Lokanten 1 gefunden oder gezeigt worden ist, daß kein Atom für den Beginn der Numerierung ausgezeichnet ist. Im letzten Fall wird die Zählung bei dem Atom begonnen, das unter den Ringatomen zuerst in Tabelle 2.7 auftritt und die höchste Koordinationszahl hat. Kann auf dieser Grundlage keine Entscheidung getroffen werden, gilt Analoges für die nächsten Nachbaratome, usw. Wenn auch nach Anwendung aller genannten Kriterien zwei oder mehrere mögliche Atome für den Beginn der Zählung in Frage kommen, beginnt die Numerierung bei dem Ringglied mit einem Liganden. Tragen mehrere Ringatome Liganden, wird das Atom bevorzugt, dessen Ligand alphabetisch an erster Stelle steht. Sind alle Liganden gleich, werden die Liganden von Nachbaratomen in analoger Weise in Betracht gezogen, bis der Lokant 1 eindeutig einem Atom zugeordnet werden kann. Kann auch auf diesem Weg das Atom mit dem Lokanten 1 nicht ermittelt werden, ist die Symmetrie von Ring und Liganden so, daß eine willkürliche Wahl des Zählungsbeginns zu einem eindeutigen Namen führt.

Die Richtung der Numerierung führt, ausgehend vom Ringglied mit dem Lokanten 1, zu dem Nachbaratom, das in der Reihenfolge der Tabelle 2.7 zuerst folgt. Sind diese gleich, werden die nächsten Nachbaratome verglichen, usw. (siehe Abschnitt 9.2.2).

Beispiele:

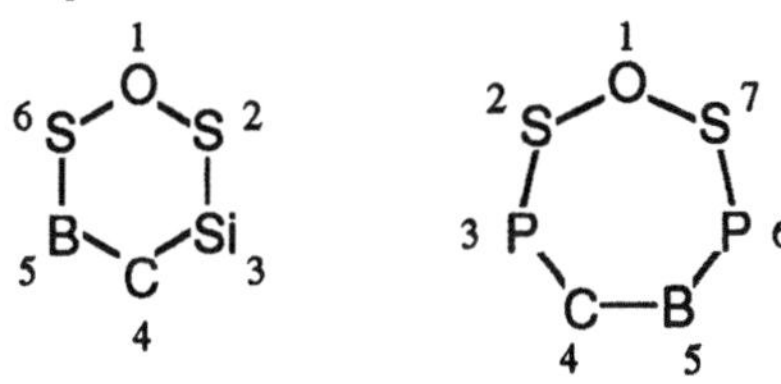

In beiden Fällen ist die Numerierung eindeutig.

Eine alternative Numerierung ist bei den folgenden Ringsystemen möglich:

Kann die Richtung der Numerierung durch Vergleich der Ringatome allein nicht festgelegt werden, zieht man die Liganden hinzu. Die Richtung führt dann vom Atom mit dem Lokanten 1 zu einem Nachbaratom mit einem Liganden. Tragen beide Nachbaratome Liganden, so bestimmt die alphabetische Reihenfolge der Ligandnamen die Richtung. Bei gleichen Liganden an den Nachbaratomen werden die Liganden an den übernächsten Ringgliedern zu Hilfe genommen, usw. Führt dieses Verfahren ebenfalls nicht zum Ziel, so sind Ringsymmetrie und Liganden so, daß man unabhängig von der Richtung der Zählung zu einem eindeutigen Namen gelangt.

Beispiele:

1,2-Di-*tert*-butyl-3-diisopropylamino-3-bory-1,2-diphosphy-[3]cyclus

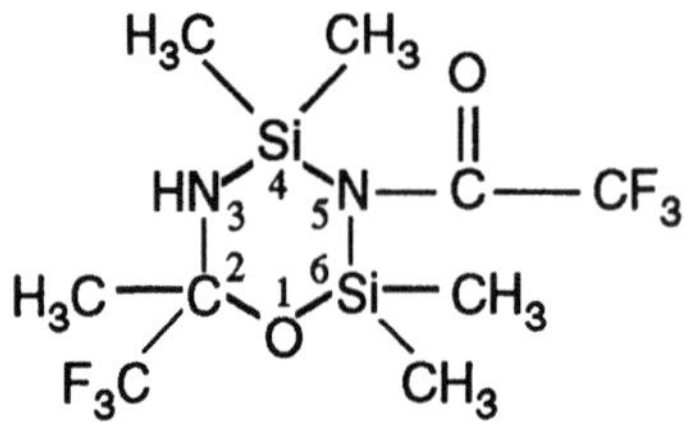

3-Hydrido-2,4,4,6,6-pentamethyl-5-trifluoracetyl-
   2-trifluormethyl-3,5-diazy-2-carby-1-oxy-4,6-disily-[6]cyclus

9.3.3   Monocyclische Kationen

Kationische monocyclische Verbindungen werden wie die neutralen Ringe benannt. Anstelle der Endung cyclus steht cyclium.
Beispiel:

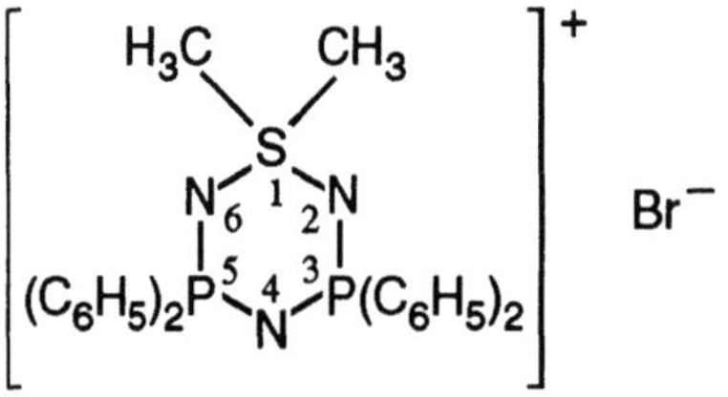

1,1-Dimethyl-3,3,5,5-tetraphenyl-2,4,6-triazy-
   3,5-diphosphy-1-sulfy-[6]cyclium-bromid

9.3.4   Monocyclische Anionen

Anionische monocyclische Verbindungen werden ebenfalls wie die neutralen
Ringsysteme benannt. Anstelle der Endung cyclus steht cyclat.
Beispiel:

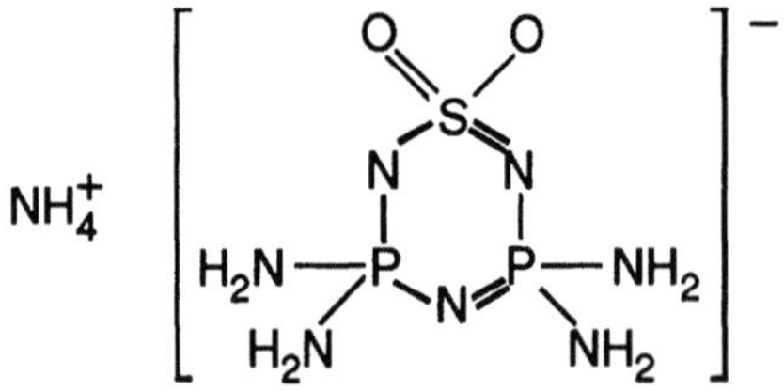

Ammonium-3,3,5,5-tetraamido-1,1-dioxo-2,4,6-triazy-
   3,5-diphosphy-1-sulfy-[6]cyclat

10 Festkörper

10 Festkörper

10.1 Allgemeines. Stöchiometrische und nichtstöchiometrische Phasen

Die Zusammensetzung der in binären und Mehrkörperkomponenten-Systemen auftretenden kristallinen Phasen kann innerhalb sehr enger Grenzen variieren oder auch sehr breiten Schwankungen unterliegen. Im ersten Fall, z.B. bei Natriumchlorid, werden die Phasen als stöchiometrisch, im zweiten Fall, z.B. bei Wüstit, FeO, als nichtstöchiometrisch bezeichnet. Im allgemeinen kann eine ideale Zusammensetzung definiert werden, auf die sich die Variationen beziehen.

Seit der 1970er Ausgabe der *Nomenclature of Inorganic Chemistry* [37] hat sich international die Praxis in der Festkörper-Nomenklatur deutlich gewandelt. Deshalb weichen die Regeln der 1990er Ausgabe [45] in vielen Punkten von den in früheren Ausgaben beschriebenen ab.

Namen und Formeln stöchiometrischer Phasen werden nach den in Kapitel 5 angeführten Regeln gebildet. Obwohl im Kristallgitter des Kochsalzes eine sehr große Zahl von Natrium- und Chlor-Ionen vorliegen, $(NaCl)_\infty$, trägt die Verbindung den Namen Natrium-chlorid und hat die Formel NaCl.

Nichtstöchiometrische Phasen werden vorzugsweise durch Formeln bezeichnet, da streng logische Namen unhandlich werden[1].

Mineralnamen dienen nur zur Bezeichnung tatsächlicher Mineralien, nicht dagegen zur Kennzeichnung chemischer Zusammensetzungen. Sie können jedoch verwendet werden, um Strukturtypen [siehe Abschnitte 2.3.2.4 und 2.5.2.1 (c)] anzugeben. So spricht man z.B. vom *Spinell*-Typ oder *Zeolith*-Typ, auch wenn die fraglichen Stoffe aus anderen Elementen bestehen. Dem kursiv gedruckten Mineraliennamen wird die typische chemische Formel ohne Zwischenraum vorangestellt, z.B. $NiFe_2O_4$(*Spinell*-Typ), $BaTiO_3$(*Perowskit*-Typ).

Allotrope, Polymorphe, die im selben Kristallsystem kristallisieren, feste Lösungen können durch Verwendung der PEARSON-Symbole unterschieden werden (siehe Abschnitt 3.1.5).

Phasen, deren Zusammensetzung durch Austausch zustande kommt, werden durch die Symbole der Atome oder Gruppen, die einander ersetzen, bezeichnet (siehe Abschnitt 2.5.2.2.2 (d), (f), (h)). Die Symbole werden in alphabetischer Reihenfolge, durch Kommas getrennt, genannt und in runde Klammern eingeschlossen. Ist die genaue Zusammensetzung bekannt, so kann sie durch Variable angegeben werden. Eine Phase, in der Atome A durch Atome B ersetzt sind, hat die Formel

$$A_{m+x}B_{n-x}C_p \ (0 \leq x \leq n).$$

---

[1] Wenn sich die Verwendung von Namen (z.B. für Register) nicht vermeiden läßt, sollen diese folgendermaßen gebildet werden:
Eisen(II)-sulfid (Eisen-Unterschuß)
Molybdändicarbid (Kohlenstoff-Überschuß)

Beispiele:

K(Br,Cl) schließt alle Zusammensetzungen von reinem KBr bis zu reinem KCl ein. Gleichwertig ist die Bezeichnung KBr_xCl_{1-x} $(0 \leq x \leq 1)$.

(Cu,Ni) bezeichnet eine Kupfer/Nickel-Legierung. Die Formel Cu_xNi_{1-x} $(0 \leq x \leq 0,5)$ schränkt die Zusammensetzung der fraglichen Legierung ein.

10.2 Chemische Zusammensetzung

In vielen Fällen kann die Zusammensetzung einer festen Phase durch eine Näherungsformel beschrieben werden, der eine Tilde „~" vorangestellt wird, wenn die Abweichungen von der exakten Formel nicht bekannt sind.

$(Li_2,Mg)Br_2$ ist die Formel einer festen Lösung mit einer Zusammensetzung zwischen LiBr und $MgBr_2$ (siehe Abschnitt 2.5.2.3.3 (c)).

$Co_{1-x}O$ besagt, daß im Gegensatz zu CoO Kation-Leerstellen im Gitter vorhanden sind. In $Ca_xZr_{1-x}O_{2-x}$ ist Zr teilweise durch Ca ersetzt, wobei Anion-Leerstellen auftreten.

Ist in den obigen Formeln die Variable x genauer bekannt, so kann sie in Klammern der allgemeinen Formel nachgestellt, oder es kann die Zusammensetzung durch Dezimale[2] angegeben werden, z.B.:

$$Fe_{3x}Li_{4-x}Ti_{2(1-x)}O_6 \quad (x = 0.35) \quad \text{oder} \quad Fe_{1.05}Li_{3.65}Ti_{1.30}O_6$$
$$LaNi_5H_x \, (0 < x < 6.7)$$

Geringfügige Abweichungen in der Zusammensetzung können anstelle von x durch δ oder ε angezeigt werden.

10.3 Bezeichnung von Punktdefekten

F. A. KRÖGER und H. J. VINK führten 1956 [69a] eine Symbolik ein, die neben der chemischen Zusammensetzung auch Punktdefekte, Symmetrie und Besetzung der kristallographischen Punktlagen beschreibt. Zum Beispiel ist aus der Formel

$$Mg_{Mg,2-x}Sn_{Mg,x}Mg_{Sn,x}Sn_{Sn,1-x}$$

ersichtlich, daß in der Struktur des Mg_2Sn Sn-Lagen von Mg-Atomen besetzt sind und umgekehrt. Die Hauptsymbole zeigen die Spezies an, die eine bestimmte Lage besetzen. Der erste Index beschreibt den Typ der Lage, der zweite Index nach einem Komma die Anzahl der Atome auf dieser Lage.

Aus der idealen Zusammensetzung M_MN_N einer Legierung, bei der sich alle Atome M und N auf kristallographischen Punktlagen des einen und des zweiten Typs befinden, wird durch Fehlordnung die fehlgeordnete Legierung:

---

[2] Üblicherweise werden im Deutschen Dezimalstellen durch Kommas getrennt. Zur Unterscheidung vom Aufzählkomma wird hier, wie im Englischen, der Punkt verwendet.

$M_{M,1-x}N_{M,x}M_{N,x}N_{N,1-x}$ oder in anderer Beschreibung $(M_{1-x}N_x)_M(M_xN_{1-x})_N$, z.B. für die fehlgeordnete Legierung Bi_2Te_3: $(Bi_{2-x}Te_x)_{Bi}(Bi_xTe_{3-x})_{Te}$.

Lagen, die nicht besetzt sind, werden durch das kursiv geschriebene Symbol V oder einen quadratischen Kasten $\square$ [3] bezeichnet. In $Ca_{Ca,1}F_{F,2-x}V_{F,x}F_{i,x}$ sind x F-Lagen im Gitter des CaF_2 leer, während x F-Ionen Zwischengitterplätze besetzen. Das i im Index zeigt an, daß die fragliche Spezies, d.h. F-Ionen, Zwischengitterplätze besetzt, also eine Lage, die in der Idealstruktur unbesetzt ist. Kristallographische Punktlagen können durch Indizes, z.B. tet, oct bzw. dod für tetraedrisch, oktaedrisch bzw. dodekaedrisch koordinierte Lagen, unterschieden werden. In einigen Fällen, wie Oxiden und Sulfiden läßt sich die Anzahl der Indizes durch Verwendung definierter Symbole reduzieren. Runde Klammern ( )[4] um das Symbol zeigen eine tetraedrische, eckige [ ] eine oktaedrische und geschweifte { } eine dodekaedrische Lage an [siehe Abschnitte 2.5.2.2.1 (f), 2.5.2.2.2 (e), 2.5.2.2.3]: $Mg_{tet}Al_{oct,2}O_4$ bzw. $(Mg)[Al_2]O_4$ bezeichnet einen normalen Spinell.

Manchmal werden die Defekt-Symbole zur Beschreibung quasichemischer Reaktionen verwendet:

$Na_{Na} \rightarrow V_{Na} + Na(g)$ beschreibt die Verdampfung eines Na-Atoms unter Hinterlassung einer Leerstelle im Gitter.

10.4 Angabe von Ladungen

Eine formale Ladung eines Atoms A wird in konventioneller Weise angegeben, nämlich eine positive durch ein hochgestelltes +, mehrfache Ladungen durch ein hochgestelltes $n+$, z.B. M^{2+}. Analoges gilt für negative Ladungen, die durch ein hochgestelltes − bzw. $n-$ bezeichnet werden. In defekten Kristallen werden Ladungen auf den ungestörten Kristall bezogen, und als Effektivladungen bezeichnet. Ein hochgestellter Punkt · [siehe Abschnitt 2.5.2.3.1 (a)] bedeutet eine Einheit an positiver Effektivladung, ein Apostroph ' [siehe Abschnitt 2.5.2.3.10 (b)] eine Einheit an negativer Effektivladung. Hochgestellte $n\cdot$ oder n' bezeichnen mehrfache Ladungen, z.B. $M^{2\cdot}$ oder $M^{\cdot\cdot}$. Um auf Lagen ohne Effektivladung relativ zum ungestörten Gitter besonders hinzuweisen, können sie durch ein hochgestelltes Kreuz x gekennzeichnet werden. Freie Elektronen werden mit e', freie Löcher mit h· bezeichnet. Die Summe aus formalen Ladungen und Effektivladungen muß Null sein, da der Kristall makroskopisch elektrisch neutral ist.

Tabelle 10.1 zeigt die Bezeichnung von Defekten in einer Ionenverbindung $M^{2+}(A^-)_2$, die ein Fremd-Ion Q enthält.

---

[3]   Zwischengitterplätze wurden durch ein Dreieck Δ bezeichnet.

[4]   In der KRÖGER-VINK-Notation werden Defekt-Cluster in runde Klammern eingeschlossen (siehe Abschnitt 2.5.2.2.2 (g)).

Die formale Ladung an M ist 2+, die formale Ladung an A ist –. Wenn ein A-Atom entfernt wird, verbleibt eine Einheit an negativer Ladung auf der A-Lagen-Leerstelle. Die Leerstelle ist neutral in bezug auf das ideale MA_2-Gitter und wird demzufolge durch V_A oder V_A^x angezeigt. Wenn auch das Elektron aus dieser Lage entfernt wird, ist die resultierende Leerstelle effektiv positiv, d.h. $V_A^\bullet$. Ähnlich kennzeichnet V_M das Entfernen eines M-Atoms, V_M' das eines M^+-Ions und V_M'' das eines M^{2+}-Ions. Wenn eine Verunreinigung mit einer formalen Ladung von drei positiven Einheiten, Q^{3+}, eine M^{2+}-Lage einnimmt, beträgt seine Effektivladung eine positive Einheit, was durch $Q_M^\bullet$ angezeigt wird.

Eine feste Lösung von $MgCl_2$ in $LiCl$ kann durch die Formeln

$$Li_{Li,1-2x}Mg_{Li,x}^\bullet V_{Li,x}' Cl_{Cl} \text{ oder } Li_{Li,1-2x}^x Mg_{Li,x}^\bullet V_{Li,x}' Cl_{Cl}^x \text{ beschrieben werden.}$$

$Y_{Y,1-2x}Zr_{Y,2x}^\bullet O_{i,x}'' O_3$ und $Y_{Y,1-2x}^x Zr_{Y,2x}^\bullet O_{i,x}'' O_3^x$ sind gleichwertige Ausdrücke für eine auf der Besetzung von Zwischengitterplätzen beruhende feste Lösung von ZrO_2 in Y_2O_3.

In $Ag_{Ag,1-x} V_{Ag,x}' Ag_{i,x}^\bullet Cl_{Cl}$ hat sich ein Anteil x der Ag^+-Ionen von ihren Gitterplätzen weg auf Zwischengitterplätzen begeben. Auf den Ag-Lagen bleiben Leerstellen zurück. Enthält der ungestörte Kristall ein Element in mehreren Oxidationsstufen, können formale Ladungen angegeben werden, wie die Formel für ein Lanthansulfid zeigt:

$$La_{La,1-3x}^{2+} La_{La,2+2x}^{3+} V_{La,x} S_4^{2-} \quad (0 < x < 1/3)$$

Tabelle 10.1 Bezeichnung von Defekten in $M^{2+}(A^-)_2$, das ein Fremd-Ion Q enthält[a]

Zwischengitter-M^{2+}-Ion	$M_i^{\bullet\bullet}$		Zwischengitter-A^--Ion	A_i'
M^{2+}-Ionen-Leerstelle	V_M''		A^--Ionen-Leerstelle	$V_A^\bullet$
Zwischengitter-M-Atom	M_i^x		Zwischengitter-A-Atom	A_i^x
Zwischengitter-M^+-Ion	$M_i^\bullet$			
M^+-Ionen-Leerstelle	V_M'			
M-Atom-Leerstelle	V_M^x		A-Atom-Leerstelle	V_A^x
normales M^{2+}-Ion	M_M^x		normales A^--Ion	A_A^x
Q^{3+}-Ion auf M^{2+}-Lage	$Q_M^\bullet$			
Q^{2+}-Ion auf M^{2+}-Lage	Q_M^x			
Q^+-Ion auf M^{2+}-Lage	Q_M'			
freies Elektron	e'			
freies Loch	$h^\bullet$			

---

[a] Von den verwendeten Symbolen sind e', $h^\bullet$, V, x durch Regeln definiert. Der Gebrauch von Indizes wie a, b, ..., die sich nicht selbst erklären, ist nicht gestattet. Die Symbole M und A wurden im Abschnitt „Hinweise für die Benutzung" eingeführt.

11 Glossar

11 Glossar

11.1 Definitionen[1]

Affix
Gemeinsame Bezeichnung für Präfix, Infix bzw. Suffix, z.B. Amino-, Chlor(o)-,
-thio-, -at.

Allgemeine Markierung siehe Abschnitt 7.3.3.3

Allotrope
Allotrope eines Elements sind strukturell unterschiedliche Modifikationen dieses
Elements.

a-Name siehe Austauschname

an-Nomenklatur siehe Hydridnomenklatur

a-Term siehe Austauschname

Atom
Ein Atom ist die kleinste Mengeneinheit eines chemischen Elements, die isoliert
oder in chemischen Kombinationen mit anderen Atomen desselben Elements oder
anderer Elemente existieren kann.

Atomgewicht siehe Relative Atommasse

Atomnummer siehe Ordnungszahl

Atomsymbol siehe Elementsymbol

Austauschaffix siehe Austauschname

Austauschinfix siehe Austauschname

Austauschname, a-, Matrizen- oder Ersatzname, siehe Abschnitt 2.2.2.6
a) Name, der in der Austauschnomenklatur durch ein auf a endendes Affix
(a-Term, Austauschpräfix) den (isoelektronischen) Ersatz eines C-Atoms, einer
HC- oder H_2C-Gruppe bzw. eines B-Atoms, einer HB- oder H_2B-Gruppe durch
ein Heteroatom zum Ausdruck bringt, z.B. 2,4-Dicarba-*closo*-heptaboran(7).
b) Name, in dem in der Infixnomenklatur durch Infixe wie Thio- (auch Seleno-
oder Telluro-), Amido- usw. der Ersatz von O= oder HO-Gruppen durch S=, HS-
(bzw. Se- oder Te-Analoga), HN= oder H_2N-Gruppen usw. zum Ausdruck
gebracht wird, z.B. Phosphoramidsäure, Natrium-thiosulfat.

Austauschnomenklatur siehe Austauschname

Austauschpräfix siehe Austauschname

---

[1] Die folgenden Definitionen betreffen zum Teil auch die Nomenklatur der organischen
Chemie.

Von Baeyer-Term
In eckige Klammern gesetzte Angabe der Anzahl der Brückenglieder in Von Baeyer-Namen für Polycyclen, z.B. Bicyclo[4.4.0]pentaborazan.

Bezugsachse siehe Rotationssymmetrieachse

Binäre Verbindung
Eine so bezeichnete Verbindung besteht aus zwei verschiedenen Atomarten; ihre allgemeine Formel ist M_mA_n. Verbindungen, die aus mehr als zwei verschiedenen Atomarten zusammengesetzt sind, sich aber wie binäre Verbindungen verhalten, heißen Pseudobinäre Verbindungen.

Bindende Atome siehe Koordinierende Atome

Bindigkeit siehe Wertigkeit

Bindungszahl, s.a. Koordinationszahl
Die Summe der Skelett-Bindungen und der Wasserstoffatome, die mit einem Atom der Stammverbindung verknüpft sind.

Bravais-Gitter
Kristallklasse und Einheit der Elementarzelle.

Brückenbildende Gruppe siehe Brückenligand

Brückenbildender Ligand siehe Brückenligand

Brückendeskriptor
Symbol μ vor dem Namen eines Brückenliganden.

Brückenindex
Zahl der durch den Brückenliganden miteinander verbundenen Koordinationszentren. Diese wird als Index am Brückendeskriptor μ angegeben.

Brückenligand, Brückenbildende Gruppe, Brückenbildender Ligand
Ein Ligand, der an mehr als ein Zentralatom gebunden ist.

CEP-Deskriptor
Beschreibung der zentralen Struktureinheit komplizierter mehrkerniger, aus Dreiecksflächen aufgebauter Verbindungen durch das CEP-System.

CEP-System
Umfassendes System zur Angabe der Struktur und zur Numerierung von aus Dreiecksflächen aufgebauten Polyedern.

Charakteristische Gruppe (früher Funktionelle Gruppe)
Ein Heteroatom oder eine Atomgruppe, das/die durch eine direkte Bindung mit dem Verbindungsstamm verknüpft ist.

Charakteristisches Atom siehe Zentralatom

Chelat-Ligand
Ein über zwei oder mehr koordinierende Atome mit dem gleichen Zentralatom verknüpfter Ligand.

CIP-Sequenzregel, CIP-Prioritätsfolge
(nach R. S. CAHN, C. K. INGOLD und V. PRELOG) Festlegung der Reihenfolge der
Prioritätszahlen für die Lokalisierung der koordinierenden Atome der Seitenketten
an den Ecken des Koordinationspolyeders.

CSU-Deskriptor siehe Abschnitt 4.3.4.3

Defektladung siehe Kapitel 10

Deltaeder
Vollständig aus Dreiecksflächen aufgebaute Polyeder.

Deskriptor siehe Nuklid-, CSU-, CEP-, Brücken-Deskriptor

Donoratome siehe Koordinierende Atome

Drehspiegelachse siehe Rotationssymmetrieachse

Effektivladung siehe Kapitel 10.

Einheitlich-markierte Verbindung, Uniform-markierte Verbindung
siehe Abschnitt 7.2.2.2.2.2

Einheitliche Markierung siehe Abschnitt 7.3.3.4

Element, chemisches
Ein chemisches Element ist eine Substanz aus Atomen der gleichen Ordnungszahl.
Es kann ein- oder mehratomig sein und in mehr als einer mehratomigen Form vor-
kommen.

Elementgruppen
Elemente, die aufgrund ihrer Ähnlichkeit formal zusammengefaßt worden sind.
Einige Gruppen haben Sammelnamen, z.B. Alkalimetalle, Halogene usw.

Elementsymbol, Atomsymbol
International gültiges, von der IUPAC für die Verwendung in chemischen Formeln
festgelegtes Kurzzeichen für ein bestimmtes Element. Es besteht aus ein oder zwei,
für systematisch benannte Elemente aus drei Buchstaben.

Erlaubter Trivialname siehe Trivialname

Ersatz-Name siehe Austauschname

eta-Symbol, Hapto-Symbol, siehe Haptizität

EWENS-BASSETT-Nummer (EWENS-BASSETT-SYSTEM, EWENS-BASSETT-ZAHL) siehe
Ladungszahl

Funktionelle Gruppe siehe Charakteristische Gruppe

Halbsystematischer Name siehe Semitrivialname

Haptizität, Zähnigkeit
Die Anzahl der mit dem Zentralatom unmittelbar verknüpften Atome eines mehrzähnigen (multidenten) Liganden. Die Angabe erfolgt durch das Eta-Symbol (η).

Hauptgruppe
Für die Nennung als Suffix in einem Einzelnamen in Frage kommende charakteristische Gruppe höchster Priorität.

Heteroatom
Vorwiegend in der organischen Nomenklatur für ein Nicht-Kohlenstoffatom verwendeter Terminus. Gilt auch in der Nomenklatur der Bor-Verbindungen.

Hydridnomenklatur, an-Nomenklatur
Anwendung der Substitutionsnomenklatur auf Wasserstoffverbindungen von B, C, Si, Ge, Sn, Pb, N, P, As, Sb, Bi, O, S, Se, Te, Po.

Infix
Von Affix und Suffix eingeschlossenes Morphem eines Names.

Ionenladung
Anzahl der Effektivladungen eines Anions oder Kations.

Isotope
Isotope sind zwei oder mehr verschiedene Nuklide der gleichen Ordnungszahl, d.h. gleicher Protonenzahl, aber unterschiedlicher Anzahl der im Atomkern enthaltenen Neutronen.

Isotopengewicht siehe Massenwert

Isotopenverhältnis
Die relative Anzahl der Atome eines bestimmten Isotops im Gemisch der Isotope eines Elements, ausgedrückt als Bruch aller Atome des Elements.
Das natürliche Isotopenverhältnis entspricht dem in der Natur gefundenen.

Isotop-abgereicherte Verbindung, Isotop-geminderte Verbindung
siehe Abschnitt 7.2.2.2.2.4

Isotop-geminderte Verbindung siehe Isotop-abgereicherte Verbindung

Isotop-markierte Verbindung siehe Abschnitt 7.2.2.2.2

Isotop-modifizierte Verbindung siehe Abschnitt 7.2.2.2

Isotop-substituierte Verbindung siehe Abschnitt 7.2.2.2.1

Isotop-unmodifizierte Verbindung siehe Abschnitt 7.2.2.1

kappa-Symbol
Es wird verwendet, um die koordinierenden Atome in der Kappa(κ)-Konvention zu bezeichnen.

Kernladungszahl siehe Ordnungszahl

Koordinationseinheit, Koordinative Einheit
Gesamtheit von einem oder mehr Zentralatomen und den Liganden. Sie kann ein Kation, ein Anion oder ein ungeladenes Molekül sein. Die Anzahl der Zentralatome wird durch die Termini einkernig, zweikernig usw. bezeichnet. Man unter-

scheidet:
   a) einfache (Verbindungen erster Ordnung) und
   b) komplizierter zusammengesetzte Verbindungen (Verbindungen höherer Ordnung).

Koordinationszahl s.a. Bindungszahl
Anzahl der Sigma(σ)-Bindungen zwischen Liganden und Zentralatom.

Koordinationszentrum siehe Zentralatom

Koordinative Einheit siehe Koordinationseinheit

Koordinierende Atome, Bindende Atome, Donoratome, auch Koordinierte Atome
Alle Atome, die direkt an das Zentralatom gebunden sind.

Koordinierte Atome siehe Koordinierende Atome

Ladung siehe Defekt-, Effektiv-, Ionenladung

Ladungszahl, Ewens-Bassett-Nummer, siehe auch Oxidationszahl
Angabe der (formalen) Ladung einer Koordinationseinheit (Zentralion). Sie ist die algebraische Summe der Ladungen ihrer Bestandteile und wird durch eine arabische Ziffer, der das Zeichen der Ladung folgt, bezeichnet und in Klammern unmittelbar hinter dem Namen des Ions angegeben. Die Null wird weggelassen.

lambda-Symbol
Es wird verwendet, um die Nichtstandard-Bindungszahl eines Elements nach der Lambda(λ)-Konvention anzugeben.

Ligand
Ligand heißt in Strukturen, die nach der Koordinationsnomenklatur benannt sind, ein an ein Zentralatom koordiniertes Atom oder eine Atomgruppe bzw. Ion. Die Anzahl der Atome eines Liganden, die koordinieren können, wird durch die Termini einzähnig, zweizähnig[2] usw. unterschieden.

Lokant, Stellenangabe
Angabe der Position von Liganden, Substituenten, Mehrfachbindungen, Modifikationen usw. am Verbindungs- oder Reststamm durch Ziffern oder Buchstaben.

Massenwert, Isotopengewicht
Relative Masse einzelner Atome in Einheiten der physikalischen Atomgewichtsskala.

Massenzahl
Summe der Anzahl der Protonen und Neutronen im Atomkern eines Elements. Sie ist gleich dem auf die nächste ganze Zahl gerundeten Massenwert.

---

[2]   In der Literatur werden auch die Begriffe einzählig, zweizählig usw. verwendet. Diese können jedoch zu Mißverständnissen führen, da sie auch zur Beschreibung der Stereoisomerie (z.B. zweizählige Symmetrieachse) verwendet werden.

Matrizen-Name siehe Austauschname

Mehrkernige Einheit
Koordinationseinheit mit mehr als einem Zentralatom.

Mehrzähniger[2)] Ligand
Atomgruppe, die mehr als ein zur Koordination befähigtes Atom besitzt.

Modifikatoren
Silben, Buchstaben, Ziffern und/oder Sonderzeichen zur Spezifizierung des Namens oder der Formel einer chemischen Verbindung.

Morphem
Kleinste bedeutungtragende Einheit einer Sprache.

Multiplikativzahl siehe Vervielfachendes Präfix.

mü-Symbol
Das griechische μ wird in Namen und Formeln als Symbol für Brückenliganden benutzt.

Namensstamm
Der Teil des Stammnamens, der Zusammensetzung und Größe des Verbindungs- oder Reststamms angibt.

Nichterlaubter Trivialname siehe Trivialname.

Nichtselektiv-markierte Verbindung siehe Abschnitt 7.2.2.2.2.3

Nichtstandard-Bindungszahl s.a. lambda-Symbol
Der Wert der Bindungszahl eines neutralen Atoms in einem Stammhydrid ist größer oder kleiner als der der definierten Standard-Bindungszahl.

Nuklid
Bezeichnung für ein durch die Anzahl der Protonen und Neutronen definiertes Atom.

Nukliddeskriptor
Angabe der Isotopmodifikation einer Verbindung, deren Isotopenzusammensetzung von der natürlichen abweicht. Er besteht aus dem entsprechenden Nuklidsymbol (in runden oder eckigen Klammern), dem ein eventuell notwendiger Lokant (Buchstabe oder Ziffer) vorangestellt wird; die Anzahl der markierenden Nuklide wird durch einen Index am Elementsymbol angegeben.

Nuklidsymbol
Elementsymbol mit einem linken Zahlenexponenten, der die Massenzahl des Nuklids angibt.

Numerieren
Den Regeln entsprechende Vergabe von Lokanten an die Atome des Verbindungs- oder Reststamms.

Numerisches Präfix siehe Vervielfachendes Präfix

Ordnungszahl, Atomnummer, Kernladungszahl
Die Ordnungszahl eines Atoms ist die Anzahl der Protonen, die der Kern dieses
Atoms trägt, d.h. seine Kernladung in Elementarladungseinheiten.

Oxidationszahl (Stock-Zahl), Oxidationsstufe, Oxidationsgrad
siehe auch Ladungszahl
Oxidationszahl ist ein empirischer Begriff; sie ist nicht gleichbedeutend mit der
Zahl der Bindungen an einem Atom. Die Oxidationszahl eines Atoms (einschließlich Zentralatom) in irgendeiner chemischen Einheit gibt die Ladung an, die ein
Atom des Elements haben würde, wenn die Elektronen aller Bindungen an diesem
Atom dem jeweils stärker elektronegativen Atom zugeordnet werden. Für Zwecke
der Nomenklatur wird Wasserstoff, der mit Nichtmetallen verbunden ist, als positiv geladen betrachtet. An Metallionen gebundene Kohlenwasserstoff-Reste verhalten sich im allgemeinen als Anionen. Auch bei der Berechnung der Oxidationszahl werden sie als Anionen gezählt. Die Carbonyl- und die Nitrosyl-Gruppe werden als neutrale Moleküle behandelt.
   Die Oxidationszahl kann für Kationen und Anionen (der römischen Ziffer wird
ein Minus-Zeichen vorangestellt) verwendet werden.

Pearson-Symbol
Angabe der Struktur und der Anzahl der Atome in der Elementarzelle in Termini
eines Bravais-Gitters. Es steht in runden Klammern hinter dem Namen des Elements.

Polyedersymbol, Lagensymmetriesymbol, Stereodeskriptor, Symmetriesymbol,
Prioritätszahl, siehe Abschnitt 8.2.2

Präfix
Vorsilbe zur Bezeichnung eines Restes, von Liganden, einer charakteristischen
Gruppe, der Struktur sowie Modifikation des Verbindungs- oder Reststammes.
Man unterscheidet:
   a) substitutive Präfixe, z.B. Amino- , Amid(o)-, Chlor(o)-, Methyl-,
   b) konfigurative Präfixe, z.B. *cis-*, *o-*,
   c) modifizierende Präfixe, z.B. Aza-, *catena-*, *cyclo-*, *sec-*,
   d) vervielfachende Präfixe, z.B. mono-, di-, bi-, bis-.

Priorität siehe Rangfolge

Pseudobinäre Verbindung siehe Binäre Verbindung.

Radikal siehe auch Rest, Substituent
Als Radikal gilt hier ein Atom oder eine Atomgruppe mit einem oder mehreren ungepaarten Elektronen in ihrerer äußeren Elektronenschale.
Daneben gibt es ionische anorganische Verbindungen mit radikalischen Zentren:
Radikalkationen, Radikalanionen.
In der Vergangenheit wurde der Terminus Radikal verwendet, um einen an eine
molekulare Einheit gebundenen Substituenten im Unterschied zum freien Radikal
(jetzt Radikal) zu bezeichnen. Solche Einheiten sollen Gruppen, Reste oder Substituenten genannt werden.

Radikalanionen siehe Radikal

Radikalkationen siehe Radikal

Rangfolge, Priorität
Vorrang bestimmter Struktureinheiten bei der Wahl von Hauptgruppe und Verbindungs- bzw. Reststamm.

Relative Atommasse, Relatives Atomgewicht, Atomgewicht.
Verhältnisgröße, die, bezogen auf 1/12 der Masse des Kohlenstoffisotops ^{12}C, angibt, welches Vielfache die Masse eines Atoms besitzt.

Relatives Atomgewicht siehe Relative Atommasse

Repetiereinheit[3]
Kleinste konstitutionelle Einheit, deren Wiederholung ein regelmäßiges Polymer ergibt (Strukturbezogene Definition). Es werden auch die Termini konfigurative und stereochemische Repetiereinheit (Strukturbezogene Definitionen) verwendet.

Rest (früher, vorwiegend in der englischsprachigen Literatur als Radikal bezeichnet)
Eine ionisch oder homöopolar gebundene Atomgruppe, die unverändert in verschiedenen Verbindungen auftritt. Manchmal hat der gleiche Rest unterschiedliche Funktionen und dementsprechend verschiedene Namen.
In der Nomenklatur organischer Verbindungen versteht man im engeren Sinne unter Rest eine über ein Kohlenstoffatom gebundene Gruppe (ausgenommen –CN, –CNO, –CNS oder –CNSe sowie >C=X mit X = O, S, Se, Te, NH oder einer substituierten HN-Gruppe).

Rotationssymmetrieachse, Drehspiegelachse, Bezugsachse
Die Gerade, zu der Strukturelemente spiegelbildlich angeordnet sind.

Selektiv-markierte Verbindung siehe Abschnitt 7.2.2.2.2.2

Semisystematischer Name siehe Semitrivialame

Semitrivialname, Semisystematischer oder Halbsystematischer Name
Name, in dem nur ein Teil mit systematischer Bedeutung gebraucht wird, z.B. Glycerol (systematischer Teil: -ol), Methan (-an), Kieselsäure (-säure).

Spezifisch-markierte Verbindung siehe Abschnitt 7.2.2.2.2.1

Standard-Bindungszahl
Die Bindungszahl eines neutralen Atoms in einem Stammhydrid entspricht dem Standard, wenn sie den für die Elemente in Tabelle 4.1 festgelegten Wert hat. Die

---

[3] Von der deutschen Kommission [54c] wurde für „Constitutional repeating unit" (CRU) der bisher in der deutschen Nomenklatur nicht verwendete Begriff „Konstitutionelle Repetiereinheit" gewählt, da so eine enge Anlehnung an den angelsächsischen Sprachgebrauch möglich ist. Andere Ausdrücke sind „Sich wiederholende Struktureinheit", „Sich wiederholende konfigurative Einheit", „Sich wiederholende Stereoeinheit" [54b].

Elemente der Gruppe 17 haben den Wert 1, der Gruppe 16 den Wert 2, der Gruppe 15 den Wert 3, der Gruppe 14 den Wert 4 und Bor (Gruppe 13) den Wert 2.

Stellenangabe siehe Lokant

Stock-Zahl siehe Oxidationszahl

Strukturelement
Bezeichnung für die Teile der Formel einer Verbindung, d.h. für den Verbindungsstamm, charakterische Gruppen usw.

Substanz
Bezeichnung für Stoff oder Materie; er umfaßt Elemente (einschließlich ihrer allotropen Formen) sowie stöchiometrische und nichtstöchiometrische Verbindungen.
Der Terminus „(Chemische)Substanz" wird beispielsweise in Veröffentlichungen der britischen *Royal Society of Chemistry* verwendet, wenn die Struktur unbekannt ist, der Terminus „Verbindung", wenn die Struktur bekannt ist, der volle Name aber nicht wiederholt werden soll.

Substituent
heißt ein Atom oder eine Atomgruppe, die in Stammstrukturen Wasserstoffatome substituieren. Man unterschiedet charakteristische Gruppen und Reste.

Suffix
In der Substitutionsnomenklatur zur Bezeichnung der Hauptgruppe, des Sättigungsgrades, der Ladung verwendete Nachsilbe, z.B. -ol, -onia, -onium, -it(o).

Systematischer Name (früher auch Rationeller Name)
Vollständig aus speziell geprägten oder ausgewählten Silben (Morphemen) nach feststehenden Regeln gebildeter Name, z.B. Tetraoxoschwefelsäure.

Trivialname
Name für eine spezielle Verbindung, in dem kein Teil in einer systematischen Bedeutung gebraucht wird, z.B. Soda, Gelbes Blutlaugensalz. Man unterscheidet zwischen von der IUPAC erlaubten und nicht erlaubten Trivialnamen.

Uniform markierte Verbindung siehe Einheitlich-markierte Verbindung

Valenz siehe Wertigkeit, stöchiometrische

Verbindung
Bezeichnung für homogene reine Stoffe, deren Moleküle aus zwei oder mehr, durch chemische Bindung verknüpften verschiedenen Elementen in bestimmten, stöchiometrischen oder auch nicht stöchiometrischen Verhältnissen zusammengesetzt sind.

Wertigkeit, stöchiometrische, Valenz
Angabe für die Anzahl von als einwertig erkannten Atomen, die ein Atom des betrachteten Elements binden oder ersetzen kann.

Zähnigkeit siehe Haptizität

Zentralatom, Charakteristisches Atom
Das Atom in einer Koordinationseinheit, das nach der ursprünglichen Definition mit einer größeren Anzahl anderer Atome oder Atomgruppen verbunden ist, als seiner klassischen oder stöchiometrischen Wertigkeit entspricht. Die Erweiterung des Konzepts Zentralatom auf die organische Substitutionsnomenklatur ist zweckmäßig.

11.2   Abkürzungen

CA	*Chemical Abstracts*
CAS	*Chemical Abstracts Service*
CEP	CASEY-EVANS-POWELL(-System)
CIP	CAHN-INGOLD-PRELOG(-Sequenzregel)
CNIC	*Commission on Nomenclature of Inorganic Chemistry* (IUPAC-Kommission für die Nomenklatur der Anorganischen Chemie)
CNOC	*Commission on Nomenclature of Organic Chemistry* (IUPAC-Kommission für die Nomenklatur der Organischen Chemie)
CRU	*Constitutional repeating unit* (Konstitutionelle Repetiereinheit)
CSU	*Central structural unit* (Zentrale Struktureinheit)
EINECS	*European Inventory of Existing Chemical Substances* (Europäisches Verzeichnis existierender chemischer Substanzen)
FIZ Chemie Berlin	Fachinformationszentrum Chemie Berlin
INN	*International Nonproprietary Names* (Freinamen; von der WHO für Arzneimittel festgelegte Kurzbezeichnungen)
I.U.C.	International Union of Chemistry
IUPAC	„ „ „ Pure and Applied Chemistry
KZ	Koordinationszahl
NAO	National Adhering Organization
PSE	Periodensystem der Elemente
TWG	Transfermium Working Group
WHO	*World Health Organization* (Weltgesundheitsorganisation)

Anhang

Anhang   Namen der Elemente, Namensstämme, Restnamen, a- und y-Terme

Symbol	Ordnungs-Zahl	Elementname	Namens-stamm	Rest-name	a-Term	y-Term
Ac	89	Actinium	Actin	Actinio	Actina	Actiny
Ag	47	Silber (Argentum)[1]	Argent	Argentio	Argenta	Argenty
Al	13	Aluminium	Alumin	Aluminio	Alumina	Aluminy
Am	95	Americium	Americ	Americio	America	Americy
Ar	18	Argon	Argon	Argonio		Argony
As	33	Arsen	Arsen (Ars)[2]	Arsenio	Arsa	Arsy
At	85	Astat	Astat	Astatio	Astata	Astaty
Au	79	Gold (Aurum)[1]	Aur	Aurio	Aura	Aury
B	5	Bor	Bor	Borio	Bora	Bory
Ba	56	Barium	Bar	Bario	Bara	Bary
Be	4	Beryllium	Beryll	Beryllio	Berylla	Berylly
Bh	107	Bohrium				
Bi	83	Bismut	Bismut (Bism)[3]	Bismutio	Bisma	Bismy
Bk	97	Berkelium	Berkel	Berkelio	Berkela	Berkely
Br	35	Brom	Brom	Bromio	Broma	Bromy

C	6	Kohlenstoff/Carbon[4]	Carb			Carby
Ca	20	Calcium	Calc	Calcio	Calca	Calcy
Cd	48	Cadmium	Cadm	Cadmio	Cadma	Cadmy
Ce	58	Cer	Cer	Cerio	Cera	Cery
Cf	98	Californium	Californ	Californio	Californa	Californy
Cl	17	Chlor	Chlor	Chlorio	Chlora	Chlory
Cm	96	Curium	Cur	Curio	Cura	Cury
Co	27	Cobalt	Cobalt	Cobaltio	Cobalta	Cobalty
Cr	24	Chrom	Chrom	Chromio	Chroma	Chromy
Cs	55	Caesium	Caes	Caesio		Caesy
Cu	29	Kupfer (Cuprum)[1]	Cupr	Cuprio	Cupra	Cupry
D	1	Deuterium	Deuter	Deuterio		Deutery
Db	105	Dubnium				
Dy	66	Dysprosium	Dyspros	Dysprosio	Dysprosa	Dysprosy
Er	68	Erbium	Erb	Erbio	Erba	Erby
Es	99	Einsteinium	Einstein	Einsteinio	Einsteina	Einsteiny
Eu	63	Europium	Europ	Europio	Europa	Europy
F	9	Fluor	Fluor	Fluorio	Fluora	Fluory
Fe	26	Eisen (Ferrum)[1]	Ferr	Ferrio	Ferra	Ferry
Fm	100	Fermium	Ferm	Fermio	Ferma	Fermy
Fr	87	Francium	Franc	Francio		Francy

Fortsetzung Anhang

Symbol	Ordnungs-Zahl	Elementname	Namens-stamm	Rest-name	a-Term	y-Term
Ga	31	Gallium	Gall	Gallio	Galla	Gally
Gd	64	Gadolinium	Gadolin	Gadolinio	Gadolina	Gadoliny
Ge	32	Germanium	German (Germ)[5]	Germanio	Germa	Germy
H	1	Wasserstoff/Hydrogen[4]	Hydr			Hydrony[6]
He	2	Helium	Hel	Helio		Hely
Hf	72	Hafnium	Hafn	Hafnio	Hafna	Hafny
Hg	80	Quecksilber(Hydrargyrum)[1]	Mercur[7]	Mercurio	Mercura	Mercury
Ho	67	Holmium	Holm	Holmio	Holma	Holmy
Hs	108	Hassium				
I[8]	53	Iod	Iod	Iodio	Ioda	Iody
In	49	Indium	Ind	Indio	Inda	Indy
Ir	77	Iridium	Irid	Iridio	Irida	Iridy
K	19	Kalium	Kal	Kalio		Kaly
Kr	36	Krypton	Krypton	Kryptonio		Kryptony

La	57	Lanthan	Lanthan	Lanthanio	Lanthana	Lanthany
Li	3	Lithium	Lith	Lithio		Lithy
Lr	103	Lawrencium	Lawrenc	Lawrencio	Lawrenca	Lawrency
Lu	71	Lutetium	Lutet	Lutetio	Luteta	Lutety
Md	101	Mendelevium	Mendelev	Mendelevio	Mendeleva	Mendelevy
Mg	12	Magnesium	Magnes	Magnesio	Magnesa	Magnesy
Mn	25	Mangan	Mangan	Manganio	Mangana	Mangany
Mo	42	Molybdän	Molybd	Molybdänio	Molybda	Molybdy
Mt	109	Meitnerium				
N	7	Stickstoff/Nitrogen[4]	Nitr (Az)[9]		Aza	Azy
Na	11	Natrium	Natr	Natrio		Natry
Nb	41	Niob/Niobium[10]	Niob	Niobio	Nioba	Nioby
Nd	60	Neodym	Neodym	Neodymio	Neodyma	Neodymy
Ne	10	Neon	Neon	Neonio		Neony
Ni	28	Nickel (Niccolum)[11]	Nickel	Nickelio	Nickela	Nickely
No	102	Nobelium	Nobel	Nobelio	Nobela	Nobely
Np	93	Neptunium	Neptun	Neptunio	Neptuna	Neptuny
O	8	Sauerstoff/Oxygen	Ox		Oxa[12]	Oxy[13]
Os	76	Osmium	Osm	Osmio	Osma	Osmy

Fortsetzung Anhang

Symbol	Ordnungs-Zahl	Elementname	Namens-stamm	Rest-name	a-Term	y-Term
P	15	Phosphor	Phosph (Phosphor)	Phosphorio[2]	Phospha	Phosphy
Pa	91	Protactinium	Protactin	Protactinio	Protactina	Protactiny
Pb	82	Blei (Plumbum)[1]	Plumb	Plumbio	Plumba	Plumby
Pd	46	Palladium	Pallad	Palladio	Pallada	Pallady
Pm	61	Promethium	Prometh	Promethio	Prometha	Promethy
Po	84	Polonium	Polon (Pol)[14]	Polonio	Polona	Polony
Pr	59	Praseodym	Praseodym	Praseodymio	Praseodyma	Praseodymy
Pt	78	Platin	Platin	Platinio	Platina	Platiny
Pu	94	Plutonium	Pluton	Plutonio	Plutona	Plutony
Ra	88	Radium	Rad	Radio	Rada	Rady
Rb	37	Rubidium	Rubid	Rubidio		Rubidy
Re	75	Rhenium	Rhen	Rhenio	Rhena	Rheny
Rf	104	Rutherfordium				
Rh	45	Rhodium	Rhod	Rhodio	Rhoda	Rhody
Rn	86	Radon	Radon	Radonio	Radon	Radony
Ru	44	Ruthenium	Ruthen	Ruthenio	Ruthena	Rutheny

S	16	Schwefel/Sulfur[4]	Sulf (Thi)[9][15]	Sulfurio	Thia/Sulfa[15]	Sulfy
Sb	51	Antimon (Stibium)[1][7]	Antimon (Stib)[9][16]	Antimonio	Stiba	Stiby
Sc	21	Scandium	Scand	Scandio	Scanda	Scandiny[2]
Se	34	Selen	Selen (Sel)[17]	Selenio	Selena[17]	Seleny
Sg	106	Seaborgium				
Si	14	Silicium	Silic (Sil)[16]	Silicio	Sila	Sily
Sm	62	Samarium	Samar	Samario	Samara	Samary
Sn	50	Zinn (Stannum)[1]	Stann	Stannio	Stanna	Stanny
Sr	38	Strontium	Stront	Strontio	Stronta	Stronty
T	1	Tritium	Trit	Tritio		Trity
Ta	73	Tantal	Tantal	Tantalio	Tantala	Tantaly
Tb	65	Terbium	Terb	Terbio	Terba	Terby
Tc	43	Technetium	Technet	Technetio	Techneta	Technety
Te	52	Tellur	Tellur (Tell)[17]	Tellurio	Tellura[17]	Tellury
Th	90	Thorium	Thor	Thorio	Thora	Thory
Ti	22	Titan	Titan	Titanio	Titana	Titany
Tl	81	Thallium	Thall	Thallio	Thalla	Tally
Tm	69	Thulium	Thul	Thulio	Thula	Thuly
U	92	Uran	Uran	Uranio	Urana	Urany
Uun	110	Ununnilium				
Uuu	111	Unununium				
Uub	112	Ununbium				

Fortsetzung Anhang

Symbol	Ordnungs-Zahl	Elementname	Namens-stamm	Rest-name	a-Term	y-Term
V[8]	23	Vanadium	Vanad	Vanadio	Vanada	Vanady
W	74	Wolfram	Wolfram	Wolframio	Wolframa	Wolframy
Xe	54	Xenon	Xenon	Xenonio		Xenony
Y	39	Yttrium	Yttr	Yttrio	Yttra	Yttry
Yb	70	Ytterbium	Ytterb	Ytterbio	Ytterba	Ytterby
Zn	30	Zink (Zincum)[1]	Zinc	Zinkio/Zincio	Zinca	Zincy
Zr	40	Zirconium	Zircon	Zirconio	Zircona	Zircony

[1] Die in Klammern gesetzten Elementnamen sollen immer dann benutzt werden, wenn von diesen Elementen abgeleitete Namen gebildet werden, z.B. Aurat, Ferrat, und nicht Goldat, Eisenat.

[2] Der Namenststamm Ars kommt in der Austauschnomenklatur, in der HANTZSCH-WIDMAN-Nomenklatur als a-Term in der Hydridnomenklatur und als y-Term vor, während Arsen als Restname und Stamm der Oxosäurenamen verwendet wird.

[3] Der Namenststamm Bism kommt in der Austauschnomenklatur, in der HANTZSCH-WIDMAN-Nomenklatur und als y-Term vor, während Bismut als Restname, Stamm der Oxosäurenamen bzw. als a-Term in der Hydridnomenklatur verwendet wird.

[4] Mit der Nennung der „internationalen" Namen an zweiter Stelle soll zum Ausdruck gebracht werden, daß diese Namen auch im Deutschen nicht nur erlaubt sind, sondern es soll dazu ermutigt werden, sie in der wissenschaftlichen Literatur zu verwenden.

5) Der Namenststamm Germ kommt in der Austauschnomenklatur, in der HANTZSCH-WIDMAN-Nomenklatur als a-Term in der Hydridnomenklatur und als y-Term vor, während German als Restname und Stamm der Oxosäurenamen verwendet wird. Der Hinweis in der IUPAC *Nomenclature of Inorganic Chemistry*, Ausgabe von 1990 [45], Tabelle I-7.2, Fußnote b ist falsch; der gesättigte sechsgliedrige Ring heißt in der HANTZSCH-WIDMAN-Nomenklatur [48] Germinan.

6) Dieser Term ist nicht direkt vom Restnamen abgeleitet.

7) Der Namensstamm Mercur leitet sich vom englischen Elementnamen Mercury ab. Die Namen Stibium (für Antimon) und Hydrargyrum (für Quecksilber), von denen sich die Elementsymbole Sb und Hg ableiten, waren in der IUPAC *Nomenclature of Inorganic Chemistry*, Ausgabe von 1970 [37], nicht in die Tabelle I aufgenommen worden, da sie nicht gemäß Regel 1.12 zur Bezeichnung von Anionen benutzt werden (Antimonate, nicht Stibiate; Mercurate, nicht Hydrargyrate); der Stamm Stib kommt jedoch in Namen wie Stiban, Stibonium usw. vor. In der Ausgabe von 1990 [45] sind die lateinischen Namen aufgeführt.

8) Wenn das Einbuchstabensymbol zu Verwechslungen führen kann, z.B. bei der maschinellen Registrierung, kann für I bzw. V als Symbol Id bzw. Va verwendet werden.

9) Für einige Verbindungen des Stickstoffs, Schwefels oder Antimons werden die Namen von den Bezeichnungen Azote (französisch), θετον (griechisch) oder Stibium (lateinisch) abgeleitet.

10) Die Schreibung Niobium wird in der von der Gesellschaft Deutscher Chemiker gemeinsam mit der Schweizerische Chemische Gesellschaft und dem Verein Österreichischer Chemiker herausgegebenen Übertragung der IUPAC *Nomenclature of Inorganic Chemistry*, Ausgabe von 1970 [37n], gebraucht (Tabelle V). Sie sollte jedoch nicht verwendet werden, solange für die anderen metallischen Elemente die Endung -ium nicht eingeführt ist.

11) Der Name Niccolum ist in Tabelle I der IUPAC *Nomenclature of Inorganic Chemistry*, Ausgaben von 1970 und 1990 [45], nicht aufgenommen worden. Dementsprechend müssen die Namen für Ni-Verbindungen vom Namen Nickel abgeleitet werden, obwohl in Regel 1.12 [37b] allgemein empfohlen wurde, bei abgeleiteten Namen vom lateinischen Elementnamen auszugehen.

12) Als a-Term in der Hydridnomenklatur wird Oxida verwendet um ein Verwechslung mit HANTZSCH-WIDMAN-Namen zu vermeiden.

13) Vor Verwechslung mit dem in der organisch-chemischen Nomenklatur für die Gruppe –O– gebräuchlichen Präfix muß gewarnt werden.

Fortsetzung Anhang

[14] Der Namensstamm Polon kommt in der Austauschnomenklatur, als Restname und als y-Term vor, während Pol als a-Term in der Hydridnomenklatur verwendet wird.

[15] Der Namensstamm Thi kommt in der Austauschnomenklatur, in der HANTZSCH-WIDMAN-Nomenklatur vor, während Sulf als Restname, Stamm der Oxosäurenamen, als a-Term in der Hydridnomenklatur und als y-Term verwendet wird.

[16] Der Namensstamm Sil bzw. Stib kommt in der Austauschnomenklatur, in der HANTZSCH-WIDMAN-Nomenklatur und als y-Term vor, während Silic bzw. Antimon als Restname und Stamm der Oxosäurenamen verwendet wird.

[17] Der Namensstamm Sel bzw. Tell wird als a-Term in der Hydridnomenklatur verwendet.

Literaturverzeichnis

1   Anonym, [a] *FIZ CHEMIE aktuell*, **9** (1994) Nr. 35, S. 3; [b] *Chem. Int.*, **11** (1989) 180.

2   Adams, R.M., Paper 29, *IMEBORON IV, Salt Lake City, Utah, USA*, July 1979.

3   American Chemical Society, Chemical Abstracts Service, Columbus, OH, USA: [a] *CA* **56** (1962) Subject Index 1N-98N; [b] *CA* **76** (1972) Subject Index 21I-140I; [c] *CA* Ninth Collective Index; [d] *CA* Eleventh Collective Index, Volums **96-105**, 1982-1986, General Subjects, 1987; S. 974 GS; [e] *CA* Index Guide 1989; [f] *CA* 1989, Chemical Substance Index Names, Appendix IV.

4   American Chemical Society, Committee on Nomenclature and Notation. Report, *J. Amer. Chem. Soc.* **8** (1886) 116.

5   American Chemical Society, Report of ACS Nomenclature, Spelling, and Pronunciation Committee for the First Half of 1952, *Chem. Eng. News* **30** (1952) 4515.

6   American Chemical Society, [a] Report of the Committee on Nomenclature, Spelling, and Pronounciation, *Ind. Eng. Chem. (News Ed.)* **13** (1935), 200; [b] Committee on Nomenclature, *J. Chem. Educ.* **61** (1984) 136;

6c   Anderson, J.S., *J. Chem. Soc., Dalton Trans.* **1973**, 1107.

7   Baker, R.T., *Inorg. Chem.* **25** (1986) 109;
7a   Beilsteins Handbuch der Organischen Chemie, Beilstein-Institut für Literatur der Organischen Chemie, Frankfurt am Main.

8   Bergmann, T. „Meditations de Systemate Fossilium Naturali", *J. Tofani, Florence*, **1784**.

9   Berzelius, J.J., „Essai sur la Nomenclature Chimique", *J. Phys. Chim. Hist. Nat.* **73** (1811) 253.

10   Boocock, S.K., N.N. Greenwood, J.D. Kennedy, W.S. McDonald und J. Staves, *J. Chem Soc., Dalton Trans.* **1980**, 790.

11a Boughton, W.A., *Science* **79** (1934) 159;
11b Bould, J., N.N. Greenwood, J.D. Kennedy und W.S. McDonald, *J. Chem. Soc., Chem. Commun.* **1982**, 465.

12   Brauner, B., *Z. Anorg. Chem.* **32** (1902) 1.

13   Bravais, A., *Acta Cryst.* **A41** (1985) 278.

14   Brorson, M., T. Damhus und C.E. Schaeffer, *Inorg. Chem.* **22** (1983) 1569.

15   Brown, M.F., B.R. Cook und T.E. Sloan, [a] *Inorg. Chem.* **14** (1975) 1273;
     [b] *eidem, Inorg. Chem.* **17** (1978) 1563.

16   Bunnett, J.F., *Pure Appl. Chem.* **53** (1981) 305.

17   Cahn, R.S., C.K. Ingold und V. Prelog, *Angew. Chem.* **78** (1966) 413; *Angew. Chem. Int. Ed.* **5** (1966) 385 (errata ibid. 511).

18   Casey, J.B., J.W. Evans und W.H. Powell, [a] *Inorg. Chem.* **20** (1981) 1333;
     [b] *Inorg. Chem.* **20** (1981) 3556; [c] *Inorg. Chem.* **22** (1983) 2228; [d]
     Inorg. Chem. **22** (1983) 2236; [e] *Inorg. Chem.* **23** (1984) 4132.

19   Cheek, Y.M., N.N. Greenwood, J.D. Kennedy und W.S. McDonald, H., *J. Chem. Soc., Chem. Commun.* **1982**, 80.

20   Chemical Society (London), Publication Committee, *J. Chem. Soc.* **41** (1882)
     247.

21   Cotton, F.A., *J. Amer. Chem. Soc.* **90** (1968) 6230.

22a Crane, E.J., *Science* **80** (1934) 86;
22b Crook, J.E., N.N. Greenwood, J.D. Kennedy, W.S. McDonald, *J. Chem. Soc., Chem. Commun.* **1981**, 933.

23   de Morveau, Guyton, L.B., [a] *Obs. phys. hist. nat. arts,* **19** (1782) 370; [b]
     Ann. Chim. Phys. **1** (1798) 24; [c] *Ann. Chim. Paris {1}* **25** (1798) 205.

24   [a] de Morveau, Guyton, L.B., A.L. Lavoisier, C.L. Bertholet und A.F. de
     Fourcroy, „Methode de Nomenclature Chimique"; Cuchet, Paris **1787**; [b] St.
     John, J., „Method of Chemical Nomenclature", English translation with adaptations to the English language; G. Kearsley, London, **1788**.

25a Delepine, M., *Chem. Weekblad* **23** (1926) 86; [b] *idem, Bull. Soc. Chim. France* **43** (1928) 286;

25c Elrington, M., N.N. Greenwood, J.D. Kennedy und M. Thornton-Pett, *J. Chem. Soc., Dalton Trans.,* **1986**, 2277; [d] *eidem, J. Chem. Soc., Dalton Trans.* **1987**, 451.

26   Emsley, J., *New. Scient.* 7 March **1985**, 33.

27   Ewens, R.V.G. und H. Bassett, *Chem. Ind.* **1949**, 131.

28   Fernelius, W.C., *J. Chem. Educ.* **63** (1986) 263.

29   Fernelius, W.C. und W.H. Powell, *J. Chem. Educ.* **59** (1982) 504.

30   Fluck, E., [a] *Chemie in unserer Zeit* **20** (1986) A 46; [b] *idem, Chem.-Ztg.*
     111 (1987) 7; [c] *idem, Chem.-Ztg.* **111** (1987) 363; [d] *idem, Pure Appl. Chem.* **60** (1988) 431; [e] Fluck E. und R. Laitinen, *Pure Appl. Chem.,* im
     Druck (1996); [f] Fluck E. und K. Rumpf, *Chemie in unserer Zeit* **20** (1986)
     111;

30g Gmelins Handbuch der Anorganischen Chemie;

30h Greenwood, N.N *Pure Appl. Chem.* **55** (1983) 77; [i] *idem*, „Novel Cluster Interactions in Metallaboranes", in *„Rings, Clusters, and Polymers of the Main Group Elements"*; Cowley, A.H., Ed.: ACS Symposium Series 232, American Chemical Society, Washington, DC (1983) 125; [k] *idem, Nova Acta Leopold,* **59** (1985) 291;

30l Harvey, B.G., G. Hermann, R.W. Hoffman, D.C. Hoffman, E.K. Hyde, J.J. Katz, O.L. Keller, jr., M. Lefort und G.T. Seaborg, *Science* **193** (1976) 1271.

31a Hill, A., *J. Amer. Chem. Soc.* **22** (1900) 478;

31b Hyde, E.K., D.C. Hoffman, und O.L. Keller, jr., *Radiochim. Acta* **42** (1987) 87.

32   IUPAC, „Compendium of Chemical Terminology, IUPAC Recommendations (The Gold Book)", Gold, V., K.L. Loening, A.D. McNaught und P. Sehmi, Compilers, Blackwell Scientific Publications, Oxford, **1987**; [a] S. 223; [b] *ibid.*, S. 279.

33   IUPAC, Comptes Rendus de la Deuxieme Conference Internationale de la Chimie, Brussels, June 27-30, **1921**; S. 53.

34   IUPAC, „Manual of Symbols and Terminology for Physical Quantities and Units", 1975 ed., Butterworths, London, **1975**, Rules 7.1 and 7.2.

35   IUPAC, Inorganic Chemistry Division, Commission on Atomic Weights and Isotopic Abundances, [a] „Atomic Weights of the Elements 1979", *Pure Appl. Chem.* **52** (1980) 2349; [b] „Atomic Weights of the Elements 1987", *Pure Appl. Chem.* **60** (1988) 841.

36   IUPAC-CNIC, [a] „Definitive Rules for Nomenclature of Inorganic Chemistry, 1957 Report", Butterworths, London, **1959**; [b] American version with comments, *J. Amer. Chem. Soc.* **82** (1960) 5523;
[c] „Richtsätze für die Nomenklatur der Anorganischen Chemie", Sonderdruck aus *Chem. Ber.*, **92** (1959) XLVII; „Richtsätze für die Nomenklatur der Anorganischen Chemie", 2. Auflage, erweiterte und verbesserte Neufassung der als Sonderdruck aus *Chem. Ber.*, **92** (1959) XLVII-LXXXV erschienenen Richtsätze, VCH, 1970;
„Richtsätze für die Nomenklatur der Anorganischen Chemie", 4. Auflage, erweiterte und verbesserte Neufassung der als Sonderdruck aus *Chem. Ber.*, **92** (1959) XLVII-LXXXV erschienenen Richtsätze, Akademie-Verlag, Berlin, 1970.

37   IUPAC-CNIC, „Nomenclature of Inorganic Chemistry; Second Edition – Definitive Rules 1970", Butterworths, London, **1971**; [a] Preamble; [b] §1.1; [c] §1.31; [d] §1.4; [e] §2.22, 2.3, 3.2; [f] §3.32; [g] §5.2; [h] §5.34; [i] §6.323; [k] §7.7; [l] Appendix, §1.21;
[m] Deutsche Ausgabe: „Regeln für die Nomenklatur der Anorganischen Chemie 1970", Internationale Regeln für die chemische Nomenklatur und

Terminologie, herausgegeben im Auftrage des Deutschen Zentralausschusses für Chemie, Band 2, Gruppe 1, VCH **1976**.

38   IUPAC-CNIC, „Nomenclature of Inorganic Boron Compounds", *Pure Appl. Chem.* **30** (1972) 683.

39   IUPAC-CNIC, „How to Name an Inorganic Substance. A Guide to the Use of Nomenclature of Inorganic Chemistry: Definitive Rules 1970"; Pergamon, Oxford, **1977**.

40   IUPAC-CNIC, „Recommendations for the Naming of Elements of Atomic Numbers greater than 100", *Pure Appl. Chem.* **51** (1979) 381.

41   IUPAC-CNIC, „Nomenclature of Inorganic Chemistry: II.1 – Isotopically Modified Compounds (Recommendations 1981)", *Pure Appl. Chem.* **53** (1981) 1887.

42   IUPAC-CNIC, „Nomenclature of Inorganic Chemistry: II.2 – The Nomenclature of Hydrides of Nitrogen and Derived Cations, Anions, and Ligands (Recommendations 1981)", *Pure Appl. Chem.* **54** (1982) 2545.

43   IUPAC-CNIC, „Nomenclature of Polyanions (Recommendations 1987)", *Pure Appl. Chem.* **59** (1987), 1529.

44   IUPAC-CNIC, „Nomenclature for Inorganic Chains and Rings"; s. Powell, W.H. und T.E. Sloan, *Phosphorus, Sulfur, Silicon, Relat. Elem.* **41** (1989) 183.

45   IUPAC-CNIC, „Nomenclature of Inorganic Chemistry – Recommendations 1990", Leigh, G.J., Ed.; Blackwell Scientific, Oxford **1990**; 289 pp. Erster berichtigter Nachdruck, **1991**; Zweiter berichtigter Nachdruck, **1992**; „Nomenklatur der Anorganischen Chemie. Deutsche Ausgabe der Empfehlungen 1990", herausgegeben im Auftrage der Gesellschaft Deutscher Chemiker in Zusammenarbeit mit der Neuen Schweizerischen Chemischen Gesellschaft und der Gesellschaft Österreichischer Chemiker; VCH **1994**.

46   IUPAC-CNIC, „Recommendations for the Naming of Elements of Atomic Numbers greater than 105 (Provisional)", *IUPAC Inform. Bull. Apps.* No. 66, December 1976; „Empfehlungen zur Benennung der Elemente mit Ordnungszahlen über 105 (Vorläufige Empfehlungen)", *Mitteilungsbl. Chem. Ges. DDR* **24** (1977) 69.

47   IUPAC-CNIC, „Names and Symbols of Transfermium Elements", *Pure Appl. Chem.* **66** (1994) 2419.

47a IUPAC-CNIC, „Names and Symbols of Transfermium Elements", (IUPAC Recommendations 1997) Pure Appl. Chem. 69 (1997) 2471.

48   IUPAC-CNOC, „Revision of the Extended Hantzsch-Widman System of Nomenclature for Heterocycles (Recommendations 1982)", *Pure Appl. Chem.* **55** (1983) 409.

49   IUPAC-CNOC, „Nomenclature of Organic Chemistry. Sections A, B, C, D, E, F, and H; 1979 ed"; Rigaudy, J. and S.P. Klesney, Eds.; Pergamon, Oxford, **1979**; [a] *ibid.*, Section A: A-31 und A-32; [b] *ibid.*, Section B: B-3;

[c] B-4; [d] B-5; [e] B-6; [f] *ibid.*, Section C: C-0; [g] C-10.1; [h] C-10.2; [i] C-10.3; [k] C-13.11(h) bis (k); [l] C-0.15; [m] C-15.11; [n] C-22; [o] C-41.3; [p] C-42/43; [q] C-61; [r] C-81; [s] C-82; [t] C-83; [u] C-83.3/84.4; [v] C-206.1; [w] C-4; [x] C-5; [y] C-661; [z] C-701; [aa] C-811 bis C-815; [bb] C-821 bis 834; [cc] C-921.2 bis C-931.5; [dd] *ibid.*, Section D: D-1.6; [ee] D-4; [ff] D-4.1 bis D-4.4; [gg] D-5.0; [hh] D-5.5; [ii] D-6; [kk] D-6.71; [ll] D-7.5; [mm] *ibid.*, Section E: E.4.4; [nn] *ibid.*, Section F; [oo] *ibid.*, Section H; [pp] „Regeln für die Nomenklatur der Organischen Chemie, Abschnitt A: Kohlenwasserstoffe, Internationale Regeln für die chemische Nomenklatur und Terminologie", herausgegeben im Auftrage des Deutschen Zentralausschusses für Chemie, Band 1, Gruppe 1, VCH **1975**;
[qq] „Regeln für die Nomenklatur der Organischen Chemie, Abschnitt B: Heterocyclische Systeme, Internationale Regeln für die chemische Nomenklatur und Terminologie", herausgegeben im Auftrage des Deutschen Zentralausschusses für Chemie, Band 1, Gruppe 2, VCH **1975**;
[rr] „Regeln für die Nomenklatur der Organischen Chemie, Abschnitt C: Charakteristische Gruppen, die Kohlenstoff, Wasserstoff, Sauerstoff, Stickstoff, Halogen, Schwefel, Selen und/oder Tellur enthalten, Internationale Regeln für die chemische Nomenklatur und Terminologie", herausgegeben im Auftrage des Deutschen Zentralausschusses für Chemie, Band 1, Gruppe 4, VCH **1990**;
[ss] „Regelvorschläge, Nomenklatur der Organischen Chemie, Abschnitt D, Organische Verbindungen, die nicht ausschließlich aus Kohlenstoff, Wasserstoff, Sauerstoff, Stickstoff, Halogen, Schwefel, Selen und Tellur bestehen", Arbeitsübersetzung im Auftrage des IUPAC-Nationalkomitees der DDR, **1974**;
[tt] „Regeln für die Nomenklatur der Organischen Chemie, Abschnitt F: Naturstoffe und verwandte Verbindungen (1976), Internationale Regeln für die chemische Nomenklatur und Terminologie", herausgegeben im Auftrage des Deutschen Zentralausschusses für Chemie, Band 1, Gruppe 6, VCH **1978**.

50 IUPAC-CNOC, Nomenclature of Organic Chemistry. „Treatment of Variable Valence in Organic Nomenclature (Lambda Convention) (Recommendations 1983)", *Pure Appl. Chem.* **56** (1984) 769.

51 IUPAC-CNOC, „Extension of Rules A-1.1 and A-2.5 Concerning Numerical Terms Used in Organic Chemical Nomenclature (Recommendations 1986)", *Pure Appl. Chem.* **58** (1986) 1693.

52 IUPAC-CNOC, „Nomenclature for Cyclic Organic Compounds with Contiguous Formal Double Bonds (The d-Convention) (Recommendations 1988)". *Pure Appl. Chem.* **60** (1988) 1395.

53 IUPAC-CNOC, [a] „A Guide to IUPAC Nomenclature of Organic Compounds, Recommendations 1993" (including revisions, published and unpublished, to the 1979 edition of *Nomenclature of Organic Chemistry*), Panico, R., W.H. Powell und Jean-Claude Richer, Eds., Blackwell Scientific Publica-

tions, Oxford, 1993; [b] „Revised Nomenclature for Radicals, Ions, Radical-ions and Related Species (IUPAC Recommendations 1993)“, *Pure Appl. Chem.* **65** (1993) 1357.

54   [a] IUPAC-Commission on Macromolecular Nomenclature, „List of Standard Abbreviations (Symbols) for Synthetic Polymer Materials 1974“, *Pure Appl. Chem.* **40** (1974) 473;
[b] „Liste von Standardabkürzungen (Symbole) für synthetische Polymere und polymere Materialien“, im Auftrage des IUPAC-Nationalkomitees der DDR, mit einem Nachwort der Bearbeiter, *Mitteilungsbl. Chem. Ges. DDR*, Beiheft Nr. 70, **1977**;
[c] „Sammlung standardisierter Abkürzungen (Symbole) für synthetische Polymere und polymere Werkstoffe (1974). Internationale Regeln für die chemische Nomenklatur und Terminologie“, herausgegeben im Auftrag des Deutschen Zentralausschusses für Chemie, Band 2, Gruppe 3, VCH **1978**.

55   IUPAC-Commission on Macromolecular Nomenclature, „Basic Definitions of Terms Relating to Polymers (1974)“, *Pure Appl. Chem.* **40** (1974) 477;
„Grundlagendefinitionen zur Terminologie von Polymeren“, im Auftrage des IUPAC-Nationalkomitees der DDR, mit einem Nachwort der Bearbeiter, *Mitteilungsbl. Chem. Ges. DDR*, Beiheft Nr. 70, **1977**;
„Definitionen von Begriffen auf dem Gebiet der Polymere (1974). Internatio-nale Regeln für die chemische Nomenklatur und Terminologie“, herausgege-ben im Auftrag des Deutschen Zentralausschusses für Chemie, Band 2, Gruppe 3, VCH **1978**.

56   IUPAC-Commission on Macromolecular Nomenclature, „Nomenclature of Regular Single-Strand Organic Polymers (Rules Approved 1975)“. *Pure Appl. Chem.* **48** (1976) 373;
„Regeln für die Nomenklatur der Polymere. Nomenklatur regelmäßiger einsträn-giger Polymere. (Verbindliche Regeln 1975)“, im Auftrage des IUPAC-Na-tionalkomitees der DDR, *Mitteilungsbl. Chem. Ges. DDR*, Beiheft Nr. 23, **1977**.

57   IUPAC-Commission on Macromolecular Nomenclature and CNIC, „Nomen-clature for Regular Single-strand and Quasi Single-strand Inorganic and Co-ordination Polymers (Recommendations 1984)“, *Pure Appl. Chem.* **57** (1985) 149.

58   IUPAC, Physical Chemistry Division, Commission on Molecular Structure and Spectroscopy, „Recommendations for Symbolism and Nomenclature for Mass Spectroscopy“, *Pure Appl. Chem.* **50** (1978) 65.

59   IUPAC, Physical Chemistry Division, Commission on Colloid and Surface Chemistry, „Chemical Nomenclature and Formulation of Compositions of Synthetic and Natural Zeolites“, *Pure Appl. Chem.* **51** (1979) 1091.

60   IUPAC-Commission on Physical Organic Chemistry, „Glossary of Terms Used in Physical Organic Chemistry (Recommendations 1982)“, *Pure Appl. Chem.* **55** (1983) 1281.

61 IUPAC-Commission on Physical Organic Chemistry, „Names for Hydrogen Atoms, Ions, and Groups, and for Reactions involving them (Recommendations 1988)", *Pure Appl. Chem.* **60** (1988) 1115; Deutsche Ausgabe in Vorbereitung.

62 IUPAC-Division of Physical Chemistry, Commission on Symbols, Terminology and Units, „Quantities, Units and Symbols in Physical Chemistry"; Blackwell Scientific Publications, Oxford **1987**, Section 2.10.

63 IUPAC-Division of Physical Chemistry, Commission on Symbols, Terminology and Units, „Quantities, Units and Symbols in Physical Chemistry (The Green Book)", Blackwell, Oxford, **1988**; Deutsche Ausgabe, (VCH), im Druck.

64 Jacobson, P. und R. Stelzner, *Ber. dtsch. chem. Ges.* **31** (1898) 3368.

65 Johnston, R.L. und D.M.P. Mingos, *Inorg. Chem.* **25** (1986) 3321.

66 Jorissen, W.P., H. Bassett, A. Damiens, F. Fichter und H. Remy, [a] *Ber. Dtsch. Chem. Ges.* **A 73** (1940) 53; [b] *eidem, J. Am. Chem. Soc.* **63** (1941) 889; [c] *eidem, J. Chem. Soc.* **1940** 1404; [d] Jung, C.W., R.T. Baker, C.B. Knobler und M.F. Hawthorne, *J. Amer. Chem. Soc.* **102** (1980) 5782.

67 Kennedy, J.D., *Inorg. Chem.* **25** (1986) 111.

Kerr, R. siehe Lavoisier, A.L.

68 Kersaint, G., *Bull. Soc. Chim. France [5]* **24** (1957) 53.

69 Klemm, W., *Rev. Roum. Chim.* **22** (1977) 639;
69a Kröger, F.A. und H.J. Vink, *Solid State Phys.* **3** (1956) 307.

70a Lavoisier, A.L., „Traité Elémentaire de Chimie", 2 Bd., Cuchet, Paris **1789**; *idem*, 3. Aufl., 2 Bd., **1801**; Kerr, R., „Elements of Chemistry", English translation; William Creech; Edinburgh, 1790;
70b Lozac'h, N., A.L. Goodson und W.H. Powell, *Angew. Chem.* **91** (1979) 951, *Angew. Chem., Int. Ed.* **18** (1979) 887; [c] *eidem, Angew. Chem.* **96** (1984) 1, *Angew. Chem., Int. Ed.* **23** (1984) 33.

71 McDonnell-Pasternak, *J. Chem. Document.* **5** (1965) 57.

72 Mingos, D.M.P., [a] *Acc. Chem. Res.* **17** (1984) 311; [b] *idem, Inorg. Chem.* **22** (1986) 3321.

Möllinger, H. siehe Stumpf, W.

73 Oersted, H.C., „Tentamen Nomenclaturae Chemicae Omnibus Linguis Scandinavico-Germanicis Communis", Johannes, Copenhagen, **1814**.

74 Ostwald, W., „Lebenslinien. Eine Selbstbiographie", Klassing, Berlin, **1927**, Bd. III;
74a Parry, R.W. und G. Kodama, „Mechanisms and Processes for Conversion of

Smaller Boranes to Larger Boranes or Borane Fragments", Final Report, **1980**.

75 Patterson, Austin M., *J. Amer. Chem. Soc.* **47** (1925) 543.

76 Pearson, W.B., „A Handbook of Lattice Spacings and Structures of Metals and Alloys", Pergamon Press, Oxford, **1967**, Vol. 2.

77 Prelog, V. und G. Helmchen, *Angew. Chem.* **94** (1982) 614; *Angew. Chem., Int. Edit.*, Engl. **21** (1982) 567.

Richter, M.M. siehe Jacobson, P. und R. Stelzner

78 Ring Systems Handbook, American Chemical Society, **1993**.

Rosenheim, A. siehe Stock, A.

79 Rudolph, R.W., *Acc. Chem. Res.* **9** (1974) 446.

80 Rudolph, R.W. und W.R. Pretzer, *Inorg. Chem.* **11** (1972) 1974.

81 Rudolph R.W. und D.A. Thompson, *Inorg. Chem.* **13** (1974) 2779.

82 Segel, K.-H., *J. prakt. Chem. [4]* **7** (**279**) (1959) 299.

83 Sloan, T.E. und D.H. Busch, *Inorg. Chem.* **17** (1978) 2043;

St. John, J., siehe de Morveau, Guyton, u.a.

84 Stock, [a] A., *Z. Angew. Chem.* **32** I (1919) 373; [b] *idem, Z. Angew. Chem.* **33**, Aufsatzteil (1920) 78, *Z. Angew. Chem.* **33**, Aufsatzteil (1920) 79.

85 Stratton W.J., D.H. Busch, *J. Am. Chem. Soc.* **80** (1958) 3191.

86 Stumpf, W., [a] *Chem. Z.* **99** (1975) 1; [b] *idem* in „Themen zur Chemie des Bors"; Möllinger, H., Hrsg., Dr. Alfred Hüthig Vlg. GmbH, Heidelberg, **1976**, S. 85; Gmelin Handbuch der anorganischen Chemie, 8. Aufl., Springer-Vlg., Berlin, 1974; Ergänzungswerk, Band 15, Borverbindungen 2, Kapitel 1, S. 1.

87 Thomas, S.L. und H.S. Turner, *Quart. Rev. (Chem. Soc., London)* **7** (1953) 407.

88 Vögtle, F. und P. Neumann, *Tetrahedron* **26** (1970) 5847.

89 [a] Wade, K., *J. Chem. Soc., Chem. Commun.* **1972**, 791; [b] *idem, Adv. Inorg. Chem. Radiochem.* **18** (1976) 1.

90 Werner, A., „Neuere Anschauungen auf dem Gebiet der Anorganischen Chemie", 3. Aufl., F. Vieweg und Sohn, Braunschweig, **1913**.

91 [a] Williams, R.E., *Inorg. Chem.* **10** (1971) 210; [b] *idem, Adv. Inorg. Chem. Radiochem.* **18** (1976) 67.

Sachregister

9 783540 630975

MIX
Papier aus verantwortungsvollen Quellen
Paper from responsible sources
FSC® C105338

If you have any concerns about our products,
you can contact us on
ProductSafety@springernature.com

In case Publisher is established outside the EU,
the EU authorized representative is:
**Springer Nature Customer Service Center GmbH
Europaplatz 3, 69115 Heidelberg, Germany**

Printed by Libri Plureos GmbH
in Hamburg, Germany